4G LTE 移动通信技术系列教程

网络规划与优化技术

NETWORK PLANNING AND OPTIMIZATION TECHNOLOGY

朱明程 王霄峻 ◎ 主编

李建蕊 方朝曦 杨德相 张轲 ◎ 副主编

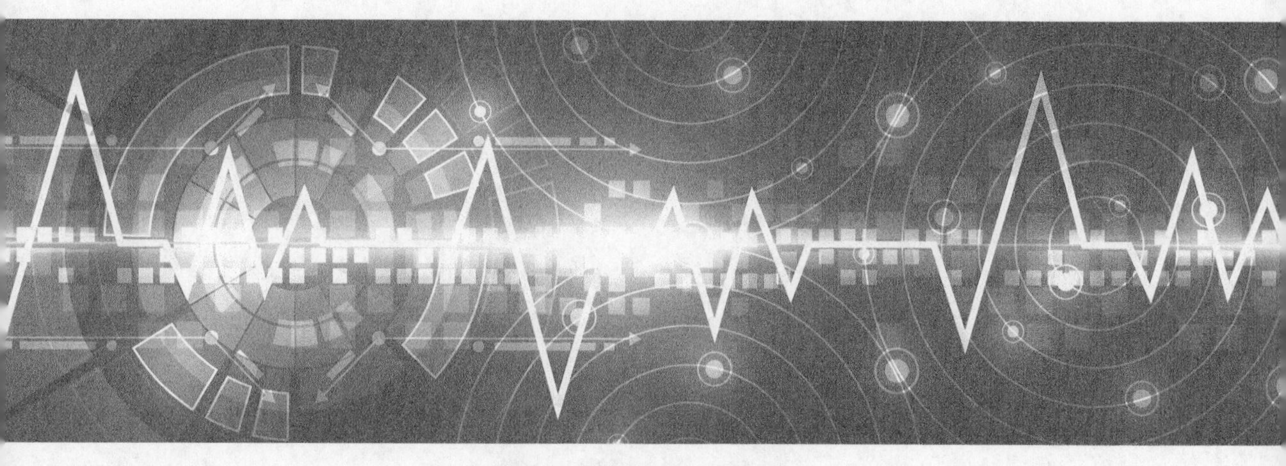

人 民 邮 电 出 版 社

北 京

图书在版编目（C I P）数据

网络规划与优化技术 / 朱明程，王霄峻主编. -- 北京 ： 人民邮电出版社，2018.2(2024.1重印)
4G LTE移动通信技术系列教程
ISBN 978-7-115-47637-1

Ⅰ. ①网… Ⅱ. ①朱… ②王… Ⅲ. ①第四代移动通信系统－网络规划－教材 Ⅳ. ①TN929.537

中国版本图书馆CIP数据核字(2017)第324755号

内 容 提 要

本书较为全面地介绍了无线传播基础知识、LTE 基本原理、LTE 网络规划与优化知识。全书共 15 章，分别讲述了无线传播理论、天线和馈线基础知识、移动通信的演进和 LTE 系统概述、LTE 空中接口物理层、LTE 信令与协议、LTE 特性算法、LTE-A 技术、LTE 无线网络覆盖估算、基站勘测、电磁背景干扰测试、LTE 小区参数规划、LTE 单站验证、LTE RF 优化、LTE 覆盖问题分析和 LTE 切换问题分析等内容。书中还提供了在线学习的相关资源，帮助读者巩固所学内容。

本书可以作为高校通信工程、电子信息等专业相关课程的教材，也可以作为华为 HCNA 认证培训班的教材，还可作为通信工程技术人员的参考用书。

◆ 主　　编　朱明程　王霄峻
副 主 编　李建蕊　方朝曦　杨德相　张　轲
责任编辑　左仲海
责任印制　马振武

◆ 人民邮电出版社出版发行　　北京市丰台区成寿寺路 11 号
邮编 100164　　电子邮件 315@ptpress.com.cn
网址 http://www.ptpress.com.cn
固安县铭成印刷有限公司印刷

◆ 开本：787×1092　1/16
印张：17.75　　　　2018 年 2 月第 1 版
字数：504 千字　　　　2024 年 1 月河北第 12 次印刷

定价：49.80 元

读者服务热线：(010)81055256　印装质量热线：(010)81055316
反盗版热线：(010)81055315
广告经营许可证：京东市监广登字20170147号

"4G LTE移动通信技术系列教程"编委会

序 PREFACE

当前，在云计算、大数据、物联网、移动互联网、人工智能等新领域出现人才奇缺状况。习近平总书记指出：“我们对高等教育的需要比以往任何时候都更加迫切，对科学知识和卓越人才的渴求比以往任何时候都更加强烈”。国民经济与社会信息化和现代服务业的迅猛发展，对电子信息领域的人才培养提出了更高的要求，而电子信息类专业又是许多高等学校的传统专业、优势专业和主干专业，也是近年来发展最快、在校人数最多的专业之一。

为此，高校必须深化机制体制改革，推进人才培养模式创新，进一步深化产教融合、校企合作、协同育人，促进人才培养与产业需求紧密衔接，有效支撑我国产业结构深度调整、新旧动能接续转换。机制体制改革关键之一就是深入推进产学合作、产教融合、科教协同，通过校企联合制定培养目标和培养方案、共同建设课程与开发教程、共建实验室和实训实习基地、合作培养培训师资和合作开展研究等，鼓励行业企业参与到教育教学各个环节中，促进人才培养与产业需求紧密结合。要按照工程逻辑构建模块化课程，梳理课程知识点，开展学习成果导向的课程体系重构，建立工作能力和课程体系之间的对应关系，构建遵循工程逻辑和教育规律的课程体系。

由高校教学一线的教育工作者与华为技术有限公司、浙江华为通信技术有限公司的技术专家联合成立编委会，共同编写“4G LTE 移动通信技术系列教程”，将移动通信系统的基础理论与华为技术有限公司相关系列产品深度融合，构建完善的移动通信理论知识和工程技术体系，搭建基础理论到工程实践的知识桥梁，目标是培养具备扎实理论基础，从事工程实践的优秀应用型人才。

“4G LTE 移动通信技术系列教程”包括《移动通信技术》《网络规划与优化技术》《路由与交换技术》和《传输网络技术》四本教材，基本涵盖了通信系统的交换、传输、接入和通信等核心内容。系列教程有效融合华为技能认证课程体系，将理论教学与工程实践融为一体。教材配套华为 ICT 学堂在线视频，置入华为工程现场实际案例，读者既可以学习到前沿知识，又可以掌握相关岗位所需的能力。

我很高兴看到这套教材的出版，希望读者在学习后，能够构建起完备的移动通信知识体系，掌握相关的实用工程技能，成为电子信息领域的优秀应用型人才。

教育部电子信息与电气工程专业认证委员会学术委员会副主任委员

北京交通大学

谈振辉

2017 年 12 月

前言 FOREWORD

为了培养适应现代通信技术发展的应用型高级专业人才，保证 LTE 技术优质高效推广应用，促进通信行业的进一步发展，我们在总结多年的 LTE 教学经验和现网实践的基础上，组织专业老师编写了《网络规划与优化技术》一书。本书侧重于现在发展迅速的移动通信领域的 LTE 技术、网络规划与网络优化等方面的知识。

全书分 15 章，第 1～2 章概述了无线传播基础知识；第 3～7 章详细介绍了移动通信发展、LTE 基本原理；第 8～11 章详细介绍了 LTE 无线网络规划以及基站勘测；第 12～15 章详细讲述了 LTE 网络优化常用手段及网络优化问题分析。

本书的内容适合在校通信类专业的学生、运营商的设备维护人员、通信技术类公司等行业的从业人员学习。本书穿插了在线视频二维码，读者可以通过扫描二维码在线观看相关技术视频。完成本书的学习，读者能够掌握 LTE 网络优化工程师需要具备的工作技能。

本书的参考学时为 46～75 学时，建议采用理论实践一体化教学模式，各项目的参考学时见下面的学时分配表。

学时分配表

章　节	课程内容	学　时
第 1 章	无线传播理论	2～4
第 2 章	天线和馈线基础知识	2～4
第 3 章	移动通信的演进和 LTE 系统概述	4～6
第 4 章	LTE 空中接口物理层	6～8
第 5 章	LTE 信令与协议	6～8
第 6 章	LTE 特性算法	4～6
第 7 章	LTE-A 技术	2～4
第 8 章	LTE 无线网络覆盖估算	2～4
第 9 章	基站勘测	2～4
第 10 章	电磁背景干扰测试	2～3
第 11 章	LTE 小区参数规划	2～4
第 12 章	LTE 单站验证	2～4
第 13 章	LTE RF 优化	4～6
第 14 章	LTE 覆盖问题分析	2～4
第 15 章	LTE 切换问题分析	2～4
	课程考评	2
课时总计		46～75

本书由朱明程、王霄峻担任主编，负责全书的整体构思、大纲设计、通稿和全书审阅。李建蕊、方朝曦、杨德相、张轲任副主编。

由于编者水平和经验有限，书中疏漏之处在所难免，敬请读者批评指正，并提供宝贵意见，以使本书再版时提高质量。

编　者

2017 年 11 月

目录 CONTENTS

Communication

Chapter 1

第 1 章 无线传播理论

无线电波在基站与终端之间的传播往往经过多条路径。由于经过不同传播路径到达接收机的信号具有不同的幅度和相位，它们的合成效果将导致接收机收到的信号产生衰落。本章主要介绍常见的无线电波传播模型，以及对抗衰落的分集和均衡技术。

课堂学习目标

- 了解常见的无线电波传播模型
- 掌握抗衰落分集技术和均衡技术

1.1 无线电波传播模型

传播模型用于预测无线电波在各种复杂传播路径上的路径损耗，是移动通信网小区规划的基础。传播模型的准确与否，关系到小区规划是否合理，运营商是否以比较经济合理的投资满足了用户的需求。模型的价值就是保证了精度，同时节省了人力、费用和时间。

1.1.1 自由空间传播

在研究电波传播时，首先要研究两个天线在自由空间（各向同性，无吸收，电导率为零的均匀介质）条件下的特性，即自由空间的传播损耗。

自由空间传播损耗（dB）公式：

$$Lp = 32.44 + 20\lg f + 20\lg d \tag{1-1}$$

式中，f的单位为 MHz，d 的单位是 km，Lp 的单位为 dB。

从式（1-1）中可以推导出以下结论：

（1）当距离 d 加倍时，自由空间传播损耗增加 6 dB，即信号衰减为 1/4。

（2）当频率 f 加倍时，自由空间传播损耗增加 6 dB，即信号衰减为 1/4。

有了自由空间的传播损耗公式后，考虑传播环境对无线传播模型的影响，确定某一特定地区的传播环境的主要因素如下。

（1）自然地形（高山、丘陵、平原、水域等）。

（2）人工建筑的数量、高度、分布和材料特性。

（3）在做网络规划时，一个城市通常会被划分为密集城区、一般城区、郊区、农村等几类不同的区域，以保证预测的精度。

（4）该地区的植被特征为植物覆盖率，不同季节的植被情况是否有较大的变化。

（5）天气状况，是否经常下雨、下雪。

（6）自然和人为的电磁噪声状况，周边是否有大型的干扰源（雷达等）。

（7）系统工作频率和终端运动状况，在同一地区，工作频率不同，接收信号衰落状况各异，静止的终端与高速运动的终端的传播环境也大不相同。

常用传播模型如表 1-1 所示。

表 1-1 常用传播模型

模型名称	适用范围
Okumura-Hata	适用于 150～1 000 MHz 宏蜂窝预测
COST231-Hata	适用于 1500～2 000 MHz 宏蜂窝预测
Keenan-Motley	适用于 900 MHz 和 1 800 MHz 室内环境预测

1.1.2 Okumura-Hata 模型

Okumura-Hata 模型在 900MHz 的 GSM 中得到了广泛应用，适用于宏蜂窝的路径损耗预测。Okumura-Hata 模型是根据测试数据统计分析得出的经验公式，应用在 150～1 000 MHz 之间，适用于小区半径为 1～20 km 的宏蜂窝系统，其基站天线高度在 30～200 m 之间，终端有效天线高度在 0～1.5 m 之间。

Okumura-Hata 传播模型公式为：

$$Lp = 69.55 + 26.16\lg f - 13.82\lg h_b + (44.9 - 6.55\lg h_b)\lg d - A_{hm} \tag{1-2}$$

式（1-2）中：

① f 为频率。

② h_b 为基站天线有效高度。

③ d 为发射天线和接收天线之间的水平距离。

④ $A_{hm} = (1.1 \times \lg f - 0.7)h_m - (1.56 \lg f - 0.8)$。

当模型应用于郊区和开阔地区时，为了使预测结果更准确，需要对计算结果进行修正。

（1）对于郊区，结果修正为式（1-3）：

$$L_{\mathrm{b(suburb)}} = Lp - 2 \times \left[\lg(\frac{f}{28}) \right]^2 - 5.4 \tag{1-3}$$

（2）对于开阔地区，结果修正为式（1-4）：

$$L_{\mathrm{p(open)}} = Lp - 4.78 \times [\lg(f)]^2 + 18.33 \times \lg(f) - 40.94 \tag{1-4}$$

1.1.3　COST231-Hata 模型

COST231-Hata 模型是 EURO-COST 组成的 COST 工作委员会开发的 Hata 模型的扩展版本，应用频率在 1 500 ~ 2 000 MHz 之间，适用于小区半径为 1 ~ 20 km 的宏蜂窝系统，发射有效天线高度在 30 ~ 200 m 之间，接收有效天线高度在 1 ~ 10 m 之间。

COST231-Hata 传播模型公式为：

$$Lp = 46.3 + 33.9 \lg f - 13.82 \lg h_b + (44.9 - 6.55 \lg h_b) \lg d - A_{hm} + C_m \tag{1-5}$$

式（1-5）中，

① f 为频率。

② h_b 为基站天线有效高度。

③ d 为发射天线和接收天线之间的水平距离。

④ $A_{hm} = (1.1 \times \lg f - 0.7)h_m - (1.56 \lg f - 0.8)$

C_m 为大城市中心校正因子，大城市 C_m = 3 dB，中等城市和郊区中心区 C_m = 0 dB。

当模型应用于农村地区时，为了使预测结果更准确，需要对计算结果进行修正。

（1）对于农村（准开阔地），结果修正为式（1-6）：

$$L_{\mathrm{p(quasi-open)}} = Lp - 4.78 \times [\lg(f)]^2 + 18.33 \times \lg(f) - 35.94 \tag{1-6}$$

（2）对于开阔地，结果修正为式（1-7）：

$$L_{\mathrm{p(open)}} = Lp - 4.78 \times [\lg(f)]^2 + 18.33 \times \lg(f) - 40.94 \tag{1-7}$$

1.1.4　Keenan-Motley 模型

Keenan-Motley 模型应用于室内环境，主要的传播模型根据是否视距传播分为以下两种。

（1）视距传播模型（LOS）为式（1-8）：

$$Lp = 20 \lg d + 20 \lg f - 28 + X_\sigma \tag{1-8}$$

（2）非视距传播模型(NLOS)为式（1-9）：

$$Lp = 20 \lg d + 20 \lg f - 28 + L_{f(n)} X_\sigma \tag{1-9}$$

其中，X_σ 为慢衰落余量，取值与覆盖概率和室内慢衰落标准差有关；$L_{f(n)} = \sum_{i=0}^{n} P_i$，式中，$P_i$ 表示第 i 面隔墙的穿透损耗；n 表示隔墙数量。

隔墙穿透损耗典型值如表 1-2 所示。

表 1-2 隔墙穿透损耗典型值

频率(GHz)	混凝土墙（dB）	砖墙（dB）	木板（dB）	厚玻璃墙（玻璃幕墙）（dB）	薄玻璃（普通玻璃窗）（dB）	电梯门综合穿透损耗（dB）
1.8～2	15～30	10	5	3～5	1～3	20～30

1.1.5 “通用”传播模型

在实际使用过程中，还需要考虑到现实环境中各种地物地貌对电波传播的影响，从而更好地保证了覆盖预测结果的准确性。因此，在各种规划软件里，一般都使用“通用”的传播模型，然后根据各个地区的不同情况，对模型参数校正后再使用。

传播模型公式：

$$Lp = K_1 + K_2 \lg(d) + K_3 \lg(H_{Txeff}) + K_4 \times \text{Diffractionloss} + K_5 \lg(d) \times \lg(H_{Txeff}) + K_6(H_{Rxeff}) + K_{clutter} f(\text{clutter}) \quad (1\text{-}10)$$

式（1-10）中：

① K_1 为与频率相关的常数。

② K_2 为距离衰减常数。

③ d 为发射天线和接收天线之间的水平距离。

④ K_3 为基站天线高度修正系数。

⑤ H_{Txeff} 为发射天线的有效高度。

⑥ K_4 为绕射损耗的修正因子。

无线电波传播模型

⑦ Diffractionloss 为传播路径上障碍物绕射损耗。

⑧ K_5 为基站天线高度与距离修正系数。

⑨ K_6 为终端天线高度修正系数。

⑩ H_{Rxeff} 表示接收天线的有效高度。

⑪ $K_{clutter}$ 为地物 clutter 的修正因子。

⑫ $f(\text{clutter})$ 为地貌加权平均损耗。

不同地物及地貌情况下的参考修正值如表 1-3 所示。

表 1-3 不同地物及地貌情况下的参考修正值

clutter	Offset(dB)	clutter	Offset(dB)
内陆水域	−1	高层建筑	18
海域	−1	普通建筑	2
湿地	−1	大型低矮建筑	−0.5
乡村	−0.9	成片低矮建筑	−0.5
乡村开阔地带	−1	其他低矮建筑	−0.5
森林	15	密集新城区	7
郊区城镇	−0.5	密集老城区	7
铁路	0	城区公园	0
		城区办开阔地带	0

1.2 抗衰落技术

无线信道是随机时变信道，信号在无线信道中传播，会产生传播损耗（路径损耗）、慢衰落（阴影衰落）和快衰落。信号衰落示意图如图 1-1 所示。

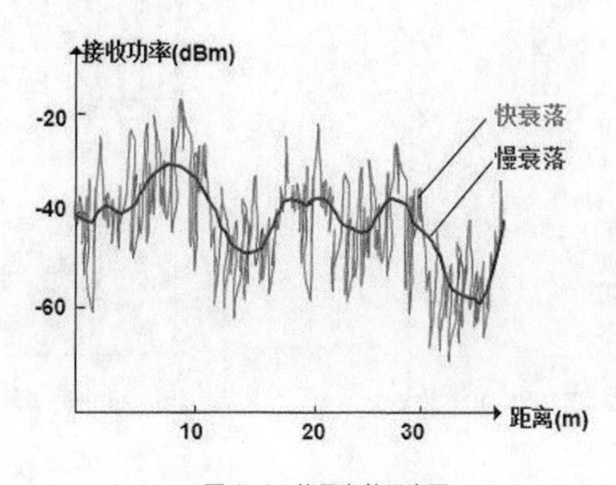

图 1-1　信号衰落示意图

传播损耗是指在空间传播所产生的损耗，它描述了由于移动用户与基站之间相对距离产生变化而引起的损耗的变化，主要与无线电波频率以及移动用户与基站之间的距离有关。

慢衰落损耗是由于在电波传播路径上受到建筑物及山丘等的阻挡所产生的阴影效应而产生的损耗。它反映了中等范围内数百波长量级接收电平的均值变化而产生的损耗，一般遵从对数正态分布。

快衰落损耗是由于多径传播而产生的损耗，它反映微观小范围内数十波长量级接收电平的均值变化而产生的损耗，一般遵从瑞利分布或莱斯分布。快衰落又可以细分为以下 3 类。

（1）空间选择性衰落：不同的地点，不同的传输路径衰落特性不一样。

（2）时间选择性衰落：用户的快速移动在频域上产生多普勒效应而引起频率扩散，从而引起时间选择性衰落。

（3）频率选择性衰落：不同的频率衰落特性不一样，引起时延扩散，从而引起频率选择性衰落。

衰落会降低通信系统的性能，为了对抗衰落，可以采用多种措施，常用方法有分集技术和均衡技术。

1.2.1　分集技术

分集就是利用两条或多条传输途径传输相同信息，并对接收机输出信号进行选择或合成，来减轻衰落影响的一种措施。常用的分集技术可分为空间分集、极化分集、时间分集和频率分集。

1. 空间分集

空间分集采用主分集天线接收的办法来解决快衰落问题。基站的接收机对主分集通道分别接收到的信号进行处理（一般采取最大似然法），接收的效果由主分集天线接收的不相关性所保证。所谓不相关性，是指主集天线接收到的信号与分集天线接收到的信号不具有同时衰减的特性，这也就要求采用空间分集时主分集天线之间的水平间距大于 10 倍的无线信号波长，如图 1-2 所示，分集距离 D 的合理范围为 10～20 波长。或者采用极化分集的办法，保证主分集天线接收到的信号不具有相同的衰减特性。

2. 极化分集

极化分集采用双极化天线，一根天线内有两个极化方向，衰落特性互不相关的两路多径 A 和 B 最终被合并成一路信号。极化分集与空间分集相比，可以节省安装空间。极化分集天线如图 1-3 所示。V+H 表示垂直和水平两路信号，\ /表示+45° 和-45° 两路信号。

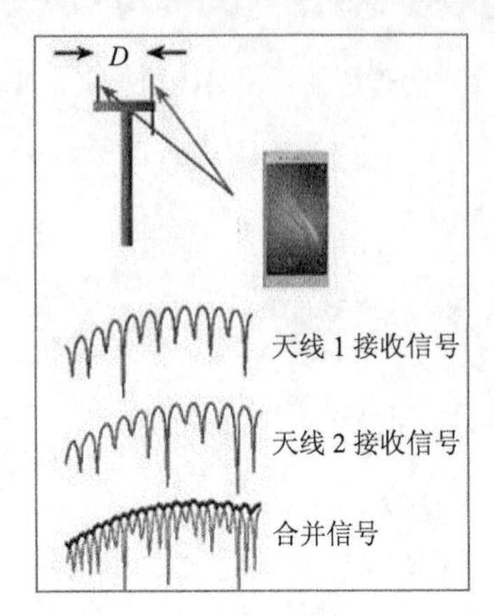

图 1-2 分集距离 D 的合理范围为 10～20 波长

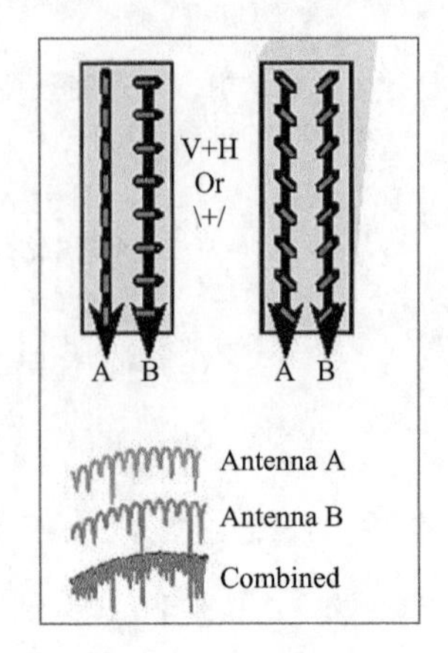

图 1-3 极化分集天线

3. 时间分集

时间分集采用符号交织、检错和纠错编码等方法。不同编码所具备的抗衰落特性不一样，编码也是当今移动通信广泛使用的技术。交织技术如图 1-4 所示。

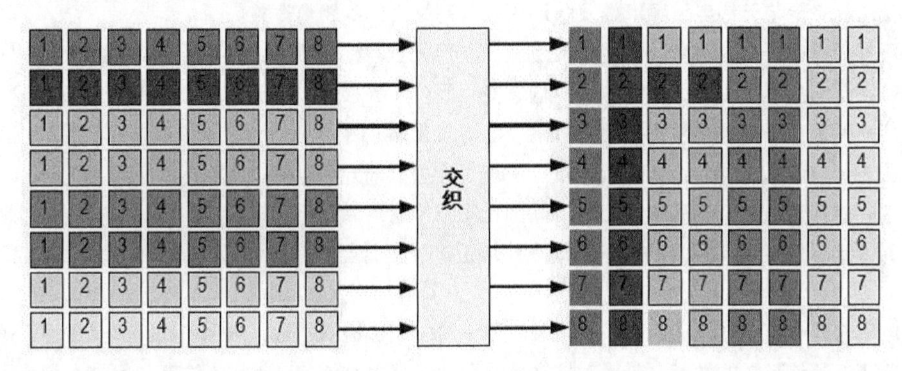

图 1-4 交织技术

4. 频率分集

频率分集采取扩频方式来解决快衰落。频率分集理论的基础是相关带宽，即当两个频率相隔一定间隔后，就认为它们的空间衰落特性是不相关的。当两个频率间隔大于 200 kHz，移动通信频段就可获得这种不相关性。在 GSM 移动通信中，采用跳频这种扩频方式来获得分集增益。在 CDMA 移动通信中，由于每个信道都工作在较宽频段，本身就是一种扩频通信。

1.2.2 均衡技术

数字通信系统中，由于多径传输、信道衰落等影响，接收端会产生严重的码间干扰（Inter Symbol Interference，ISI），增大误码率。为了克服 ISI，提高通信系统的性能，在接收端需采用均衡技术。均衡是指对信道特性的均衡，即接收端的均衡器产生与信道特性相反的特性，用来减小或消除因信道的时变多径传播特性引起的码间干扰。

均衡有两种基本实现途径。一为频域均衡，它使包括均衡器在内的整个系统的总传输函数满足无失真传输的条件。它往往分别校正幅频特性和群时延特性，序列均衡通常采用这种频域均衡法。二为时域均衡，就是直接从时间响应考虑，使包括均衡器在内的整个系统的冲激响应满足无码间串扰的条件。目前广泛利用横向滤波器来实现，它可以根据信道特性的变化而不断地进行调整，实现起来比频域均衡方便，性能一般也比频域均衡好，故得到广泛的应用。特别是在时变的移动通信中，几乎都采用时域均衡的实现方式。

时域均衡器常采用横向均衡器。横向均衡器原理如图 1–5 所示。它的主要部分是一组抽头延迟线。相邻抽头间的时延是 T，即一个码元的持续时间。

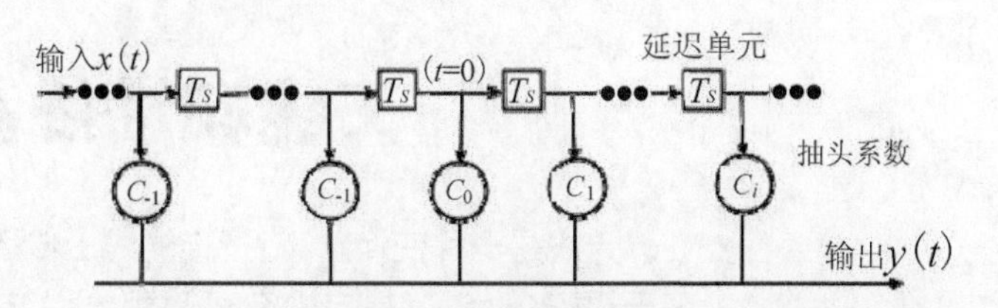

图 1–5　横向均衡器原理图

有码间干扰的单个码元响应波形进入有抽头的时延线，再经过各横向支路并乘以不同系数 C_i 后相加。调节 C_1，可以抵消拖尾对下一个码元（相距 T_s）的干扰。类似的，调节其他抽头系数，可分别抵消对其他码元的干扰。这样，进行数码传输时，相互间就接近没有码间干扰，有一套严谨的数学方法来计算抽头系数，如迫零算法、最小均方误差算法。在频带利用率高的数字通信设备中，常用这种均衡器。

练习题

1. 请分析自由空间传播模型中距离 d 和频率 f 如何影响传播损耗。
2. 采用空间分集时，为了保证主分集天线接收到的信号不具有相同的衰减特性，主分集天线之间的间距需要满足什么要求?
3. 简述何谓分集技术。移动通信系统中通常使用哪几种分集技术?
4. 简述什么是均衡技术。

Communication

Chapter

2

第 2 章 天线和馈线基础知识

天线是一种变换器，它把传输线上传播的导行波变换成在无界媒介（通常是自由空间）中传播的电磁波，或者进行相反的变换。它是无线电设备中用来发射或接收电磁波的部件。馈线是接收天线到接收器之间的连线。馈线能有效地传送天线接收的信号，其畸变小、损耗小、抗干扰能力强。馈线与天线之间、与接收机信号输入端之间应有良好的阻抗匹配。

课堂学习目标

- 描述天线的工作原理
- 了解天线的性能
- 理解天线规格表
- 懂得馈线的作用以及性能

2.1 天线的概念

移动通信是当今通信领域最为活跃、发展最为迅速的领域之一，天线是用户终端与基站设备间通信的桥梁，广泛应用于移动通信和无线接入通信系统中。它的迅猛发展产生了巨大的推动力，推动了天线概念的变革和技术的创新。对移动通信中天线方面的知识有深入的了解、全面掌握天线相关的知识，无论是对产品的安装和维护，还是网络规划工作的顺利开展，都有着十分重要的意义。

天线用于发射和接收电磁波。当天线发射时，它把高频电流转换为电磁波，并辐射到空中；当天线接收时，它从空中接收电磁波，并转换为高频电流。

实际上，任何具有导电性的物体都能传输和接收电磁波。天线通过以下几个方面的设计可实现更好的性能。

（1）能量转换高效率：天线应该把尽可能多的高频电转换为电磁波，也就是说在特定的点传播，可以接收到更多的能量。

（2）方向性：天线应该在预期的方向上传输无线信号，能在预期的方向上覆盖无线信号，避免能量浪费，就像覆盖到天空中。在这种方式下，设计天线的方向性将有更强的信号。

当电导体的大小是接收波长度（λ）的一半时，也就是说，$L=\lambda/2$，电导体中的感应在共振条件下，转换效率达到最高。到目前为止，半波振子是最经典和广泛使用的，它是各种无线通信系统天线设计的基本元素，半波振子的场强分布如图 2-1 所示。

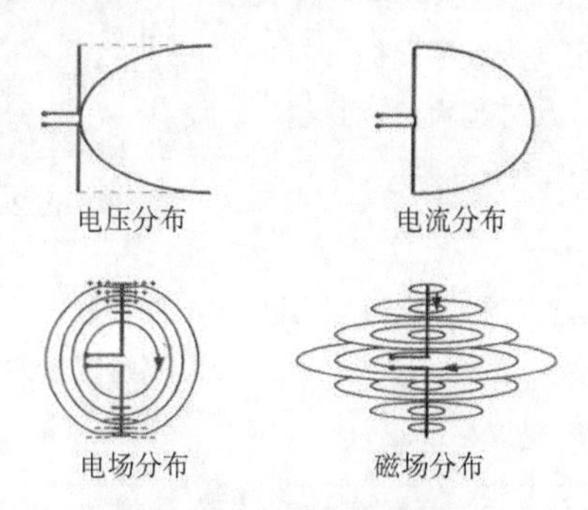

图 2-1　半波振子的场强分布

1 900 MHz 频率的波长：$\lambda=c/f$ =3*10^8/19*10^8=0.33m=15.7cm，所以 900 MHz 频率的振子的长度为 $L=\lambda/2$=7.8 cm。

2.2 天线的规范和分类

2.2.1 辐射指标

1. 方向图

方向图是一种用三维图形来表示电磁波在空间中的强度，用来测量天线在所有方向上发射和接收的能力。可以使用垂直方向图和水平方向图更准确地描述方向图的信号强度。

（1）全向天线：电磁波在所有水平方向上的辐射能量相同，但是在垂直方向上的不同。全向天线安装必须远离安装杆和任何金属体，全向天线在蜂窝通信中的应用如图 2-2 所示。

（2）定向天线：在一个特定水平方向，电磁波的发射和接收效率高于其他任何方向。电磁波的辐射能量在各个方向上都是不同的，无论是水平或垂直，定向天线在蜂窝通信中的应用如图 2-3 所示。

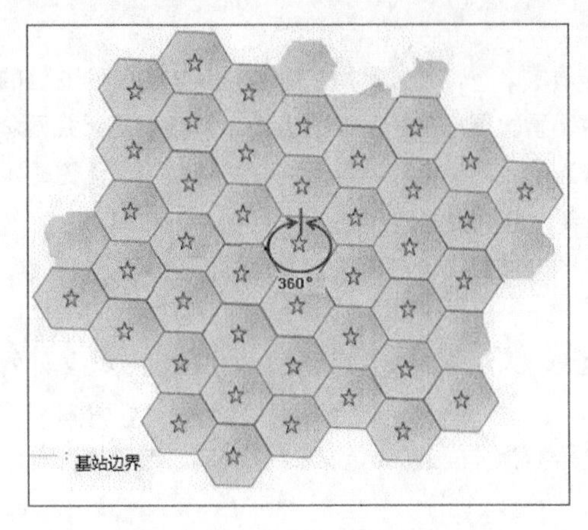

图 2-2　全向天线在蜂窝系统中的应用

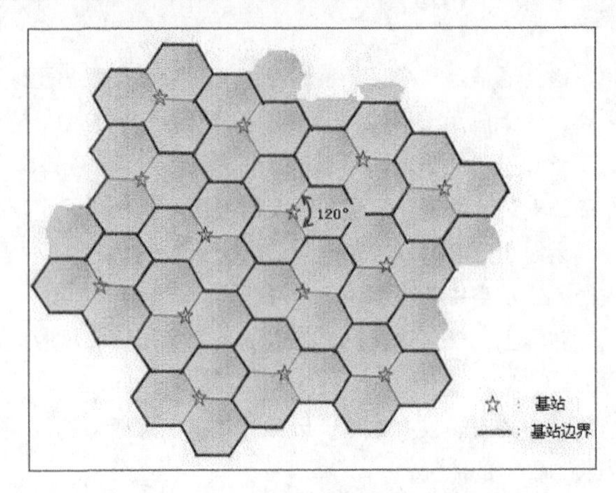

图 2-3　定向天线在蜂窝系统中的应用

如今定向天线被广泛使用，但是为了节约成本，全向天线也有自身的应用场景。通常情况下，全向天线应用在用户数少以及没有连续覆盖需求的偏远地区，像小岛、小种群的偏远村庄等。

定向天线是全向天线跟着一面的反射器，反射器有助于定向天线在水平方向上的特定范围内集中能量。假设反射器的尺寸是 $L \times W$，定向天线不同的方向有不同的 L 和 W 尺寸。通常来说，尺寸越大，能量越集中。全向天线到定向天线的转变如图 2-4 所示。

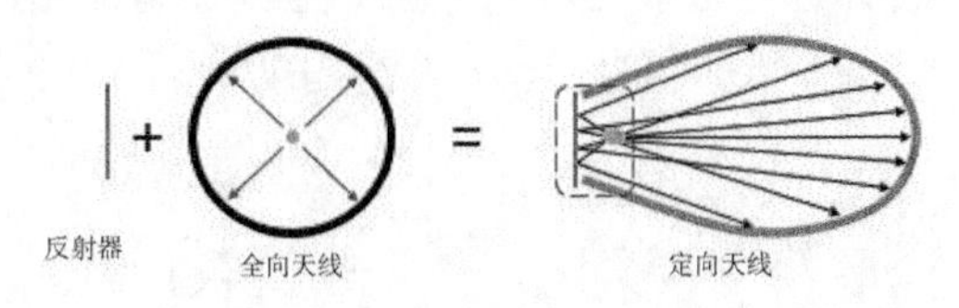

图 2-4　全向天线转变定向天线

2. 垂直方向图

图 2-5 所示的圆代表天线的辐射范围，标记外围圆的单位是度（°），辐射圆一共 360°。通常情况下，垂直方向图与水平面从 0° 开始，以及水平方向图与最大辐射能量方向从 1° 开始。圆的半径代表在一个方向上最强能量的衰减，以 dB 为单位。

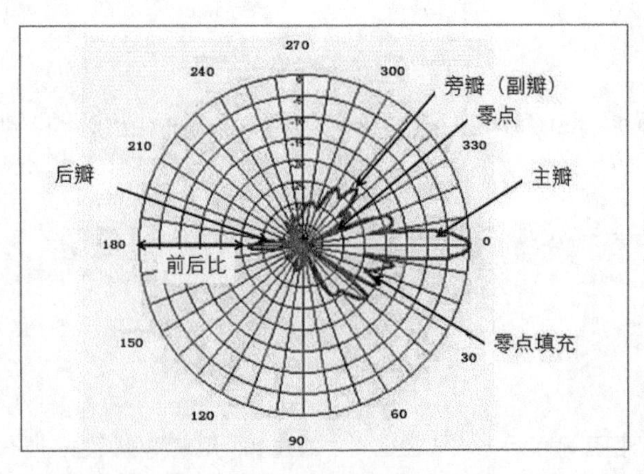

图 2-5　垂直方向图

（1）波瓣：一个天线的方向图通常有多个波瓣。最大强度的辐射波瓣称为主瓣，其他的称为旁瓣。

（2）半功率波束宽度：用主瓣和−3 dB 位置两个交叉点之间角度的水平和垂直波束宽度来描述天线方

向图。–3 dB 位置意味着最大辐射强度的一半。

（3）下倾：一个天线的垂直波束宽度一般和覆盖半径有关，因此，在一定范围内调整天线垂直波瓣，即称为下倾，可以提高小区覆盖的质量，通常用来进行网络优化。

（4）零点：每两个相邻波瓣之间的辐射信号会突然变弱的点。

3. 上旁瓣抑制

通常情况下，将设置下倾角集中主瓣到目标区域，导致第一上旁瓣对准偏远区域，并对偏远区域带来干扰。为了避免对邻小区的干扰，天线将设计主瓣上的第一上旁瓣抑制。分析网络规划的数据可知，15 ~ 18 dB 的旁瓣抑制可以减少 5%以上的区域覆盖，改善大约 2 dB 的 C/I。

4. 下零点填充

在覆盖区域内的一个波瓣，越靠近天线信号越好。但由于天线振子的线性阵列设计，在垂直方向有多个波瓣，并且靠近天线区域由较低旁瓣覆盖。所以在波瓣之间的覆盖区域，信号会突然减弱。由于第一下零点的覆盖区域比其他下零点要远，弱辐射信号在非视距环境下很可能传播，在这样的地区，用户服务性能将很差或者甚至没有服务，所以需要适当的零点填充。

以图 2-6 为例，其中 2、4 和 6 点位置都在零点覆盖。在这些点中，4 和 6 是靠近天线的，但是 2 点位置比较远。没有零点填充，2 点位置信号太弱。为了保证连续覆盖，第一下零点填充要在天线设计中实现。

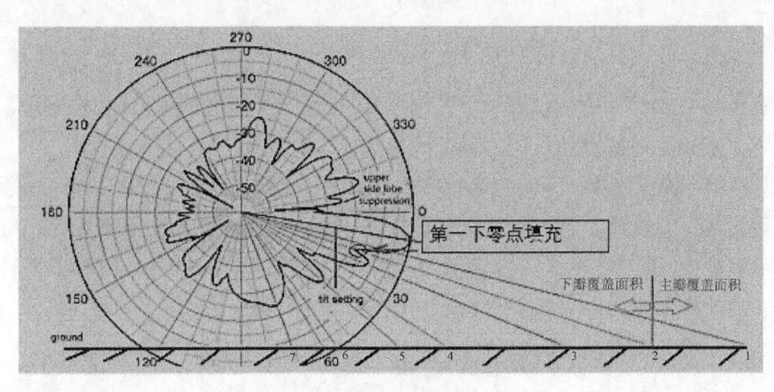

图 2-6　下零点填充

5. 水平方向图

天线的辐射图是度量天线各个方向收发信号能力的一个指标，通常以图形方式表示距天线固定距离处的远场强度的幅值与环绕天线的方位的关系。天线方向图是空间立体图形，工程上为了方便，常采用通过最大辐射方向的两个正交平面上的剖面图来描述天线的方向图。天线可分为定向天线和全向天线。定向天线，在水平方向图上表现为一定角度范围的辐射，也就是平常所说的有方向性，如图 2-7 所示。

（1）水平半功率角：主瓣和–3 dB 圆两个交叉点的夹角。水平波瓣宽度决定了小区边界，并且用来区分全向天线和不同角度的定向天线。如图 2-8 所示，描述了 60° 的天线的方向图。

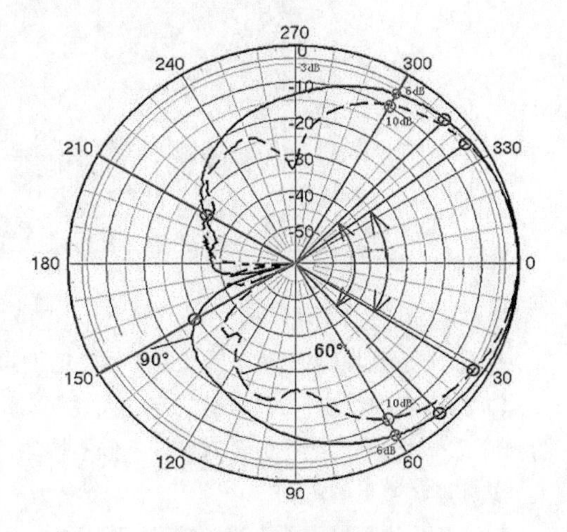

图 2-7　天线水平方向图

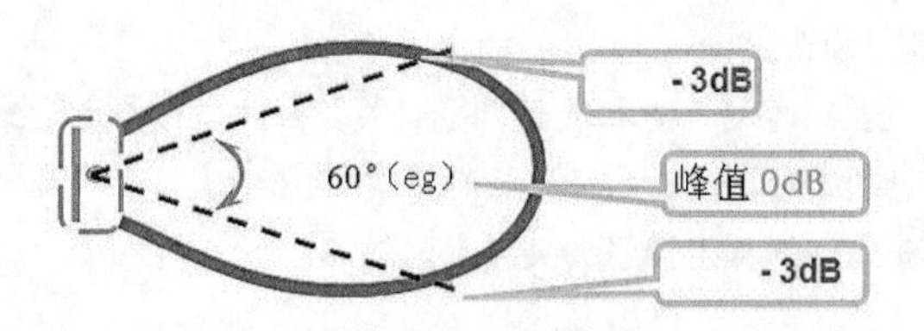

图 2-8 水平半功率角

（2）前后比：其值决定了天线定向辐射/接收性能的质量。反向功率应尽可能小，并且前后比越大，天线的接收器/发射器性能越好。前向功率=前向最大辐射功率；反向功率=反向 ± 30° 内最大辐射能力。如图 2-9 所示，60°天线的反向功率增益 ≈ −25 dB = 10lg(反向 ± 30° 内最大辐射能力/前向最大辐射功率) = −前后比。

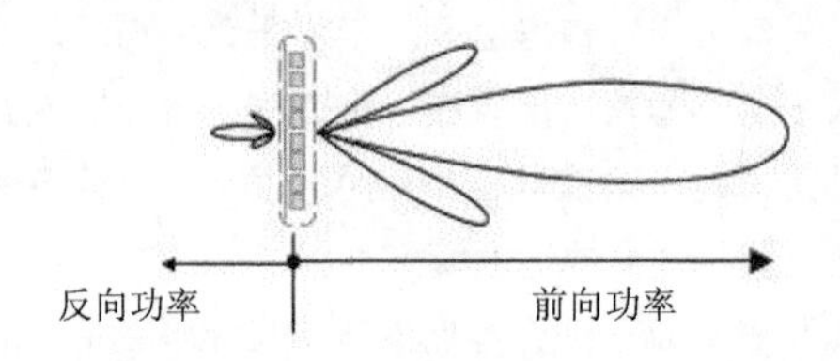

图 2-9 前后比

6. 下倾

最好的下倾使天线主瓣−3 dB 的位置和小区边缘在同一平面。孤站或者广覆盖的站点，要覆盖尽可能广，可以设置下倾为“0”(没有下倾)，让主瓣在水平方向上辐射。

下倾角和覆盖半径、天线高度以及垂直半功率角有关。在新建网络中，规划下倾角需要考虑以上因素，并且规划下倾角可以在天线设计实现。但可能还需要进一步通过网络优化进行调整。在扩容网络中，为了保持网络性能，不可避免地要进行微调。如图 2-10 所示，在替换网络中，D、H和β调整起来十分容易，所以仍然需要微调。这是为什么天线有设计下倾，而且还支持可调下倾。

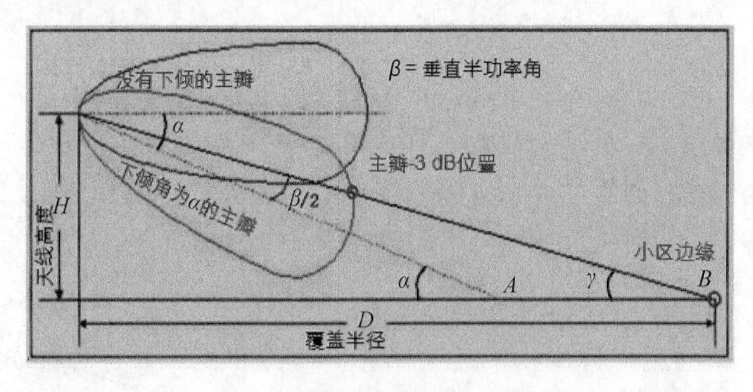

图 2-10 天线下倾

天线下倾可以分为机械下倾和电下倾，电下倾又包括可调电下倾和固定电下倾。

（1）机械下倾这种方式所有的定向天线都支持（调整一下天线伸缩臂的长度就可以了），不需要额外的物料成本，但是天线在各个方向的下倾不均匀，下倾角较大时覆盖会明显变形。而且该下倾方式需要人工上站才能调整下倾角。

（2）固定电下倾需要天线预置了下倾角才行，电下倾的度数出厂就固定了，不能调整，可以与机械下倾一起使用，改善大下倾角时的覆盖变形。比如需要下倾 10° ，如果全部采用机械下倾的话，覆盖变形严重，可以采用 6° 固定电下倾、+4° 机械下倾做到覆盖基本不变形。另外，机械下倾时，覆盖严重变形对应的下倾角度与垂直波瓣宽度有关，当设置同样的机械下倾角时，天线的垂直波瓣宽度越窄、覆盖变形越严重。

（3）手动可调电下倾设置不同的下倾角时覆盖不变形，而且与机械下倾相比下倾角的精度更高(电下倾直接读取天线下倾刻度尺的度数即可，机械下倾需要人工用倾角仪测量，测量结果受人的影响较大)，但是大下倾角时天线性能会有所下降，所以一般电下倾的可调最大范围只有 8° ～14° ，超出的部分需要与机械下倾配合。这种下倾方式也需要人工上站调整，天线的价格比不带电下倾的贵一些。

（4）远程可调电下倾与手动可调电下倾的区别就是可以不用上站、通过控制中心的控制命令来调整下倾角，可以节约人工成本，但需要在天馈系统上做一些配套工程，费用较高。总的来说，机械下倾和电下倾在天线的覆盖效果方面有一定的区别，具体如图 2-11 所示。

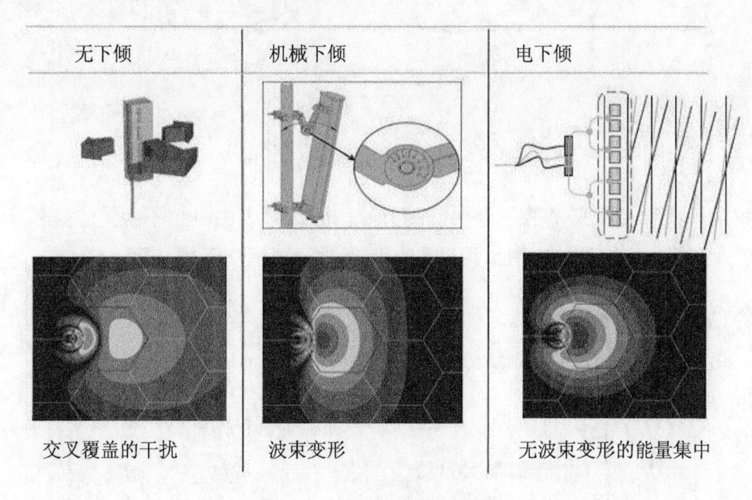

图 2-11　不同下倾覆盖效果

7. 增益

天线是一个无源器件，并且天线本身不扩大辐射信号能量。它只是通过天线杆的组合以及改变它们的方式在特定方向聚集能量。所以天线增益表示天线在一个特定方向能量聚集的能力，指的是相同输入功率在同一位置最大辐射方向上的一点和理想点源辐射的同一点的功率密度比。天线增益的单位用 dBi 或者 dBd 来表示。其中“i”在 dBi 中是“点源”的简写，“d”在 dBd 中是“振子”的简写，两者之间的关系如图 2-12 所示。

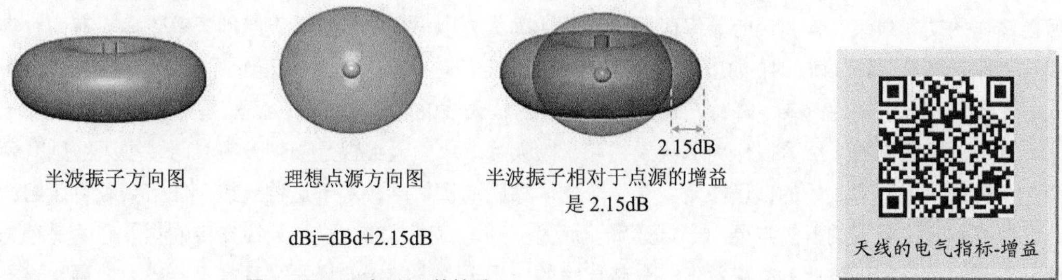

图 2-12　dBi 与 dBd 的关系

天线增益由能量集中带来，可以通过半功率波瓣宽度测量。$Ga=10*\lg[32400/(\theta*\beta)]$，$Ga$ 的增益单位是 dBi，β 为垂直半功率角，θ 为水平半功率角。从公式中可以看出，随着垂直半功率角的减小，增益增大。

同时降低垂直半功率角需要更大的天线尺寸。所以工作在相同频率的天线，高增益天线的尺寸大于低增益天线。

8. 极化方向

电场的辐射方向被定义为极化方向，当电场辐射方向垂直地面时，这种波称为垂直极化波；当电场辐射方向平行于地面时，这种波称为水平极化波。常见的天线极化有垂直极化、水平极化、+45°极化、–45°极化。图 2–13 的极化方向是垂直极化。

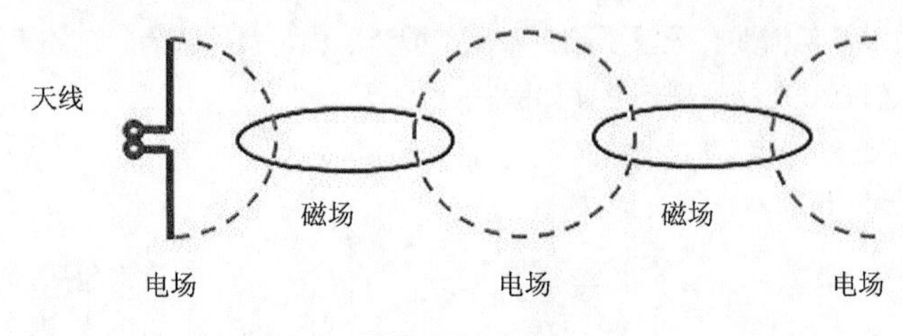

图 2–13 垂直极化

分集是用来解决干扰和多径衰落的一个很好的方法。分集可以由多个不相关的信号从多个天线接收实现。图 2–14 所示为解决多径衰落的方法，原理和如何通过分集解决干扰几乎一样。

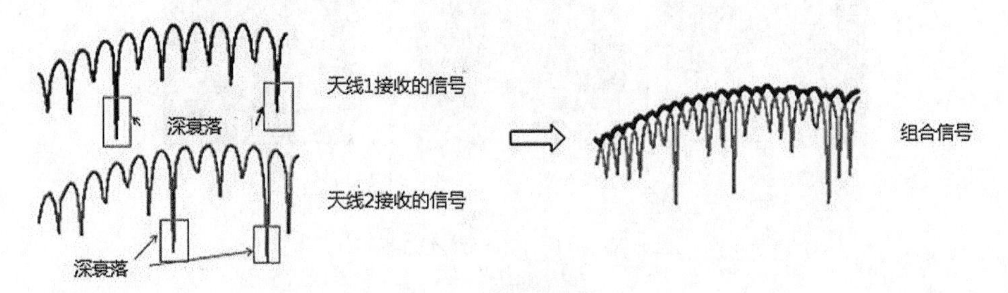

图 2–14 分集接收

不相关的接收信号可以由多个彼此之间安装距离大于 10 λ 的天线实现（空间分集），或者多天线通过垂直极化（极化分集）实现。相比空间分集，极化分集可以节约安装空间和天线个数。因为相比垂直/水平极化，+45° 极化和–45° 极化有着几乎相等的辐射能力，所以+/–45° 交叉极化天线被广泛使用。

9. 频段范围

无论是发射天线还是接收天线，它们总是在一定的频率范围内工作的。通常，工作在中心频率时天线所能输送的功率最大，偏离中心频率时所输送的功率将减小，据此可定义天线的频率带宽。有两种定义方式：一种是增益下降 3 dB 时的频率范围；另一种是规定的驻波比下天线的工作频带宽度。当天线的工作波长不是最佳时，天线性能要下降；在天线工作频带内，天线性能下降不多，仍然是可以接受的。

基于频率范围的天线可以分为单频天线和多频天线。单频天线都是窄带天线。而多频天线则有两种类型。一种是支持不同频段的振子集合共享一个罩内相同的反射器，对于这种天线，任何频段可以组合在一起，缺点就是高频率的覆盖半径小于低频率。而另一种是宽带天线，这种天线支持的频段必须是相邻的，而且辐射效率低，驻波比差，增益低。宽带天线的应用于改善容量的场景，覆盖不会成为瓶颈。该方案针对覆盖面广、通常不会有密集的容量要求。这样的缺点相比宽带天线带来的优势是可以接受的，具体原理如图 2–15 所示。

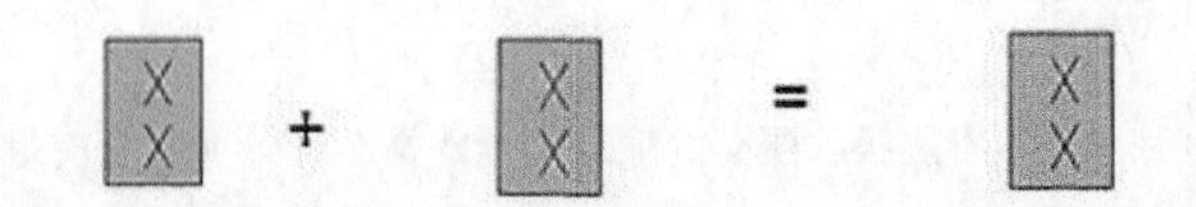

图 2-15　宽带双频天线

双频天线在目前网络中的应用比较广泛，在全球都可以见到此类天线。图 2-16 所示的双频天线就是应用在摩洛哥和苏丹的项目。

图 2-16　双频天线项目应用

2.2.2　电气指标

1. 隔离度

隔离度表示的是信号功率从一个端口泄漏到另一个端口的比例。如果一个天线的隔离度低，一个通道的发射功率将通过天线内部连接发送到另一个通道的前面，形成干扰。因此接收机滤波器边缘抑制设计不够，将导致接收通道性能退化（通道堵塞导致系统内部干扰增加）。隔离度越高越好，按照行业基准，隔离度应不小于 30 dB。具体关于隔离度的计算如图 2-17 所示，隔离度为 10 lg(1 000 mW/1 mW) = 30 dB。

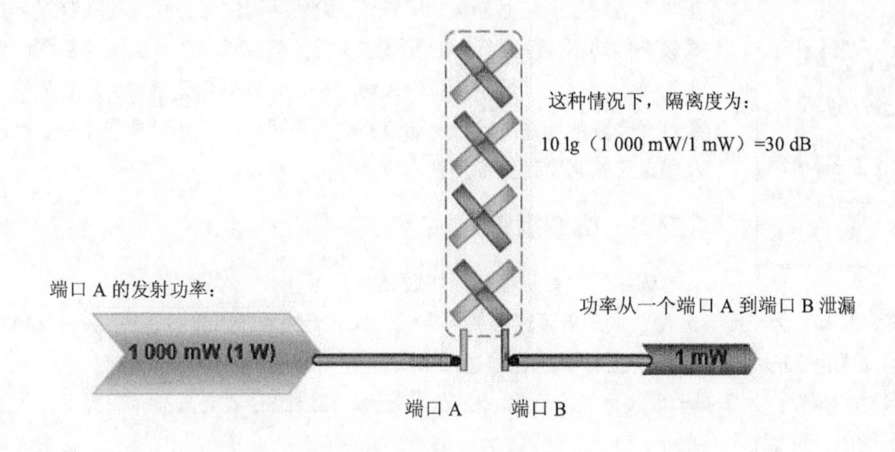

图 2-17　天线隔离度

2. 驻波比

当天线阻抗不等于馈线时，天线不能吸收所有的输入高频能量。部分前向波能量反射形成反射波。前向波和反射波叠加形成驻波。因此，为了得到一个好的天线系统特性，必须匹配系统阻抗。天馈系统标准的阻抗为 50Ω，基站设计的负载阻抗为 50Ω。当负载阻抗刚达到 50Ω时，基站功率可以通过天馈系统完全发送。但是由于各种原因实际天线组件的阻抗不为 50Ω，原因包括天线类型、非标准连接器、连接松动、水的渗透、金属屑、腐蚀、内外导体的划痕以及小弯曲半径。基站功率通过阻抗不为 50Ω的天馈系统后，一些功率会反射。电压驻波比定义为在天线输入端口驻波电压的最大振幅与最小振幅比。驻波比测量天线和馈线系统内阻抗匹配，也可衡量系统健康状况。驻波比（VSWR）的计算公式为 $VSWR = (1 + |\Gamma|)/(1-|\Gamma|)$，其中，$|\Gamma| = (Z_L - Z_0)/(Z_L + Z_0)$，$\Gamma$为反射系数，$Z_L$为输入阻抗；$Z_0$为理想阻抗。阻抗不容易衡量和测试，所以使用公式计算反射因子：$VSWR = (1 + |\Gamma|)/(1-|\Gamma|)$。其中，$|\Gamma| = 10(R.L./20)$，R.L. (dB)返回损耗 $= P_{in}$(dBm) P_{out}(dBm)。

驻波比的范围是 1 至无穷。当驻波比为无穷，则电缆完全不匹配天线。太重视驻波比将导致成本大大增加，所以工程上可接受的驻波比小于 1.5。做驻波比测试时，天线必须高于一米，并且天线辐射向上，确保周围没有障碍物并确认测试仪器在有效期内。金属障碍物可以反射无线信号，当靠近主瓣方向有金属障碍物时，测试结果可能偏高。每个定向天线均具有一个反射器，所以当大量的定向天线一起，会产生严重的反射。

3. 三阶互调

互调是指非线性射频线路中，两个或多个频率混合后所产生的噪声信号。互调可由有源元件（无线电设备、二极管）或无源元件（电缆、接头、天线、滤波器）引起。天馈系统的互调指标一般用 3 阶互调抑制来衡量，以下是具有两个载波信号的互调失真频率实例。

1 阶：　A，B

2 阶：（A+B），（A–B）

3 阶：（2A ± B），（2B ± A）

4 阶：（3A ± B），（3B ± A），（2A ± 2B）

5 阶：（4A ± B），（4B ± A），（3A ± 2B），（3B ± 2A）

较高功率的发射信号通常会混合产生互调信号，最后进入接收波段。而基站天线接收的信号通常功率较低。如果互调信号与实际的接收信号具有相近或较高的功率，系统会误把互调信号视为真实信号。在系统将互调信号视为真实的接收信号的情况下，将带来信号丢失、虚假信道繁忙、语音质量下降、系统容量受限的问题。虽然大部分移动用户可以容忍语音质量下降，但信号丢失及信道繁忙常常都会令用户不满。

天线的电气指标-下倾角、驻波比、互调

2.2.3 机械指标

天线的主要机械指标如表 2-1 所示。

天线输入接口：为了改善无源交调及射频连接的可靠性，基站天线的输入接口采用 4×7-16female。在天线使用前，端口应有保护盖，以免生成氧化物或进入杂质。

天线尺寸和重量：为了便于天线存储、运输、安装及安全，在满足各项电气指标情况下，天线的外形尺寸应尽可能小，重量尽可能轻。

风负荷：基站天线通常安装在高楼及铁塔上，尤其在沿海地区，常年风速较大，要求天线在 36 m/s 时正常工作，在 55 m/s 时候不被破坏。

表 2-1　天线机械指标

机械指标	
输入端	4×7-16female
连接器位置	底部
风载荷	正面：660N 侧面：155N 后面：690N
最大风速	200 km/h
高度/宽度/深度	1319/323/71 mm
重量	16.5 kg
填充物尺寸	1574×360×130 mm

天线的机械指标

工作温度和湿度：基站天线应该在－40℃～65℃环境范围内正常工作。基站天线应在环境相对 0～100%范围为正常工作。

雷电防护：基站天线所有输入端口要求直流直接接地。

三防能力：基站天线必须具备三防能力，即防潮、防盐雾、防霉菌。对于基站全向天线，必须允许天线倒置安装，同时满足三防要求。

2.3 馈线和跳线

馈线是连接射频单元和天线的电缆，它是信号传输的通道。不同直径的馈线应用于天线和射频单元之间不同的距离。阻抗与长度成正比，与面积成反比。馈线根据直径进行分类，有以下几种类型：1/2 英寸电缆、7/8 英寸电缆、5/4 英寸电缆、13/8 英寸电缆。为了保护设备和方便移动，1/2 软馈线通常靠近天线和射频端，叫作跳线。不同馈线相关的规格如表 2-2 所示。

表 2-2　馈线相关规格

馈线类型	7/8 英寸馈线电缆	1/2 英寸馈线电缆	1/2 英寸软馈线电缆
最小弯曲半径(mm)	360	210	40
最大牵引力(N)	1 400	1 100	700
特性阻抗(Ω)	50±1		
100 m 的插入损耗 (dB/100m,1 900 MHz)	<6	<11	<16
工作温度(℃)	−40℃～+85℃，根据需要采用不同保护套		
工作湿度(%)	5%～95%		

最小弯曲半径指的是当材料被弯曲且不被损坏的情况下弯曲半径的最小值。影响最小弯曲半径的因素包括弯曲材料的机械性能、弯曲角度和方向以及表面和剖面的质量。

信号通过接收机传输后会有损耗，损耗的原因是馈线之间的插入损耗。插入损耗与直径和工作频率有关。更宽的馈线，有更小的插入损耗；更低的工作频率，有更小的插入损耗。几种常见馈线的损耗如表 2–3 所示。

表 2-3 馈线损耗

	频 率	1/2 英寸软	1/2 英寸	7/8 英寸
衰减 (dB/100 m) @20°C	150 MHz	4.22	2.68	1.44
	300 MHz	6.10	3.84	2.06
	450 MHz	7.60	4.75	2.56
	800 MHz	10.44	6.46	3.48
	894 MHz	11.11	6.86	3.70
	1 000 MHz	11.83	7.29	3.93
	1 500 MHz	14.91	9.10	4.92
	1 700 MHz	16.03	9.75	5.27
	1 800 MHz	16.57	10.06	5.44
	2 000 MHz	17.63	10.67	5.78
	2 300 MHz	19.14	11.54	6.25
	2 500 MHz	20.11	12.09	6.56
	2 700 MHz	21.06	12.63	6.85

馈线接头，又叫连接器（俗称接头），馈线与设备以及不同类型线缆之间一般采用可拆卸的射频连接器进行连接。作用是有时馈线不够长，需要延长馈线或者馈线要连接设备时，都需要接头的转换。

转接头，又叫转接器，在通信传输系统中用于连接器与连接器之间的连接，对连接器起转接作用。

公头和母头的区别：一般公连接器都采用内螺纹连接，而母连接器采用外螺纹连接器连接，但有少数连接器相反，叫反连接器；还有一种简单区分的方法：公头中间有根针，外围是活动的；母头中间是环管，外围有螺纹，不能活动。一般来说，在连接两根馈线时，就要用母头，此时母头不连接器件；一般器件自带的机头都是母头，馈线是公头，馈线接公头后直接就能接器件；直角弯头其实就是把公头的头部弯了 90° ，便于施工，也比较美观。

练习题

1. 天线的电气指标有哪些？请分别进行阐述。
2. 天线机械指标中的“三防”指的是哪些方面？
3. 馈线根据直径大小划分为哪些类型？

Communication

Chapter

3

第 3 章 移动通信的演进和 LTE 系统概述

当前全球 LTE 进入商用部署阶段，面临的重要问题是如何将 LTE 技术应用到实际商用之中。因此，本章节针对 LTE 的主要技术问题进行研究，包括多址技术、双工技术、OFDM、信道编码等方面。

课堂学习目标

- 了解蜂窝网络的演进历史
- 熟悉无线接口技术
- 懂得 FDD 和 TDD 模式的不同
- 了解信道编码和 FEC 的概念
- 熟练 OFDM 基本原理

3.1 移动网络演进

移动网络已经演进了很多年，如图 3-1 所示，最初的网络被称为第一代移动通信系统。第一代网络现在已经被第二代、第三代网络所取代。而 4G 或者说第四代移动通信系统，现在已经在全球迅猛的发展。

图 3-1　移动网络的演进

3.1.1　第一代移动通信系统

第一代移动通信技术（1G）是指最初的模拟、仅限语音的蜂窝电话标准，制定于 20 世纪 80 年代。第一代移动通信系统主要有以下这些。

（1）先进移动电话系统（Advanced Mobile Telephone System，AMPS）。最早于 1976 年出现在美国。它主要应用于美洲、亚洲的国家，以及俄罗斯。

（2）全接入通信系统（Total Access Communications System，TACS）。它是欧洲版的有少量修改的 AMPS，它工作在与 AMPS 不同的工作频段。它主要应用于英国和部分亚洲国家。

由于以上两种制式采用的是模拟技术，系统的容量十分有限。此外，安全性和干扰也存在较大的问题。同时，不同国家的各自为政也使得 1G 的技术标准各不相同，国际漫游成为非常突出的问题。这些缺点都随着第二代移动通信系统的到来得到了很大的改善。

3.1.2　第二代移动通信系统

2G（即第二代）移动通信系统采用了数字多址技术，包括时分多址（Time Division Multiple Access，TDMA）和码分多址（Code Division Multiple Access，CDMA）。自 20 世纪 90 年代以来，以数字技术为主体的第二代移动通信系统得到了极大的发展，其用户超过了 10 亿。几种 2G 移动通信系统如图 3-2 所示，主要有以下几种。

（1）全球移动通信系统（Global System for Mobile communications，GSM）。它是所有 2G 技术中最成功的。GSM 是由欧洲电信标准协会（European Telecommunications Standards Institute，ETSI）首先提出的，它是为欧洲设计的工作在 900 MHz 和 1800 MHz 频段的系统。目前，它获得全球范围内的支持并发展到其他工作频段，如 850 MHz 和 1900 MHz 频段。三频段或四频段手机允许一部手机支持多种频段。GSM 采用时分多址技术，在一个 200 kHz 的载波上有 8 个时隙。

（2）cdmaOne。它是基于过渡性标准 95（Interim Standard 95，IS-95）的码分多址系统。CDMA 采用扩频技术并通过扩频码和时间来区分小区和信道。其系统带宽为 1.25 MHz。

与第一代模拟蜂窝移动通信相比，第二代移动通信系统提供了更高的网络容量，改善了语音质量和保密性，并为用户提供无缝的国际漫游，具有保密性强，频谱利用率高，能提供丰富的业务，标准化程度高等特点。

第二代移动通信系统替代第一代移动通信系统完成模拟技术向数字技术的转变，但由于第二代数字移动通信系统带宽有限，限制了数据业务的应用，也无法实现高速率的业务，如移动的多媒体业务。

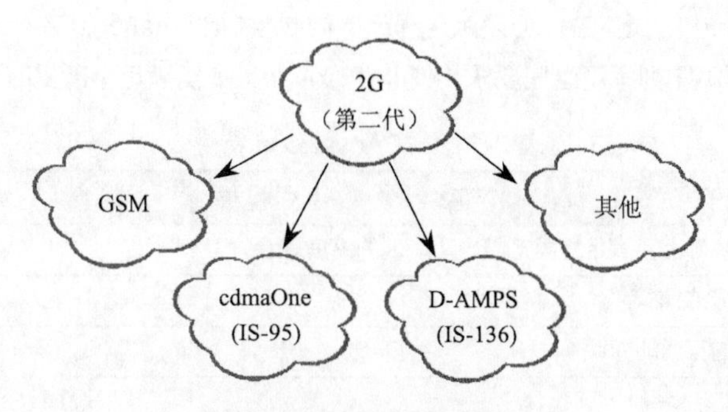

图 3-2 第二代移动通信系统

3.1.3 第三代移动通信系统

3G（即第三代）移动通信系统是由国际移动通信 2000（International Mobile Telecommunications-2000，IMT2000）所定义的。IMT2000 还定义了 3G 系统需提供更高的发送速率，即为静止或移动终端提供 2 Mbit/s 的发送速率，为车载设备提供 384 kbit/s 的发送速率。

几种主要的 3G 技术如图 3-3 所示，主要包含以下这些。

（1）宽带 CDMA（Wideband CDMA，WCDMA）。它是由 3GPP 提出的。WCDMA 是 GSM/GPRS 网络的主要演进路径。它是频分双工（Frequency Division Duplex，FDD）系统，占用 5 MHz 载波。当前部署的 WCDMA 主要在 2.1 GHz 频段，其他低工作频段还包括 UMTS1900、UMTS850 以及 UMTS900 等。初始阶段，WCDMA 理论上可为语音和多媒体业务提供 2 Mbit/s 的速率，但是大多数 WCDMA 运营商起初只能为每用户提供 384 kbit/s 的速率。然而，此技术也在不断发展。在 3GPP 后续版本中，速率已超过 40 Mbit/s。

（2）时分同步 CDMA（Time Division Synchronous CDMA，TD-SCDMA）。它是由西门子公司和中国电信技术研究院（China Academy of Telecommunications Technology，CATT）联合提出的。TD-SCDMA 与 UMTS 规格相关，在 3GPP 协议中被称为 UMTS-TDD。

（3）CDMA2000。它是使用 CDMA 技术的多载波技术标准。CDMA2000 是包含 CDMA2000 演进数据优化（Evolution-Data Optimized，EV-DO）的一系列标准集合。EV-DO 有多种“修订”版本。

（4）全球微波互联接入（Worldwide Interoperability for Microwave Access，WiMAX）。它是满足 IMT2000 3G 要求的另一种无线技术。空中接口是美国电气及电子工程师协会（Institute of Electrical and Electronics Engineers，IEEE）802.16 标准所定义的。此标准最初定义了点对点（Point-To-Point，PTP）和点对多点（Point-To-Multipoint，PTM）系统。后续又增强了移动性和更大的灵活性。

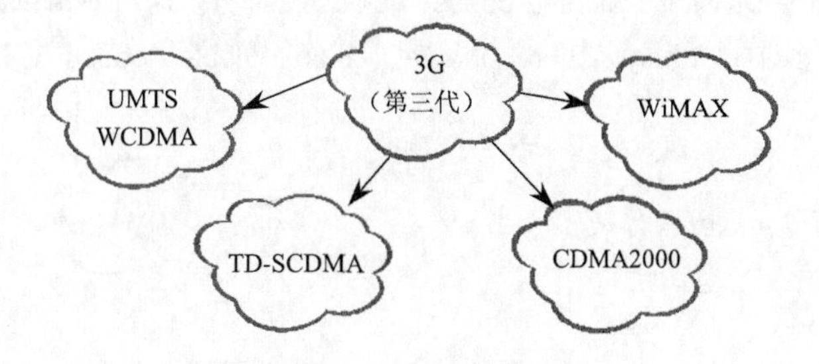

图 3-3 第三代移动通信系统

3.1.4 第四代移动通信系统

4G（即第四代）移动通信系统是国际移动通信 Advanced（International Mobile Telecommunications

Advanced，IMT Advanced）所定义的，必须满足国际电信联盟（International Telecommunications Union，ITU）所设定的要求。表 3-1 列举了这些要求，使 IMT Advanced 能满足不断提高的用户需求。

表 3-1 IMT Advanced 特性

IMT Advanced 主要特性
在保证低成本、多业务的基础上，满足世界范围内功能性的高度融合
满足 IMT 内部及与固网业务的兼容
具有与其他无线接入系统的互通能力
提供高质量移动业务
提供能全球漫游的用户终端
提供用户友好型应用程序、业务和设备
满足终端全球漫游
具有增强型峰值数据速率以支持高级业务和应用程序，例如低速移动业务需达到 1 Gbit/s 的速率，高速移动业务需达到 100Mbit/s 的速率

主要的 4G 系统如图 3-4 所示，有以下两种。

（1）LTE Advanced（先进的 LTE，LTE-A）。在 3GPP 协议中定义的 LTE 并不能满足 IMT Advanced 的全部要求，因此，LTE 有时也被称为 3.99G。而 LTE Advanced 是在 3GPP 更新版本（R10）中定义的，是为满足 4G 要求特别设计的。

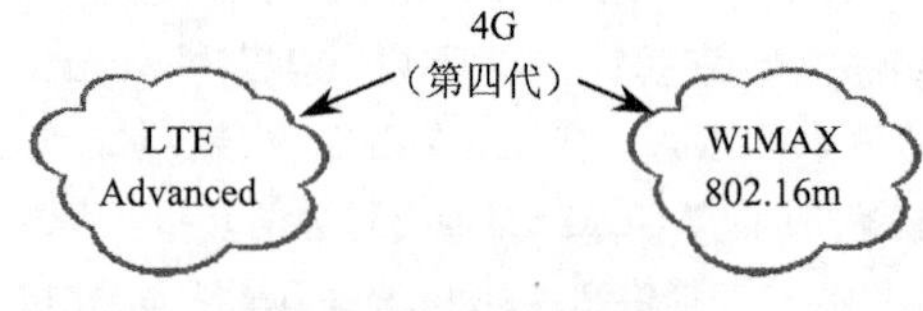

图 3-4 第四代移动通信系统

（2）WiMAX 802.16m。IEEE 和 WiMAX 论坛定义了他们的 4G 系统——802.16m。

3.2 多址技术

在无线通信系统中，多用户同时通过同一个基站和其他用户进行通信，必须对不同用户和基站发出的信号赋予不同特征。这些特征能使基站从众多手机发射的信号中区分出是哪一个用户的手机发出来的信号；各用户的手机能在基站发出的信号中识别出哪一个是发给自己的信号。在无线通信系统中，使用多址技术寻址。多址技术分类繁多，如图 3-5 所示，主要有 4 种技术：频分多址（Frequency Division Multiple Access，FDMA）、时分多址（Time Division Multiple Access，TDMA）、码分多址（Code Division Multiple Access，CDMA）以及正交频分多址（Orthogonal Frequency Division Multiple Access，OFDMA）。

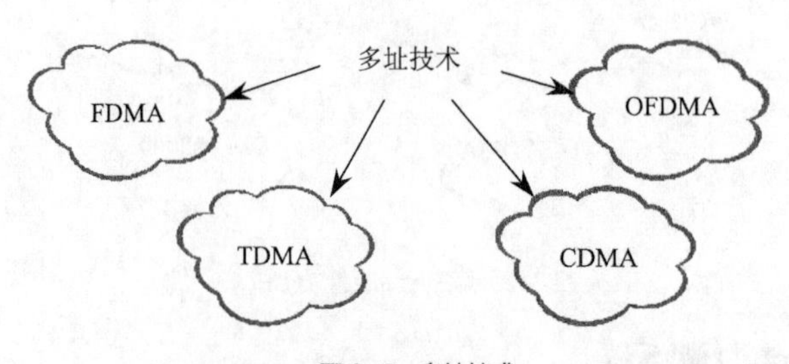

图 3-5 多址技术

3.2.1　频分多址

把信道频带分割为若干更窄的互不相交的频带（称为子频带），把每个子频带分给一个用户专用（称为地址），这种技术称为"频分多址"技术。频分复用（Frequency Division Multiplexing，FDM）是指载波带宽被划分为多种不同频带的子信道，每个子信道可以并行传送一路信号的一种技术。FDMA 模拟传输是效率最低的网络，这主要体现在模拟信道每次只能供一个用户使用，使得带宽得不到充分利用。FDMA 的概念如图 3-6 所示。

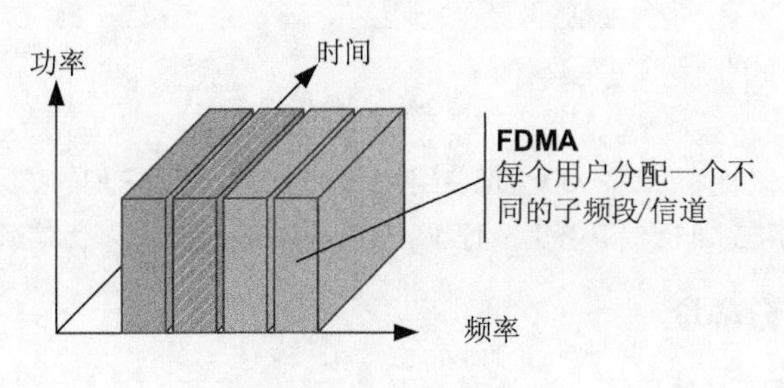

图 3-6　频分多址

由于信道发射的能量会影响相邻的信道，因此 FDMA 信道无法靠近在一起。为了避免这种干扰，信道间需要增加保护频段，但这会降低系统的频谱效率。

3.2.2　时分多址

在 TDMA 系统，信道带宽在时域进行共享。TDMA 的概念如图 3-7 所示。图中显示，在一个信道上，每个设备被分配了一段时间，一般称为时隙。一个 TDMA 帧由多个时隙组成，例如，在 GSM 系统中，一帧包含 8 个时隙。

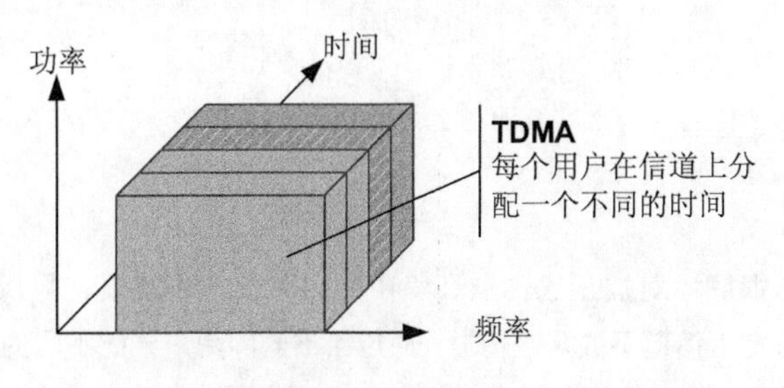

图 3-7　时分多址

每个设备必须要被分配时隙，而且通常需要预留一个或多个时隙，用于公共控制和系统接入。

通常，TDMA 系统为数字制式的，因此，它也提供了加密和完整性等附加特性。此外，TDMA 系统能够使用包括前向纠错码（Forward Error Correction，FEC）在内的增强错误检测和纠正方案。这使得系统对噪声和干扰能够更灵活处理。因此，同 FDMA 系统相比，TDMA 系统提供了更高的频谱效率。

3.2.3　码分多址

CDMA 在概念上与 FDMA 和 TDMA 有些不同。在 CDMA 系统，用户在时域或频域无须进行资源共享，能够在相同的频率上同时使用网络。实现的方式是每个用户使用唯一的码进行区分。

CDMA 的基本概念如图 3-8 所示。窄带信号被宽带码扩展后进行发送。通过设计，接收机可以使用正确的码的提取扩频的信号，并将其他信号作为噪声进行过滤。

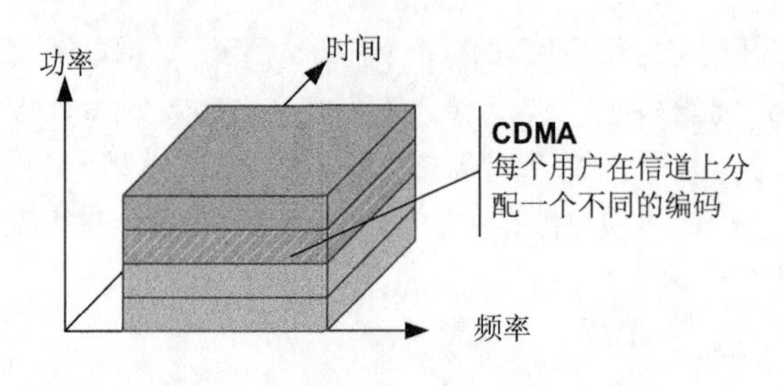

图 3-8 码分多址

UMTS、cdmaOne 以及 CDMA2000 全部使用 CDMA 技术。但是它们的扩频码及在带宽的实现上是不同的。例如，UMTS 使用 5 MHz 信道带宽，而 cdmaOne 只使用 1.25 MHz 信道带宽。

3.2.4 正交频分多址

OFDMA 是无线通信系统的标准，是一种多址技术。WiMAX 和 LTE 都支持 OFDMA。OFDMA 系统将传输带宽划分成正交的互不重叠的一系列子载波集，将不同的子载波集分配给不同的用户实现多址。OFDM 技术是蜂窝系统最新增加的。OFDMA 的基本原理如图 3-9 所示。从图中可以看到，带宽分成了更小的单元（即子载波）。这些单元组合在一起并作为一个资源块分配给用户。也可以从图 3-9 中看到，设备能够在时域和频域上分配不同的资源块。

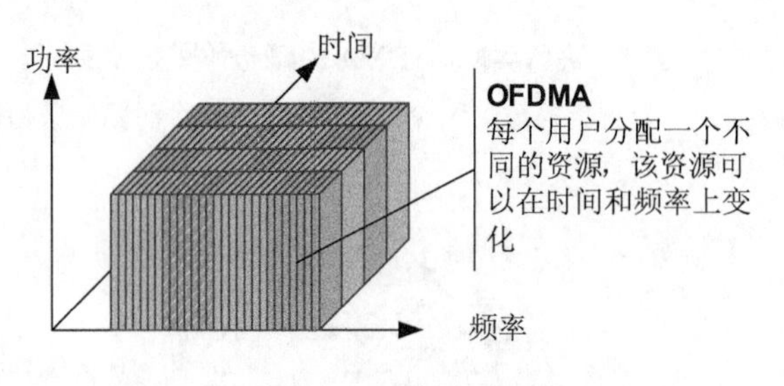

图 3-9 正交频分多址

由于 OFDMA 能够很好地对抗无线传输环境中的频率选择性衰落，可以获得很高的频谱利用率，OFDMA 非常适用于无线宽带信道下的高速传输。通过给不同的用户分配不同的子载波，OFDMA 提供了天然的多址方式。由于用户间信道衰落的独立性，可以利用联合子载波分配带来的多用户分集增益提高性能，达到服务质量要求。

3.3 双工

单工（Simplex）指仅能单方向传输数据。通信双方中，一方固定为发送端，一方则固定为接收端。“双工”（Duplexer）是相对于“单工”而言的收发信机工作方式。在无线对讲（集群）电话问世之初，由于技术及成本因素，发信机采用了“按下讲话”的方式，即有一个通话按钮，按下时表示发信，放开时表示接收。也就是说，此种通话方式不能像固定电话那样同时收发，故称为“单工”，也可称为“半双工”。而随着技术的进步和制造成本的下降，使双工滤波器能够在各类工作频段都能随意使用，从而使无线对讲电话也能像固定电话那样同时接收和发送，不需要在讲话时按下按钮，这种通话方式就是“双工”方式。

当收信和发信采用一对频率资源时，称为“频分双工”；而当收信和发信采用相同频率并仅以时间分隔时称为“时分双工”。

3.3.1　频分双工

FDD 模式的特点是在分离的两个对称频率信道上，系统进行接收和传送，用保护频段来分离接收和传送信道。上行和下行载波之间的间隔称为双工间隔。

FDD 必须采用成对的频率，该方式在支持对称业务时能充分利用上下行的频谱，但在非对称的分组交换工作时，频谱利用率则大大降低(由于低上行负载，造成频谱利用率降低)。FDD 的概念如图 3-10 所示。

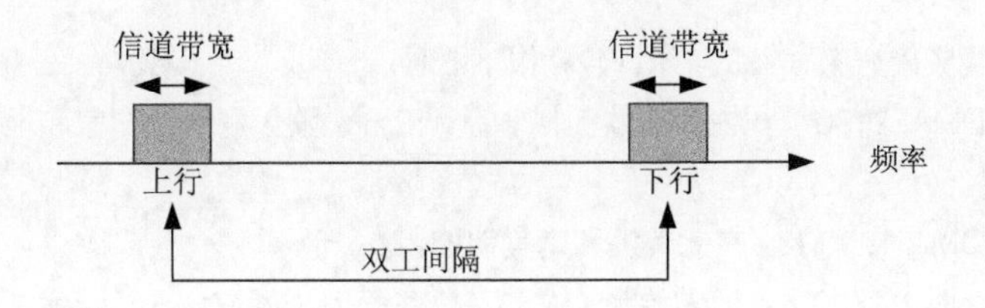

图 3-10　频分双工

通常，上行载波移动设备发射的频率较低。这样做的目的是因为高频率信号要比低频率信号受到的衰减大，因此允许手机使用更低的发射功率，从而降低手机复杂度及成本。

3.3.2　时分双工

如图 3-11 所示，TDD 方式通过单频段和时分复用上下行信号实现了全双工运行。TDD 的一个优势就是它能够提供非对称上下行分配。TDD 的其他优点还包括动态资源分配、频谱效率提升以及改进波束赋形技术的使用（这是因为上下行频率特性相同）。

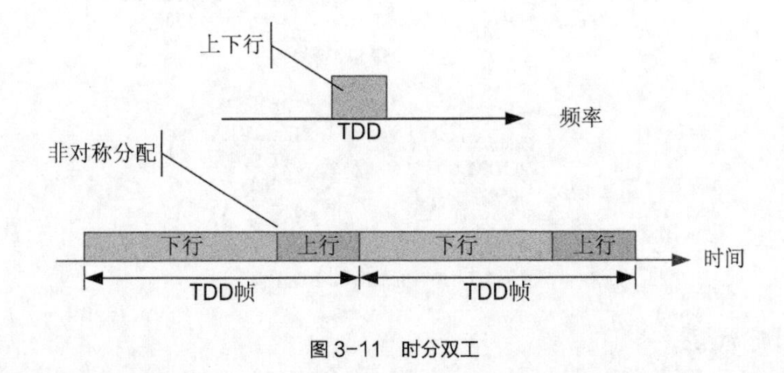

图 3-11　时分双工

3.4　频谱划分

3.4.1　GSM 频段

从图 3-12 可以看到，GSM 900 和 GSM 1800 在全球的大部分地区（欧洲、中东、非洲以及亚太的大部分地区）使用。相应的，GSM 850 和 GSM 1900 主要在美国、加拿大以及其他美洲国家使用。低频段（GSM 400/450）支持受限。

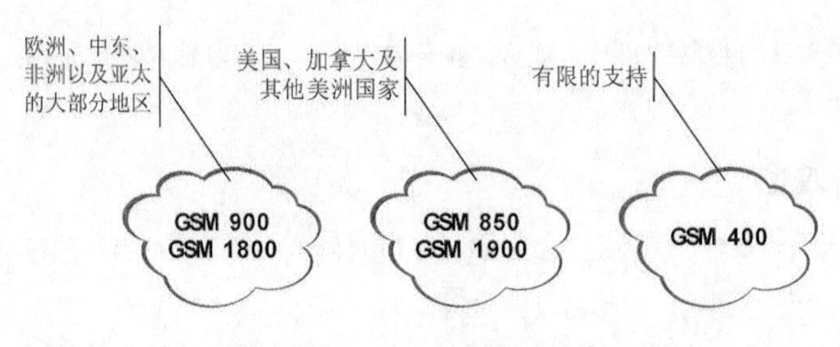

图 3-12 GSM 部署

3.4.2 UMTS 频段

主要的 UMTS 部署频段如图 3-13 所示，包括以下 5 种。

（1）Band I（WCDMA 2100）：主要在欧洲、非洲、亚洲、澳大利亚的国家和地区，以及新西兰和巴西使用。

（2）Band II（WCDMA 1900）：在北美洲和南美洲使用。

（3）Band IV（WCDMA 1700）：通常称为 AWS（Advanced Wireless Services）频段。美国和加拿大的某些业务提供商已经接入了该频段。

（4）Band V（WCDMA 850）：主要在北美洲和南美洲的国家和地区，以及澳大利亚、新西兰、波兰和亚洲国家使用。

（5）Band VIII（WCDMA 900）：目前正在欧洲和亚洲的国家和地区，以及澳大利亚、新西兰和委内瑞拉使用。

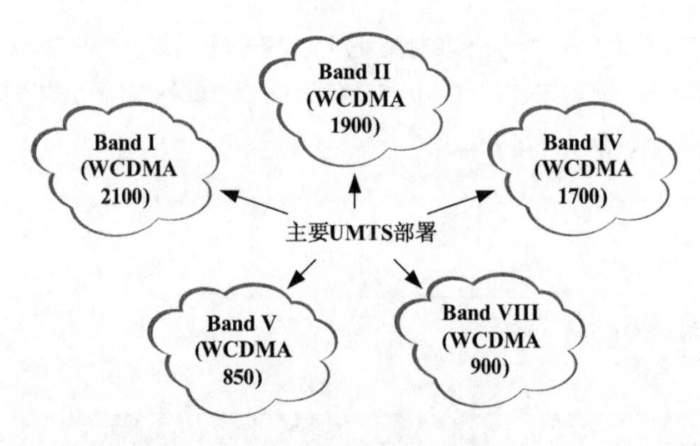

图 3-13 关键的 UMTS 部署频段

3.4.3 LTE 频段

FDD 需要两个中心频率，分别用于下行和上行。每一个上、下行载波频率都分配一个绝对无线频率信道号（E-UTRA Absolute Radio Frequency Channel Number，EARFCN），其取值范围为 0～65 535。相反，TDD 只有一个 EARFCN。计算 EARFCN 所要求的参数如下。

（1）F_{DL_low}：下行频段的底频率。

（2）F_{DL_high}：下行频段的顶频率。

（3）$N_{Offs-DL}$：用于下行 EARFCN 计算。

（4）N_{DL}：实际下行 EARFCN 号。

（5）F_{UL_low}：上行频段的底频率。

（6）F_{UL_high}：上行频段的顶频率。

（7）$N_{Offs-UL}$：用于上行 EARFCN 计算。

（8）N_{UL}：实际上行 EARFCN 号。

3.4.4 载波频率 EARFCN 计算

使用图 3-14 所示的等式和表 3-2 中给出的值计算 EARFCN。

对于所有频段，LTE 的信道频率栅格都是 100 kHz，即载波中心频率必须是 100 kHz 的整数倍，在等式中通过“0.1”来表示。

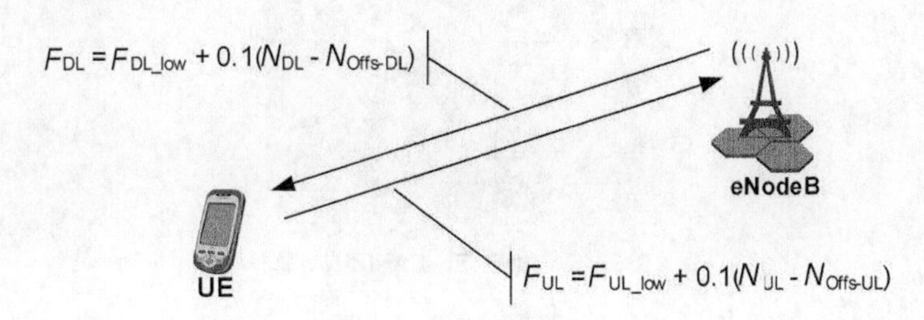

图 3-14　EARFCN 计算

表 3-2　LTE R9 频段

频段	双工方式	F_{DL_low} (MHz)	F_{DL_high} (MHz)	$N_{Offs-DL}$	N_{DL}	F_{UL_low} (MHz)	F_{UL_high} (MHz)	$N_{Offs-UL}$	N_{UL}
1	FDD	2 110	2 170	0	0～599	1 920	1 980	18 000	18 000～18 599
2	FDD	1 930	1 990	600	600～1 199	1 850	1 910	18 600	18 600～19 199
3	FDD	1 805	1 880	1 200	1 200～1 949	1 710	1 785	19 200	19 200～19 949
4	FDD	2 110	2 155	1 950	1 950～2 399	1 710	1 755	19 950	19 950～20 399
…									
19	FDD	875	890	6 000	6 000～6 149	830	845	24 000	24 000～24 149
20	FDD	791	821	6 150	6 150～6 449	832	862	24 150	24 150～24 449
21	FDD	1 495.9	1 510.9	6 450	6 450～6 599	1 447.9	1 462.9	24 450	24 450～24 599
…									
37	TDD	1 910	1 930	37 550	37 550～37 749	1 910	1 930	37 550	37 550～37 749
38	TDD	2 570	2 620	37 750	37 750～38 249	2 570	2 620	37 750	37 750～38 249
39	TDD	1 880	1 920	38 250	38 250～38 649	1 880	1 920	38 250	38 250～38 649
40	TDD	2 300	2 400	38 650	38 650～39 649	2 300	2 400	38 650	38 650～39 649

靠近工作频段边缘的频率信道号不能使用。也就是说，当配置 1.4、3、5、10、15 和 20 MHz 信道时，靠近“底频率”的前 7、15、25、50、75 和 100 个频率信道号以及靠近“顶频段”的后 6、14、24、49、74 和 99 个频率信道号不能使用。

3.4.5 EARFCN 计算实例

利用前面的等式可以计算一个特定 EARFCN 的频率，也可以计算一个特定频率的 EARFCN。定义了上下行频率的一个实例如图 3-15 所示。从图中可以看到，下行频率为 2 127.4 MHz，通过计算可得到 EARFCN

为 174。

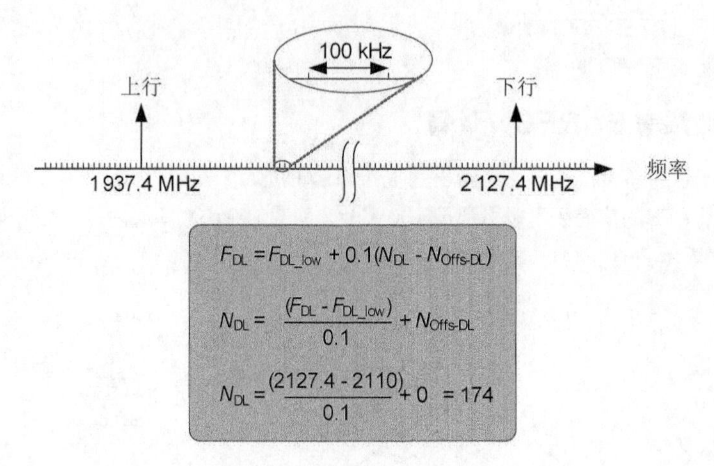

图 3-15 实例：下行 EARFCN 计算

3.5 信道编码

“信道编码”广义地说是信道的整体编码情况，也可以狭义地表示信道编码的某个步骤。

通常，LTE 信道编码主要是针对传输块（Transport Block，TB）的。TB 是上层提供的信息块，这里的上层指媒体接入控制（Medium Access Control，MAC）层。由物理层（Physical Layer）进行的典型信道处理流程如图 3-16 所示，这些流程如下所示。

（1）传输块循环冗余校验（Cyclic Redundancy Check，CRC）添加。

（2）码块分段及 CRC 添加。

（3）信道编码。

（4）速率匹配。

（5）码块级联。

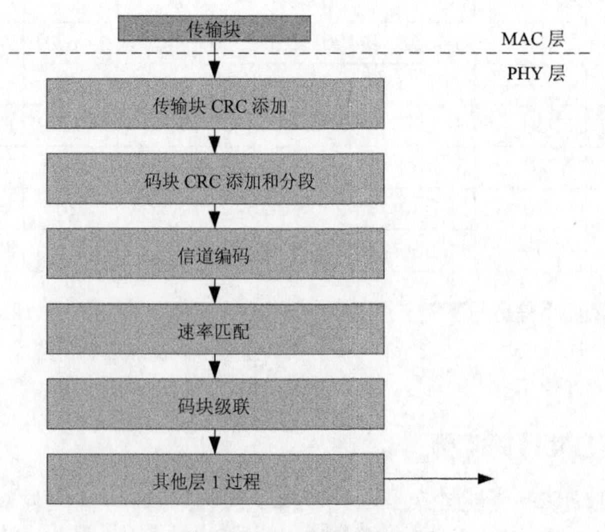

图 3-16 LTE 传输信道处理

图 3-16 所示的编码步骤用于 LTE 下行共享信道（Downlink Shared Channel，DL-SCH）和寻呼信道（Paging Channel，PCH）。上行共享信道（Uplink Shared Channel，UL-SCH）和广播信道（Broadcast Channel，BCH）等其他信道的编码过程是不同的，但它们的流程相似。

3.5.1 传输块循环冗余校验

空中接口的错误检测是通过添加 CRC 实现的。添加 CRC 到传输块的基本概念如图 3-17 所示。使用 CRC 的目的是检测数据发送时可能出现的错误。在 LTE 系统中，CRC 是基于复杂的奇偶校验实现的。

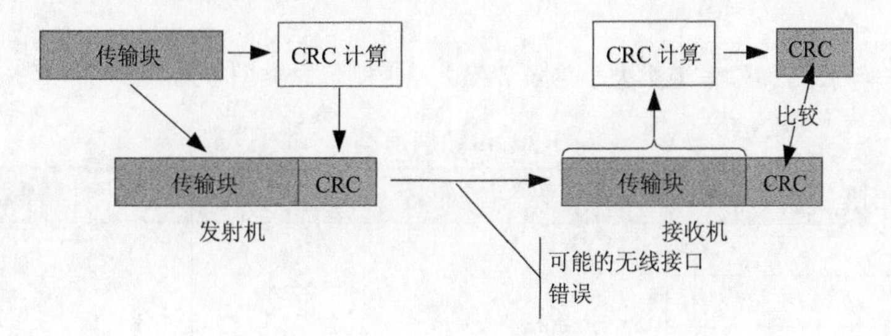

图 3-17 添加 CRC 到传输块的概念

使用 LTE 传输块计算 CRC 奇偶位。CRC 的大小为 24、16 或 8 位。通常，CRC 大小通过高层信令，即无线资源控制（Radio Resource Control，RRC）来指定。CRC 奇偶位如图 3-18 所示。其中，A 为传输块的大小，L 为奇偶位的个数。最低阶信息位 a_0 映射到传输块的最高位。

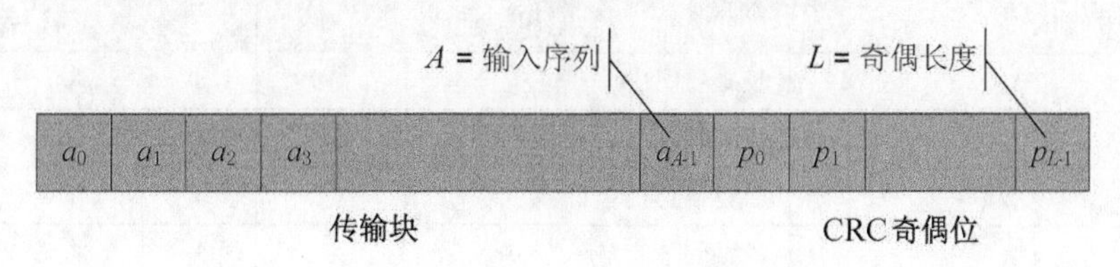

图 3-18 CRC 奇偶位

3.5.2 码块分段及 CRC 添加

传输块处理的下一个阶段就是码块分段及 CRC 添加。码块分段的概念如图 3-19 所示。该流程确保了每个块的大小适用于后续阶段的处理（即 Turbo 码交织器）。每个码块（段）都包含了一个 CRC，用于 Turbo 编码。

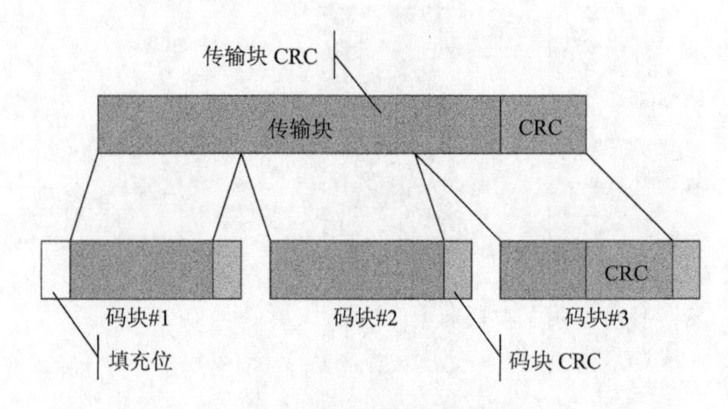

图 3-19 码块分段及 CRC 添加

码块分段输入位序通过 b_0，b_1，…，b_{B-1} 表示。如果 B 大于最大码块大小 Z（6 144 位），那么就进行分段。最后，24 位 CRC 序列会添加到每个码块。

3.5.3 信道编码

LTE 信道编码的功能为 FEC，主要有 4 种类型。

（1）重复编码。

（2）块编码。

（3）咬尾卷积编码。

（4）Turbo 编码。

使用的实际方法与 LTE 传输信道类型（见表 3-3）或控制信息类型（见表 3-4）有关。

表 3-3 传输信道类型

传输信道	编码方法	编码率
DL-SCH	Turbo 编码	1/3
UL-SCH		
PCH		
MCH		
BCH	咬尾卷积编码	1/3

表 3-4 控制信息类型

控制信息	编码方法	编码率
DCI	咬尾卷积编码	1/3
CFI	块编码	1/16
HI	重复编码	1/3
UCI	块编码	可变
	咬尾卷积编码	1/3

3.5.4 速率匹配

就 Turbo 编码的传输信道而言，速率匹配是对每个编码块进行定义的，包括对 3 个信息位流（$d_k^{(0)}$、$d_k^{(1)}$ 和 $d_k^{(2)}$）完成交织，以及后面的位采集和循环缓冲生成，如图 3-20 所示。

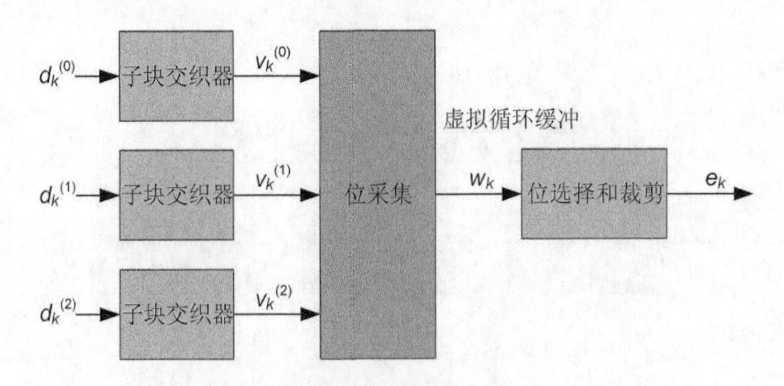

图 3-20 LTE 速率匹配

子块交织器是一个 32 列的行列交织器。列置换如表 3-5 所示。

表 3-5　LTE 子块交织器

列　数	列间置换方式
32	< 0, 16, 8, 24, 4, 20, 12, 28, 2, 18, 10, 26, 6, 22, 14, 30, 1, 17, 9, 25, 5, 21, 13, 29, 3, 19, 11, 27, 7, 23, 15, 31 >

子块交织器的工作原理是逐行将每个位流写入 32 列矩阵。同时，行数是基于流大小的。在每个流的前面通过填充确保矩阵的完整性。

子块交织器的输出包括以置换方式（即 0、16、8 等）读出的列。

位采集块提供了能够在位选择和裁剪期间读取的循环缓冲。循环缓冲是通过将重新排列的系统位与两个重新排列/交错的奇偶位流进行级联形成的。

最后，位选择和裁剪块会提供一个非常重要的功能。即提供正确长度且使用了正确冗余版本（Redundancy Version，RV）的速率匹配输出 e_k。冗余版本通过参数 rvidx 标识，取值为 0、1、2 或 3。同样，该值会影响混合自动重传请求（Hybrid Automatic Repeat Request，HARQ）操作，允许系统选择和裁剪不同的位集合。

3.5.5　码块级联

如图 3-21 所示，码块级联功能可对前面分段的码块进行有效级联。

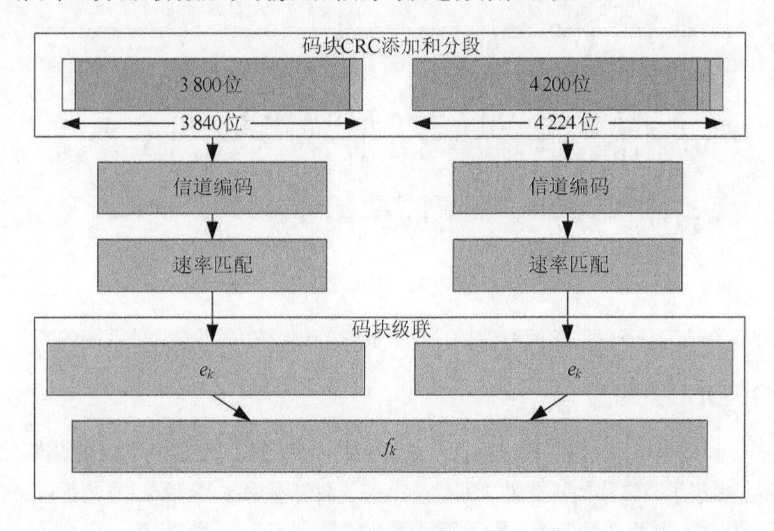

图 3-21　码块级联

3.6　OFDM 原理

LTE 空中接口使用了两种不同的多址技术，这两种技术都基于正交频分复用技术（Orthogonal Frequency Division Multiplexing，OFDM），如图 3-22 所示。

（1）下行使用正交频分多址（Orthogonal Frequency Division Multiple Access，OFDMA）。

（2）上行使用单载波频分多址（Single Carrier – Frequency Division Multiple Access，SC-FDMA）。

OFDM 的概念不是新出现的。在 LTE 使用该技术之前，Wi-Fi 和 WiMAX 等系统已开始使用。1998 年，WCDMA 曾经也考虑过使用该技术，但鉴于手机的处理能力和电池容量有限，最终该技术没有在 WCDMA 使用。

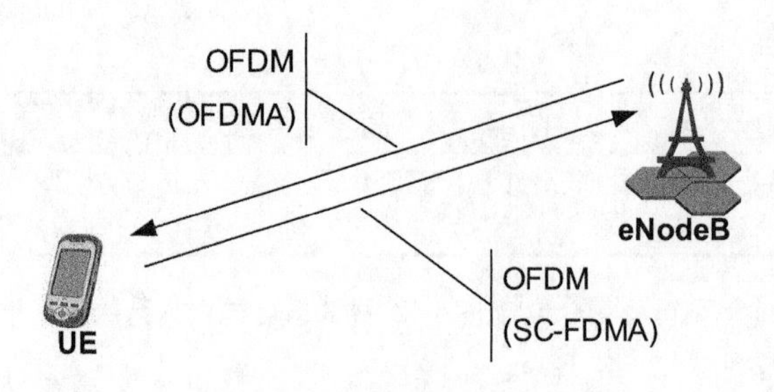

图 3-22 OFDM 在 LTE 中的使用

随着手机处理能力和电池性能的提升，LTE 选择了基于 OFDM 的接入方式。同时，OFDM 也是为了应对提供更高频谱效率系统的压力。

3.6.1 频分复用

OFDM 基于 FDM 技术，它可使用多个频率同时发送信息。一个 4 子载波的 FDM 实例如图 3-23 所示。这些子载波能够用于承载不同的信息，并通过使用保护带确保每个子载波不会与相邻的子载波发生干扰。同时，每个子载波的无线特性略有不同，这可用来提供分集。

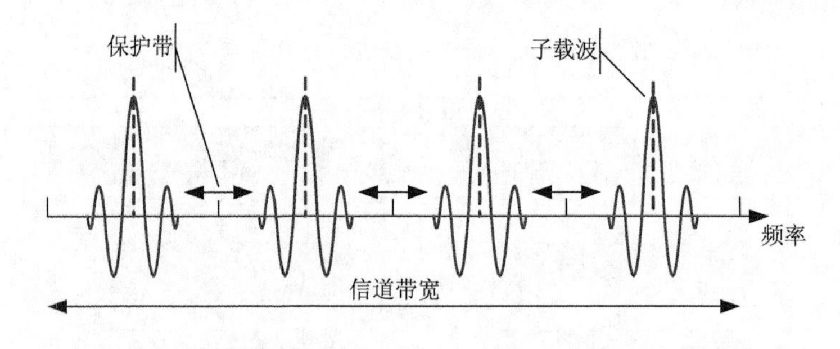

图 3-23 FDM 载波

FDM 系统由于要求多个子载波之间有保护带，因此它的频谱效率不如其他系统的高。

3.6.2 OFDM 子载波

OFDM 与 FDM 原理类似，但是它通过降低子载波间的间隔而极大地提高了频谱效率。子载波交叠情况如图 3-24 所示。由于子载波间的正交性（即数学上各子载波不相关），所以它们可以交叠。同样，当某个子载波处于最大值时，其相邻的两个子载波正好通过零点。OFDM 系统仍使用保护带。不过保护带位于整个信道带宽的边缘，用于降低与相邻无线系统的干扰。

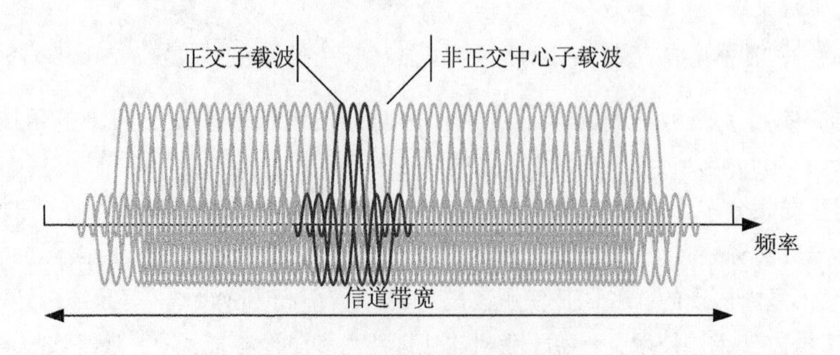

图 3-24 OFDM 子载波交叠情况

中心子载波，也称直流（Direct Current，DC）子载波，由于缺乏正交性，一般不在 OFDM 系统使用。

3.6.3 快速傅里叶变换

OFDM 子载波是使用数学函数快速傅里叶变化（Fast Fourier Transform，FFT）和快速傅里叶反变化（Inverse Fast Fourier Transform，IFFT）生成和解码的。IFFT 在发射侧使用生成波形。在 IFFT 调制和处理前，编码的数据首先映射到并行流，如图 3-25 所示。

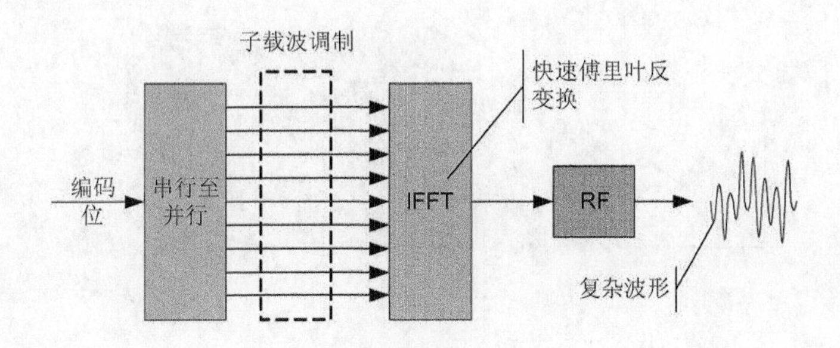

图 3-25　快速傅里叶反变换

在接收侧，信号传到 FFT 模块，然后 FFT 模块把复杂/组合波形解析成原始流。FFT 过程如图 3-26 所示。

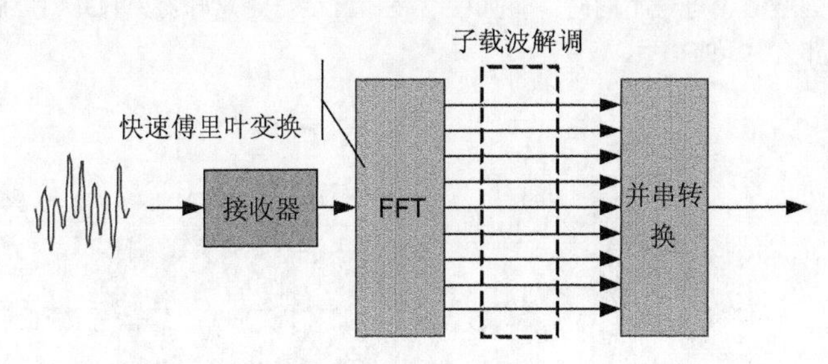

图 3-26　快速傅里叶变换

3.6.4 LTE FFT 点数及载波带宽

快速傅里叶变换和快速傅里叶反变换都有一个定义的点数。例如，512 点数的 FFT 表示有 512 个子载波。实际上，由于信道保护带以及要求 DC 子载波，所以并非所有 512 个子载波都能够使用。

LTE 载波带宽、FFT 点数，子载波带宽以及相关采样率如表 3-6 所示。通过采样率和 FFT 点数可以计算子载波间隔，例如，7.68 MHz/15 kHz = 512。

表 3-6　LTE 载波带宽、FFT 点数子载波带宽及相关采样率

载波带宽	FFT 点数	子载波带宽	采样率
1.4 MHz	128	15 kHz	1.92 MHz
3 MHz	256		3.84 MHz
5 MHz	512		7.68 MHz
10 MHz	1 024		15.36 MHz
15 MHz	1 536		23.04 MHz
20 MHz	2 048		30.72 MHz

3.6.5 OFDM 符号映射

OFDM 符号与子载波的映射依赖于系统设计。OFDM 符号映射如图 3-27 所示。前 12 个调制 OFDM 符号映射到 12 个子载波，即它们使用不同的子载波同时发送。紧接着的 12 个子载波映射到下一个 OFDM 符号周期。同时，符号间添加循环前缀（Cyclic Prefix，CP）。

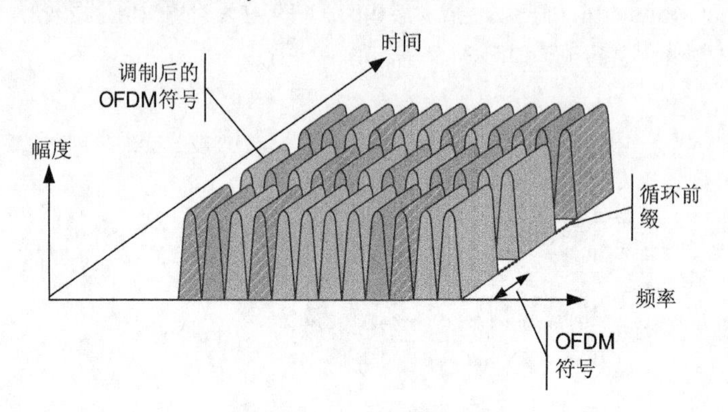

图 3-27 OFDM 符号映射

在上面的例子中，12 个不同的调制 OFDM 符号同时发送。其中生成的组合能量会导致叠加的峰值（符号相同时）或是抵消的空值（符号不同时），如图 3-28 所示。这意味着 OFDM 系统有高的峰均比（Peak to Average Power Ratio，PAPR）。

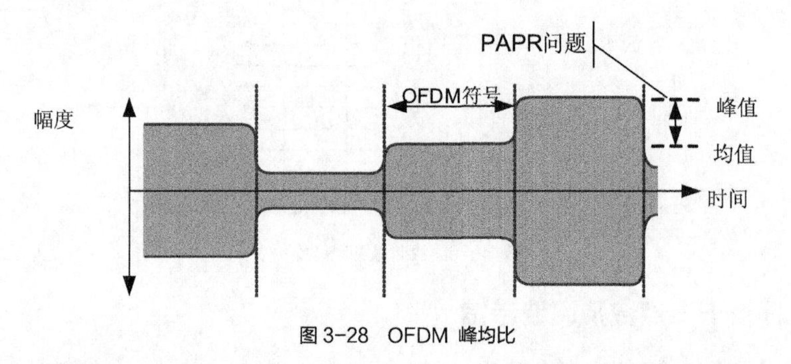

图 3-28 OFDM 峰均比

3.6.6 时域干扰

由于子载波的正交性，OFDM 信号在频域上可以被保护。而在时域方面，LTE 需要克服时延扩展，即多径干扰。

主要存在两个多径效应：时延和衰落，时延扩展如图 3-29 所示。延迟信号相对主径成为符号间干扰（Inter Symbol Interference，ISI），如图 3-30 所示。

通常，使用均衡器来降低 ISI。但需要有一个已知的位组合格式或训练序列使均衡器有效，但这会降低系统容量，并影响设备的处理。OFDM 系统使用 CP 来避免上述问题。

大部分 OFDM 系统使用 CP 抵抗多径时延。它为每个 OFDM 符号提供一个保护周期。循环前缀及其在 OFDM 符号中的位置如图 3-31 所示。

循环前缀是复制原始符号尾部的信号，然后放置到符号的头部，从而构成 OFDM 符号（Ts）。

循环前缀大小与系统可以容忍的最大时延扩展有关。针对宏覆盖（即大覆盖小区）设计的系统应该有一个大的 CP。但由于降低了每秒符号数，因此会影响系统容量。

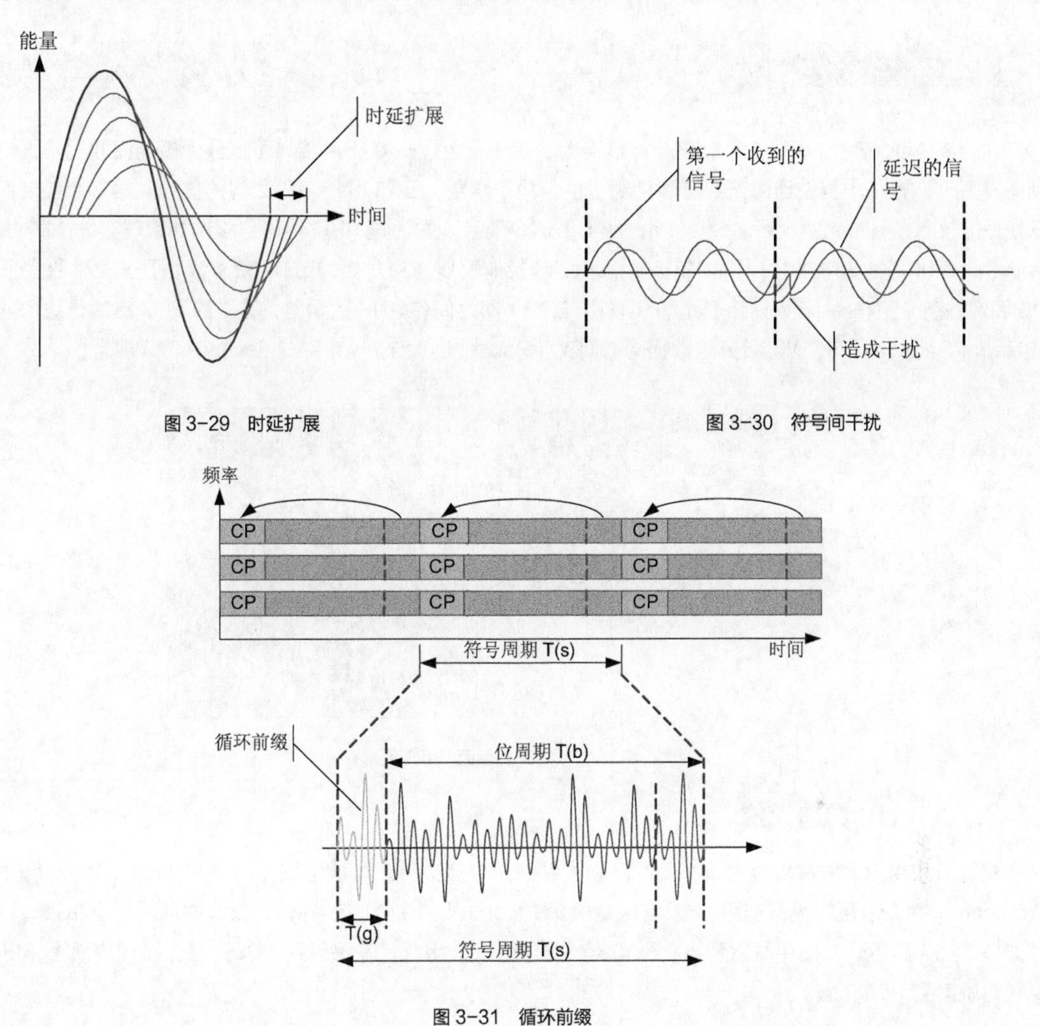

图 3-29　时延扩展

图 3-30　符号间干扰

图 3-31　循环前缀

LTE 定义了两种大小的循环前缀：普通循环前缀和扩展循环前缀。扩展循环前缀是针对更大覆盖小区设计的。

3.6.7　OFDM 优缺点分析

OFDM 系统具有如下优势。

（1）由于 OFDM 的长符号周期，这几乎可以完全抵抗多径干扰。

（2）为宽带信道提供更高的频谱效率。

（3）灵活的带宽。

（4）通过 FFT 和 IFFT 实现相对简单。

OFDM 也有如下劣势。

（1）频率偏移和相位噪声会导致严重问题。

（2）多普勒频移影响子载波正交性。

（3）某些 OFDM 系统具有较高的 PAPR。

（4）要求精确的频率和时间同步。

3.7 LTE 无线接口协议

UE 与 eNodeB 之间通过 E-UTRA 接口连接。在逻辑上，E-UTRA 接口可以分为控制面和用户面。控制面有两个，第一个控制面由无线资源控制提供，用于承载 UE 和 eNodeB 之间的信令。第二个控制面用于承载非接入层（Non Access Stratum，NAS）信令消息，并通过 RRC 传送到移动性管理实体（Mobility Management Entity，MME）。RRC 控制面、NAS 控制面以及用户面如图 3-32 所示。用户面主要用于在 UE 和演进型分组核心（Evolved Packet Core，EPC）网之间传送 IP 数据包，这里的 EPC 指的是服务网关（Serving Gateway，SGW）和分组数据网络网关（Packet Data Network-Gateway，PGW）。

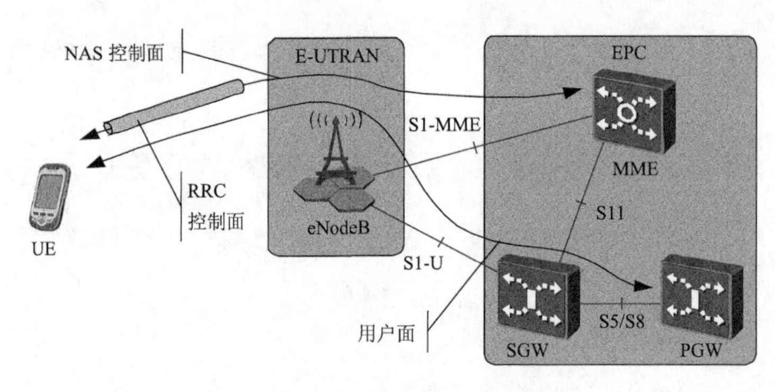

图 3-32 LTE 控制面和用户面

3.7.1 Uu 口协议栈

控制面和用户面的底层协议是相同的。它们都使用分组数据汇聚层协议（Packet Data Convergence Protocol，PDCP）层、无线链路控制（Radio Link Control，RLC）层、MAC 层和物理层。空中接口协议栈如图 3-33 所示。从图中可以看出，NAS 信令使用 RRC 承载，并映射到 PDCP 层。在用户面上，IP 数据包也映射到 PDCP 层。

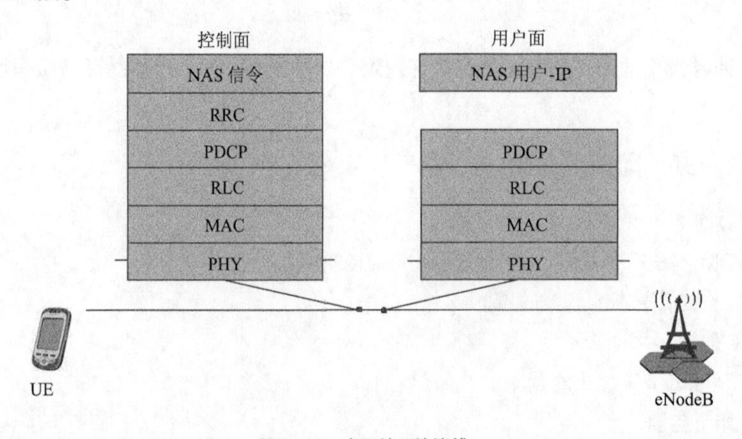

图 3-33 空口接口协议栈

3.7.2　非接入层

非接入层，或称为 NAS，指的是接入层（Access Stratum，AS）的上层。接入层定义了与无线接入网（Radio Access Network，RAN）及相关的信令流程和协议。NAS 主要包含两个方面：上层信令和用户数据。

NAS 信令指的是在 UE 和 MME 之间传送的消息，如图 3-34 所示。

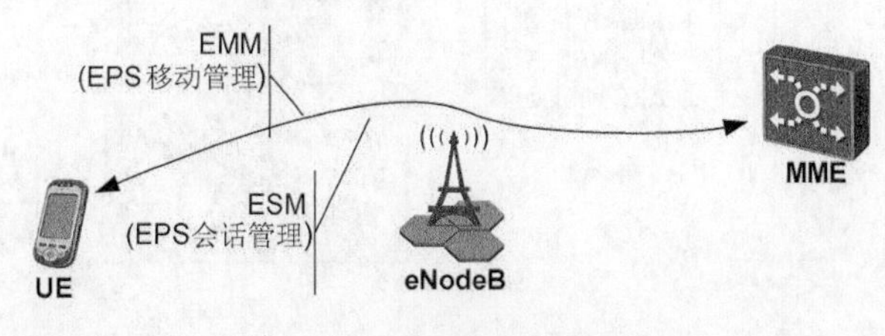

图 3-34　NAS 信令

NAS 信令可以分为两类：

（1）EPS 移动管理（EPS Mobility Management，EMM）；

（2）EPS 会话管理（EPS Session Management，ESM）。

EMM 和 ESM 在 LTE 中的主要信令流程如表 3-7 所列。

表 3-7　EMM 及 ESM 信令流程

EMM 信令流程	ESM 信令流程
附着	默认 EPS 承载上下文激活
分离	专用 EPS 承载上下文激活
跟踪区更新	EPS 承载上下文修改
业务请求	EPS 承载上下文去激活
扩展业务请求	UE 请求 PDN 连接
GUTI 重分配	UE 请求 PDN 断开
鉴权	UE 请求承载资源分配
标识	UE 请求承载资源修改
安全模式控制	ESM 信息请求
EMM 状态	ESM 状态
EMM 信息	
NAS 传输	
寻呼	

NAS 用户面采用互联网协议（Internet Protocol，IP）。当 IP 数据包被传送到下一层，即由 PDCP 层处理。

3.7.3　RRC 层

RRC 是 LTE 空中接口控制面的主要协议栈。UE 与 eNodeB 之间传送的 RRC 消息依赖于 PDCP、RLC、MAC 和 PHY 层的服务。RRC 主要功能如图 3-35 所示。RRC 处理 UE 与 E-UTRAN 之间的所有信令，包括 UE 与核心网之间的信令，即由专用 RRC 消息携带的 NAS 信令。携带 NAS 信令的 RRC 消息不改变信令内容，只提供转发机制。

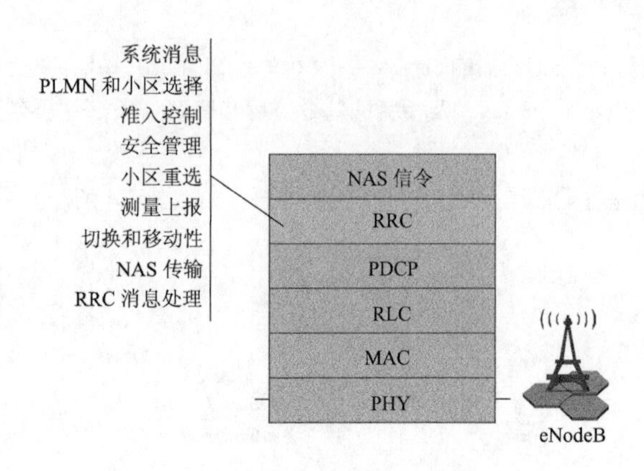

图 3-35 RRC 主要功能

RRC 为低层提供主要配置和参数。因此，PHY 层主要是从 RRC 层获得配置物理层的相关信息。

3.7.4 PDCP 层

LTE 在用户面和控制面均使用 PDCP。这主要是因为 PDCP 在 LTE 网络里承担了安全功能，即进行加/解密和完整性校验。在控制面，PDCP 负责对 RRC 和 NAS 信令消息进行加/解密和完整性校验。而在用户面上，PDCP 的功能略有不同，它只进行加/解密，而不进行完整性校验。另外，用户面的 IP 数据包还采用 IP 头压缩技术以提高系统性能和效率。同时，PDCP 也支持排序和复制检测功能。PDCP 的功能如图 3-36 所示。

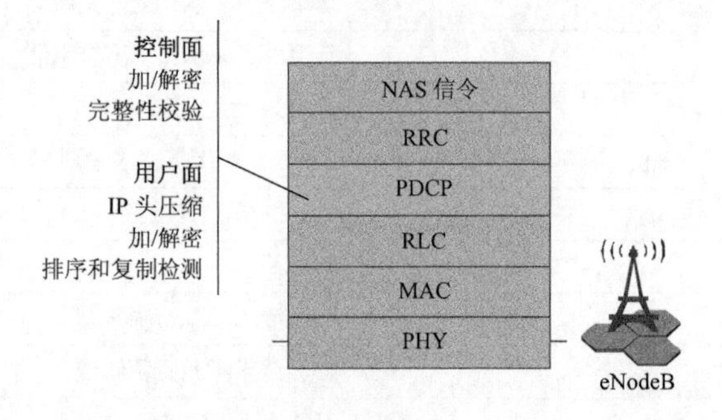

图 3-36 PDCP 功能

3.7.5 RLC 层

RLC 是 UE 和 eNodeB 间的协议。顾名思义，它主要提供无线链路控制功能。RLC 最基本的功能是向高层提供如下 3 种服务。

（1）透明模式（Transparent Mode，TM）：用于某些空中接口信道，如广播信道和寻呼信道，为信令提供无连接服务。

（2）非确认模式（Unacknowledged Mode，UM）：与 TM 模式相同，UM 模式也提供无连接服务，但同时还提供排序、分段和级联功能。

（3）确认模式（Acknowledged Mode，AM）：提供自动重传（Automatic Repeat Request，ARQ）服务，可以实现重传。

除以上模式和 ARQ 特性外，RLC 层还提供信息的分段、重组和级联等功能，如图 3-37 所示。

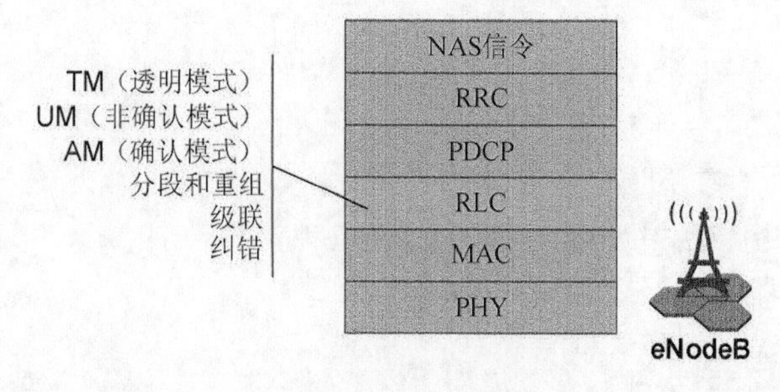

图 3-37　RLC 功能

3.7.6　MAC 层

MAC 层主要功能包含如下。

（1）映射：MAC 负责将从 LTE 逻辑信道接收到的信息映射到 LTE 传输信道上。

（2）复用：MAC 的信息可能来自一个或多个无线承载（Radio Bearer，RB），MAC 层能够将多个 RB 复用到同一个传输块（Transport Block，TB）上以提高效率。

（3）HARQ：MAC 利用 HARQ 技术为空中接口提供纠错服务。HARQ 的实现需要 MAC 层与物理层的紧密配合。

（4）无线资源分配：MAC 提供基于服务质量（Quality of Service，QoS）的业务数据和用户信令的调度。

为实现以上特性，MAC 层和物理层需要互相传递无线链路质量的各种指示信息以及 HARQ 运行情况的反馈信息。MAC 层的主要功能如图 3-38 所示。

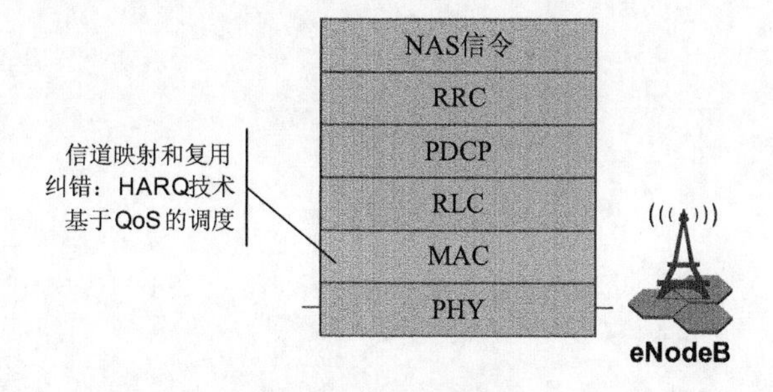

图 3-38　MAC 层功能

3.7.7　物理层

LTE 物理层提供了一系列新型的灵活信道。物理层提供的主要功能如图 3-39 所示。

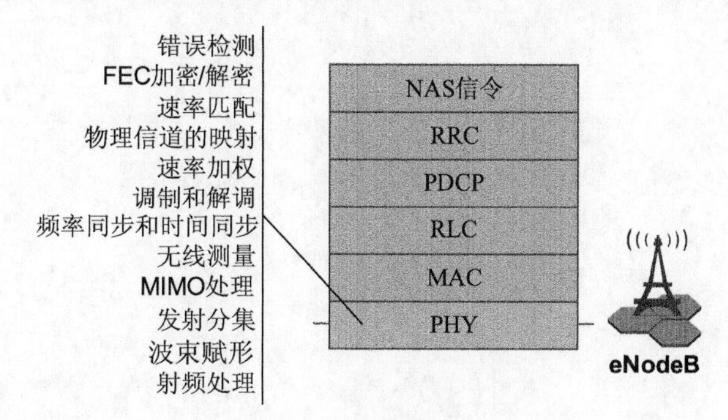

图 3-39　物理层功能

练习题

1. 简述目前的移动通信系统中常用的多址方式有哪几种。
2. 在 LTE 系统中，哪些传输信道采用 Turbo 编码?
3. 简述 OFDM 优缺点。
4. 描述 LTE 物理层的功能有哪些。

Communication

Chapter

4

第 4 章 LTE 空中接口物理层

LTE 空中接口，被称为 E-UTRA（Evolved Universal Terrestrial Radio Access），可支持 1.4～20 MHz 的多种带宽。这个空中接口被命名为 Uu 接口，大写字母 U 表示“用户网络接口”（User to Network Interface），小写字母 u 则表示“通用的”（Universal）。

课堂学习目标

- 掌握 LTE 帧结构
- 掌握 LTE 物理信道结构
- 了解 LTE 参考信号

4.1 LTE 信道结构

LTE 信道和 3G UMTS 信道类似。总的说来，LTE 信道分为 3 类，如图 4-1 所示。

图 4-1 LTE 信道种类

4.1.1 逻辑信道

了解逻辑信道，首先要了解逻辑信道在网络和 LTE 协议栈中的位置以及和其他信道的关系。如图 4-2 所示，逻辑信道位于 RLC 层和 MAC 层之间。

逻辑信道分为控制逻辑信道和业务逻辑信道。控制逻辑信道承载控制数据，如 RRC 信令；业务逻辑信道承载用户面数据。

控制逻辑信道包括以下几种。

（1）广播控制信道（Broadcast Control Channel，BCCH）。指 eNodeB 用来发送系统消息（System Information，SI）的下行信道。系统消息由 RRC 定义。

（2）寻呼控制信道（Paging Control Channel，PCCH）。指 eNodeB 用来发送寻呼信息的下行信道。图 4-3 所示为 BCCH 和 PCCH。

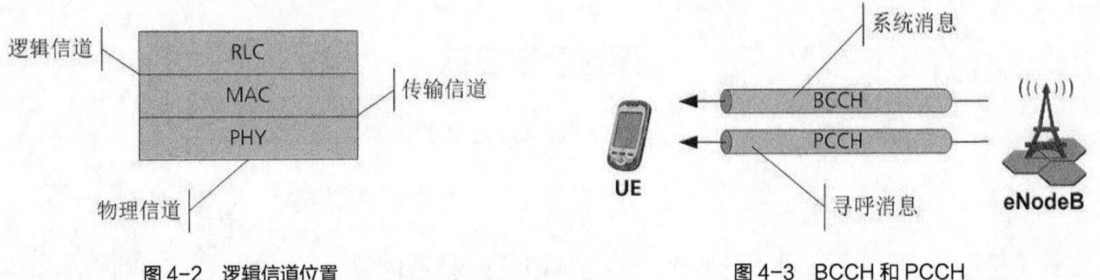

图 4-2 逻辑信道位置　　图 4-3 BCCH 和 PCCH

（3）公共控制信道（Common Control Channel，CCCH）。用于建立无线资源控制（Radio Resource Control，RRC）连接。RRC 连接也被称为信令无线承载（Signaling Radio Bearer，SRB）。SRB 包括 SRB0、SRB1 和 SRB2，其中 SRB0 映射到 CCCH。SRB 也用于连接的重建。

（4）专用控制信道（Dedicated Control Channel，DCCH）。提供双向信令通道。逻辑上讲，通常有两条激活的 DCCH，分别是 SRB1 和 SRB2。图 4-4 所示为 CCCH 和 DCCH。

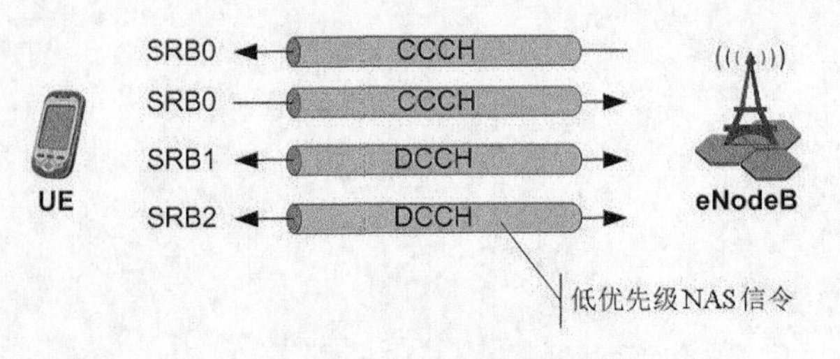

图 4-4 CCCH 和 DCCH

① SRB1 适用于承载 RRC 消息，包括携带高优先级 NAS 信令的 RRC 消息。

② SRB2 适用于承载低优先级 NAS 信令的 RRC 消息。低优先级的信令在 SRB2 建立前先通过 SRB1 发送。

3GPP R9 定义的 LTE 业务逻辑信道是专用业务信道（Dedicated Traffic Channel，DTCH）。DTCH 承载专用无线承载（Dedicated Radio Bearer，DRB）信息，即 IP 数据包，如图 4-5 所示。

图 4-5 DTCH

DTCH 为双向信道，工作模式为 RLC 确认模式（Acknowledged Mode，AM）或 RLC 非确认模式（Unacknowledged Mode，UM）。工作模式由 RRC 根据 EPS 无线接入承载（EPS Radio Access Bearer，E-RAB）的服务质量（Quality of Service，QoS）配置。

4.1.2 传输信道

传统的传输信道分为公共信道和专用信道。为了提高效率，LTE 的传输信道删除了专用信道，而由公共信道和共享信道组成。3GPP R9 定义的主要传输信道如图 4-6 所示。

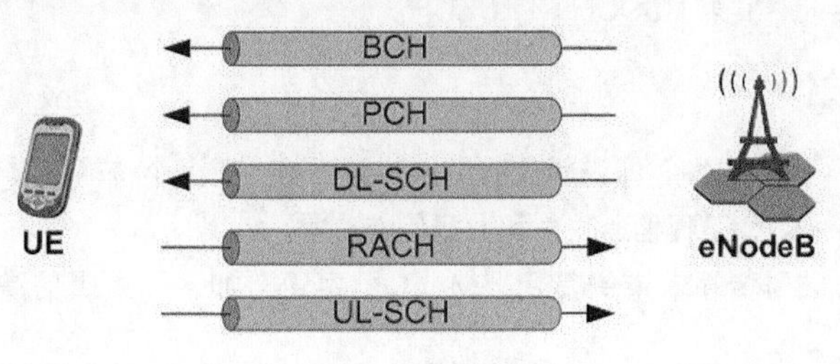

图 4-6 传输信道

（1）广播信道（Broadcast Channel，BCH），是固定格式的信道，每帧一个 BCH。BCH 用于承载系统消息中的主信息块（Master Information Block，MIB）。但需要注意的是，大部分的系统消息都由下行共享信道（Downlink Shared Channel，DL-SCH）来承载。

（2）寻呼信道（Paging Channel，PCH），用于承载 PCCH，即寻呼消息。寻呼信道使用不连续接收（Discontinuous Reception， DRX）技术延长手机电池待机时间。

（3）下行共享信道（Downlink Shared Channel，DL-SCH），是承载下行数据和信令的主要信道，支持动态调度和动态链路自适应调整。同时，该信道利用混合自动重传请求（Hybrid Automatic Repeat Request，HARQ）技术来提高系统性能。如前文所述，DL-SCH 除了承载业务之外，还承载大部分的系统消息。

（4）随机接入信道（Random Access Channel，RACH），其承载的信息有限，需要和物理信道以及前导信息共同完成冲突解决流程。

（5）上行共享信道（Uplink Shared Channel，UL-SCH），其与下行共享信道类似，都支持动态调度和动态链路自适应调整。动态调度由 eNodeB 控制，动态链路自适应调整通过改变调制编码方案来实现。同时，该信道也利用 HARQ 技术来提高系统性能。

4.1.3 物理信道

物理层实现 MAC 层传输信道，并提供调度、格式和控制指示等功能。

LTE 下行物理信道包括以下内容。

（1）物理广播信道（Physical Broadcast Channel，PBCH），用于承载 BCH 信息。

（2）物理控制格式指示信道（Physical Control Format Indicator Channel，PCFICH），用于指示一个子帧中用于 PDCCH 发送的 OFDM 符号个数。

（3）物理下行控制信道（Physical Downlink Control Channel，PDCCH），用于承载资源分配信息。

（4）物理 HARQ 指示信道（Physical Hybrid ARQ Indicator Channel，PHICH），用于在 HARQ 流程中承载上行 HARQ 的 ACK/NACK 反馈信息。

（5）物理下行共享信道（Physical Downlink Shared Channel，PDSCH），用于承载 DL-SCH 信息。

LTE 上行物理信道包括以下内容。

（1）物理随机接入信道（Physical Random Access Channel，PRACH），用于承载随机接入前导。PRACH 位置由上层信令（即 RRC 信令）定义。

（2）物理上行控制信道（Physical Uplink Control Channel，PUCCH），用于承载上行控制和反馈信息，也可以承载发送给 eNodeB 的调度请求。

（3）物理上行共享信道（Physical Uplink Shared Channel，PUSCH），它是主要的上行信道，用于承载上行共享传输信道（Uplink Shared Channel，UL-SCH）。该信道承载信令、用户数据和上行控制信息。需要注意的是，UE 不能同时发射 PUCCH 和 PUSCH。

4.1.4 信道映射

各种承载的复用有不同的方案，即逻辑信道可以映射到一个或多个传输信道，传输信道又映射到物理信道。图 4-7 和图 4-8 所示为下行信道映射和上行信道映射。

为了实现从逻辑信道到传输信道的复用，MAC 层中通常加入了逻辑信道标识（Logical Channel Identifier，LCID）。

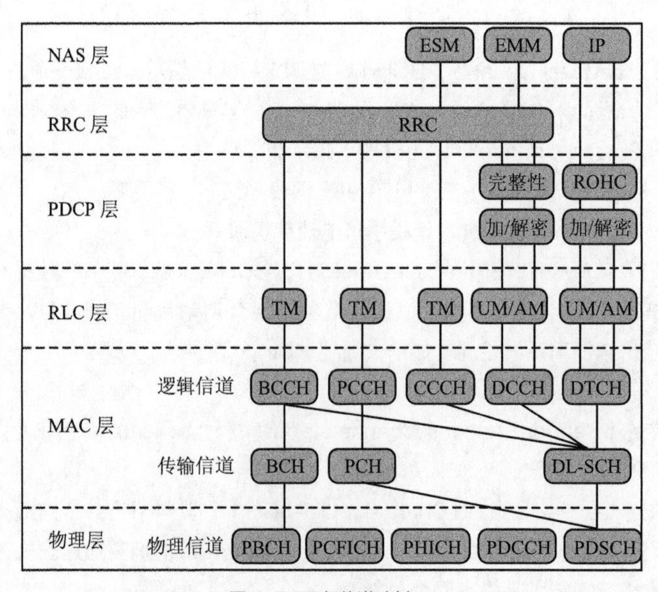

图 4-7 下行信道映射

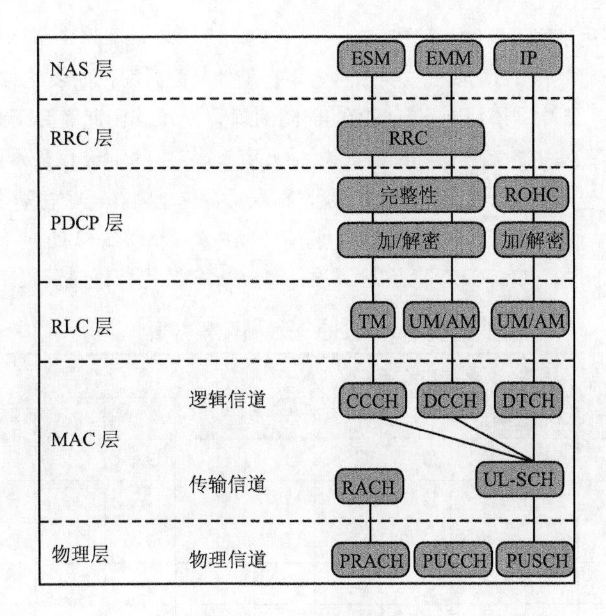

图 4-8 上行信道映射

4.2 LTE 的帧结构

在 LTE 网络中，资源以一定时长内的子载波集的方式分配给 UE。这种资源被称为物理资源块(Physical Resource Block，PRB)。这些资源块包含在 LTE 的帧结构中，FDD 和 TDD 的帧结构不同。

4.2.1 TDD 无线帧结构

无线帧结构 2 用于 TDD 模式，每个帧的时长为 10 ms，包含 20 个时隙，其中每个时隙的时长为 0.5 ms。一个子帧由相邻的两个时隙组成，时长为 1 ms。TDD 帧结构引入了特殊子帧的概念，当下行子帧转换为上行子帧时，存在特殊子帧。特殊子帧中包括下行导频时隙（Downlink Pilot Time Slot，DwPTS）、保护周期（Guard Period，GP）和上行导频时隙（Uplink Pilot Time Slot，UpPTS）。特殊子帧各部分的长度可以配置，但总时长固定为 1 ms。

在 TDD 模式下，上行和下行共用 10 个子帧。子帧在上下行之间切换的时间间隔为 5 ms 或 10 ms，但是子帧 0 和 5 必须分配给下行。因为这两个子帧中包含了主同步信号（Primary Synchronization Signal，PSS）和辅同步信号（Secondary Synchronization Signal，SSS），同时子帧 0 中还包含了广播信息。TDD 无线帧结构如图 4-9 所示。

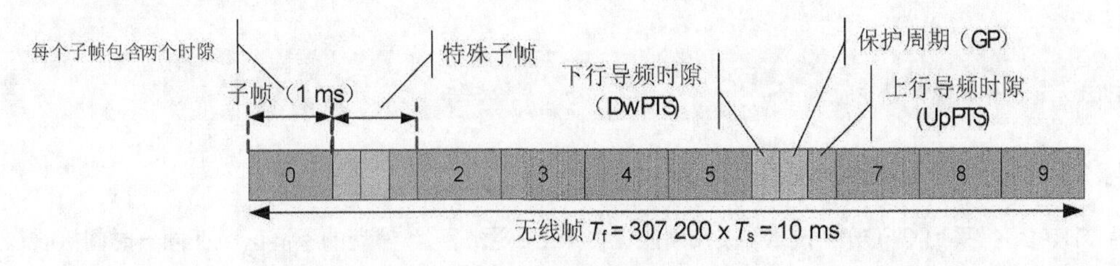

图 4-9 TDD 无线帧结构

LTE 的时间单位以 T_s表示，计算公式为 T_s=1/(15 000×2 048)，约等于 32.552 083 ns。这个时间单位

或它的倍数在 LTE 中常用来表示定时和配置。

TDD 模式支持多种上下行子帧分配方案，如表 4-1 所示。方案 0、1、2 和 6 中，子帧上下行切换的时间间隔为 5 ms，因此需要配置两个特殊子帧。其他方案中的切换时间间隔都为 10 ms。表格中的字母 D 表示用于下行发送的子帧，U 表示用于上行发送的子帧，S 表示特殊子帧。一个特殊子帧中包含 DwPTS、GP 和 UpPTS 这 3 个部分。特殊子帧中的 DwPTS 和 UpPTS 可以承载一些信息。比如，DwPTS 可以包含调度信息，UpPTS 可以通过配置来发送随机接入脉冲。

表 4-1 TDD 无线帧配置方案

配置	上下行比例	切换时间间隔	子帧编号									
			0	1	2	3	4	5	6	7	8	9
0	3 : 1	5 ms	D	S	U	U	U	D	S	U	U	U
1	1 : 1	5 ms	D	S	U	U	D	D	S	U	U	D
2	1 : 3	5 ms	D	S	U	D	D	D	S	U	D	D
3	1 : 2	10 ms	D	S	U	U	U	D	D	D	D	D
4	2 : 7	10 ms	D	S	U	U	D	D	D	D	D	D
5	1 : 8	10 ms	D	S	U	D	D	D	D	D	D	D
6	5 : 3	5 ms	D	S	U	U	U	D	S	U	U	D

4.2.2 FDD 无线帧结构

无线帧结构 1 用于 FDD 模式。每个帧的时长也为 10 ms，包含 20 个时隙，其中每个时隙的时长为 0.5 ms。一个子帧由相邻的两个时隙组成，时长为 1 ms。在 FDD 模式下，在一个无线帧的时长范围内，有 10 个子帧用于下行发送，同时有 10 个子帧用于上行发送。上下行发送在频域上是分离的。

FDD 无线帧结构如图 4-10 所示。图中展示了时隙和子帧的概念。同时，图中也展示了各时隙的编号。

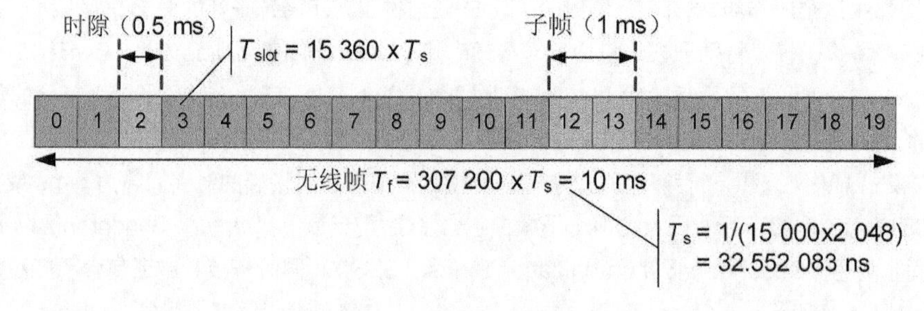

图 4-10 FDD 无线帧结构

4.3 下行 OFDMA

4.3.1 OFDMA 结构概述

E-UTRA 下行采用 OFDMA 技术。该技术能让多个 UE 通过无线信道的不同区域在同一时间接收信息。在大多数 OFDMA 系统中，无线信道的不同区域又被称为子信道，即子载波的集合。而在 E-UTRA 中，子信道被称为 PRB。

OFDMA 的技术如图 4-11 所示。从图 4-11 可以看出，不同的用户在时频域上被分配了一个或多个资源块，从而可以使资源得以合理调度。

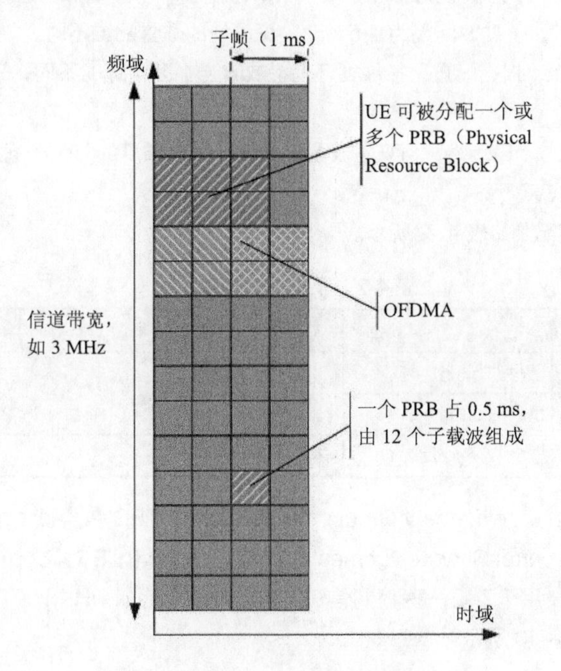

图 4-11　LTE 的 OFDMA 技术

同时需要注意的是，通常分配给 UE 的资源在时域上是 1 ms，即一个子帧，而不是单个 PRB。

4.3.2　物理资源的相关概念

（1）PRB 由 12 个连续的子载波组成，并占用一个时隙，即 0.5 ms。PRB 的结构如图 4-12 所示。

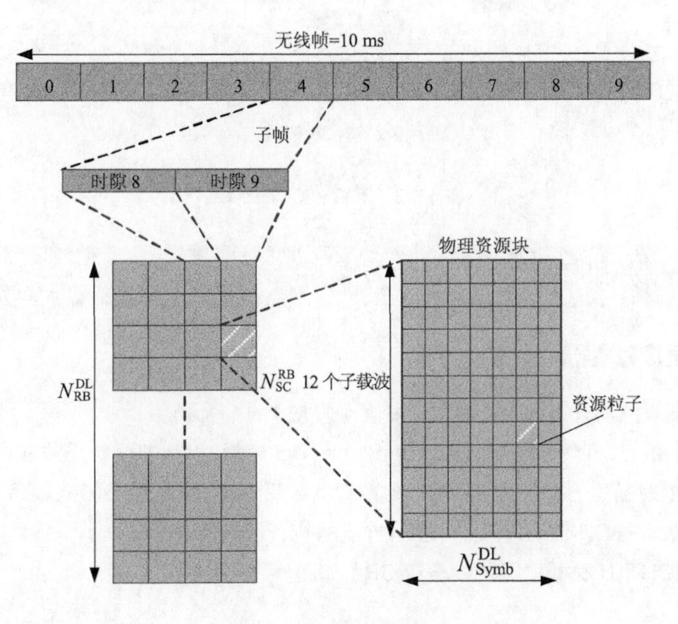

图 4-12　PRB 的结构

N_{RB}^{DL} 表示下行（Downlink，DL）的资源块（Resource Block，RB）的总数量，取决于配置的信道带宽。相对的，N_{RB}^{UL} 则表示上行的 RB 的总数量。每个 RB 包含 N_{SC}^{RB} 个子载波，通常标准为 12 个子载波。另外，当采用 MBSFN 技术时，子载波间隔为 7.5 kHz，资源块的数量配置不同。

PRB 主要用于资源分配。根据配置了扩展循环前缀或普通循环前缀的不同，每个 PRB 通常包含 6 个或 7 个符号。

（2）资源粒子（Resource Element，RE）表示一个符号周期长度的一个子载波，可以用来承载调制信息、参考信息，或不承载信息。

E-UTRA 下行 PRB 的配置如表 4-2 所示。

表 4-2 下行 PRB 的配置

配置		N_{SC}^{RB}	N_{Symb}^{DL}
普通循环前缀	Δf= 15 kHz	12	7
扩展循环前缀	Δf= 15 kHz		6
	Δf= 7.5 kHz	24	3

（3）资源单元组（Resource Element Group，REG），每个 REG 包含了 4 个 RE。

（4）控制信道元素（Control Channel Element，CCE），每个 CCE 对应 9 个 REG。

（5）REG 和 CCE 主要用于下行一些控制信道的资源分配，比如 PHICH、PCFICH 和 PDCCH 等。REG 和 CCE 的关系如图 4-13 所示。

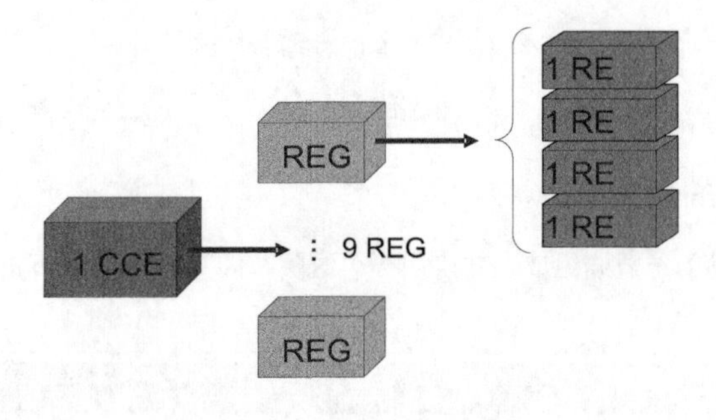

图 4-13 REG 和 CCE 的关系

4.4 LTE 下行物理信道

4.4.1 物理广播信道

PBCH 用于承载系统消息的 MIB。物理广播信道如图 4-14 所示。

每个信道编码后的 BCH 传输块（Transport Block，TB）都映射到 40 ms 里的 4 个子帧上。UE 通过盲检测确定这 40 ms 的时刻。子帧中的信息可以自解码。自解码指的是这些子帧的解码不依赖于 PBCH 上后续发送的传输块信息。PBCH 位于时隙 1 中的 4 个符号中，即只占符号 0～3。

MIB 映射至 PBCH（TDD 模式下使用普通 CP）如图 4-15 所示。

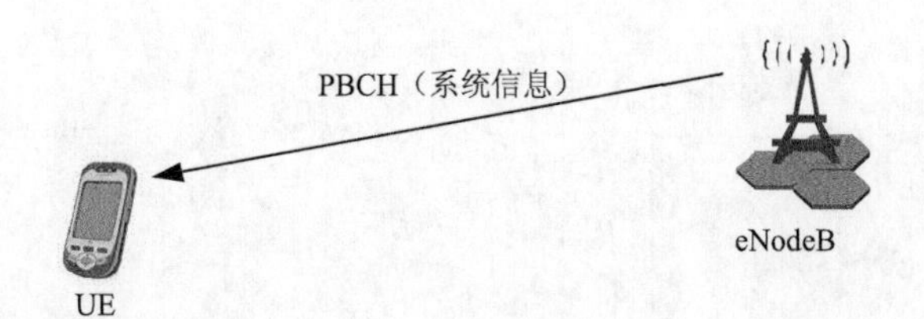

图 4-14 物理广播信道

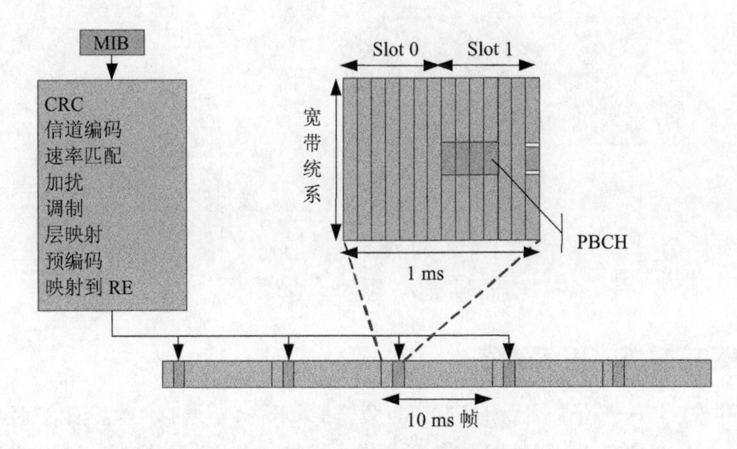

图 4-15 MIB 映射至 PBCH（TDD 模式）

MIB 映射至 PBCH（FDD 模式下使用普通 CP）如图 4-16 所示。

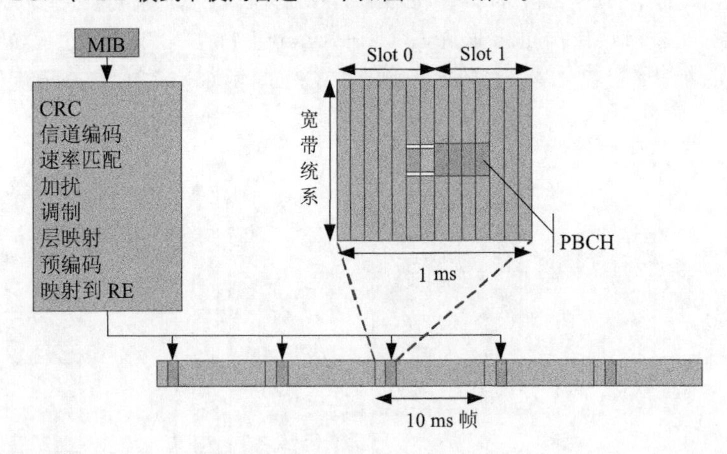

图 4-16 MIB 映射至 PBCH（FDD 模式）

4.4.2 物理 HARQ 指示信道

PHICH 用于承载 HARQ 的 ACK/NACK。这些信息以 PHICH 组的形式发送。一个 PHICH 组包含至多 8 个进程的 ACK/NACK，需要使用 3 个 REG 进行传送。同 PHICH 组中的各个混合自动重传请求指示（Hybrid ARQ Indicator，HI）使用不同的正交序列来区分。

PHICH 资源量（N_g）包含在 MIB 中通过 PBCH 发送。PHICH 组数基于 N_g 计算得到。PHICH 映射如图 4-17 所示。

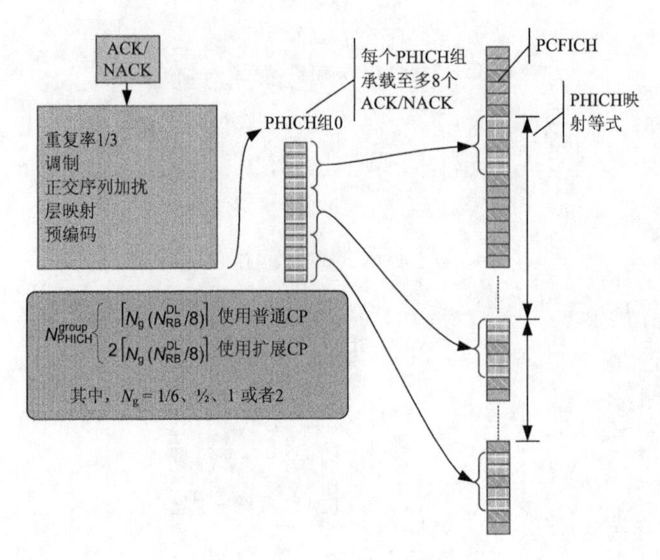

图 4-17 PHICH 映射

4.4.3 物理控制格式指示信道

PCFICH 用于告知 UE 一个子帧中用于 PDCCH 发送的 OFDM 符号的个数。该信道包含了与物理小区相关的 32 位信息。这 32 位在调制和映射之前经过了加扰。一个 PRB 里的控制区域被分成多个 REG，每个 REG 包含了 4 个 RE。需要注意的是，分配给参考信号用的 RE 不包含在 REG 里。

PCFICH 需要占用信道带宽范围上的 4 个 REG，即 16 个 RE。REG 的位置因系统带宽 N_{SC}^{RB} 和 N_{ID}^{cell} 而异。将控制格式指示（Control Format Indicator，CFI）映射到正确的 PCFICH 的过程如图 4-18 所示。图中还显示了一些必要的计算过程。表 4-3 列举了映射到 PCFICH 的 CFI 码字。每个子帧（即 1 ms）的 CFI 都可以发生变化。

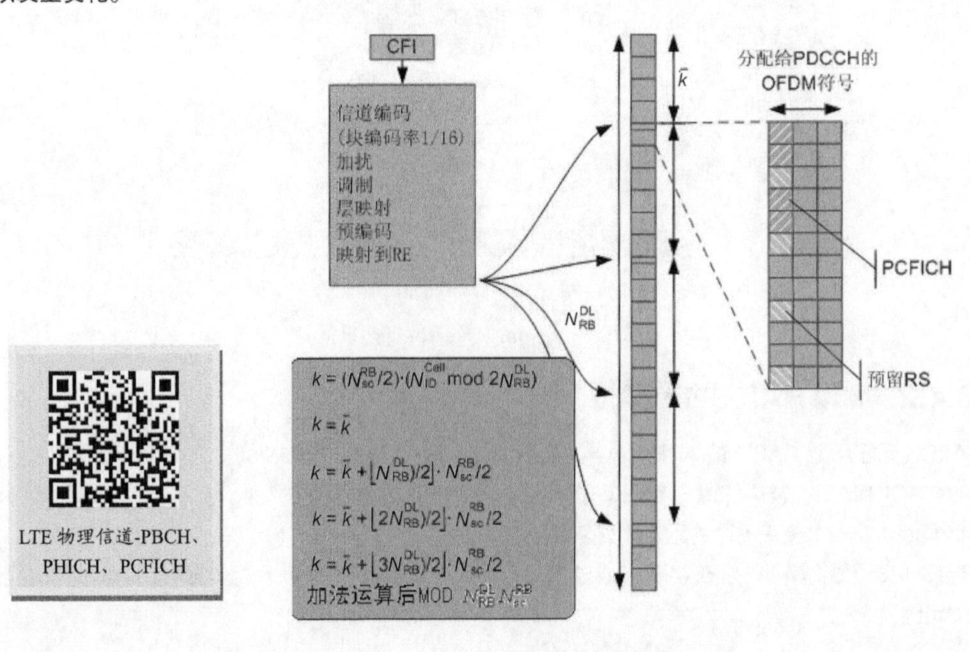

图 4-18 CFI 映射至 PCFICH

表 4-3　CFI 码字

CFI	CFI 码字<*b*0,*b*1,…,*b*31>
1	<0,1,1,0,1,1,0,1,1,0,1,1,0,1,1,0,1,1,0,1,1,0,1,1,0,1,1,0,1,1,0,1>
2	<1,0,1,1,0,1,1,0,1,1,0,1,1,0,1,1,0,1,1,0,1,1,0,1,1,0,1,1,0,1,1,0>
3	<1,1,0,1,1,0,1,1,0,1,1,0,1,1,0,1,1,0,1,1,0,1,1,0,1,1,0,1,1,0,1,1>
4（预留）	<0,0,0,0,0,0,0,0,0,0,0,0,0,0,0,0,0,0,0,0,0,0,0,0,0,0,0,0,0,0,0,0>

4.4.4　物理下行控制信道

PDCCH 用于调度资源，承载资源调度信息。PDCCH 占用区域的大小由 PCFICH 来定义，即为 1 个、2 个或者 3 个 OFDM 符号长度。PDCCH 承载上下行调度信息和上行功率控制信息。TDD 模式下和 FDD 模式下的 PDCCH 位置如图 4-19 和图 4-20 所示。图中还显示了区域的大小随子帧而变化的情况。

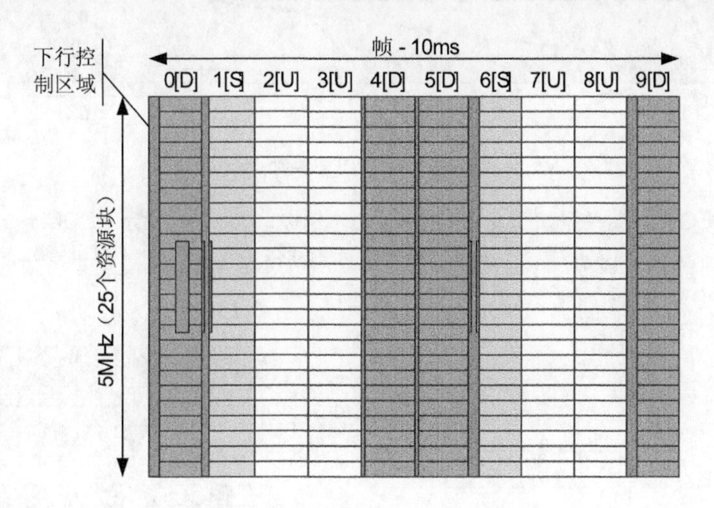

图 4-19　TDD 模式下 PDCCH 位置

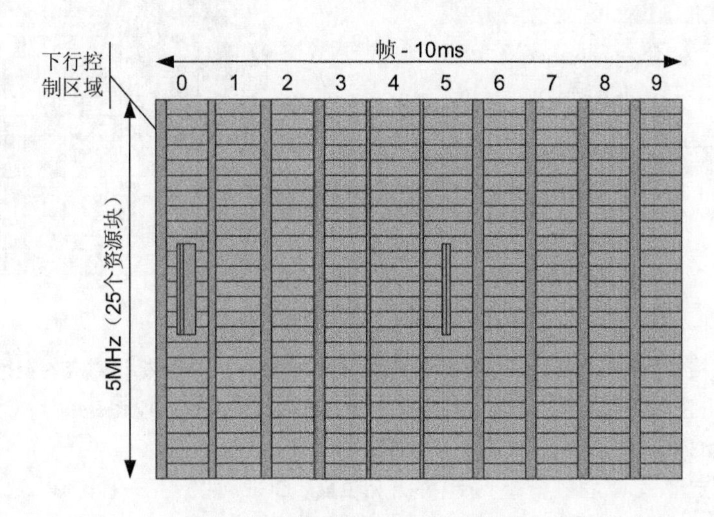

图 4-20　FDD 模式下 PDCCH 位置

PDCCH 在一个或多个连续 CCE 组成的聚合组上发送。一个 CCE 对应 9 个 REG。系统中的可用 CCE

的编号为 0 至 $N_{CCE}-1$。N_{CCE} 等于 $N_{REG}/9$。N_{REG} 表示的是未分配给 PCFICH 或 PHICH 的 REG 个数。PDCCH 支持如下几种格式。

（1）PDCCH 格式 0，包含一个 CCE。

（2）PDCCH 格式 1，包含两个 CCE。

（3）PDCCH 格式 2，包含 4 个 CCE。

（4）PDCCH 格式 3，包含 8 个 CCE。

PDCCH 映射过程如图 4-21 所示。

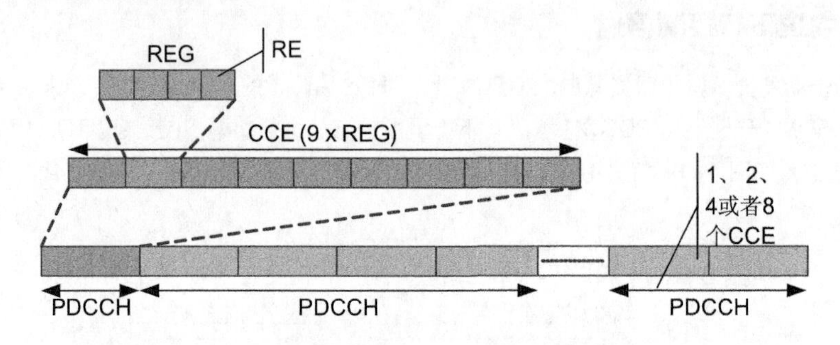

图 4-21 PDCCH 映射过程

PDCCH 至 REG 的映射关系如图 4-22 所示。在本例中，PCFICH 指示 PDCCH 占用两个符号发送，从参考信号（Reference Signal，RS）看出，该小区使用两根天线，PHICH 位于第一个符号上。控制区域里的数字表示了 RE 组成 REG 的方式。

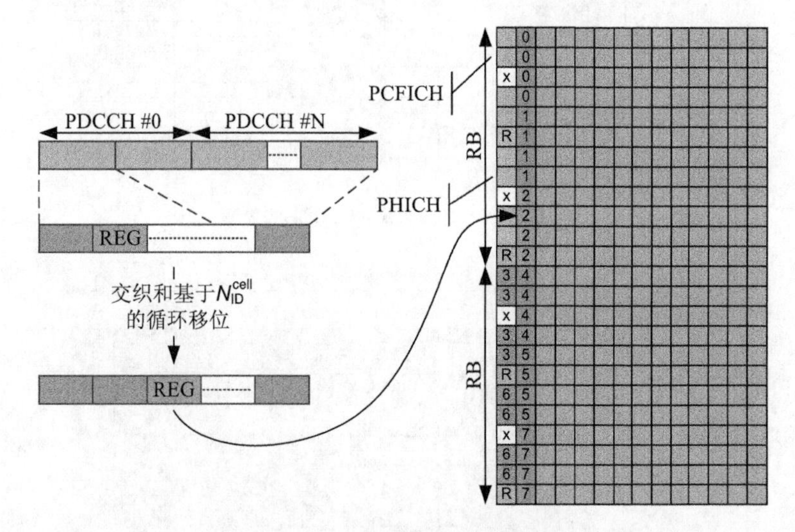

图 4-22 PDCCH 至 REG 的映射关系

每个 PDCCH 控制信道（承载在一个或多个 CCE 上）承载一个 MAC 标识对应的上行或下行调度信息。MAC 标识指的是小区无线网络临时标识（Cell – Radio Network Temporary Identifier，C-RNTI）。该 MAC 标识被隐式编码在 CRC 中。

有多种规则规定了 PDCCH 在一个子帧中的起始位置。CCE 可以使用一种树形方法进行聚合。有如下规则。

（1）当包含一个 CCE 时，PDCCH 可以在任意 CCE 位置出现，即可以在 0、1、2、3、4 号等位置起始。

（2）当包含两个 CCE 时，每两个 CCE，PDCCH 出现一次，即可以在 0、2、4、6 号等位置起始。

（3）当包含 4 个 CCE 时，每 4 个 CCE，PDCCH 出现一次，即可以在 0、4、8 号等位置起始。

（4）当包含 8 个 CCE 时，每 8 个 CCE，PDCCH 出现一次，即可以在 0、8 号等位置起始。

CCE 映射关系如图 4-23 所示。

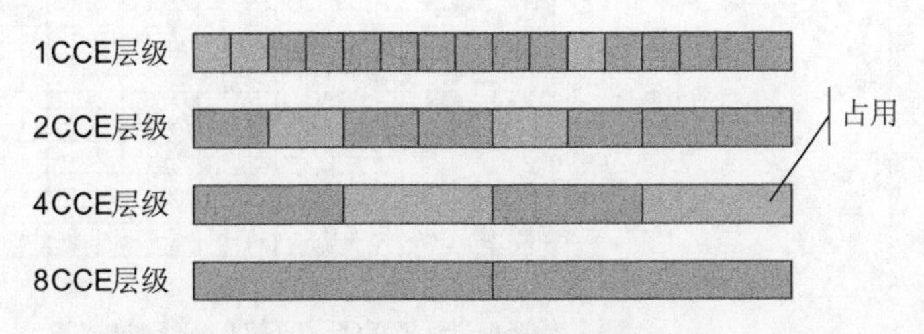

图 4-23 CCE 分配层级

有两种搜索空间，即公共搜索空间和 UE 特定搜索空间，如图 4-24 所示。在 PDCCH 集中，UE 根据搜索空间的规则检测相对应的调度信息。

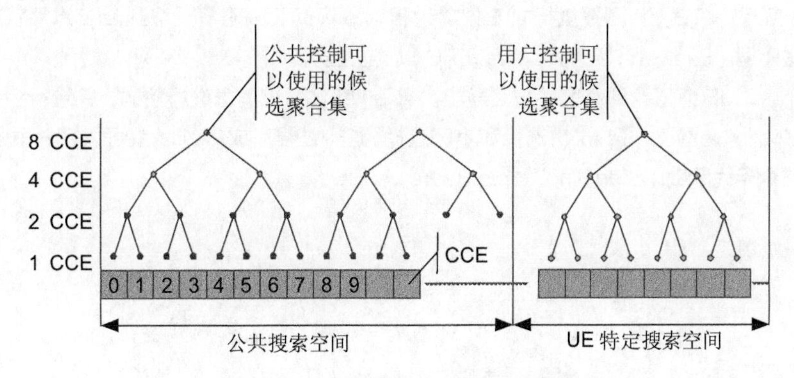

图 4-24 公共搜索空间和 UE 特定搜索空间

公共搜索空间对应 CCE 0～CCE 15。公共搜索空间中的 CCE 只能有两个搜索层级。

（1）在 4CCE 层级上，为 CCE 0～3、4～7、8～11 以及 12～15。

（2）在 8CCE 层级上，为 CCE 0～7 和 8～15。

小区中的所有 UE 监听这些 CCE。这些 CCE 可以用于传送任意 PDCCH 信令。在公共搜索空间之外，每个 UE 还必须在每个聚合层级（1CCE、2CCE、4CCE 和 8CCE 层级）上监听一个 UE 特定搜索空间。UE 特定搜索空间可能会与公共搜索空间重叠。UE 特定搜索空间的位置根据 C-RNTI 而定。

一个小区中的可用 CCE 个数取决于一系列属性，包括以下内容。

（1）带宽。

（2）天线口个数。

（3）PHICH 配置。

（4）PCFICH 值（1、2 或 3）。

4.4.5 物理下行共享信道

PDSCH 用于承载多种传输信道，比如 PCH 和 DL-SCH。PDSCH 在一个子帧上的 RE 映射关系如图

4-25 所示。在本例中，映射 PDSCH 符号时避开控制区域和参考信号预留符号。

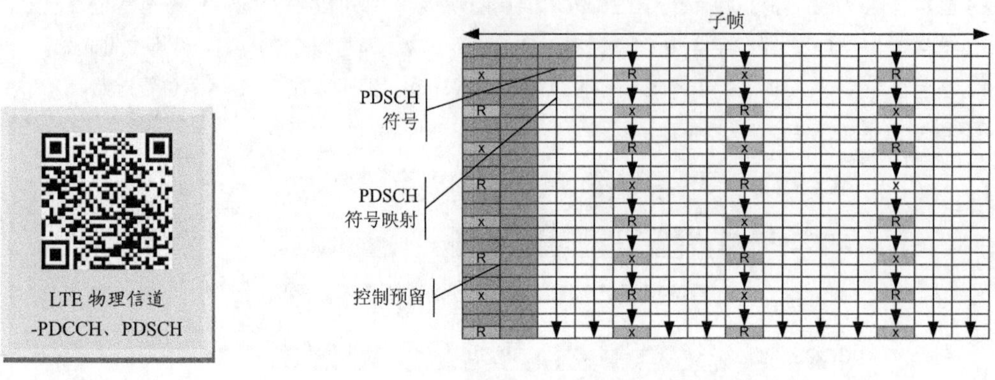

图 4-25　PDSCH 在子帧上的 RE 映射关系

4.5 LTE 小区搜索流程

如图 4-26 所示，LTE UE 需要执行 LTE 附着过程，即从 LTE 去附着迁移到 LTE 激活状态，进而连接到演进型数据核心网（Evolved Packet Core，EPC）传送业务。

为了接入小区，UE 必须找到小区并与之同步。然后 UE 对系统消息进行解码，并进行公共陆地移动网（Public Land Mobile Network，PLMN）选择和小区选择。这个过程完成后，UE 就可以接入小区并建立 RRC 连接，即建立信令无线承载（Signaling Radio Bearer，SRB）。

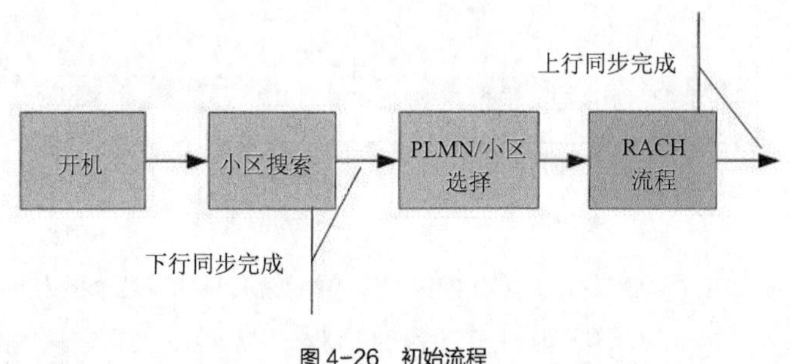

图 4-26　初始流程

4.5.1 小区搜索

LTE 下行应用 OFDMA 技术，其信道可配置为 1.4～20 MHz（注意，在有些频段，不是所有带宽都可用）。UE 开始并不知道小区的下行配置，除非它已经保存了先前附着的小区信息。如果没有保存信息，同步过程必须快速而且准确。PSS 和 SSS 信号的位置如图 4-27 所示。

为了让 UE 找到小区并与下行同步，eNodeB 在中央的 72 个子载波上发送同步信号。对于使用普通 CP 的 TDD 来说，就是在每个下行帧的 0 号、1 号和 5 号、6 号子帧上发送。对于使用普通 CP 的 FDD 来说，就是在每个下行帧的 0 号和 6 号子帧上发送。

这些同步信号包括主同步信号（Primary Synchronization Signal，PSS）和辅同步信号（Secondary Synchronization Signal，SSS）。通过同步信号，UE 进行下行同步并找到物理小区 ID。总共有 504 个物理小区 ID，它们 3 个一组（3 个扇区）被分在 168 个小区标识组，如图 4-28 所示。

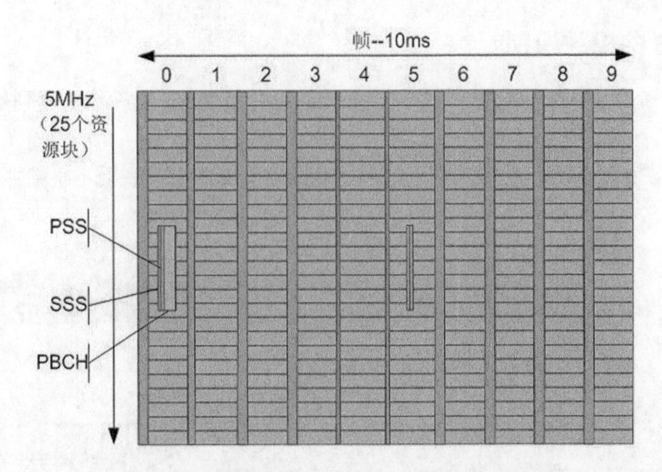

图4-27 小区搜索中的PSS和SSS（FDD模式）位置

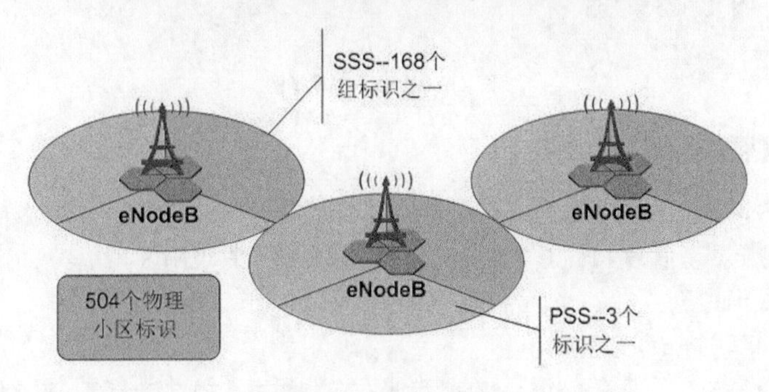

图4-28 物理小区ID

物理小区ID可以根据小区和所采用的频率复用机制进行重用。

4.5.2 PSS的相关识别

UE以接收到的信号与3个可能的PSS信号进行相关运算。相关运算结果如图4-29所示。在本例中，PSS_1被找到。

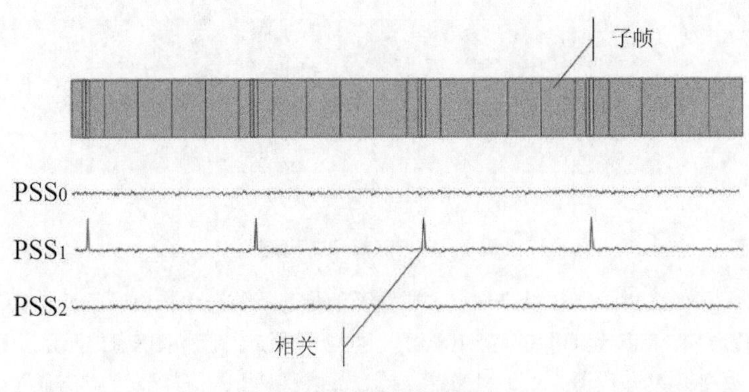

图4-29 PSS相关运算

在这一阶段，设备获取到组内小区标识。然而，在这个阶段，设备还无法获取帧同步信息（不知道帧的起始位置），因为0号子帧和5号子帧都使用相同的PSS序列。

4.5.3 SSS 的相关识别

SSS 序列是两个长度为 31 位的二进制序列互相交织合并而成的。这个合并序列被 PSS 相关的扰码进行加扰。

SSS 关联如图 4-30 所示。注意 UE 可以监听/处理的多个 SSS 信号，而不止图中所显示的两个。

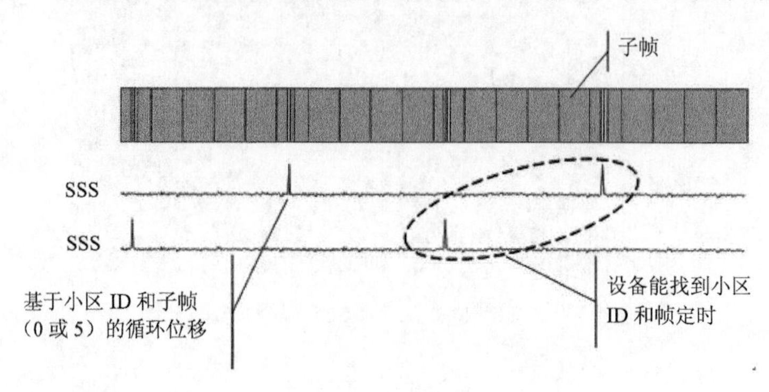

图 4-30 SSS 关联举例

4.5.4 主信息块

一旦解码了 PSS 和 SSS 信号，设备就能够完成如下动作。

（1）解码小区特定参考信号（RS）（参考信号的位置依赖于物理小区 ID）。

（2）执行信道估计过程。

（3）解码携带 MIB 的 PBCH。

MIB 每 40 ms 重复一次，即使用 40 ms 的 TTI 来发送，即每 4 帧发送一次信息。MIB 的发送与系统帧号（System Frame Number，SFN）对齐，它在 SFN mod 4 = 0 的时候发送，PBCH 和主信息块如图 4-31 所示。

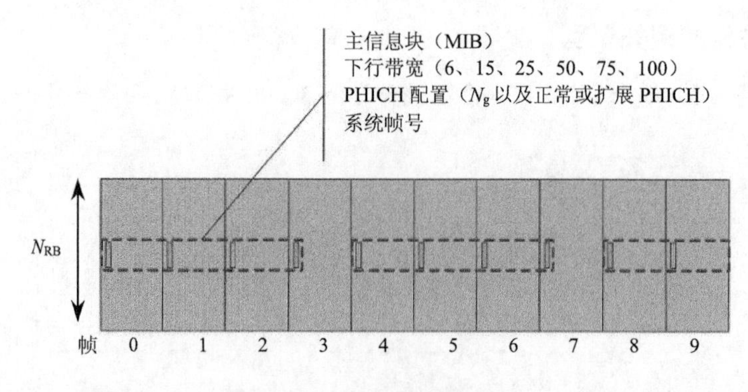

图 4-31 PBCH 和主信息块

MIB 总是在 0 号子帧发送。MIB 携带 3 类非常重要的信息。信息中指出了下行带宽，即 6、15、25、50、75 和 100 个资源块。MIB 让 UE 知道能在哪里（哪些子载波上）读取信息。而且，MIB 还包含 PHICH 配置参数。这些参数指出 N_g 被设置为 1/6、1/2、1 或者 2，以及 PHICH 是配置为“普通”还是“扩展”模式。这些参数用于 UE 确定配置在小区里的 PHICH 组的数目以及它们的位置。最后，MIB 还包括 SFN。

而且，对 PBCH 也进行了层映射和预编码。这样，PBCH 就能在多个天线接口上运用发射分集技术。

基于 MIB，UE 能解码 PCFICH。这样就能确定分配到子帧下行控制区域的 OFDM 符号的数目。

4.5.5 系统消息

MIB 上只能发送有限的系统信息。因此还需要另外的系统信息块（System Information Block，SIB）。除了 SIB 1 在时域上出现的位置是固定的，不可配置，其他 SIB 在时域上的位置都可以配置，并在 SIB1 中通知 UE。

系统信息块-类型 1 包含了有关小区和网络的关键信息。而且，它定义了其他系统消息的调度窗口。当 SFN mod 8 = 0 时，SIB 1 在 5 号子帧发送。当 SFN mod 2 = 0 时，SIB 1 在 5 号子帧上重复，如图 4-32 所示。

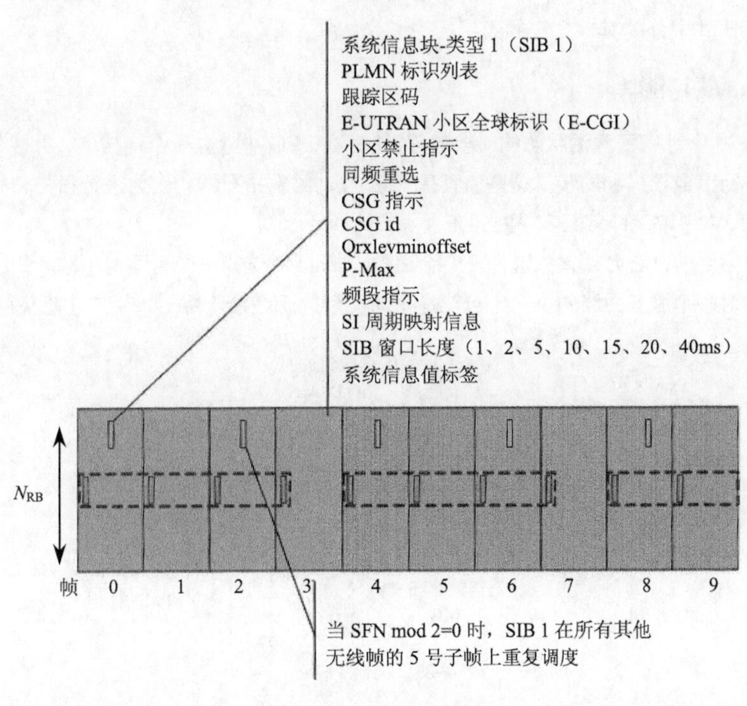

图 4-32 SIB1

在 SIB1 的主要信息如下。

（1）PLMN 标识列表（PLMN Identity List）。即标识 PLMN 的列表。列表上的第一个 PLMN 标识是主 PLMN（Primary PLMN）。

（2）跟踪区码（Tracking Area Code，TAC）。这是对列表上所有 PLMN 共用的跟踪区码。

（3）E-UTRAN 小区全球标识（E-UTRAN Cell Global Identifier，E-CGI）。它是一个 28 位的小区标识。

（4）小区禁止指示。

（5）同频重选（IntraFreqReselection）。当最高优先级的小区被禁止了，或者被 UE 当作了禁止小区时，该信元用于控制到同频小区的重选。

（6）CSG 指示（CSG-Indication）。当该指示设置为 TRUE 时，说明该小区为封闭用户组（Closed Subscriber Group，CSG）小区。这种小区只有部分手机能接入，其手机中的“白名单”必须包含该小区的 CSG id。

（7）CSG id（CSG-Identity）。它是小区所属主 PLMN 里的封闭用户组的标识。

（8）Qrxlevminoffset（Q-RxLevMinOffset）。它影响小区最低要求接收电平。

（9）P-Max。UE 最大发射功率，它影响小区选择的电平。

（10）频段指示（FreqBandIndicator）。

（11）SI 周期映射信息（Si-Periodicity）。它用于计算消息发送时机，以无线帧为单位，取值为 rf8、rf16、rf32、rf64、rf128、rf256 或 rf512。

（12）SIB 窗口长度（Si-WindowLength）。它是所有 SIB 的通用 SI 调度窗口，取值为 1、2、5、10、15、20 或 40 ms。

（13）系统信息值标签（SystemInfoValueTag）。该信元用于指示 SI 信息是否有更新。它是用于除 MIB、SIB1、SIB10 和 SIB11 之外的其他 SIB 的通用标签。

4.5.6 PLMN 选择

通过从 LTE 去附着到 LTE 激活状态的转换流程，UE 在 EPC 中建立一个连接点，并能最终执行业务。初始流程包含上下行信道扫描和同步。这些流程是 UE 被动触发执行的，因为进行扫描和同步所需要的信息是从相关 E-UTRAN 中的 eNodeB 广播到 UE 的。

在 UE 接入网络之前，它必须首先选择一个合适的 PLMN 并选择一个合适的小区。如图 4-33 所示，在某一地点，通过对多个服务网络的挑选（可能是不同类型的无线接入网），用户才能获得可用的服务。

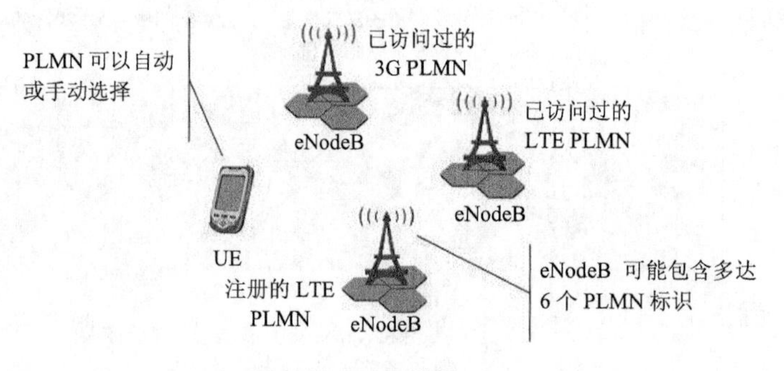

图 4-33 PLMN 选择

1. E-UTRA PLMN 选择

UE 主动通过接入层消息上报可用的 PLMN，或者接收到要求上报的非接入层消息时才上报。PLMN 是基于有优先级顺序的 PLMN 标识列表自动或手动选择的。列表里的每一个 PLMN 都由一个 PLMN ID 所标识。在广播信道上的系统信息里，UE 能接收到指定小区的一个或多个 PLMN ID。

UE 在它的所能支持的频率范围内扫描所有的频段，获取可用 PLMN。在每个载波上，UE 搜索最强信号小区并读取其系统消息，以找到小区所属 PLMN。如果 UE 能在最强信号小区读取到一个或几个 PLMN ID，每个 PLMN 都会通过 NAS 消息（不包含 RSRP 值）上报为高质量 PLMN，该小区还需要满足条件，小区的 RSRP 测量值大于或等于-110dBm。

UE 能读取到其 ID 但无法满足高质量标准的可用 PLMN 通过含有 RSRP 值的 NAS 消息上报。对于同一个小区中的多个 PLMN 而言，UE 通过 NAS 消息上报的质量测量报告都是相同的。

注意，UE 可以利用所存储的信息，例如，载频信息以及可能通过先前接收到的测量控制信元获取的小区参数信息来优化 PLMN 搜索。

2. NAS PLMN 选择

UE 会利用所有存储在全球用户身份模块（Universal Subscriber Identity Module，USIM）卡上的有关

PLMN 选择的信息，例如带接入技术的本地 PLMN（Home PLMN，HPLMN）选择器、带接入技术的运营商控制的 PLMN 选择器、带接入技术的用户控制的 PLMN 选择器、禁止的 PLMN、等效本地 PLMN 等。注意这些与 UMTS 的 PLMN 选择是一样的。

PLMN 和接入技术合在一起进行优先级排序。如果列表中的某一项没有标明特别的接入技术，UE 则认为它支持所有的接入技术。而且，UE 存储了一份等效本地 PLMN（Equivalent HPLMN，EHPLMN）列表。在 EMM 流程中，该列表被替换或删除。存储的列表包含网络下载的等效 PLMN 列表和下载该列表的注册过的 PLMN 的代码。在 PLMN 选择，在全部支持的各接入技术中，在进行小区选择和重选以及切换时，列表上的这些 PLMN 都是彼此的等效 PLMN。

如果可以并且可能，UE 会按照下面的顺序来选择并尝试以某种接入技术在其他的 PLMN 上进行注册。

（1）本地 PLMN 或最高优先级等效本地 PLMN。

（2）在 SIM 卡中的带接入技术的用户控制的 PLMN 选择器数据文件上的每一个 PLMN/接入技术组合（按优先级顺序）。

（3）在 SIM 卡中的带接入技术的运营商控制的 PLMN 选择器数据文件上的每一个 PLMN/接入技术组合（按优先级顺序）。

（4）有高质量接收到信号的其他 PLMN/接入技术组合（按随机顺序）。

（5）以递减信号质量排列的其他 PLMN/接入技术组合。

一旦通过 NAS 消息选择了一个 PLMN，UE 就开始小区选择流程，并按顺序选择那个 PLMN 中的合适小区来驻留。

4.5.7　小区选择

LTE 支持下面两种小区选择流程。

（1）初始小区选择。当 UE 先前没有获取到小区信息时采用。

（2）存储信息小区选择。当 UE 存储了用于小区选择流程优化的信息时采用。例如，当手机关机前存储了相关信息。

一旦与小区同步，并解码了必要系统信息，UE 就必须驻留在该小区或周围小区，这可以通过小区选择流程来实现。UE 力求找到提供最佳质量无线链路的小区。LTE 小区选择及 S 准则的计算如图 4-34 所示。

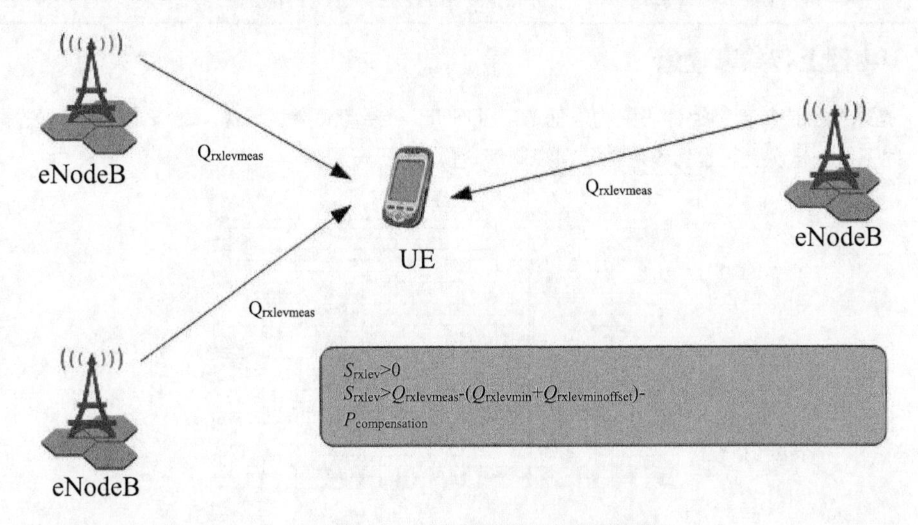

图 4-34　LTE 小区选择及 S 准则的计算

4.6 LTE 上行物理信道

4.6.1 物理随机接入信道

随机接入过程用于各种场景，如初始接入、切换和重建等。同其他 3GPP 系统一样，随机接入提供基于竞争和基于非竞争的接入。PRACH 信道传送的信号是 ZC（Zadoff-Chu）序列生成的随机接入前导，随机接入前导基本格式如图 4-35 所示。一个随机接入前导实际就是一个 OFDM 符号。

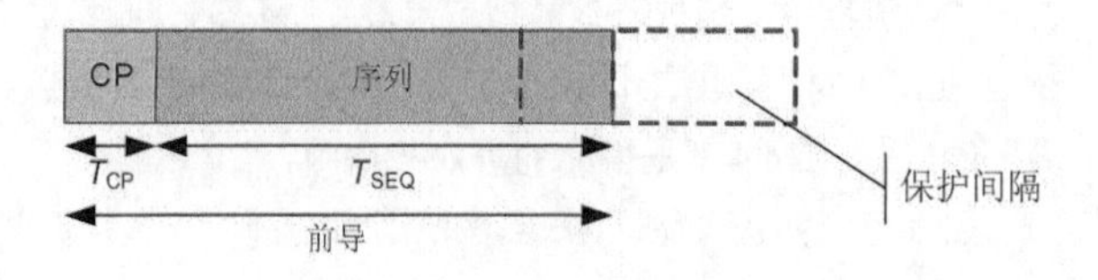

图 4-35 PRACH 前导基本格式

协议定义了 5 种 PRACH 帧格式，都能用于 TDD 的随机接入，但是 FDD 系统只能使用前 4 种前导格式（格式 0~3）。

每一种格式的帧都包括一个循环前缀和一个 ZC 序列。不同的覆盖场景需要选取不同格式的 PRACH 帧。例如，不同长度的 CP 可以抵消因为 UE 位置不同而引发的时延扩展效应，不同的保护间隔用于克服不同的往返时间（Round Trip Time，RTT）。表 4-4 描述了随机接入前导参数。

表 4-4 随机接入前导参数

前导格式	分配子帧	T_{SEQ} (T_s)	T_{CP} (T_s)	T_{CP} (μs)	T_{GT} (T_s)	T_{GT} (μs)	最大小区半径（km）
0	1	24 576	3 168	103.125	2 976	96.875	14.531
1	2	24 576	21 024	684.375	15 840	515.625	77.344
2	2	49 152	6 240	203.125	6 048	196.875	29.531
3	3	49 152	21 024	684.375	21 984	715.625	102.65
4 (TDD)	特殊帧	4 096	448	14.583	288	18.75	4.375

4.6.2 物理上行共享信道

PUSCH 是承载上层传输信道的主要物理信道。PUSCH 符号与资源粒子（RE）之间的映射关系如图 4-36 所示。同下行一样，上行也为参考信号和控制信令预留 RE 资源。

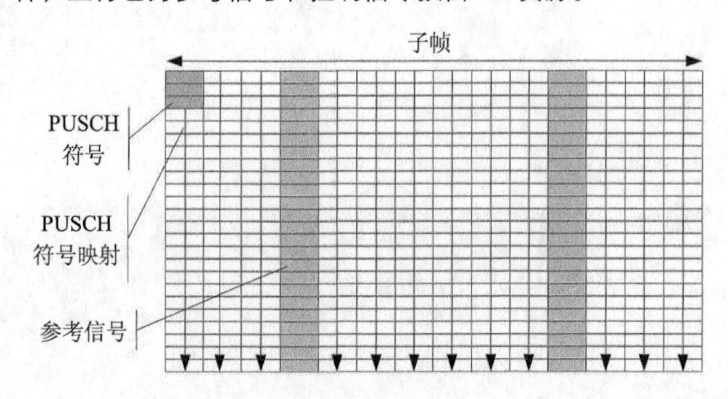

图 4-36 PUSCH 符号与资源粒子之间的映射

4.6.3　物理上行控制信道

PUCCH 承载上行控制信息（Uplink Control Information，UCI）包括下行发送的 ACK/NACK 回应消息、信道质量指示（Channel Quality Indicator，CQI）报告、调度请求（Scheduling Requests，SR）、MIMO 反馈〔如预编码矩阵指示（Precoding Matrix Indicator，PMI）及秩指示（Rank Indication，RI）〕。

PUCCH 在预留频段区域发送，由上层配置。图 4-37 描述了 PUCCH 物理资源块复用。值得注意的是，控制区域的大小可以动态调整。

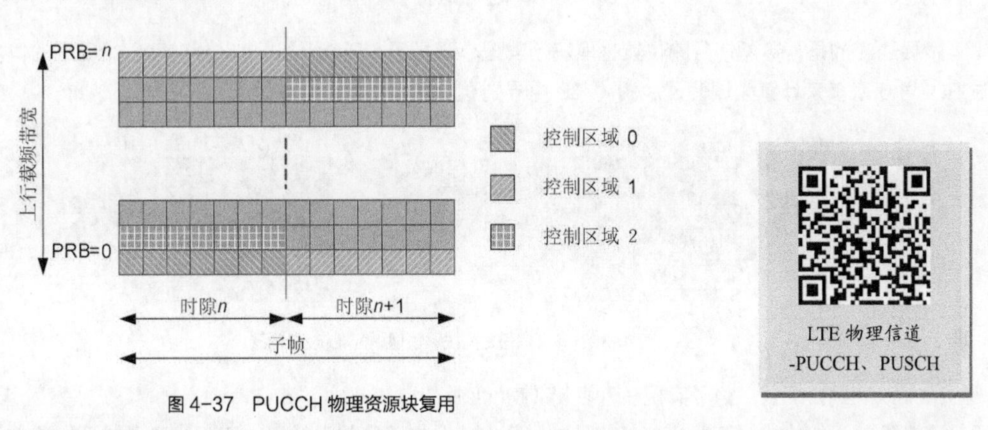

图 4-37　PUCCH 物理资源块复用

4.7　LTE 参考信号

4.7.1　下行参考信号

LTE 与其他移动通信系统不同，它在空中接口上不使用帧前导。因此为了实现相干解调、信道估计、信道质量测量、时间同步等任务，LTE 使用多种参考信号。下行参考信号主要可分为 3 种。

（1）小区特定参考信号（非 MBSFN）。

（2）多播组播单频网络（Multimedia Broadcast multicast service Single Frequency Network，MBSFN）参考信号，即单载频多媒体广播多播业务（Multimedia Broadcast Multicast Service，MBMS）网上的 MBMS 参考信号。

（3）UE 特定参考信号。

1. 小区特定参考信号

LTE 中的小区特定参考信号在时频网格上呈二维排列，特征是距离相同，因此可以提供信道的最小估计均方差。另外，参考符号的时域间隔是影响信道估计的重要因素，也关系到多普勒扩展的容限，即移动速度上限。在 LTE 中，这个问题通过每时隙两个参考符号解决。

频域间隔也是一个重要因素，因为它关系到期望的信道相干带宽与时延扩展。同一时间 LTE 参考信号的间隔为 6 个子载波，不过因为它们在时域上交错，所以间隔为 3 个子载波。

（1）单天线口配置下，参考信号的位置因天线数和循环前缀类型（使用普通还是扩展 CP）而不同。图 4-38 显示了不同循环前缀配置下的参考信号位置。

图 4-38 显示的排列适用于使用单发射天线的情况。当使用普通 CP 时，参考信号在各时隙中第一和第五个 OFDM 符号发送。当使用扩展 CP 时，参考信号在第一和第四个 OFDM 符号发送。

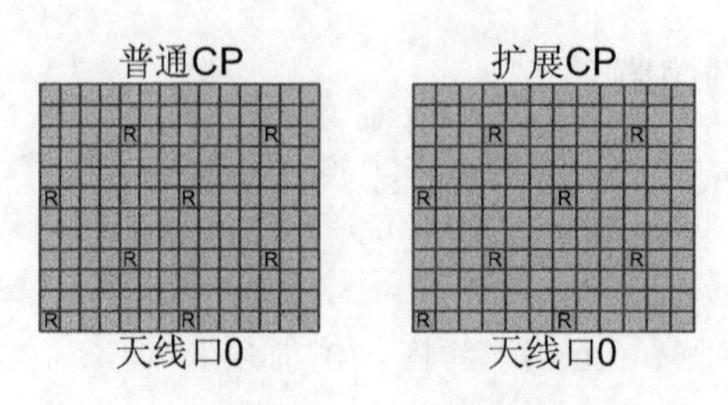

图 4-38 单天线口模式下参考信号的位置

需要注意的是，参考信号的位置也取决于物理小区标识（Physical Cell Identifier，PCI）的值。系统通过 PCI 对 6 取模来计算频域偏置。图 4-39 中分别显示两个不同 PCI 的小区的不同 RS 偏置。

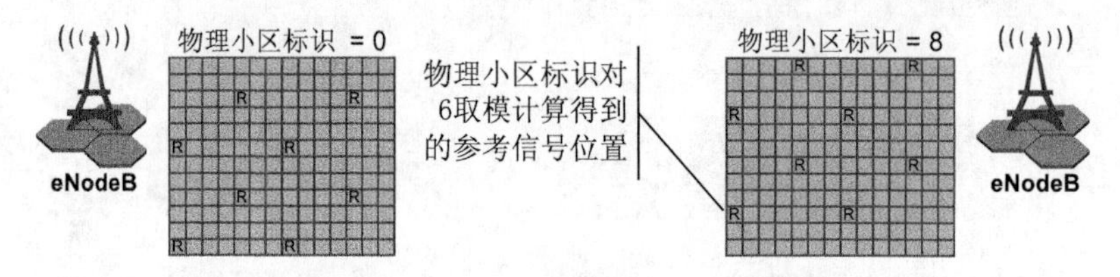

图 4-39 参考信号之间按照物理小区 ID 设置偏置

（2）双天线口配置。为了实现多入多出（Multiple Input Multiple Output，MIMO）或发射分集，LTE 设计了多发射天线功能。不同的参考信号的排列方式对应不同的天线口。双天线口场景下的参考信号排列如图 4-40 所示。UE 可以基于各天线口对应的参考信号排列进行信道估计。

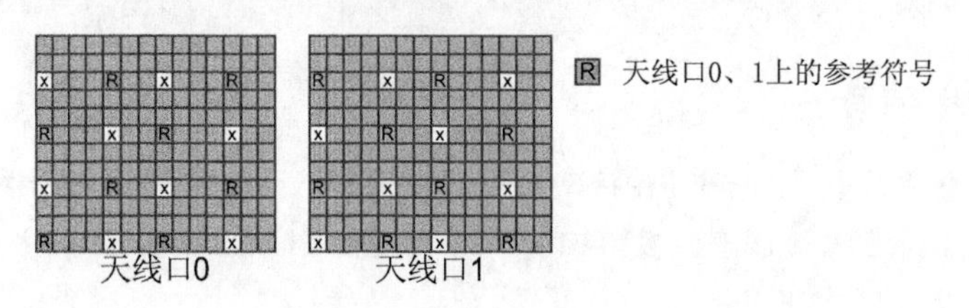

图 4-40 参考信号排列-双天线口（使用普通 CP）

（3）LTE 单小区最多可以配置 4 个天线口（即天线口 0～3）。因此，设备必须分别得出 4 个信道估计。四天线场景下的参考信号排列如图 4-41 所示。

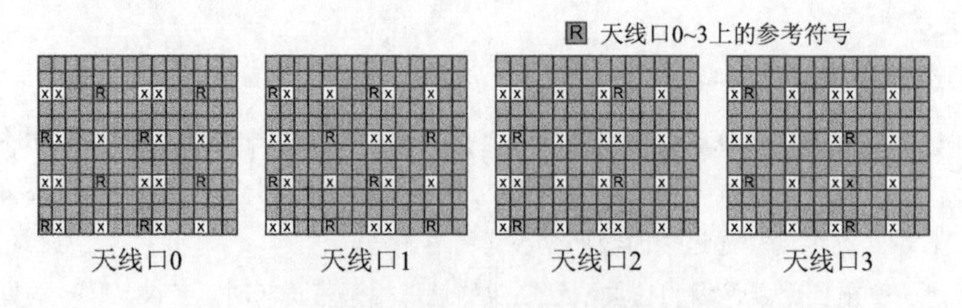

图 4-41 参考信号排列-四天线口（使用普通 CP）

为了减少参考信号开销，天线口 2 和天线口 3 上的参考符号较少。符号少也会影响系统功能，特别是在高速移动（即信道快速变化）的状态下，信道估计会变得不准确。不过，因为四天线空间复用 MIMO 一般适用于低速移动场景，所以对网络的整体功能影响不大。与单天线配置相同，四天线口配置下的参考信号的位置按照物理小区 ID 设置偏置。

2. MBSFN 参考信号

LTE 系统中也为独立载频 MBMS 网络定义了参考信号，此类 RS 在天线口 4 上发射。15 kHz 和 7.5 kHz 子载波间隔下的两种 MBSFN 参考信号配置如图 4-42 所示。

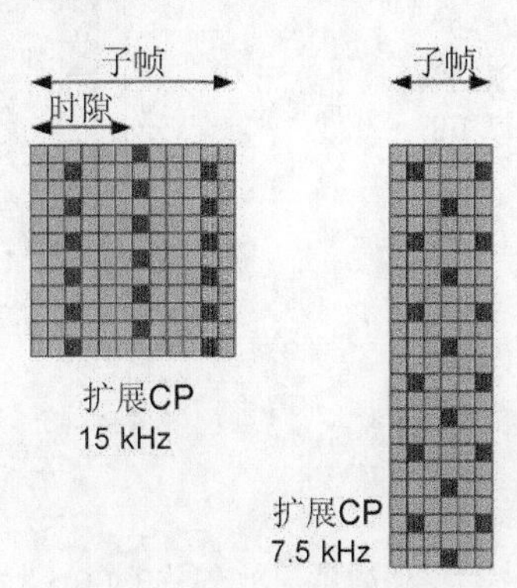

图 4-42　MBSFN 参考信号配置

3. UE 特定参考信号

UE 特定参考信号在 PDSCH 的单天线发射场景下使用天线口 5 发送。当使用不基于码本的预编码方式时，UE 特定参考信号用于波束赋形。UE 特定参考信号如图 4-43 所示。

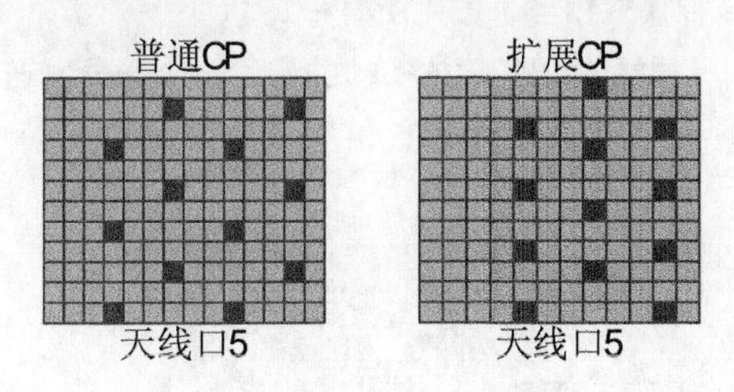

图 4-43　UE 特定参考信号

4.7.2　上行参考信号

上行除发送上层的控制信息和数据信息以外，同样也要发送低层参考信号。同其他参考信号一样，参考信号需要有良好的自相关性和互相关性。另外，也需要足够数量的序列使干扰达到最小。

LTE 支持两种上行参考信号。

（1）解调参考信号（Demodulation Reference Signal，DRS）：与 PUSCH 和 PUCCH 的发送相关。

（2）探测参考信号（Sounding Reference Signal，SRS）：与 PUSCH 和 PUCCH 无关，独立发送。

1. 解调参考信号

DRS 用于信道估计，帮助 eNodeB 解调控制和数据信道。有两种不同的解调参考信号，分别用于 PUSCH 和 PUCCH。

DRS 的位置受其他因素影响，如普通或扩展 CP 的使用。图 4-44 描述了 PUSCH 和普通 CP 配置时 DRS 的位置，图 4-45 描述了 PUSCH 和扩展 CP 配置时 DRS 的位置。对于普通 CP，DRS 位于每个时隙的第 4 个符号位，上行使用分配给 UE 的相同发送带宽。不同 UE 的参考信号从同一基序列的不同循环移位衍生而来。

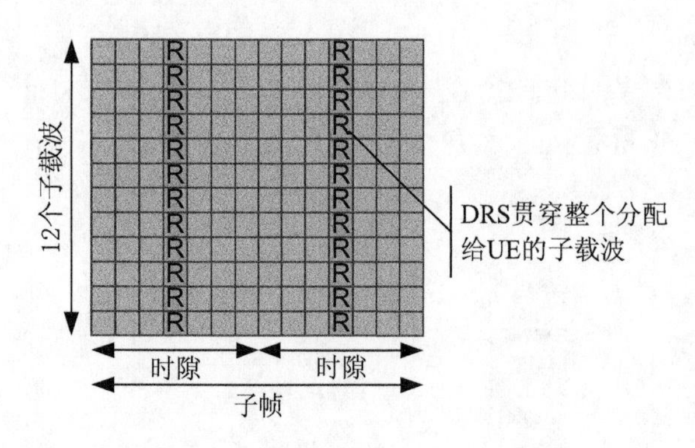

图 4-44 上行解调参考信号的位置（使用普通 CP）

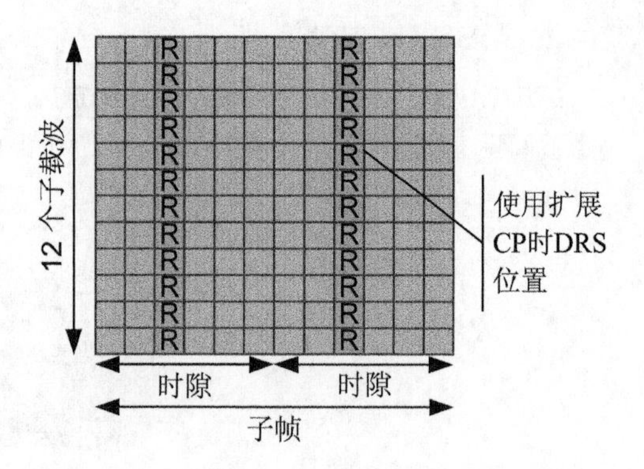

图 4-45 上行解调参考信号的位置（使用扩展 CP）

2. 探测参考信号

SRS 为 eNodeB 提供用于调度的上行信道质量指示（Channel Quality Indicator，CQI）。当没有上行数据发送时，UE 在所分配带宽的不同部分发送 SRS。

当 UE 在上行被调度了资源时，eNodeB 可以通过 DRS 对 UE 占用的 RB 进行信道估计，但无法通过 DRS 得知其他 RB 的信道质量，LTE 使用 SRS 解决此问题。

SRS 可通过两种方式发送，固定宽带方式或跳频方式。宽带模式下，SRS 用所要求的带宽发送。跳频模式下，使用窄带发送 SRS，长远来看，这种模式相当于占用所有带宽。

SRS 的配置（如带宽、时长及周期）由上层提供。SRS 由子帧的最后一个符号发送（特殊子帧除外）。图 4-46 举例说明 eNodeB 如何配置 UE 通过部分频段发送 SRS。

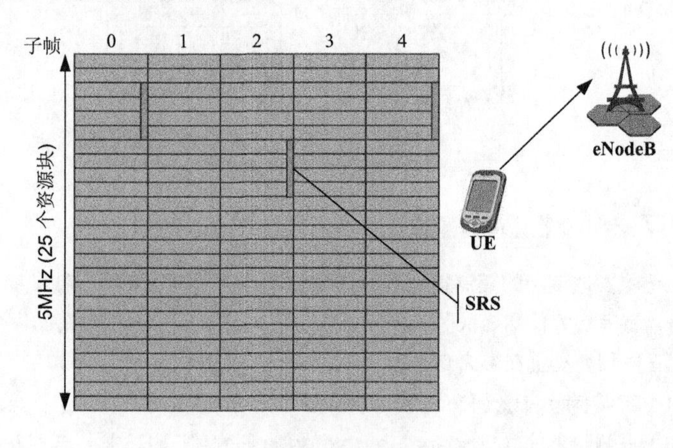

图 4-46 SRS 跳频

由于 SRS 可以在 UE 没有 PUSCH 或 PUCCH 分配时发送，所以必须存在机制防止 UE 干扰其他用户的 PUSCH。这样需要确保所有 UE 知道 SRS 什么时候发送，以便被调度到的相应的 RB 并发送时，能避开 SRS 的发送位置 0，这个信息是通过系统消息通知 UE 的。

4.8 LTE 随机接入过程

小区选择过程中，在网络注册前，UE 必须先随机接入，然后与驻留的 eNodeB 建立 SRB。RACH 随机接入流程如图 4-47 所示。

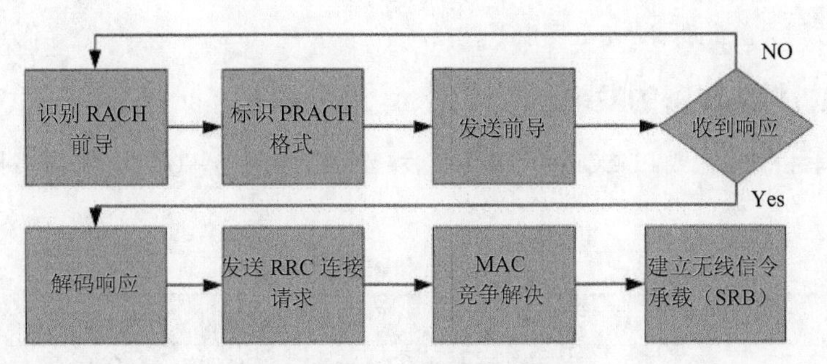

图 4-47　RACH 随机接入流程

4.8.1　RRC 连接

SRB 也叫 RRC 连接，即 UE 进入 RRC 连接状态。为了建立 SRB，eNodeB 与 UE 之间需要一些信令过程。建立 SRB 所需的主要的信令消息如图 4-48 所示。注意，其中一部分信令消息指 PHY 或 MAC 层的消息或指示。

建立 RRC 连接之前，UE 先通过 PRACH 信道探测网络可用资源，通过 DL-SCH 获得 MAC 调度授权。一旦 UE 成功探测到上行资源且在 UL-SCH 信道上被分配到这些资源，RRC 连接就可以通过 UL-SCH 和 DL-SCH 信道上的三次握手被建立起来。

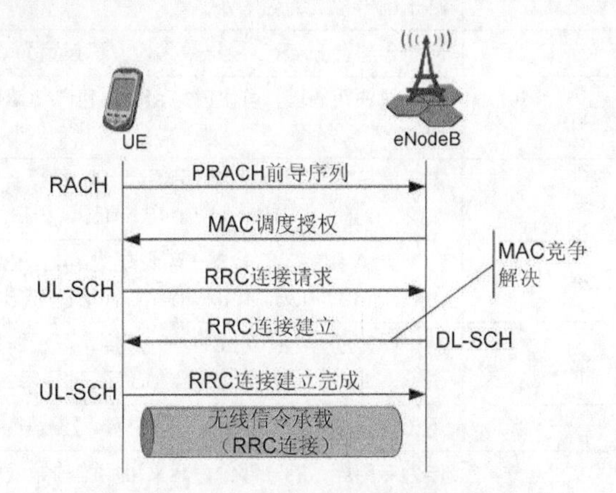

图 4-48　建立 SRB 所需的主要信令消息

4.8.2　PRACH 前导

PRACH 探测过程如图 4-49 所示。UE 根据 PRACH 配置参数和开环功控发送初始前导。

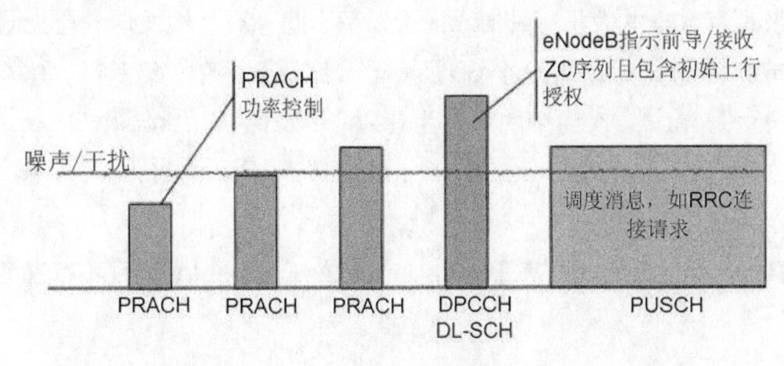

图 4-49　PRACH 探测过程

UE首先发送一个初始前导，如果eNodeB没有接收到，则UE将前导功率增加一个步长，以此类推，直到eNodeB接收到为止（即eNodeB回应）。

4.8.3 随机接入过程的发起

随机接入过程由MAC层或PDCCH命令发起。发起流程初始化前，UE需要收集各种参数，主要参数如表4-5所示。

表4-5 随机接入参数

参　数	描　述
PRACH-ConfigInfo	包含Tprach-ConfigIndex、highSpeedFlag、zeroCorrelationZoneConfig及prach-FreqOffset
ra-ResponseWindowSize	随机接入响应窗大小，用子帧表示，可设置为sf2、sf3、sf4、sf5、sf6、sf7，sf8或sf10
PowerRampingStep	功率抬升因子，可设置为dB0、dB2、dB4或dB6
preambleTransMax	前导发送最大值，可设置为n3、n4、n5、n6、n7、n8、n10、n20、n50、n100或n200
preambleInitialReceivedTargetPower	初始前导功率，可设置为−120、−118、−116、−114、−112、−110、−108、−106、−104、−102、−100、−98、−96、−94、−92或−90 dBm
DELTA_PREAMBLE	基于前导格式的功率偏执
maxHARQ-Msg3Tx	Msg3消息HARQ发送最大值，可设置为1～8
mac-ContentionResolutionTimer	竞争解决定时器，可设置为sf8、sf16、sf24、sf32、sf40、sf48、sf56或sf64
numberOfRA-Preambles	基于竞争的前导数量，可设置为n4、n8、n12、n16、n20、n24、n28、n32、n36、n40、n44、n48、n52、n56、n60或n64
sizeOfRA-PreamblesGroupA	分配给A组的前导数量，可设置为n4、n8、n12、n16、n20、n24、n28、n32、n36、n40、n44、n48、n52、n56或n60
messagePowerOffsetGroupB	用于计算前导组（A或B）的选择，可设置为无穷小（Minusinfinity）、dB0、dB5、dB8、dB10、dB12、dB15或dB18
messageSizeGroupA	用于计算前导组（A或B）的选择，可设置为b56、b144、b208或b256
ra-PreambleIndex	作为专用配置的一部分，定义可用的前导索引，可设置为0～63
ra-PRACH-MaskIndex	作为专用配置的一部分，定义可用的资源，可设置为0～15

1. 前导组分配

LTE随机接入过程中，接入前导分成两组。通过选择的前导所在的组，UE通知eNodeB初始上行发送需要的功率授权以及缓存数据的大小，eNodeB可以基于此，对初始发送进行资源调度。

随机接入前导分成A组和B组，如图4-50所示。分组需要两个关键参数，numberOfRA-Preambles和sizeOfRA-PreamblesGroupA。A组中的前导为0～sizeOfRA-PreamblesGroupA　1。如果存在B组，B组中的前导为sizeOfRA-PreamblesGroupA～numberOfRA-Preambles − 1。剩下的前导为专用前导，用于非竞争过程。

如果sizeOfRA-PreamblesGroupA等于numberOfRA-Preambles，则不存在B组。

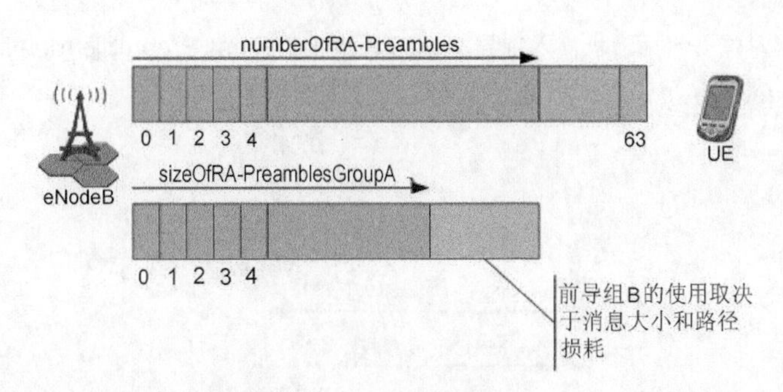

图 4-50 A 组和 B 组分配前导

2. 分组的用处

基于第一个 RRC 消息 Msg3，UE 根据消息大小和路径损耗，当满足下述条件时，选择 B 组。

（1）数据大小+MAC 和控制消息>messageSizeGroupA。

（2）路径损耗<（PCMAX–preambleInitialReceivedTargetPower–deltaPreambleMsg3–messagePowerOffsetGroupB）。

对于重传，UE 使用与初始前导发送相同的组中的前导。

3. PDCCH 接入命令

除了为了建立连接而触发的随机接入过程外，如果收到被其 C-RNTI 加掩的 PDCCH 命令，UE 也能发起随机接入过程。

4.8.4 随机接入响应窗

如图 4-51 所示，一旦 UE 发送了随机接入前导，UE 在规定的时间窗内监听 PDCCH 上的随机接入响应。该接入响应通过随机接入 RNTI(Random Access – RNTI，RA-RNTI)进行标识。该 RA-RNTI 由 UE 选择的前导的发送时频位置计算而来。

“包含前导末尾的子帧”之后的第四个子帧是随机接入响应的时间窗的起始，时间窗的长度为 ra-ResponseWindowSize 个子帧。

RA-RNTI 的计算公式为 1 + t_id+10*f_id。其中，t_id 指的是前导发送时使用的 PRACH 信道的第一个子帧在时域上的索引，f_id 指的是前导发送时使用的 PRACH 信道在频域的索引。

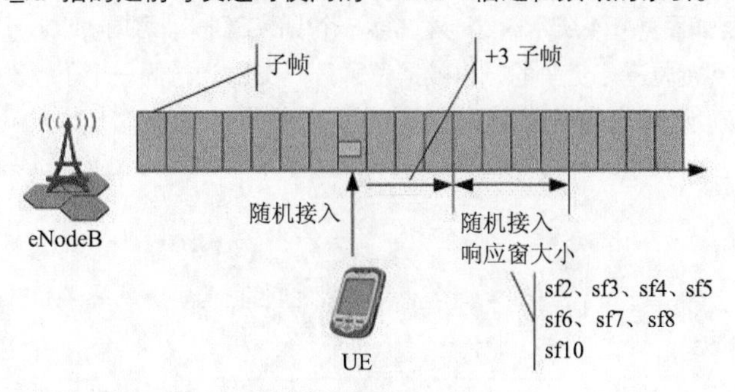

图 4-51 随机接入响应窗

4.8.5 随机接入响应

接到随机接入前导后，eNodeB 通过 DL-SCH 发送随机接入响应消息，如图 4-52 所示。与 PDCCH

信道上的 RA-RNTI 对应，包括随机接入前导标识(Random Access Preamble Identifier，RAPID)、定时校准（Timing Alignment，TA）信息、初始上行授权及临时 C-RNTI 分配。

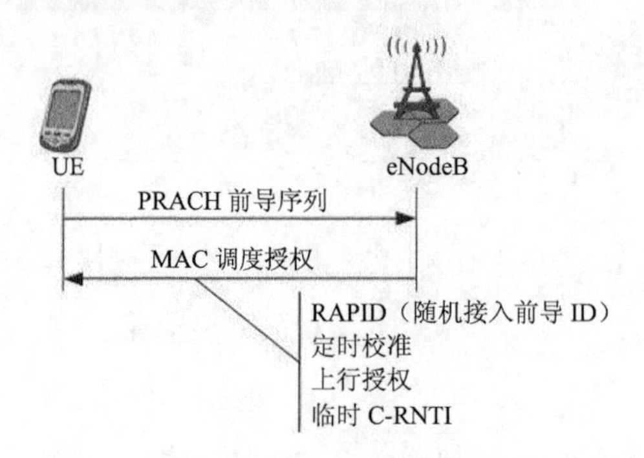

图 4-52 MAC 随机接入

4.8.6 上行发送

如图 4-53 所示，如果 UE 使用正确的 RA-RNTI 解码了 PDCCH，那么它就进而解码相关的 DL-SCH 资源块来验证这个资源块里是否包含了 RAPID。如果包含，UE 通过子帧 $n+k_1$ 发送 UL-SCH TB(传输块)。其中，$k_1 \geqslant 6$。

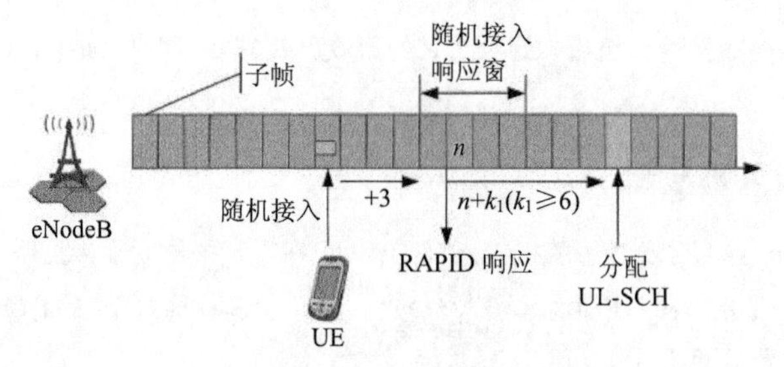

图 4-53 随机接入－分配 UL-SCH

如果将上行延时字段设置为 1，则 UE 将 PUSCH 发送推迟到下一个上行子帧。

如果在随机接入响应窗中没有收到随机接入响应消息，那么 UE 能够发送新的前导序列。前导通常在随机接入响应窗结束后的 4 个子帧之前被重发。

MAC 竞争解决流程如图 4-54 所示。UE 通过第一个 UL-SCH 消息向 eNodeB 发送标识来实现 MAC 竞争解决。随机接入很可能是基于竞争的，也就是说，另一 UE 通过同一个子帧发送相同的接入前导。因此，每个 UE 的发送必须携带自己的高层标识。

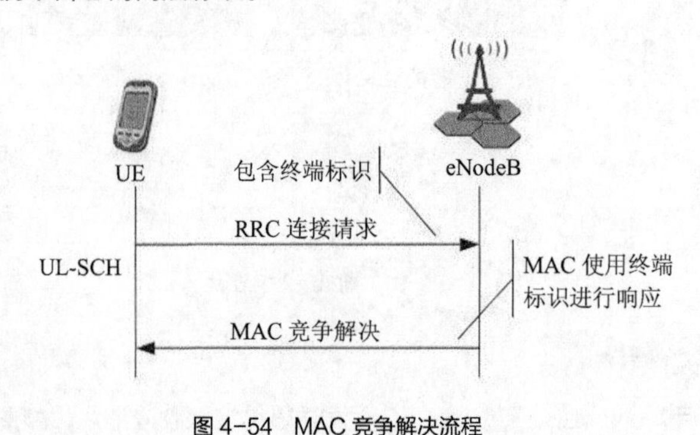

图 4-54 MAC 竞争解决流程

然后，在回复的消息中（对于 Meg3 的回复），eNodeB 在 MAC 头添加该 UE 标识。其他不同标识的 UE 意识到冲突发生，然后重新接入系统，即重新发一个新的前导。

4.9 HARQ 实现

4.9.1 重传类型

重传机制有两种，即 ARQ 和 HARQ。ARQ 在 RLC 层实现，而 HARQ 在 MAC 和物理层实现。ARQ 的部分特性/问题和 HARQ 的优势如图 4-55 所示。

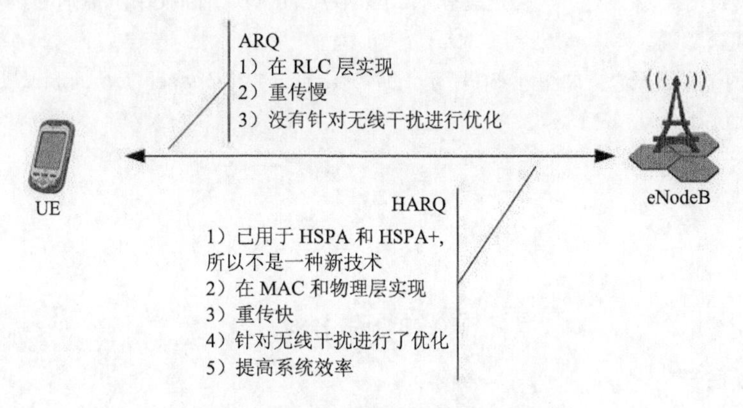

图 4-55　ARQ 的部分特性/问题和 HARQ 的优势

4.9.2 HARQ 方法

HARQ 提供一种物理层的重传功能，该功能可以大大提升性能，增强鲁棒性（健壮性）。LTE 选择了停等机制（Stop And Wait，SAW）作为重传协议，因为这种形式的 ARQ 实现简单。在 SAW 机制里，发射端保持发送当前传输块直到该传输块被正确接收才发送下一个传输块。SAW 的基本原理如图 4-56 所示。图中还显示了在两次数据发送之间发送更多数据包的可能性。

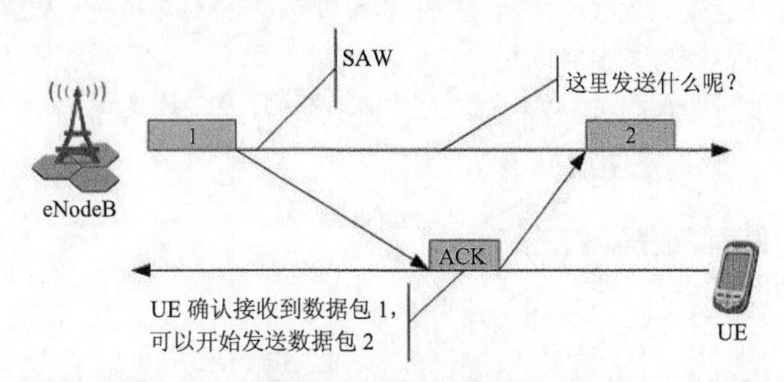

图 4-56　SAW 基本原理

在两次数据发送之间发送更多数据包的机制相对简单，只需要使用一些并行的 HARQ 进程即可，如图 4-57 所示。LTE 系统中针对上/下行和 FDD/TDD 模式，会配置不同数量的 HARQ 进程。

图 4-57 展示的是下行 FDD 帧上使用 8 个 HARQ 进程的例子。图中高亮显示的是进程 3。eNodeB 第一次发送的进程 3 的数据得到了 UE 的 ACK 确认。在 eNodeB 等待 UE 确认的过程中，可以进行其他进程。这样，UE 就可以连续接收数据包。

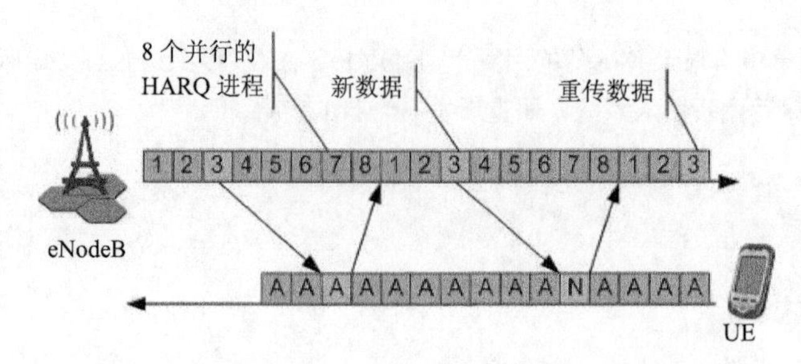

图 4-57 并行的 HARQ 进程

如果 UE 检测到错误，就发送一个否定应答（Negative Acknowledgement，NACK）给 eNodeB。eNodeB 可以快速地重调度该数据。

HARQ 涉及两个主要概念，如图 4-58 所示，即 Chase 合并（Chase Combining，CC）和增量冗余（Incremental Redundancy，IR）。

图 4-58 HARQ 方法

1. Chase 合并

在 Chase 合并机制中，每次重传包含的内容与初传数据是相同的。接收端的解码器将这些包含相同信息的多份数据复制，进行合并。这种合并提供了时间分集和软合并增益，复杂度低，而且在所有 HARQ 方法中，这种合并对 UE 内存的要求最低。

2. 增量冗余

在 IR 机制中，如果初传失败了，则在重传中增加额外的冗余信息，实现增量发送。这样，有效信道编码率随重传次数的增加而提高。增量冗余还可以细分为部分 IR 和全 IR。通过部分 IR 方式传送的每个编码后的码字中包含系统位，所以每次重传的内容是可以自解码的。而通过全 IR 方式传送的内容仅包含奇偶校验位，所以每次重传的内容是不能自解码的。

图 4-59 举例说明速率匹配和冗余版本在重传中的工作机制，图中还显示了有效编码率。

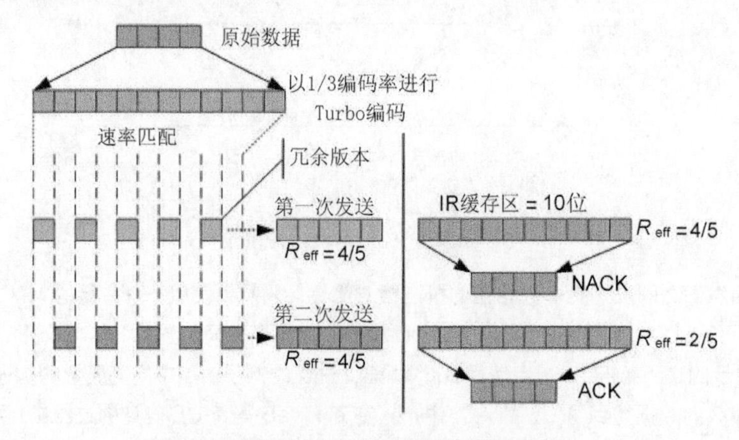

图 4-59 速率匹配和冗余版本在重传中的工作机制

4.9.3 LTE系统中的HARQ

LTE的HARQ机制定义在MAC子层中，用于TB的初传和重传。

HARQ调度需要使用多种参数，比如新数据指示（New Data Indicator，NDI）和传输块TB大小。另外，DL-DSCH的HARQ信息还包含了HARQ进程ID，UL-SCH的HARQ信息还包含了冗余版本（Redundancy Version，RV）。在DL-SCH上使用空间复用（MIMO）的场景下，HARQ信息包含了针对每个传输块的NDI和TB大小信息。

FDD最大下行进程数为8，FDD最大上行进程数在正常情况下也为8，但是如果启用了TTI捆绑（TTI Bundling）功能，则最大子帧数仅为4。在TDD模式下，最大HARQ进程数由子帧配比决定。

4.9.4 下行HARQ

下行HARQ有如下特征。

（1）下行使用非同步自适应HARQ。

（2）针对下行初传和重传的上行ACK/NACK通过PUCCH或者PUSCH发送。

（3）PDCCH上发送HARQ进程号，指示初传或者重传。

（4）固定通过PDCCH进行重传的调度。

4.9.5 上行HARQ

上行HARQ有如下特征。

（1）上行使用同步HARQ。

（2）最大重传次数面向UE设置，而非面向无线承载设置。

（3）针对上行初传和重传的下行ACK/NACK通过PHICH发送。

上行HARQ遵循如下原则。

（1）无论HARQ反馈的内容是ACK还是NACK，UE只要正确接收了PDCCH信息，就按照PDCCH的指示发送新数据或者进行重传（这种重传被称为自适应重传）。

（2）当UE没有检测到针对其C-RNTI的PDCCH，则UE按照HARQ反馈的指示进行重传。

① 如果HARQ反馈的是NACK，则UE进行非自适应重传，即在该进程中之前使用过的上行资源上进行重传。

② 如果HARQ反馈的是ACK，则UE不进行任何上行初传或重传，而是把数据缓存在HARQ缓存区里，直到接收到PDCCH指示再进行重传。也就是说，这种场景下，UE不采用非自适应重传。

（3）与移动性相关的测量Gap具有比HARQ重传更高的优先级。当HARQ重传与测量Gap冲突时，不进行HARQ重传。

（4）冗余版本（Redundancy Version，RV）的顺序为0、2、3、1。

4.9.6 ACK/NACK发送时序

1. FDD确认模式

FDD模式下，当UE的数据通过PDSCH发送时，该UE使用DCI调度消息来解码该数据。基于CRC的结果，UE向eNodeB发送ACK或者NACK。当在i号下行子帧上发送的PDSCH后，ACK/NACK在i+4号上行子帧上发送，即确认信息，如图4-60所示。

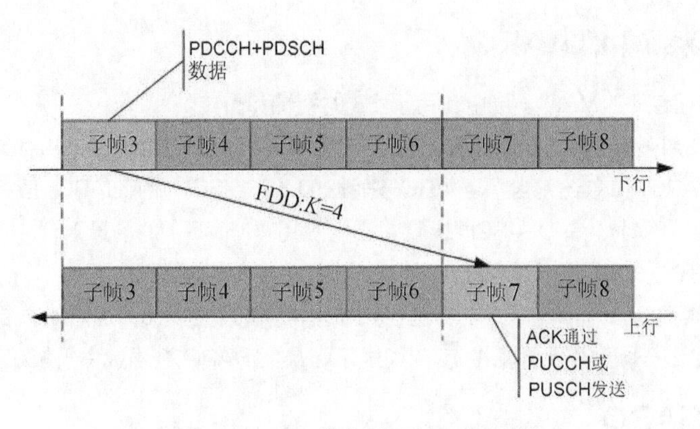

图 4-60　FDD 模式下的下行 HARQ 时序

FDD 模式下的上行 HARQ 时序举例如图 4-61 所示，也是在 *i*+4 号上行子帧上发送 PUSCH 的确认信息。

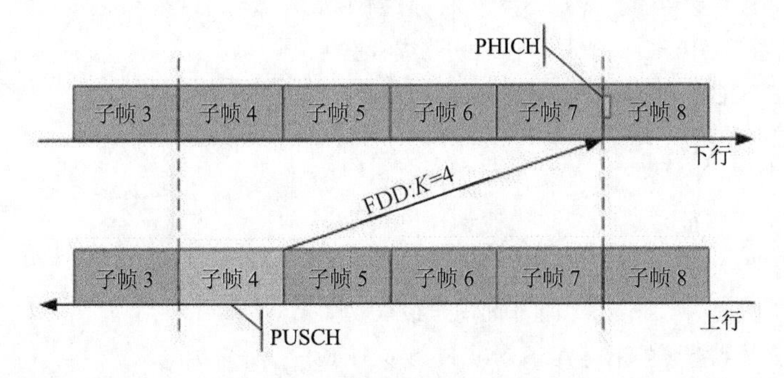

图 4-61　FDD 模式下的上行 HARQ 时序

2. TDD 确认模式

TDD 模式下，发给 UE 的携带 ACK/NACK 的 PHICH 在 *i* 号子帧上发送，针对在 *i*–*k* 号子帧上发送的 PUSCH 提供确认信息，其中 *k* 的值如表 4-6 所示。

表 4-6　TDD 中 PHICH 的 *k* 值

TDD 上下行子帧配比	上行子帧索引									
	0	1	2	3	4	5	6	7	8	9
0			4	7	6			4	7	6
1			4	6				4	6	
2			6					6		
3			6	6	6					
4			6	6						
5			6							
6			4	6	6			4	7	

另外，TDD 还定义了如下两种 ACK/NACK 反馈模式。

（1）ACK/NACK 捆绑式反馈。此方式把对多个下行 PDSCH 子帧的 HARQ ACK/NACK 映射到同一个上行子帧上，在下行的子帧间通过逻辑“与”操作来实现。

（2）ACK/NACK 复用式反馈。此方式把同一个下行子帧内被调度的多个数据块的 ACK/NACK 在空间维度捆绑，把所有独立的 HARQ ACK/NACK 反馈通过逻辑“与”操作来实现。

4.10 多天线技术

蜂窝系统一直在持续提升空中接口的性能和频谱利用率。在为了达到这一目的而使用的方法中，有一种就是多天线技术。多天线技术包括了空频块编码（Space Frequency Block Coding，SFBC）和频移时间分集（Frequency Shift Time Diversity，FSTD），以及各种 MIMO 技术。

4.10.1 单用户 MIMO 和多用户 MIMO

MIMO 在发射端和接收端使用多天线来分别实现多入和多出。MIMO 术语和方法因系统而异。大部分情况下分为如下两类，如图 4-62 所示。

（1）单用户 MIMO（Single User MIMO，SIMIMO），此模式使用 MIMO 技术来提升单用户的性能。

（2）多用户 MIMO（Multi User MIMO，MUMIMO），此模式使用空间复用技术使多个用户获得服务。

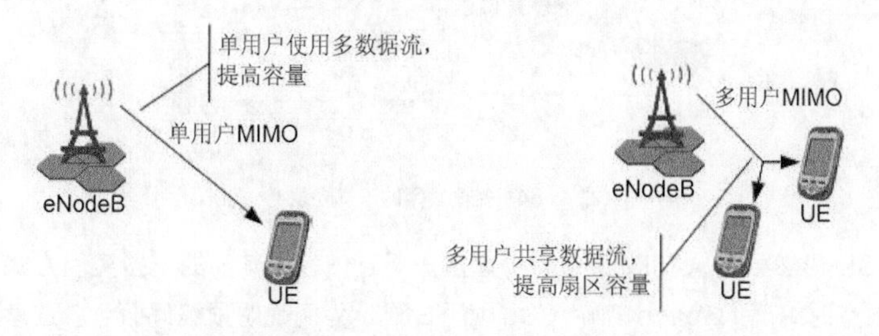

图 4-62　单用户 MIMO 和多用户 MIMO

4.10.2 MIMO 和发送方式

LTE 系统支持多种发送模式，包括发射分集（Transmit Diversity）技术。某些开环技术（即没有反馈机制），主要用于下行公共信道，这些信道无法通过信道选择性调度获得增益。

下行方向上，通过高层信令对 UE 进行半静态分配，用于接收 PDSCH 数据时，eNodeB 将发送模式信息发给 UE。LTE 使用如下发送模式。

（1）发送模式 1 – 单天线发送，使用端口 0，不使用 MIMO；

（2）发送模式 2 – 发射分集；

（3）发送模式 3 – 发射分集或者高时延 CDD（Cyclic Delay Diversity）；

（4）发送模式 4 – 发射分集或者闭环空间复用；

（5）发送模式 5 – 发射分集或者多用户 MIMO（即多个用户被分配到相同的传输块上）；

（6）发送模式 6 – 发射分集或者 rank=1 的闭环预编码（即不使用空间复用，而使用预编码方式）；

（7）发送模式 7 – 使用单天线口 5（用于波束赋形）。

4.10.3 MIMO 模式

LTE 支持使用两根或 4 根天线进行 MIMO，或者称多天线发送。码字到层的映射关系是固定的，不管使用多少根天线，最多发送两个码字。

最常用的 MIMO 模式是空间复用（Spatial Multiplexing，SM）。空间复用时，多条调制符号流被分配给单个用户，这些符号流在相同的时频资源上发送。信号间通过使用不同的参考信号来区分。参考信号包含在 PRB 中。使用 2×2 MIMO 系统的空间复用如图 4-63 所示。

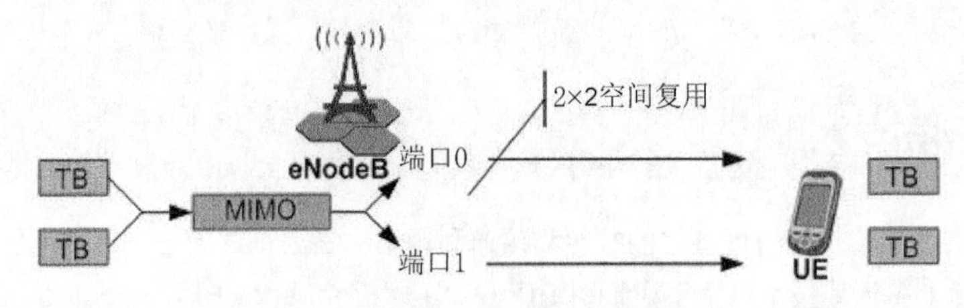

图 4-63 使用 2×2 MIMO 的空间复用

如图 4-64 所示，蜂窝系统中的空间复用存在一个主要问题，就是强干扰，尤其在小区边缘。不幸的是，这个干扰会同时影响到空间上的多条数据流，因此可能造成双倍的误码。所以，空间复用通常用在离 eNodeB 距离近的地方，而不用在小区边缘。

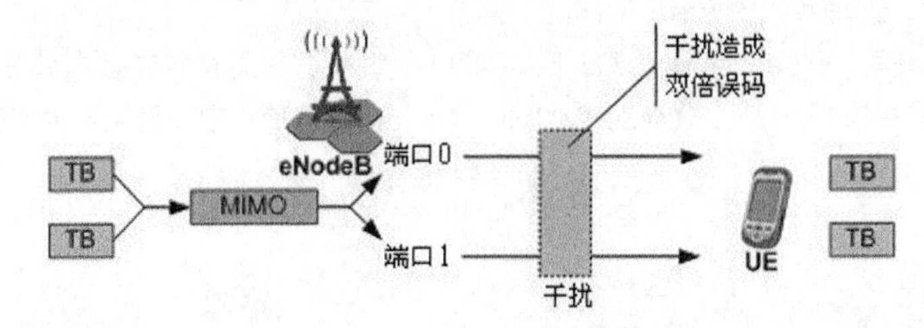

图 4-64 空间复用的干扰问题

在小区边缘的 UE 仍然可以从 MIMO 中获得增益。不过依赖于其他的一些实现方式，比如使用单码流预编码。图 4-65 以空时编码（Space Time Coding，STC）为例说明预编码概念。注意，预编码不仅包含 STC，还包含其他方式。

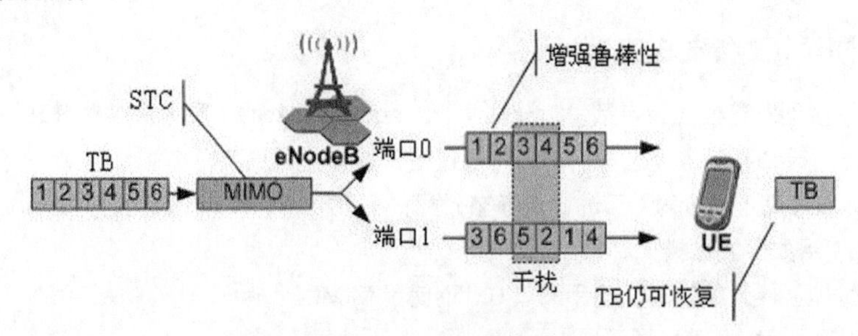

图 4-65 以空时编码说明预编码的概念

为了真正优化信道效率，一些系统支持自适应 MIMO 切换（Adaptive MIMO Switching，AMS）。如图 4-66 所示，系统可以综合使用空间复用和其他方法来优化 eNodeB 性能。

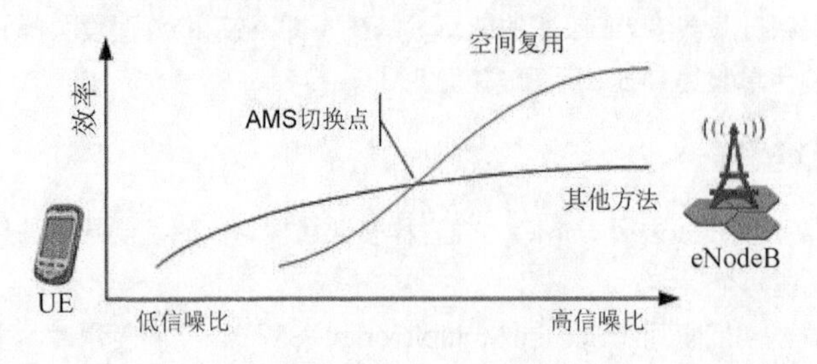

图 4-66 优化 eNodeB 性能的方法

4.10.4　LTE 系统中的空间复用

LTE 系统允许最多两个码字映射到不同的层上。系统使用预编码来进行空间复用。PDSCH 的处理如图 4-67 所示。

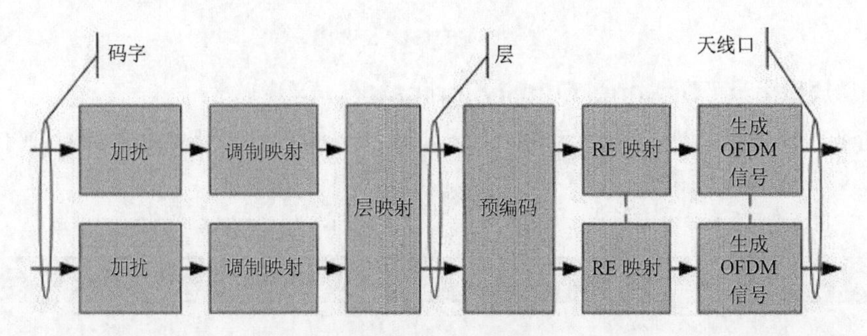

图 4-67　PDSCH 处理

为了使信号可以在空间上复用到不同的天线口，需要使用多种数学计算过程。在两天线或四天线配置下使用开环或闭环空间复用时，计算过程会有所不同。

系统中非常重要的一方面就是基于码本的编码机制。使用的码本类型如下。

（1）两天线口配置时，使用 7 子元码本。

（2）四天线口配置时，使用 16 子元码本。

两发射天线配置下的码本索引至层的映射关系如表 4-7 所示。3GPP TS 36.211 协议提供了针对不同技术的详细预编码和层映射公式，还提供了四天线配置下的公式。

表 4-7　码本索引至层的映射关系

码本索引	层　数	
	1	2
0	$\frac{1}{\sqrt{2}}\begin{bmatrix}1\\1\end{bmatrix}$	$\frac{1}{\sqrt{2}}\begin{bmatrix}1&0\\0&1\end{bmatrix}$
1	$\frac{1}{\sqrt{2}}\begin{bmatrix}1\\-1\end{bmatrix}$	$\frac{1}{2}\begin{bmatrix}1&1\\1&-1\end{bmatrix}$
2	$\frac{1}{\sqrt{2}}\begin{bmatrix}1\\j\end{bmatrix}$	$\frac{1}{2}\begin{bmatrix}1&1\\j&-j\end{bmatrix}$
3	$\frac{1}{\sqrt{2}}\begin{bmatrix}1\\-j\end{bmatrix}$	–

使用闭环空间复用模式时，如果层数为 2，则不使用码本索引 0。

4.10.5　反馈信息上报

为了优化系统性能，UE 可以提供多种关于无线信道环境的反馈信息给 eNodeB。根据不同的 MIMO 和 eNodeB 配置，LTE 可以使用不同的反馈信息上报方式。上报的内容可能包含如图 4-68 所示的信息。

图 4-68 反馈信息上报内容

1. 信道质量指示（Channel Quality Indicator，CQI）

CQI 指示了下行信道质量，并有效地指定了 eNodeB 可以使用的最优调制编码方案。CQI 编码方式有很多种，表 4-8 中列举了主要的 CQI 索引。

表 4-8 主要的 CQI 索引

CQI 索引	调制方案	码率×1024	效 率
0	不涉及		
1	QPSK	78	0.152 3
2	QPSK	120	0.234 4
3	QPSK	193	0.377
4	QPSK	308	0.601 6
5	QPSK	449	0.877
6	QPSK	602	1.175 8
7	16QAM	378	1.476 6
8	16QAM	490	1.914 1
9	16QAM	616	2.406 3
10	64QAM	466	2.730 5
11	64QAM	567	3.322 3
12	64QAM	666	3.902 3
13	64QAM	772	4.523 4
14	64QAM	873	5.115 2
15	64QAM	948	5.554 7

系统中定义了多种 CQI。其中，宽带 CQI 指的是整个系统带宽上的 CQI。与之相反，子带 CQI 指的是某子带上的 CQI。CQI 种类由高层通过 RB 数的方式进行定义和配置。需要注意的是，使用空间复用 MIMO 时，针对每个天线口都会上报一个 CQI。

根据调度模式的不同，可以使用周期性或非周期性的 CQI 上报方式。在频选和非频选调度模式下，使用 PUCCH 来承载周期性的 CQI 报告。在频选调度模式下，使用 PUSCH 来承载非周期性 CQI 报告。

2. 预编码矩阵指示（Precoding Matrix Indicator，PMI）

根据 PMI，UE 选择最优的预编码矩阵。PMI 的值与协议中的码本表相关。与子带 CQI 类似，eNodeB 定义了 PMI 报告对应到哪些 RB。PMI 报告在多种模式中都有使用，包括闭环空间复用、多用户 MIMO 和闭环 rank 1 预编码。

3. 秩指示（Rank Indication，RI）

RI 指示了使用空间复用时的可用发送层数。当使用发射分集时，秩等于 1，即 RI 为 1。

练习题

1. 请简述 PDCP 层的加密功能。
2. 请简述 RB、RE、CCE 的定义，以及其在物理信道上的应用。
3. 请简述 LTE 下行传输信道与逻辑信道的映射关系。
4. 在 LTE 系统中，PDCCH 的搜索空间有哪几种？作用是什么？
5. LTE 系统中的 UE 的 RRC 状态有哪些？
6. 在 LTE 中，PSS 的作用是什么？
7. 请简述 LTE 系统中 MIMO 的作用。

Communication

Chapter

5

第 5 章 LTE 信令与协议

信令系统是通信网的神经系统，是通信网必不可少、非常重要的组成部分，简单地说，它是一种机制。通过这种机制，构成通信网的用户终端以及各个业务节点可以互相交换各自的状态信息和提出对其他设备的接续要求，从而使网络作为一个整体运行。在理解了通信系统架构的基础上，信令流程的分析能帮助通信工程师理解通信协议，提高日常维护水平，增强故障自处理率。

课堂学习目标

- 描述 UE 开机入网的详细步骤和流程
- 掌握寻呼流程的相关知识
- 理解 TAU 流程的与携带的重要参数
- 描述切换流程相关接口的流程与场景

5.1 UE开机入网流程

当手机开机或者上电后，它的首要任务是找到网络并且和网络取得联系，以便获得网络的服务。

5.1.1 PLMN选择

一般情况下，UE 按照 4G、3G、2G 的顺序进行选择。在选择好无线接入技术（Radio Access Technologies，RAT）以后，UE开始执行PLMN选择流程，包括以下两个场景。

如果UE首次开机，内部没有任何PLMN信息，那么UE的高层将指示物理层进行小区初始搜索，通过读取SIB1消息获得当前网络下所有的PLMN并上报给UE NAS层，NAS层根据以下优先级选择一个PLMN。

（1）等效归属PLMN（EquivalentHome PLMN，EHPLMN）：存储在USIM卡中，用于漫游用户的PLMN选择；

（2）归属PLMN（Home PLMN，HPLMN）：存储在USIM卡中，用于归属地UE的PLMN选择；

（3）按照保存在USIM卡中的文件“User Controlled PLMN Selector with Access Technology”中的PLMN/接入技术组合的优先级顺序选择；

（4）按照保存在USIM卡中的文件“Operator Controlled PLMN Selector with Access Technology”中的PLMN/接入技术组合的优先级顺序选择；

（5）按照信号质量高低的顺序选择其他的PLMN/接入技术组合。

如果UE有历史注册PLMN（Registered PLMN，RPLMN），那么UE直接选择上次使用的PLMN，进行小区搜索。如无法搜到有效的小区，则重复上述过程的初始PLMN搜索。

5.1.2 小区搜索

LTE下行应用OFDMA技术，其信道可配置为1.4～20MHz（注意在有些频段，不是所有带宽都可用）。UE开始并不知道小区的下行配置，除非它已经保存了先前附着的小区信息。如果没有保存信息，同步过程必须快速而且准确。同步信号PSS和SSS的位置如图5-1及图5-2所示。

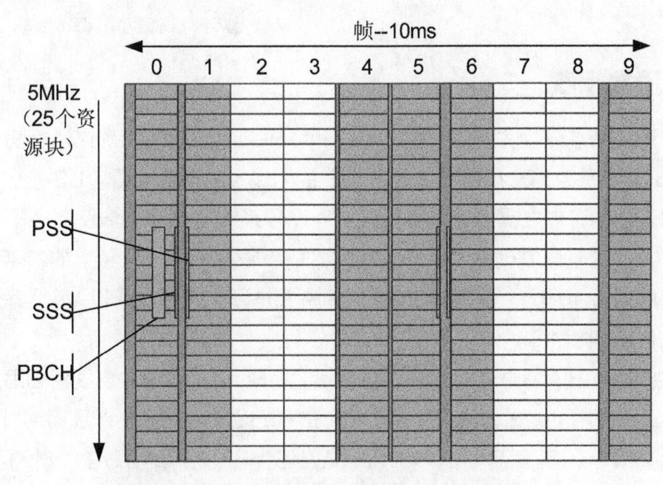

图5-1 小区搜索中的PSS和SSS（TDD模式）

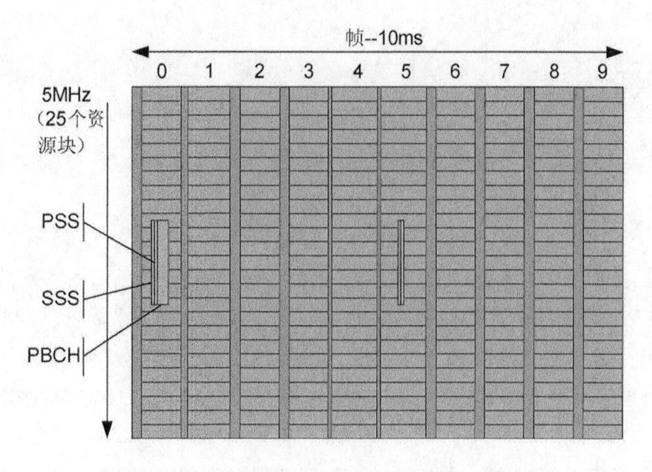

图 5-2 小区搜索中的 PSS 和 SSS（FDD 模式）

为了让 UE 找到小区并与下行同步，eNodeB 在中央的 72 个子载波上发送同步信号。对于使用普通 CP 的 TDD 来说，就是在每个下行帧的 0 号、1 号和 5 号、6 号子帧上发送。对于使用普通 CP 的 FDD 来说，就是在每个下行帧的 0 号和 6 号子帧上发送。

这些同步信号包括 PSS 和 SSS。通过同步信号，UE 进行下行同步并找到物理小区 ID。总共有 504 个物理小区 ID，如图 5-3 所示，3 个一组（3 个扇区），被分在 168 个小区标识组。

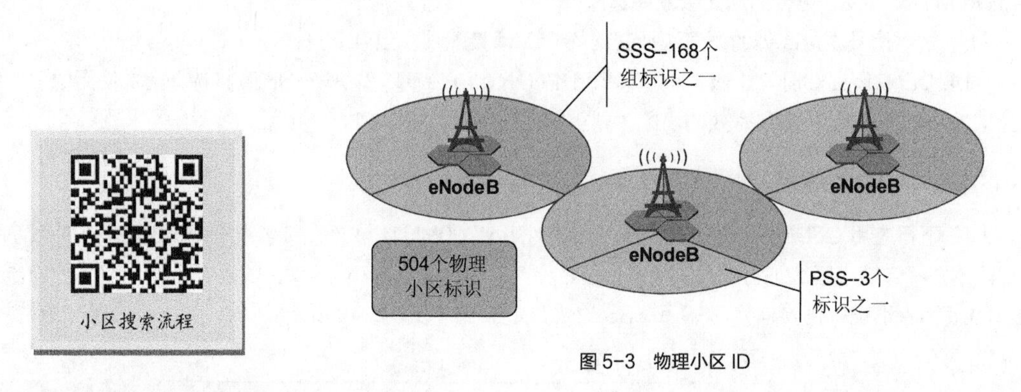

图 5-3 物理小区 ID

5.1.3 系统消息接收

在 LTE 系统中，系统消息分为主消息块（Master Info Block，MIB）和系统消息块（System Info Block，SIB）两种。eNodeB 通过系统消息广播，完成对 UE 的无线层的参数配置。UE 接收到这些参数后才能进行后续准入和驻留的流程。目前在国内运营商网络中有部分系统消息没有涉及。

MIB 包含了 UE 从小区获取其他系统消息的最基本的参数，使用一条独立的 RRC 消息下发，在 BCH 上发送，MIB 的调度周期为 40 ms。因为 BCH 的传输格式是预定义的，所以 UE 无须从网络侧获取其他信息就可以直接在 BCH 上接收 MIB。

SIB1 使用一条独立的 RRC 消息下发，在传输信道 DL SCH 上发送，调度周期固定为 80 ms。其他的 SIB 使用系统消息（System Information，SI）下发，在 DLSCH 上发送，调度周期可独立配置。调度周期相同的 SIB 可以包含在同一条 SI 消息中，一个 SIB 只能包含在一条 SI 消息中。SIB1 携带所有 SIB 的调度周期信息以及 SIB 到 SI 消息映射关系。SIB2 总是映射在第一个 SI 消息中。在 PDCCH 中，UE 通过解出系统消息的无线网络临时标识（SI-Radio Network Temporary Identity，SI-RNTI）得知 SIB 的时频信息。当系统消息内容改变时，eNodeB 通过寻呼消息通知空闲态和连接态的 UE 读取新的系统消息。

每个系统消息块所包含的信息不同，系统消息块所包含的信息如图 5-4 所示。

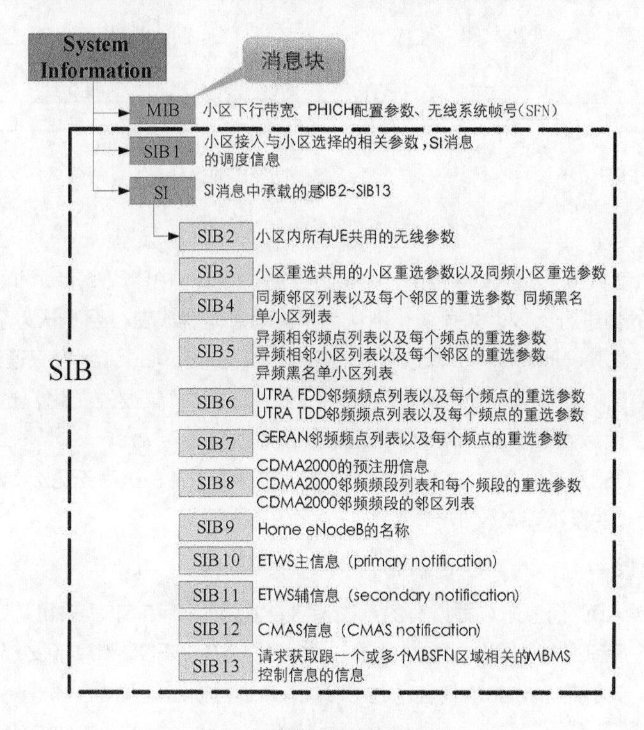

图 5-4 系统消息块包含内容

MIB 消息的调度周期固定为 40 ms，在每个 SFN MOD 4 = 0 的无线帧的 0 号子帧发送，并在每个周期的后 3 个无线帧的 0 号子帧重复。

SIB1 消息的调度周期固定为 80 ms，在每个 SFN MOD 8 = 0 的无线帧的 5 号子帧发送，并在每个周期的后面每个 SFN MOD 2 = 0 的无线帧的 5 号子帧重复。

其他 SIB 的调度周期由参数 Sib*x*Period (x=2,3,⋯,8)决定。SIB 与 SI 的映射关系受到 SIB 的调度周期、数据量及带宽资源的影响。有相同调度周期的 SIB 可以映射到相同的 SI 中；映射到同一个 SI 内的 SIB 的数据量不能过大，需要考虑 UE 的最小能力以确保小区内所有用户都可以读取系统消息。

1. 系统消息更新

在 UE 开机选择小区驻留、重选小区、切换完成、从其他 RAT 系统进入 E-UTRAN 或是从非覆盖区返回覆盖区时，UE 都会主动读取系统消息。

当 UE 在上述场景中正确获取了系统消息后，不会反复读取系统消息，只会在如下时机重新读取并更新系统消息。

（1）当 eNodeB 寻呼消息指示系统消息发生变化时。

（2）收到 eNodeB 寻呼消息指示有 ETWS 消息广播。

（3）距离上次正确接收系统消息 3 小时后。

UE 在寻呼消息指示系统消息变化时，并不会立即更新系统消息，而是在下一个系统消息修改周期才接收到 eNodeB 更新的系统消息。

系统消息更新过程如图 5-5 所示，系统消息的修改周期为 N 个无线帧，修改周期的起点为 SFN MOD N

= 0 的无线帧。在第 *n* 个修改周期中，当寻呼周期到达时，eNodeB 在寻呼消息中指示小区内所有空闲态与连接态 UE 系统消息内容发生变化。在第 *n*+1 个修改周期到来时，eNodeB 下发更新的系统消息。

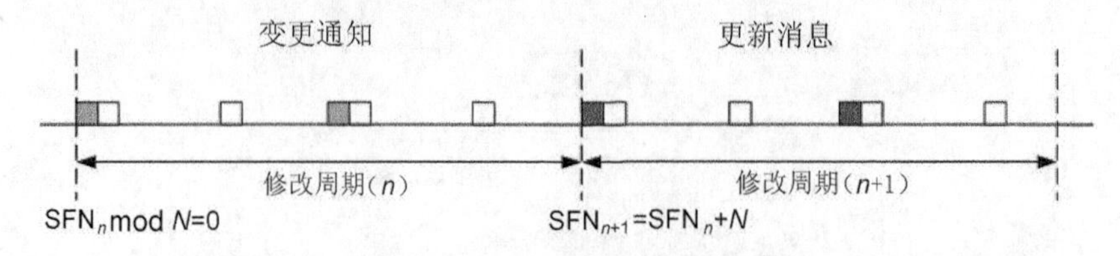

图 5-5　系统消息更新过程示意图

系统消息更新时（SIB10、SIB11 除外），eNodeB 将在 SIB1 中修改 systemInfoValueTag 的值。UE 读取此参数并和上次的值进行比较，如果变化则认为系统消息内容改变，否则认为系统消息没有改变。对于 SIB10、SIB11 的变化，eNodeB 不会修改 SIB1 中的 systemInfoValueTag，只通过下发寻呼消息给 UE 指示有 ETWS 消息更新。对于 SIB8 中的 CDMA2000 系统时间参数的变化，也不会修改 SIB1 中的 systemInfoValueTag，同时也不需要发起寻呼指示系统消息改变。

UE 在距离上次正确读取系统消息 3 小时后会重选读取系统消息，这时无论 systemInfoValueTag 是否变化，UE 都会读取全部的系统消息。

2. 系统消息流程

eNodeB 通过 3 类 RRC 消息来广播所有的系统消息，其中 MIB 和 SIB1 采用特定的两条消息，就是图 5-6 中的前两条消息。后面所有的 SIB 消息都是通过“RRC_SYS_INFO”消息下发，消息的数量取决于 SIB 消息的种类以及周期，这些信息 eNodeB 会通过 SIB1 消息进行指示。

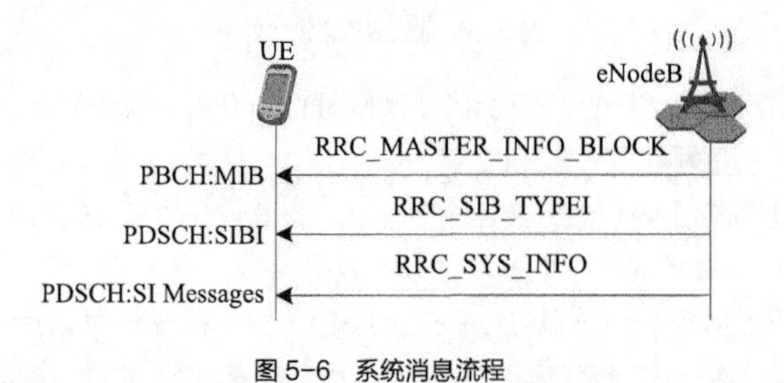

图 5-6　系统消息流程

其中，MIB 包含的具体内容如图 5-7 所示。

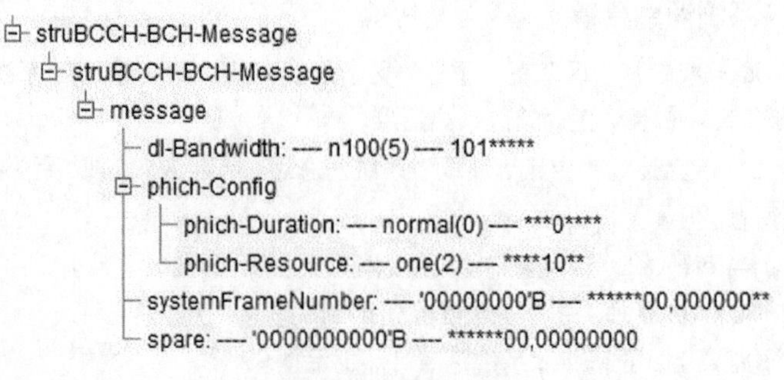

图 5-7　MIB 消息内容

（1）dl-Bandwidth：下行系统带宽，其中 n100 对应 100 个 RB。

（2）phich-Config：PHICH 信道相关配置。

（3）systemFrameNumber：SFN 信息；定义 SFN 8 个最高位，如 TS 36.211 [21, 6.6.1]描述，其中两个最低位可以隐含地在 P-BCH 译码中获得，即 PBCH TTI 40 ms 周期窗口中有对两个最低位的描述（在 PBCH TTI 40ms 周期窗口中，第一个无线帧为 00，第二个无线帧为 01，第三个无线帧为 10，最后一个无线帧为 11）。

SIB1 信息块主要包含几类重要的消息，其中小区接入相关信元如图 5-8 所示。

```
▼ systemInformationBlockType1
  ▼ cellAccessRelatedInfo
    ▼ plmn-IdentityList
      ▼ PLMN-IdentityInfo
        ▶ plmn-Identity
          cellReservedForOperatorUse:notReserved (1)
    trackingAreaCode:0101100001110010(58 72)
    cellIdentity:0110000100010010010100000010(06 11 25 02)
    cellBarred:notBarred (1)
    intraFreqReselection:allowed (0)
    csg-Indication:FALSE
```

图 5-8 小区接入相关信元

（1）PLMN 列表：包含 PLMN、eNodeB ID 和 Cell ID 等信息。

（2）运营商保留指示：指示该小区是否为运营商保留。

（3）位置区：指示当前小区的 TAC。

（4）小区禁止指示：指示当前小区是否允许新 UE 驻留。

（5）同频重选指示：指示当小区设置为禁止时，当前已驻留的 UE 是否可以进行同频重选。

（6）csg-Indication：如果设置为 TRUE，即 CSG 识别码匹配 UE 存储的允许 CSG 列表里面的一个条目时，只允许该 UE 接入小区。

SIB1 中小区选择相关信元如图 5-9 所示。

（1）最小接入电平：指示小区重选最小接入的 RSRP 电平，单位为 dBm。

（2）最小接入质量：指示小区重选最小的 RSRQ，如果没有配置则不下发。

（3）frequencyBandIndicator：小区频点所属的频段指示。

其中 SIB1 调度信息如图 5-10 所示。

（1）SI 调度信息：指示 SIB 消息的类型以及调度周期，调度周期以帧为单位。

（2）SI 窗口长度：表示 SI 的调度窗口，UE 必须在窗口内读完所有的 SIB 消息。

（3）systemInfoValueTag：除了 MIB、SIB1、SIB10、SIB11 和 SIB12 之外，对于所有 SIB，该值都是相同的，如果该值发生了变化便意味着系统消息有变化。

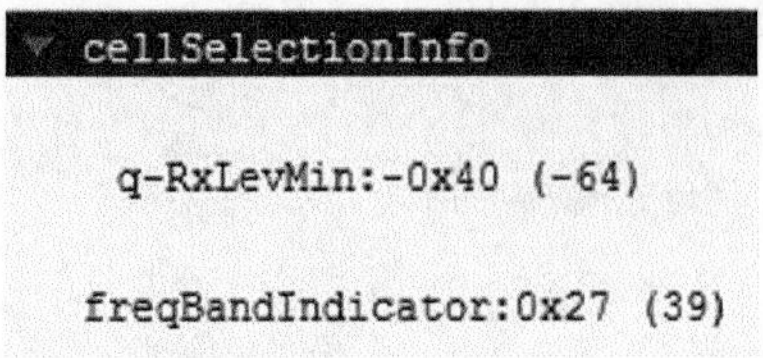

cellSelectionInfo

q-RxLevMin:-0x40 (-64)

freqBandIndicator:0x27 (39)

图 5-9 小区选择相关信元

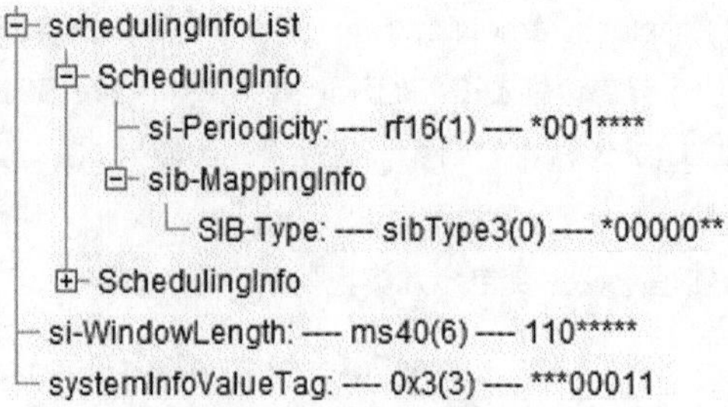

schedulingInfoList
SchedulingInfo
si-Periodicity: ---- rf16(1) ---- *001****
sib-MappingInfo
SIB-Type: ---- sibType3(0) ---- *00000**
SchedulingInfo
si-WindowLength: ---- ms40(6) ---- 110*****
systemInfoValueTag: ---- 0x3(3) ---- ***00011

图 5-10 SIB 调度信息

在一条 RRC_SYS_INFO 消息中可以携带周期相同的 SIB 消息，如图 5-11 所示。

SIB2 消息携带的主要信元如图 5-12 所示。

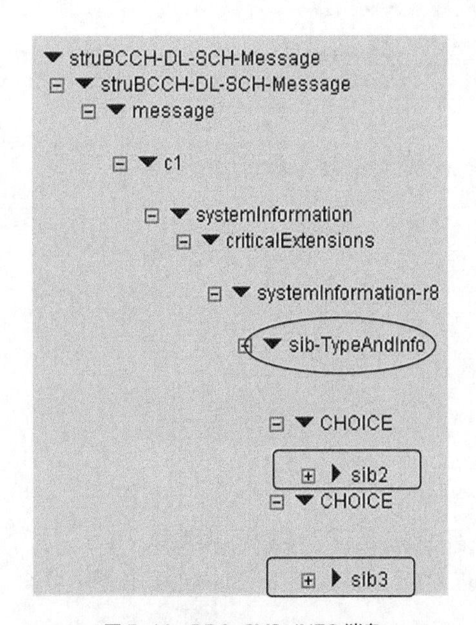

图 5-11 RRC_SYS_INFO 消息

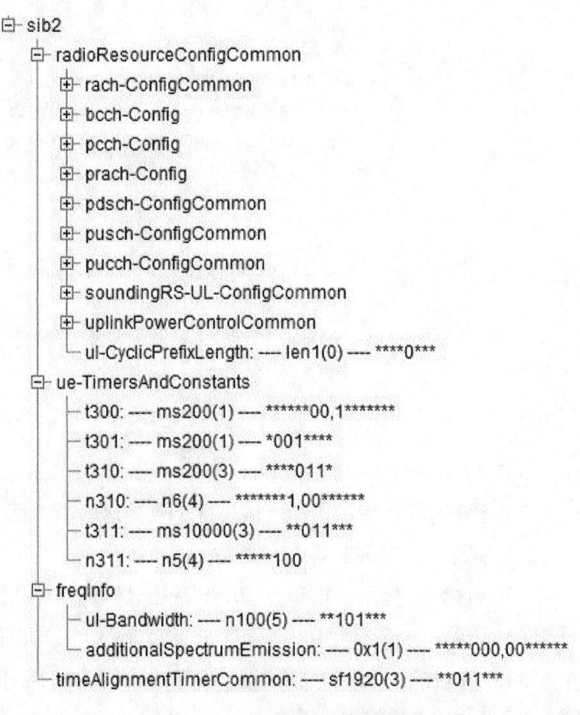

图 5-12 SIB2 消息携带的主要信元

（1）公共信道的相关配置：包括 RACH、BCCH、PCCH、PRACH、PDSCH、PUSHC、PUCCH、SRS 以及公共的上行功率控制参数。

（2）UE 相关定时器：包括 T300、T301、T310、n310 以及 n311。

（3）上行带宽。

（4）上行定时定时器。

SIB3 主要指示小区重选公共信息，主要携带参数如图 5-13 所示。

（1）重选幅度迟滞。

（2）高速小区重选参数。

（3）服务小区重选相关信息：包含测量启动门限、频率优先级以及低优先级重选时服务小区的相关门限。

（4）同频重选相关参数。

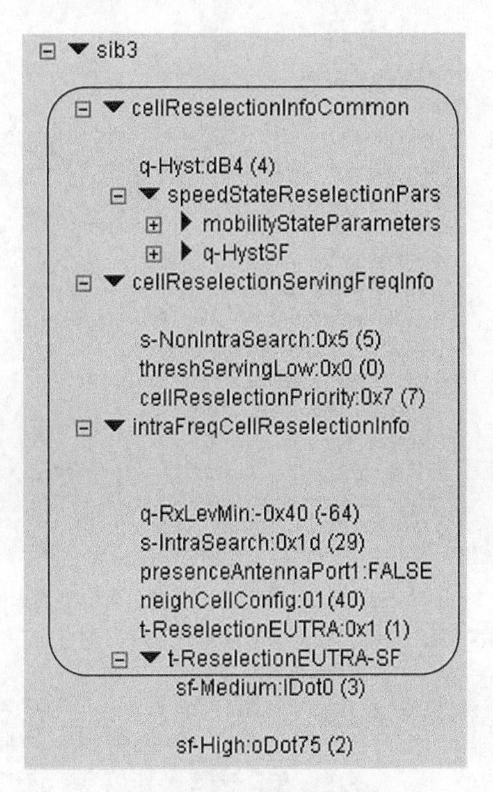

图 5-13　SIB3 消息携带的参数

SIB4 包含同频小区重选的邻区相关信息以及被列入黑名单的小区，图 5-14 所示为主要参数。

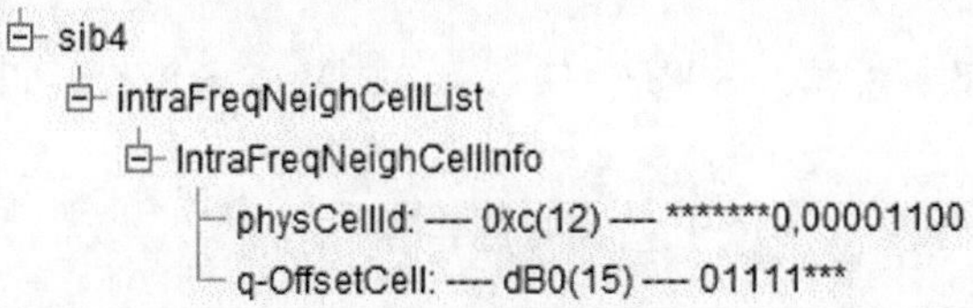

sib4
intraFreqNeighCellList
IntraFreqNeighCellInfo
physCellId: ---- 0xc(12) ---- *******0,00001100
q-OffsetCell: ---- dB0(15) ---- 01111***

图 5-14　SIB4 消息

（1）intraFreqNeighbCellList：表示频内邻区列表，含有具体的小区重选参数。

（2）q-OffsetCell ：同频重选邻区偏置。

SIB5 包含异频小区重选相关的信息，即关于其他 E_UTRA 频率和异频邻区的信息。其中，该 IE 包含了一个频率以及小区特定重选参数的小区重选公共参数。图 5-15 所示为包含的参数。

（1）dl-CarrierFreq：异频频点。

（2）q-RxLevMin：邻区最小接入电平。

（3）threshX-High：高优先级频点邻区重选门限。

（4）threshX-Low：低优先级频点邻区重选门限。

（5）InterFreqNeighCellList：异频邻区重选相关参数，如 q-OffsetCell。

SIB6~SIB8 主要包含异系统频点和邻区重选的相关参数，其参数类型和 SIB5 类似。

```
sib5
  interFreqCarrierFreqList
    InterFreqCarrierFreqInfo
      dl-CarrierFreq: ---- 0xabe(2750) ---- *****000,01010101,11110***
      q-RxLevMin: ---- -64(-64) ---- *****000,110*****
      t-ReselectionEUTRA: ---- 0x1(1) ---- ***001**
      threshX-High: ---- 0x0(0) ---- ******00,000*****
      threshX-Low: ---- 0x0(0) ---- ***00000
      allowedMeasBandwidth: ---- mbw100(5) ---- 101*****
      presenceAntennaPort1: ---- FALSE(0) ---- ***0****
      neighCellConfig: ---- '01'B ---- ****01**
      q-OffsetFreq: ---- dB1(16) ---- ******10,000*****
      interFreqNeighCellList
        InterFreqNeighCellInfo
          physCellId: ---- 0x141(321) ---- *******1,01000001
          q-OffsetCell: ---- dB0(15) ---- 01111***
```

图 5-15 SIB5 消息

SIB9 包含一个家庭基站（Home eNodeB）的名称，主要包含的参数如图 5-16 所示。

hnb-Name：承载本地 eNodeB 名称，每个符号使用若干字节进行 UTF-8 编码。

```
-- ASN1START

SystemInformationBlockType9 ::=     SEQUENCE {
    hnb-Name                            OCTET STRING (SIZE(1..48))      OPTIONAL,   -- Need OR
    ...,
    lateNonCriticalExtension                OCTET STRING                OPTIONAL        -- Need OP
}

-- ASN1STOP
```

图 5-16 SIB9 消息

SIB10 包含一个 ETWS 主要通知。如图 5-17 所示，主要包含通知来源和警告类型等信息。

```
SystemInformationBlockType10 ::=    SEQUENCE {
    messageIdentifier                   BIT STRING (SIZE (16)),
    serialNumber                        BIT STRING (SIZE (16)),
    warningType                         OCTET STRING (SIZE (2)),
    warningSecurityInfo                 OCTET STRING (SIZE (50))        OPTIONAL,       -- Need OP
    ...,
    lateNonCriticalExtension                OCTET STRING                OPTIONAL        -- Need OP
}
```

图 5-17 SIB10 消息

SIB11 包含一个 ETWS 次要通知，如图 5-18 所示。

```
SystemInformationBlockType11 ::=    SEQUENCE {
    messageIdentifier                   BIT STRING (SIZE (16)),
    serialNumber                        BIT STRING (SIZE (16)),
    warningMessageSegmentType           ENUMERATED {notLastSegment, lastSegment},
    warningMessageSegmentNumber         INTEGER (0..63),
    warningMessageSegment               OCTET STRING,
    dataCodingScheme                    OCTET STRING (SIZE (1))         OPTIONAL,   -- Cond Segment1
    ...,
    lateNonCriticalExtension                OCTET STRING                OPTIONAL        -- Need OP
```

图 5-18 SIB11 消息

SIB12 包含一个 CMAS 通知。如图 5-19 所示，主要包含通知来源及类型。

```
SystemInformationBlockType12-r9 ::= SEQUENCE {
    messageIdentifier-r9                BIT STRING (SIZE (16)),
    serialNumber-r9                     BIT STRING (SIZE (16)),
    warningMessageSegmentType-r9        ENUMERATED {notLastSegment, lastSegment},
    warningMessageSegmentNumber-r9      INTEGER (0..63),
    warningMessageSegment-r9            OCTET STRING,
    dataCodingScheme-r9                 OCTET STRING (SIZE (1))         OPTIONAL,   -- Cond Segment1
    lateNonCriticalExtension            OCTET STRING                    OPTIONAL,   -- Need OP
```

图 5-19 SIB12 消息

SIB13 包含用来获取与一个或者多个 MBSFN 区域相关 MBMS 控制信息的信息，如图 5-20 所示。

```
SystemInformationBlockType13-r9 ::= SEQUENCE {
    mbsfn-AreaInfoList-r9               MBSFN-AreaInfoList-r9,

    notificationConfig-r9               MBMS-NotificationConfig-r9,
    lateNonCriticalExtension            OCTET STRING                    OPTIONAL,   -- Need OP
```

图 5-20 SIB13 消息

5.1.4 小区选择

当 UE 完成了系统消息接收以后，便开始进行 RS 的相关测量，根据测量的结果和 SIB1 消息里的重选门限来判断是否可以正常驻留到该小区。如果小区驻留失败，那么 UE 会重选一个小区重复上述的过程。本节内容在第 6 章中有详细描述。

5.1.5 随机接入

随机接入是 UE 开始和网络通信之前的接入过程，由 UE 向系统请求接入，收到系统的响应并分配随机接入信道的过程。随机接入的目的是建立和网络上行同步关系，以及请求网络分配给 UE 专用资源，进行正常的业务传输。LTE 系统的随机接入产生的原因包括以下几种。

（1）从 RRC_IDLE 状态接入。

（2）无线链路失败发起随机接入。

（3）切换过程需要随机接入。

（4）UE 处于 RRC_CONNECTED 时有上行数据到达。

（5）UE 处于 RRC_CONNECTED 时有下行数据到达。

随机接入根据随机接入过程的不同分为两种：基于竞争的随机接入和基于非竞争的随机接入。如果前导（preamble）码由 UE 选择，则为基于竞争的随机接入；如果 preamble 码由网络分配，则为非竞争的随机接入。上述 5 种原因中，切换过程和有下行数据到达的情况下使用非竞争随机接入，其他 3 种使用基于竞争的随机接入。基于竞争的随机接入和基于非竞争的随机接入的 preamble 码归属于不同的分组，互不冲突。在基于竞争的随机接入过程中，接入的结果具有随机性，并不能保证 100%成功；在基于非竞争的随机接入过程中，eNodeB 为 UE 分配专用的 RACH 资源进行接入，但当专用的 RACH 资源不足时，eNodeB 会指示 UE 发起基于竞争的随机接入。

基于竞争的随机接入具体流程如图 5-21 所示，包含以下 4 个步骤。

（1）UE 发送随机接入前导——MSG1：UE 发送，消息中携带 preamble 码、RA-RNTI 等。

（2）eNodeB 发送随机接入响应——MSG2：eNodeB 侧接收到 MSG1 后，返回随机接入响应，该消息中携带了 TA 调整、上行授权指令以及 TC-RNTI 号（临时）。

（3）UE 进行上行调度传输——MSG3：UE 收到 MSG2 后，判断是否属于自己的随机接入消息（利用 Preamble ID 核对），并发送 MSG3 消息，携带 UE ID。

（4）eNodeB 进行竞争决议——MSG4：eNodeB 发送，UE 正确接收 MSG4，完成竞争解决。

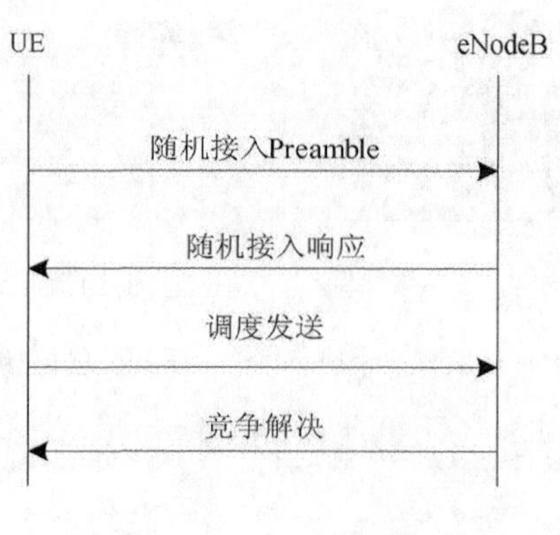

图 5-21 随机接入流程

5.1.6 Attach 流程

当 UE 完成小区驻留后，根据系统消息的配置，发起初始附着的流程。EPS 中的附着和 3G 类似，但有一个最大的区别就是 LTE 支持"永远在线"的功能，也就是说，UE 在初始附着的时候会同时触发激活一条 PDN 的承载，而在 3G 里面这是两个独立的流程。图 5-22 所示是初始附着过程中的标准信令。

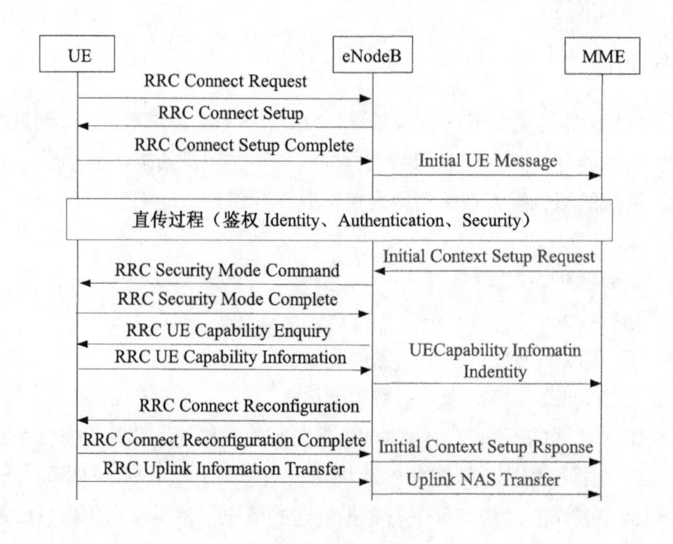

图 5-22 初始附着流程

如果从 NAS 层来看，初始附着主要包含两大 NAS 流程，一个是附着请求流程，另外一个是默认 PDN 连接激活流程。如果从 AS 的流程来看，整个附着过程包括随机接入、RRC 建立、S1 信令建立以及 E-RAB 建立。

1. RRC 建立流程介绍

UE 处于空闲模式时，如果 UE 的 NAS（接入层）请求建立信令连接，UE 将发起 RRC 连接建立请求过程。RRC 连接是 UE 和 eNodeB 之间通过 RRC 协议建立起的一条逻辑上的连接（SRB），用于承载 RRC 和高优先级的 NAS 层信令。RRC 连接总是由 UE 发起，RRC 释放由 eNodeB 发起；每个 UE 最多只能有一个 RRC 连接。

SRB 定位只用于传输 RRC 和 NAS 消息的无线承载（Radio Bearers，RB）,LTE 中定义了 3 个 SRB。

（1）SRB0 承载使用 CCCH 逻辑信道 RRC 消息，这些信息在 SIB2 中进行配置。

（2）SRB1 承载 RRC 信令和 SRB2 建立之前的 NAS 信令，通过 DCCH 逻辑信道传输，在 RLC 层采用确认模式（Acknowledged Mode，AM）。

（3）SRB2 承载 NAS 信令，通过 DCCH 逻辑信道传输，在 RLC 层采用 AM 模式。SRB2 优先级低于 SRB1，在安全模式激活后才能建立 SRB2。

RRC 连接建立的目的就是建立 SRB1，也用于 UE 向 E-UTRAN 发送 NAS 层专用信息。E-UTRAN 在建立 S1 连接（也就是从 EPC 接收 UE 的上下文）之前要先完成 RRC 连接的建立，因此，在 RRC 连接建立过程中，AS（接入层）安全机制还没有激活。在 RRC 初始建立阶段，E-UTRAN 可以配置 UE 的测量报告信息，这样，UE 在加密激活后就可以接收切换消息了。RRC 建立流程如图 5-23 所示。

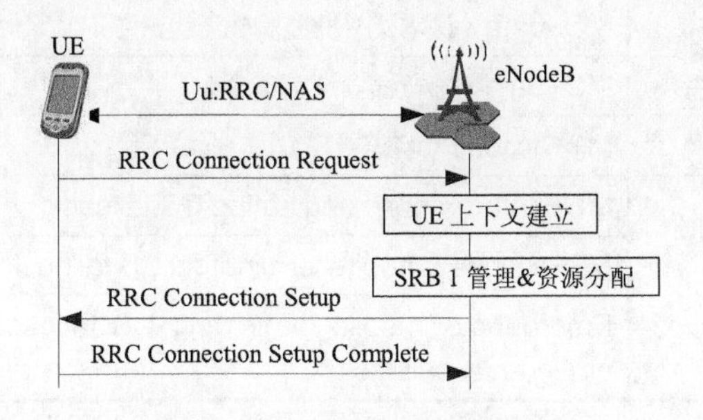

图 5-23　RRC 建立流程

（1）UE 通过 SRB0 发送携带具体建立原因的 RRC Connection Request 消息在 CCCH 发送给 eNodeB，并启动 T300 定时器。

（2）eNodeB 收到 RRC Connection Request 消息后，根据 RRM 算法对 UE 进行准入控制。如果允许，则在 CCCH 向 UE 回复 RRC Connection Setup 消息，消息中携带 SRB1 资源配置的详细信息，包括默认物理信道配置、半静态调度配置、默认 MAC 层配置、CCCH 配置。如果 T300 定时器超时，UE 仍未收到 eNodeB 的回复，则重置 MAC，释放 MAC 资源，重建 RLC 资源，并告知上层 RRC 连接建立失败。

（3）UE 收到的 RRC Connection Setup 消息指示的 SRB1 资源信息，进行无线资源配置，然后发送携带 NAS 消息的 RRC Connection Setup Complete 给 eNodeB。

（4）eNodeB 收到 RRC Connection Setup Complete 消息后，RRC 连接建立完成。

其中 RRC Connection Request 消息的关键信元介绍如图 5-24 所示。

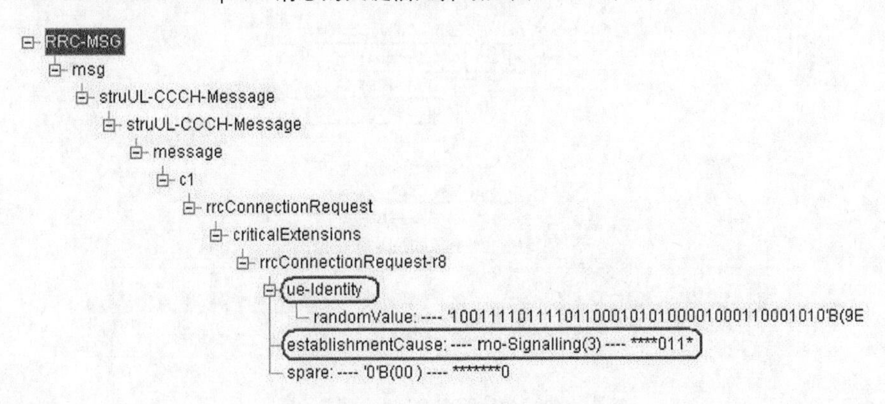

图 5-24　RRC Connection Request 消息

RRC Connection Request 主要包含以下信息。

（1）ue-Identity：UE 标识，随机数或 S-TMSI，用于随机接入竞争解决。

（2）establishmentCause：RRC 建立原因，表 5-1 所示是 RRC 建立的一些常见原因。

表 5-1　RRC 建立原因

NAS 过程	RRC 连接建立原因	呼叫类型
Attach	MO-signalling	originating signalling
Tracking Area Update	MO-signalling	originating signalling
Detach	MO-signalling	originating signalling
Service Request	MO-data（请求建立业务承载无线资源）	originating calls
	MO-data（上行信令请求资源）	originating calls
	MT-access（响应寻呼）	terminating calls
Extended Service Request	MO-data（mobile originating CS fallback）	originating calls
	MT-access（mobile terminating CS fallback）	terminating calls
	Emergency（mobile originating CS fallback emergency call）	emergency calls

RRC Connection Setup 主要包含以下信息，具体如图 5-25 所示。

（1）srb-ToAddMod List：SRB 相关配置信息，包括 SRB ID、RLC 层传输模式以及上行逻辑信道组配置等。

（2）mac-MainConfig：MAC 相关定时器。

（3）physicalConfigDedicated：DCCH 以及其他 UE 专用信道配置。

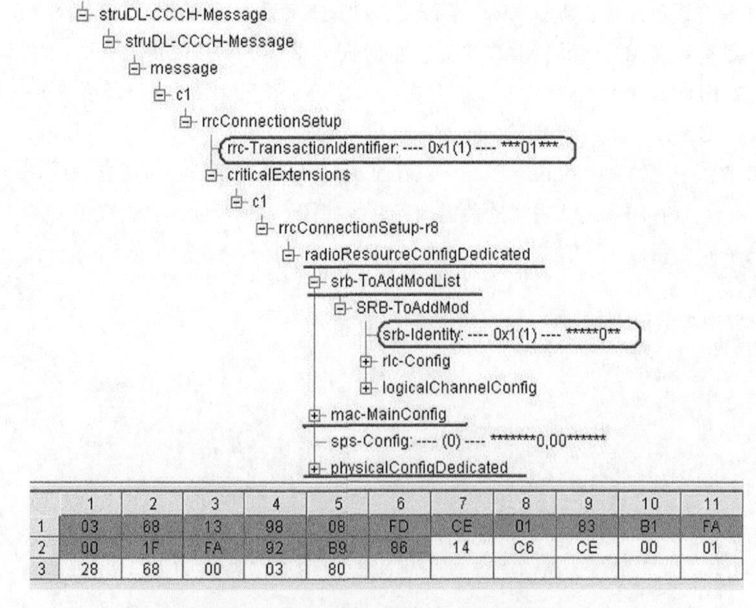

图 5-25　RRC Connection Setup 消息

RRC Connection Setup Complete 主要包含以下信息，具体如图 5-26 所示。

（1）rrc-TransactionIdentifier：C-RNTI。

（2）selectedPLMN-Identity：表示 UE 从 SIB1 所包含的 plmn-IdentyList 中挑选出来的 PLMN 识别号。如果从 SIB1 所包含的 plmn-IdentyList 中挑选出来的是第一个 PLMN 识别号，那么设置该值为 1；如果挑选出来的是第二个 PLMN 识别号，则设置为 2，以此类推。

LTE 附着流程-RRC 连接建立

（3）registeredMME：表示上次注册 UE 的 MME 的 GUMMEI，由上层所提供。

（4）dedicated InfoNAS：初始 NAS 消息。在 Uu 接口，所有的 NAS 消息均已加密不可见。

```
RRC-MSG
  msg
    struUL-DCCH-Message
      struUL-DCCH-Message
        message
          c1
            rrcConnectionSetupComplete
              rrc-TransactionIdentifier: ---- 0x1(1) ---- *****01*
              criticalExtensions
                c1
                  rrcConnectionSetupComplete-r8
                    selectedPLMN-Identity: ---- 0x1(1) ---- ****000*
                    registeredMME
                      mmegi: ---- '1000000000000001'B(80 01 ) ---- 10000000,00000001
                      mmec: ---- '00000001'B(01 ) ---- 00000001
                    dedicatedInfoNAS: ---- 0x0000000000000000000000000000000000000000
```

图 5-26 RRC Connection Setup Complete 消息

2. 信令建立及 E-RAB 建立流程

当 RRC 建立完成以后，随之而来的便是 S1 专用信令连接的建立，以及 E-RAB 的建立，当然这些流程里面也同时携带了 NAS 消息。对于 NAS 消息，在空口和 S1 接口分别由 SRB 和 S1 专用信令来承载，可以和其他的消息一起承载，也可以作为 NAS 直传消息单独承载。在 S1 接口，我们通过一组 ID 来标识不同用户的 S1 专用信令，即 eNodeB-UE-S1AP ID 和 MME-UE-S1AP ID。在第一条上行 S1 消息中，eNodeB 会为 UE 分配第一个 ID；在第二条下行 S1 消息里，MME 为 UE 分配第二个 ID。之后在所有的 S1 消息里面都会携带这两个 ID 来区分不同的 S1 专用信令。

当 eNodeB 完成 RRC 建立流程以后，会在 S1 接口发送第一条 S1 消息，用来建立 S1 专用信令连接以及传递初始的 NAS 消息。

Initial UE Message 主要携带 3 类关键信元。

（1）eNodeB-UE-S1AP ID：由 eNodeB 分配，每个 UE 唯一，如图 5-27 所示。

```
initialUEMessage
  protocolIEs
    SEQUENCE
      id: ---- 0x8(8) ---- 00000000,00001000
      criticality: ---- reject(0) ---- 00******
      value
        eNB-UE-S1AP-ID: ---- 0x0(0) ---- 00000000,00000000
```

图 5-27 eNodeB-UE-S1AP ID 信息

（2）UE 初始 NAS 消息：包括一条 EMM 消息以及嵌套在内的 ESM 消息，以 NAS PDU 的形式存在，如图 5-28 所示。

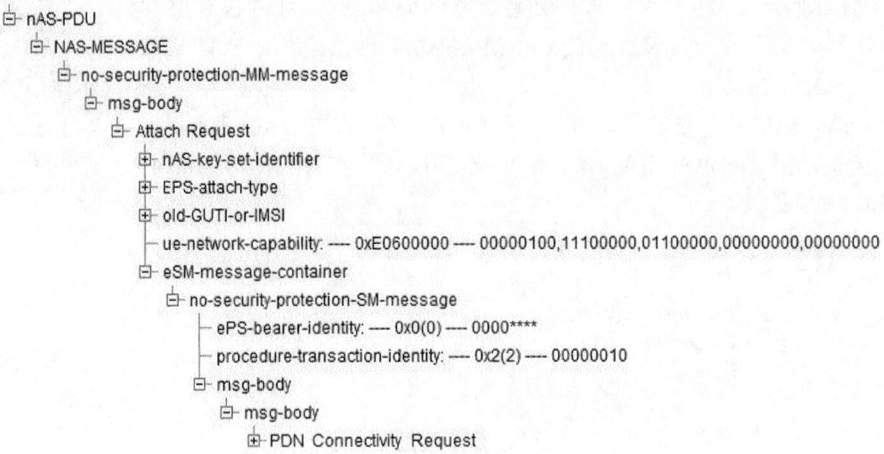

```
nAS-PDU
  NAS-MESSAGE
    no-security-protection-MM-message
      msg-body
        Attach Request
          nAS-key-set-identifier
          EPS-attach-type
          old-GUTI-or-IMSI
          ue-network-capability: ---- 0xE0600000 ---- 00000100,11100000,01100000,0000000,00000000
          eSM-message-container
            no-security-protection-SM-message
              ePS-bearer-identity: ---- 0x0(0) ---- 0000****
              procedure-transaction-identity: ---- 0x2(2) ---- 00000010
              msg-body
                msg-body
                  PDN Connectivity Request
```

图 5-28 UE 初始 NAS 消息

其中的关键消息包括 Attach Request 和 PDN Connectivity Request 两条 NAS 消息。由于这个时候 NAS 层的安全加密还没有启动，因此我们可以在 S1 消息里面读到 NAS 的内容。Attach Request 消息主要携带以下几个重要参数。

① EPS attach type：附着类型，一般有 EPS 附着和联合附着两种，对于支持 CSFB 的多模终端会触发联合附着。

② UE 鉴权参数：KSI。

③ 鉴权相关 ID：可以使用旧的 GUTI 或者是 IMSI。

PDN Connectivity Request 消息主要携带以下几个重要参数。

① PDN type：指示 PDN 的 IP 类型，是 IPv4 还是 IPv6。

② configuration protocol：协议类型。

鉴权加密流程：当 MME 收到 UE 初始消息以后，通过与其他 EPC 设备的交互，启动鉴权以及 NAS 层的加密流程。如图 5-29 所示，核心网和 UE 通过 4 条 NAS 直传消息来完成鉴权和 NAS 安全配置流程。

网络安全主要是确保网络资源不被非授权的用户使用、网络上的用户数据不会被非法窃听和修改、网络上的信令不会被非法篡改和窃听。

GSM 和 UMTS 都是基于 SIM 或 USIM 卡对用户身份进行验证，SIM 卡最初为 GSM 设计，USIM 卡为 UMTS 设计。为了便于 UMTS 网络部署，允许用户使用 SIM 卡接入 UMTS 网络，同时，USIM 也后向兼容。鉴权过程通过 SIM/USMI 中存储的用户身份表示 IMSI 和 K 来完成，128 位的根密钥 K 用于 USIM，32 位的 Ki 用于 SIM，由 Ki 计算出来的 64 位的 Kc 用于加密和完整性保护。考虑到目前攻破 64 位的密钥的安全体系已经变得越来越容易，因此，为了确保 LTE 系统的安全，LTE 系统不再后向兼容 SIM，LTE 系统的安全体系基于 USIM。

在 EPS 中，使用鉴权加密四元组，鉴权方面为鉴权为用户和网络双向鉴权，加密方面，在对空口数据和 RRC 信令的加密和完整性保护的基础上，增加了对 NAS 层信令的加密和完整性保护机制。

在 EPS 的安全体系中，主要包括用户身份和网络身份的相互认证（鉴权）、用户数据的加密、RRC 信令的加密和完整性保护，以及 NAS 信令的加密和完整性保护（加密）。

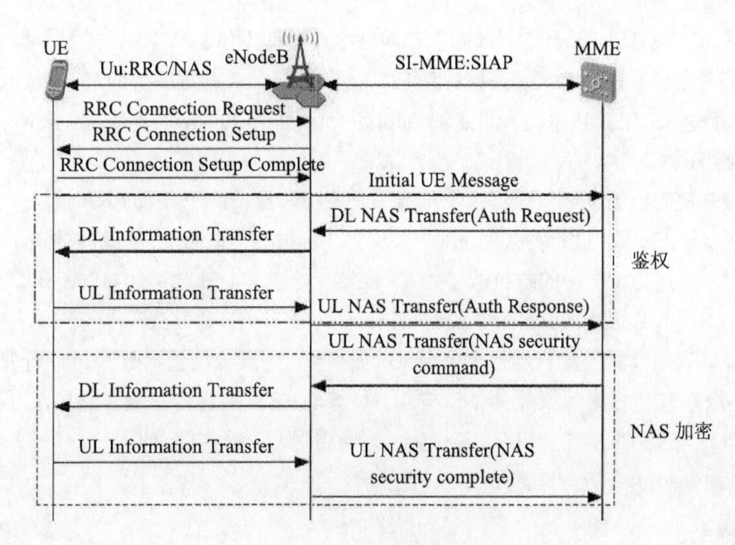

图 5-29 鉴权加密流程

EPS 鉴权向量由随机数（Random Challenge，RAND）、鉴别令牌(Authentication Token ,AUTN)、期望用户响应(EXpected user RESponse ,XRES)和接入安全管理实体 K 值(Access Securtiy Management Entity Key，Kasme)四元组组成。EPS 鉴权向量由 MME 向 HSS 请求获取，EPS 鉴权四元组如下。

① RAND：RAND 是网络提供给 UE 的随机数，用于计算鉴权响应参数 RES 及安全保密参数 IK、CK。RAND 长度为 16 字节。

② AUTN：AUTN 可向 UE 提供鉴权信息，使 UE 对网络进行鉴权。AUTN 的长度为 16 字节。

③ XRES：XRES 是期望鉴权响应，用于与 UE 产生的 RES（或 RES+RES_EXT）进行比较，判断鉴权是否成功。XRES 的长度为 4～16 字节。

④ Kasme：是根据 CK/IK 以及 ASME（MME）的 PLMN ID 推演得到的一个根密钥。Kasme 长度为 32 字节。

EPS 鉴权流程如图 5-30 所示。

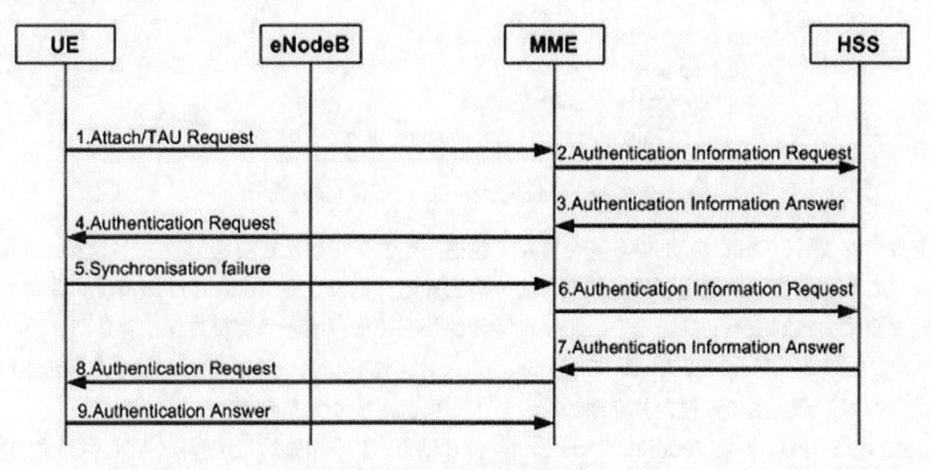

图 5-30 EPS 鉴权流程

（1）当 UE 发起 Attach Request 或是 TAU Request 时，MME 根据策略决定是否启动鉴权流程。

（2）MME 向 SAE-HSS 发送 Authentication Information Request 消息，发起认证向量请求，其中包括

IMSI、服务网络标识 SN ID（如 MCC+MNC）和网络接入类型（如 E-UTRAN）等参数。

（3）SAE-HSS 收到了该消息后，开始计算 EPS 鉴权向量，其根据服务网络 ID、CK/IK 计算出 EPS 鉴权向量中的根密钥 K_ASME，并通过 Authentication Information Answer 消息返回给 MME，其中携带了整套鉴权向量四元组{RAND，AUTN，XRES，K_ASME}。

（4）MME 按先进先出的准则从数据库中挑选一套鉴权向量，用于本次 AKA 流程，并保存该鉴权向量中的 XRES 与 K_ASME，向 UE 发送 Authentication Request 消息，UE 则将该消息中所含的鉴权向量（Authentication Vector，AV）中的随机数 RAND 和鉴权令牌 AUTN 传给 USIM 卡，另外该消息还分配 K_ASME 的标识 KSI（Key Set Identifier）给 UE。

（5）当 USIM 确认所收到的鉴权组是未使用过的鉴权组，则其根据随机数 RAND 计算 AUTN 是否正确，以此对网络进行鉴权，其再根据随机数 RAND 与 AUTN 算出 RES，并包含在响应消息 Authentication Answer 中发给 MME，MME 核对 RES 与 XRES，若一致，则网络对 UE 的鉴权通过。

Authentication Request 消息信元如图 5-31 所示。

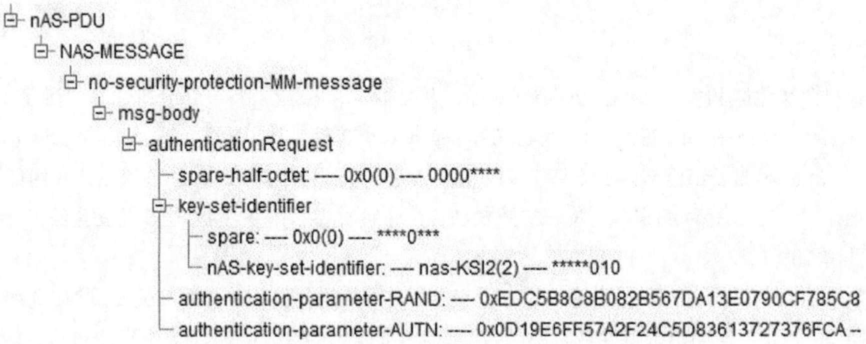

```
nAS-PDU
  NAS-MESSAGE
    no-security-protection-MM-message
      msg-body
        authenticationRequest
          spare-half-octet: ---- 0x0(0) ---- 0000****
          key-set-identifier
            spare: ---- 0x0(0) ---- ****0***
            nAS-key-set-identifier: ---- nas-KSI2(2) ---- *****010
          authentication-parameter-RAND: ---- 0xEDC5B8C8B082B567DA13E0790CF785C8
          authentication-parameter-AUTN: ---- 0x0D19E6FF57A2F24C5D83613727376FCA --
```

图 5-31 Authentication Request 消息信元

Authentication Response 消息信元如图 5-32 所示。

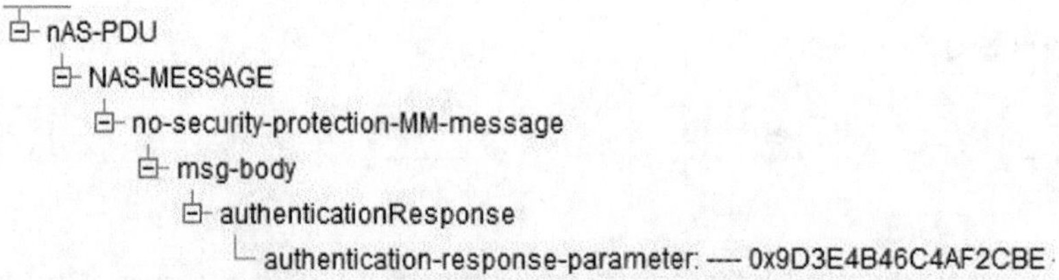

```
nAS-PDU
  NAS-MESSAGE
    no-security-protection-MM-message
      msg-body
        authenticationResponse
          authentication-response-parameter: ---- 0x9D3E4B46C4AF2CBE
```

图 5-32 Authentication Response 消息信元

在完成了鉴权后，MME 启动 NAS 安全流程，包括完整性保护以及加密两部分。NAS 安全流程如下。

（1）核心网根据设置决定是否进行加密。如果需要加密，则发送 Security Mode Command 消息，该消息启动安全模式控制流程，并给出 E-UTRAN 可用的加密（如果有）和完整性保护算法。

（2）eNodeB 收到 Security Mode Command 消息后，根据 eNodeB 的能力，从中选择合适的算法，然后触发运行相应无线接口流程，并启动加密设备（如果适用）和完整性保护。

（3）eNodeB 向 UE 下发 Security Mode Command 消息，携带相关的加密算法，核心网下发的密钥 IK、CK 则由 eNodeB 保留自己使用。

（4）当 UE 的无线接口流程成功运行完成后，UE 返回 Security Mode Complete 消息，内容包含所选用的完整性保护和加密算法。

（5）当eNodeB收到的UE加密完成流程成功运行完成后，eNodeB返回Security Mode Complete消息到核心网，内容包含所选用的完整性保护和加密算法。信令数据始终用最后收到的加密信息进行加密，利用最后收到的完整性信息进行完整性保护。

NAS Security Command消息信元在S1接口进行加密，我们只能通过MME或UE侧的跟踪消息才能解析NAS消息，如图5-33所示。

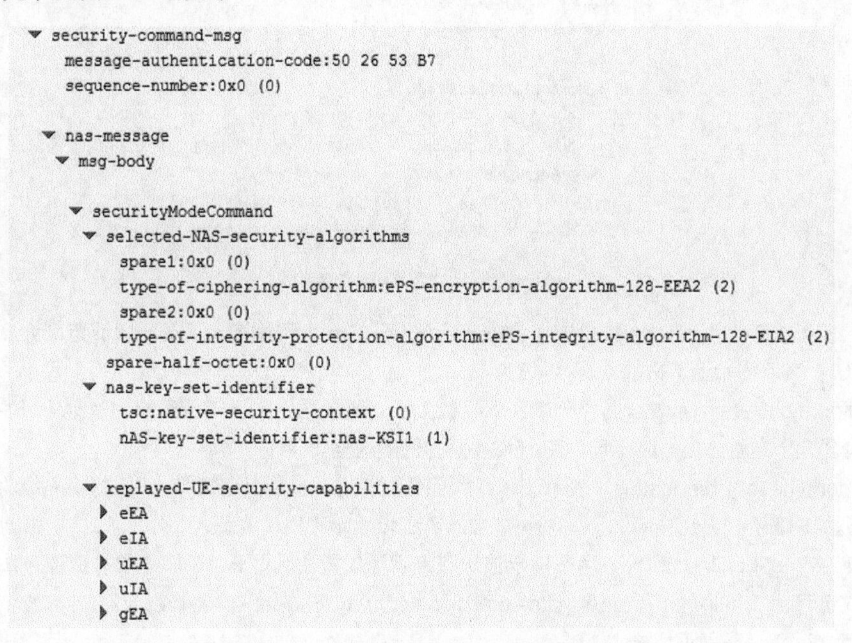

图5-33 NAS Security Command消息信元

（1）type-of-ciphering-algorithm：加密算法类型，包括空算法（EEA0）、SNOW3G（EEA1）、AES（EEA2）、ZUC（EEA3）。

（2）type-of-integrity-protection-algorithm：完整性保护算法类型，算法同上。

（3）nAS-key-set-identifier：密钥集标识。

（4）replayed-UE-security-capabilities：替换的UE加密和完整性保护算法的能力。1表示支持，0表示不支持。

NAS Security Complete消息信元如图5-34所示。此消息只是UE给EPC的响应，里面没有携带任何有效参数。

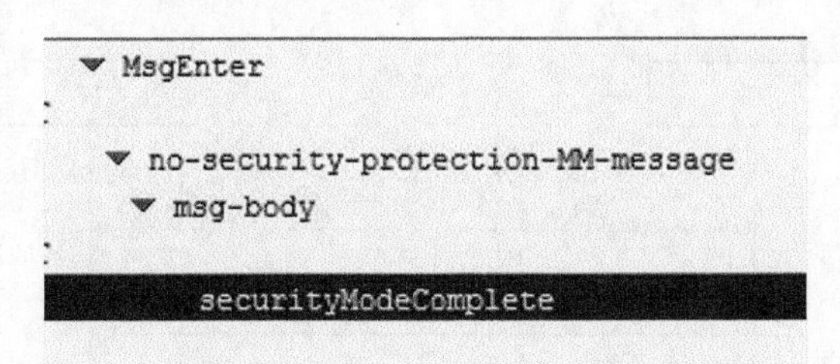

图5-34 NAS Security Complete消息信元

UE上下文初始建立消息（Initial UE Context Setup Request）：当网络完成了UE的鉴权以及NAS加密后，MME给eNodeB回复UE初始上下文建立消息，消息携带的主要信元如图5-35所示。

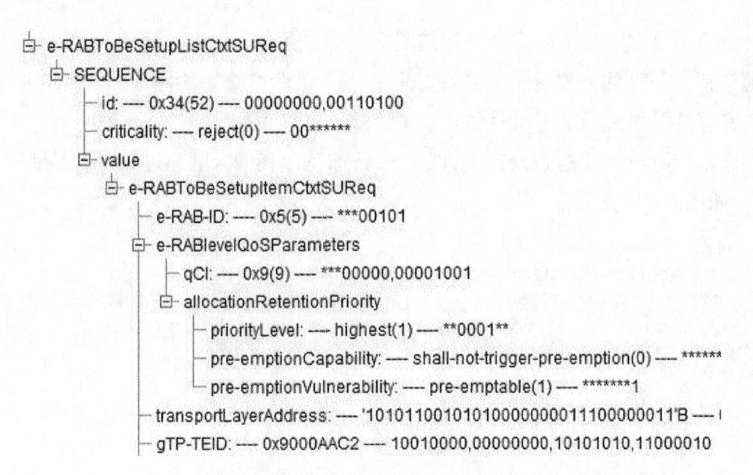

图 5-35　UE 上下文初始建立消息

（1）e-RAB-ID：用于在 S1 接口连接上唯一标识 UE 的一个无线接入承载。取值范围为 0～15。

（2）qCI：表示初始上下文的 QoS 等级为 5。

（3）allocationRetentionPriority：分配和保持优先级。该参数定义了该承载相对其他 E-RAB 的重要程度，主要包含 3 个方面：优先级、抢占能力和被抢占的脆弱性。

（4）priorityLevel：highest(1)。表示该承载的优先级为 1，也可以理解为 ARP 的优先级为 1。取值范围为 0～15。15 表示“无优先级”。0～14 依次从高到低表示不同优先级。

（5）pre-emption Capability：用于指示该承载是否可以抢占其他 E-RAB 的承载资源，作用于资源分配过程。取值可为 shall-not-trigger-pre-emption 或 may-trigger-pre-emption，此处为 shall-not-trigger-pre-emption，即不能抢占。

（6）pre-emption Vulnerability：用于指示该承载资源是否可以被其他 E-RAB 抢占，作用于整个 E-RAB 过程。取值可为 not-pre-emption 或 pre-emption。此处为 shall-not-trigger-pre-emption，即不能被抢占。

（7）transportLayerAddress：此处表示 SGW 的传输层 IP 地址，使用十六进制表示。

（8）gTP-TEID：Tunnel Endpoint Identifier，GTPv1 的概念，用于标识一条隧道，分为数据面 TEIDU 和控制面 TEIDC，由隧道接收端分配，发送端使用；TEID 标识 UE 和与之关联的 PDP 上下文，将指示控制消息或者 T-PDU 属于哪个隧道，用这个方式，GTP 在隧道的两端复用和去复用控制消息或者分组数据。

当 eNodeB 收到 UE 上下文建立请求后，为了建立空口的承载，网络侧需要获取 UE 的能力信息。UE 能力查询流程如图 5-36 所示。

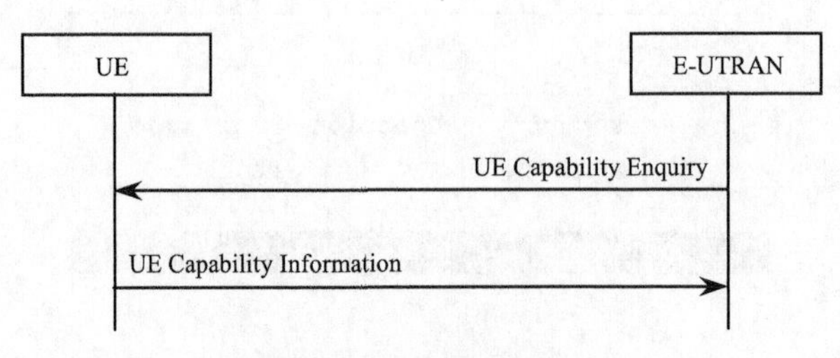

图 5-36　UE 能力查询流程

UE Capability Enquiry：eNodeB 请求 UE 根据 RAT 类型上报各自的能力，具体信元如图 5-37 所示。

```
▼ ueCapabilityEnquiry
   rrc-TransactionIdentifier:0x1 (1)
  ▼ criticalExtensions
   ▼ c1
    ▼ ueCapabilityEnquiry-r8
     ▼ ue-CapabilityRequest
        RAT-Type:eutra (0)
        RAT-Type:utra (1)
        RAT-Type:geran-cs (2)
        RAT-Type:geran-ps (3)
        RAT-Type:cdma2000-1XRTT (4)
```

图5-37 UE Capability Enquiry 信元

UE Capability Information 消息信元如图 5-38 和图 5-39 所示。

（1）rrc-TransactionIdentifier：RRC 连接事务标识，用于标识一个 RRC 连接事务。此处用于关联 UE Capability Enquiry 消息。

```
ueCapabilityInformation
 ├ rrc-TransactionIdentifier: ---- 0x1(1) ---- *****01*
 criticalExtensions
  c1
   ueCapabilityInformation-r8
    ue-CapabilityRAT-ContainerList
     UE-CapabilityRAT-Container
      ├ rat-Type: ---- eutra(0) ---- 0000****
      ueCapabilityRAT-Container
       ueEutraCap
        UE-EUTRA-Capability
         ├ accessStratumRelease: ---- rel9(1) ---- ******00,01******
         ├ ue-Category: ---- 0x4(4) ---- **011***
         pdcp-Parameters
          supportedROHC-Profiles
          └ maxNumberROHC-ContextSessions: ---- cs16(4) ---- 0100****
         phyLayerParameters
          ├ ue-TxAntennaSelectionSupported: ---- FALSE(0) ---- ****0***
          └ ue-SpecificRefSigsSupported: ---- TRUE(1) ---- *****1**
         rf-Parameters
          supportedBandListEUTRA
           SupportedBandEUTRA
            ├ bandEUTRA: ---- 0x28(40) ---- ****1001,11******
            └ halfDuplex: ---- FALSE(0) ---- **0*****
           SupportedBandEUTRA
            ├ bandEUTRA: ---- 0x22(34) ---- ***10000,1*******
            └ halfDuplex: ---- FALSE(0) ---- *0******
```

图5-38 UE Capability Information 消息信元（1）

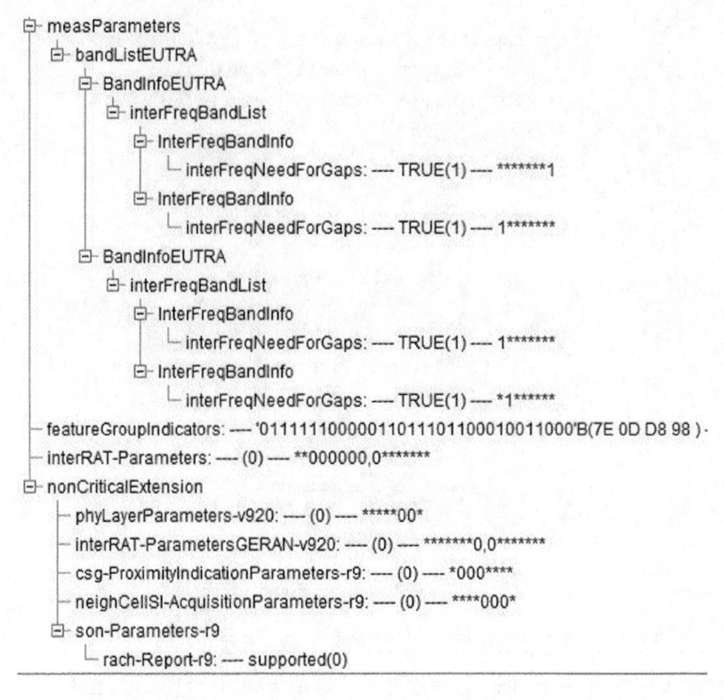

图 5-39 UE Capability Information 消息信元（2）

（2）rat-Type：eutra。此处表示 UE 上报的是 eutra 的能力。

（3）ue-Category：4。表示 UE 的等级为 4。在 3GPP R8 中，定义了 5 个等级的 UE，不同等级的 UE 所支持的上下行调制方式、MIMO 层数和最大峰值速率不同。

（4）ue-SpecificRefSigsSupported：TURE。表示 UE 是否支持发送参考信号。

（5）SupportedBandEUTRA：支持的 E-UTRAN 频带及双工方式。此处 UE 支持 band40 和 band34 两个频带，不支持半双工。

（6）measParameters：测量参数。是指 UE 在 SupportedBandEUTRA 信元所指示频带所对应的测量参数，interFreqNeedForGaps 为 TURE，表示 UE 需要测量 GAP 进行异频测量。

（7）interRAT-Parameters：异系统测量参数。如果 E-UTRAN 要求 UE 上报异系统参数，则 UE 需上报 UE 的异系统参数。此处上报的是 UE 的 E-UTRAN 能力，因此为空。

（8）featureGroup Indicators：一共 32 bit，每个位指示某个特定的特性，如果该位为 1，则表示 UE 支持该特性，否则表示不支持。详细内容请参考协议 36.331。

当 NAS 安全加密完成以后，eNodeB 根据 MME 的安全加密信息派生出相应的密钥进行 AS 层的安全加密，如图 5-40 所示。

Security Mode Command 消息主要下发 eNodeB 支持的 AS 安全管理算法，如图 5-41 所示。

（1）cipheringAlgorithm：加密算法，包括空算法（EEA0）、SNOW3G（EEA1）、AES（EEA2）、ZUC（EEA3）。

（2）intergrityProtAlgorithm：完整性保护算法，包括空算法（EIA0）、SNOW3G（EIA1）、AES（EIA2）、ZUC（EIA3）。

Security Mode Complete 用于 UE 回应安全激活的结果，如果 UE 不支持相应的算法，则回复 reject 消息，如图 5-42 所示。

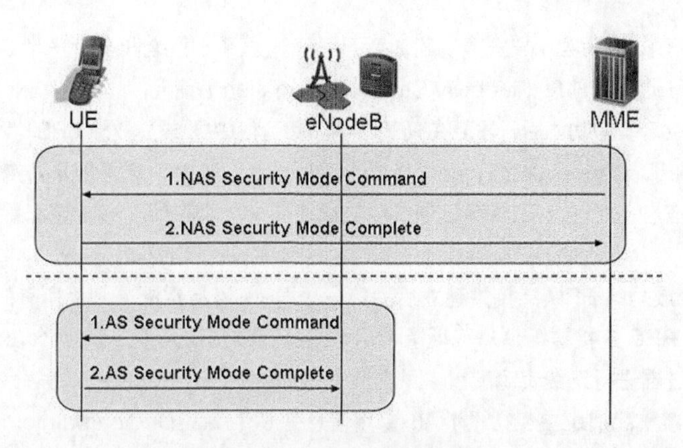

图 5-40 AS 层的安全加密流程

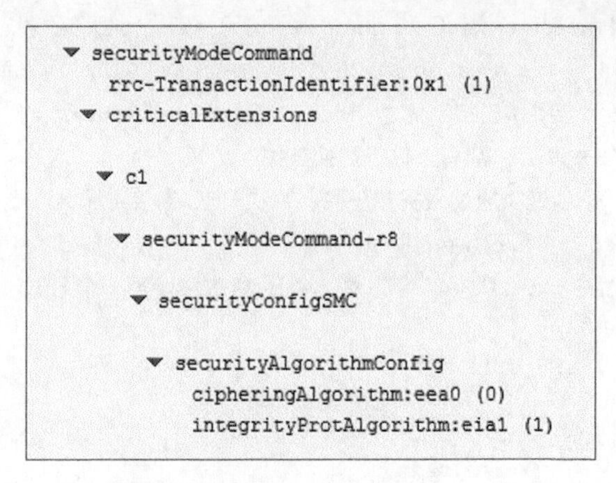

```
▼ securityModeCommand
    rrc-TransactionIdentifier:0x1 (1)
  ▼ criticalExtensions
    ▼ c1
      ▼ securityModeCommand-r8
        ▼ securityConfigSMC
          ▼ securityAlgorithmConfig
              cipheringAlgorithm:eea0 (0)
              integrityProtAlgorithm:eia1 (1)
```

图 5-41 Security Command 信元

```
▼ securityModeComplete
    rrc-TransactionIdentifier:0x1 (1)
  ▼ criticalExtensions
      securityModeComplete-r8
```

图 5-42 Security complete 信元

3. 无线承载建立

当 AS 层安全加密完成以后，eNodeB 开始配置空口的信令承载 SRB2 以及业务面的承载 DRB。E-UTRAN 通过向 UE 发起 RRC 连接重配消息，发起 RRC 连接重配置过程。当要求建立、更改或释放 RB，或执行切换、建立、更改、释放测量配置时，可使用 RRC 连接重配过程来修改 RRC 连接。该过程可能伴随从 E-UTRAN 到 UE 的 NAS 专用信息传递。RRC 连接重配消息中包括测量配置、移动控制、无线资源配置（包括 RB、MAC 主配置和物理信道配置）等信息及所有相关的专业 NAS 信息和安全配置信息。下行的 RRC 连接重配置消息及相应的上行 RRC 连接重配完成消息使用 SRB1 且承载在 DCCH 逻辑信道上。

RRC 连接重配信令流程如图 5-43 所示。

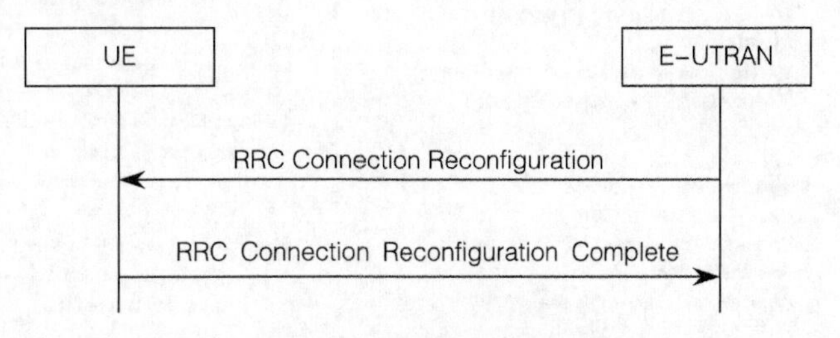

图 5-43 RRC 连接重配信令流程

（1）E-UTRAN 发送 RRC Connection Reconfiguration 消息给 UE，要求 UE 对无线资源进行重配。

① 在 E-UTRAN 侧，只有当 AS 安全功能激活且已经建立了 SRB2 和至少一个 DRB 后，才能在 RRC 连接重配消息中携带移动控制信息（Mobility Control Information）信元。

② 只有当激活了 AS 安全功能后，才能在 RRC 连接重配消息中要求建立除 SRB1 之外的其他无线承载。

（2）UE 接收到 RRC Connection Reconfiguration 消息后，查看消息里面是否携带移动控制信息。如果没有携带移动控制信息，同时 UE 能满足消息中的配置要求，则按照无线资源配置过程进行无线资源的配置。

① 如果这是一个成功的 RRC 连接重建立后的第一个 RRC 连接重配，则为所有的 DRB 和 SRB2 重建 PDCP 和 RLC。如果 RRC 连接重配消息包括了专用无线资源配置信元（radioResourceConfiguration），则按照无线资源配置过程进行无线资源配置。重启所有暂停的 DRB 和 SRB2。

② 如果 RRC 连接重配消息中包括了 NAS 专用信息列表（nas-DedicatedInformationList）信元，则 RRC 向高层透传这些信元。

③ 如果 RRC 连接重配消息中包括了测量配置（measurementConfiguration）信元，则进行相应的测量配置过程。

（3）如果 RRC Connection Reconfiguration 消息包含了移动控制信息（Mobility Control Information），则认为这是一条切换的重配命令。UE 在收到切换触发命令后，则马上进行切换操作。

（4）UE 完成重配置任务后，向 E-UTRAN 回复 RRC 连接重配置完成消息，本次 RRC 连接重配结束。

RRC Connection Reconfiguration 消息信元如图 5-44 和图 5-45 所示。

（1）rrc-TransactionIdentifier：在 RRC 建立过程中，E-UTRAN 会为每一个 RRC 过程分配一个 RRC 处理 ID，用于将一个 RRC 事务关联对应起来。

（2）SRB-ToAddMod：SRB 相关配置信息。

（3）DRB-ToAddMod：DRB 相关重配置信息。

```
rrcConnectionReconfiguration
  rrc-TransactionIdentifier: ---- 0x0(0) ---- *****00*
  criticalExtensions
    c1
      rrcConnectionReconfiguration-r8
        dedicatedInfoNASList
          DedicatedInfoNAS: ---- 0x00000000000000000000000000000000000000
        radioResourceConfigDedicated
          srb-ToAddModList
            SRB-ToAddMod
              srb-Identity: ---- 0x2(2) ---- 1*******
              rlc-Config
                explicitValue
                  am
                    ul-AM-RLC
                      t-PollRetransmit: ---- ms45(8) ---- *****001,000*****
                      pollPDU: ---- pInfinity(7) ---- ***111**
                      pollByte: ---- kBinfinity(14) ---- ******11,10******
                      maxRetxThreshold: ---- t4(3) ---- **011***
                    dl-AM-RLC
                      t-Reordering: ---- ms35(7) ---- *****001,11******
                      t-StatusProhibit: ---- ms0(0) ---- **000000
              logicalChannelConfig
                explicitValue
                  ul-SpecificParameters
                    priority: ---- 0x3(3) ---- ****0010
                    prioritisedBitRate: ---- infinity(7) ---- 0111****
                    bucketSizeDuration: ---- ms300(3) ---- ****011*
                    logicalChannelGroup: ---- 0x0(0) ---- *******0,0*******
          drb-ToAddModList
            DRB-ToAddMod
              eps-BearerIdentity: ---- 0x5(5) ---- ***0101*
              drb-Identity: ---- 0x1(1) ---- *******0,0000****
              pdcp-Config
                discardTimer: ---- ms1500(6) ---- 110*****
                rlc-AM
                  statusReportRequired: ---- TRUE(1) ---- ***1****
                headerCompression
                  notUsed: ---- (0)
              rlc-Config
                am
                  ul-AM-RLC
                    t-PollRetransmit: ---- ms40(7) ---- 000111**
                    pollPDU: ---- p32(3) ---- ******01,1*******
                    pollByte: ---- kB25(0) ---- *0000***
                    maxRetxThreshold: ---- t8(5) ---- *****101
                  dl-AM-RLC
                    t-Reordering: ---- ms50(10) ---- 01010***
                    t-StatusProhibit: ---- ms50(10) ---- *****001,010*****
              logicalChannelIdentity: ---- 0x3(3) ---- ***000**
              logicalChannelConfig
                ul-SpecificParameters
                  priority: ---- 0x9(9) ---- *1000***
                  prioritisedBitRate: ---- kBps8(1) ---- *****000,1*******
                  bucketSizeDuration: ---- ms300(3) ---- *011****
                  logicalChannelGroup: ---- 0x3(3) ---- ****11**
```

图 5-44　RRC Connection Reconfiguration 消息信元（1）

```
mac-MainConfig
  explicitValue
    ul-SCH-Config
      periodicBSR-Timer: ---- sf10(1) ---- *****000,1*******
      retxBSR-Timer: ---- sf320(0) ---- *000****
      ttiBundling: ---- FALSE(0) ---- ****0***
    timeAlignmentTimerDedicated: ---- sf1920(3) ---- *****011
physicalConfigDedicated
  cqi-ReportConfig
    cqi-ReportModeAperiodic: ---- rm30(3) ---- *****011
    nomPDSCH-RS-EPRE-Offset: ---- 0x0(0) ---- 001*****
    cqi-ReportPeriodic
      setup
        cqi-PUCCH-ResourceIndex: ---- 0x0(0) ---- *****000,00000000
        cqi-pmi-ConfigIndex: ---- 0x4(4) ---- 00000001,00******
        cqi-FormatIndicatorPeriodic
          widebandCQI: ---- (0)
        ri-ConfigIndex: ---- 0x284(644) ---- ***10100,00100***
        simultaneousAckNackAndCQI: ---- TRUE(1) ---- *****1**
```

图 5-45　RRC Connection Reconfiguration 消息信元（2）

（4）srb-Identity：SRB ID。在 RRC SETUP 消息中，需要建立 SRB1，为 AM 模式。

（5）mac-MainConfig：MAC 相关配置信息，包括上行传输信道 ULSCH、DRX 等。

（6）physicalConfigDedicated：物理信道及物理信号相关配置信息。

当 UE 完成了空口的承载配置以后，回复完成消息给 UE，接着 eNodeB 回复 UE Context Setup Response 消息给 MME，消息信元如图 5-46 所示。

```
initialContextSetupResponse
  protocolIEs
    SEQUENCE
      id: ---- 0x0(0) ---- 00000000,00000000
      criticality: ---- ignore(1) ---- 01******
      value
        mME-UE-S1AP-ID: ---- 0x0(0) ---- 00000000,00000000
    SEQUENCE
      id: ---- 0x8(8) ---- 00000000,00001000
      criticality: ---- ignore(1) ---- 01******
      value
        eNB-UE-S1AP-ID: ---- 0x0(0) ---- 00000000,00000000
    SEQUENCE
      id: ---- 0x33(51) ---- 00000000,00110011
      criticality: ---- ignore(1) ---- 01******
      value
        e-RABSetupListCtxtSURes
          SEQUENCE
            id: ---- 0x32(50) ---- 00000000,00110010
            criticality: ---- ignore(1) ---- 01******
            value
              e-RABSetupItemCtxtSURes
                e-RAB-ID: ---- 0x5(5) ---- **00101*
                transportLayerAddress: ---- '00001010100101001111010001101100'B ----
                gTP-TEID: ---- 0x000003E8 ---- 00000000,00000000,00000011,11101000
```

图 5-46　UE Context Setup Response 消息信元

当 E-RAB 建立完成以后，UE 回复最后一条 NAS 消息来完成整个附着过程。如图 5-47 所示，该 NAS 消息是针对 Attach 流程的回应。

```
▼ attachComplete

  ▼ eSM-message-container

    ▼ no-security-protection-SM-message
        ePS-bearer-identity:0x5 (5)
        procedure-transaction-identity:0x0 (0)
      ▼ msg-body
        ▼ msg-body

            activateDefaultEPSBearerContextAccept
```

图 5-47　附着完成消息

以上就是 UE 初始附着的流程，当附着完成以后，EPC 同时激活一条默认的 EPS 承载，UE 可以直接进行数据业务传输。

5.2 寻呼流程

在以下 3 种场景下，eNodeB 需要在空口发起寻呼。上层在收到寻呼信息后，有可能会触发 RRC 连接建立过程，用于作为被叫接入。

（1）网络侧要发送数据给处于 RRC_IDLE 状态的 UE。

（2）用于通知处于 RRC_IDLE 和 RRC_CONNECTED 状态的 UE 系统消息改变时。

（3）网络侧通知 UE 当前有地震海啸报警系统（Earthquake and Tsunami Warning System，ETWS）主通知或从通知时。

寻呼消息根据使用场景既可以由 MME 触发也可以由 eNodeB 触发。MME 发送寻呼消息时，eNodeB 根据寻呼消息中携带的 UE 的 TAL 信息，通过逻辑信道 PCCH 向其下属于 TAL 的所有小区发送寻呼消息寻呼 UE。寻呼消息中包含指示寻呼来源的域以及 UE 标识，UE 标识可以是 S-TMSI 或者 IMSI。

系统消息变更时，eNodeB 将通过寻呼消息通知小区内的所有 EMM 注册态的 UE，并在紧随的下一个系统消息修改周期中发送更新的系统消息。eNodeB 要保证小区内的所有 EMM 注册态 UE 能收到系统消息，也就是 eNodeB 要在 DRX 周期下所有可能时机发送寻呼消息。两者触发源虽然不一样，但在空口的寻呼机制是一样的。MME 触发寻呼的信令流程如图 5-48 所示。

（1）当 SGW 收到一个可知的 UE 的下行数据，但与这个 UE 之间没有用户平面连接（即 SGW 的上下文数据中指示没有下行用户平面的 TEID），SGW 缓存这些数据，并确认哪个 MME 为这个 UE 提供服务。

（2）SGW 向 MME 发送 Downlink Data Notification 消息，这个节点与 UE 有控制平面连接。

（3）如果 UE 注册到 MME，则 MME 向 UE 注册的 TA 列表所属的所有 eNodeB 发送寻呼消息。如果 eNodeB 从 MME 收到寻呼消息，则 eNodeB 对 UE 进行寻呼。

（4）当 UE 处于空闲状态时，UE 在 E-UTRAN 中响应寻呼而执行 Service Request 过程。

（5）UE 发送 NAS 消息 Service Request 给 MME，这个消息封装在 RRC 消息里给 eNodeB，eNodeB 再转发这个 NAS 消息给 MME。

（6）MME 可选触发安全流程。

（7）MME 将发送 S1-AP Initial Context Setup Request 消息（携带 Serving GW address, S1-TEID(s)(UL)、EPS Bearer QoS(s)、Security Context、MME Signalling Connection ID、Handover Restriction List、CSG Membership Indication）给 eNodeB，用于激活 S1 口承载。

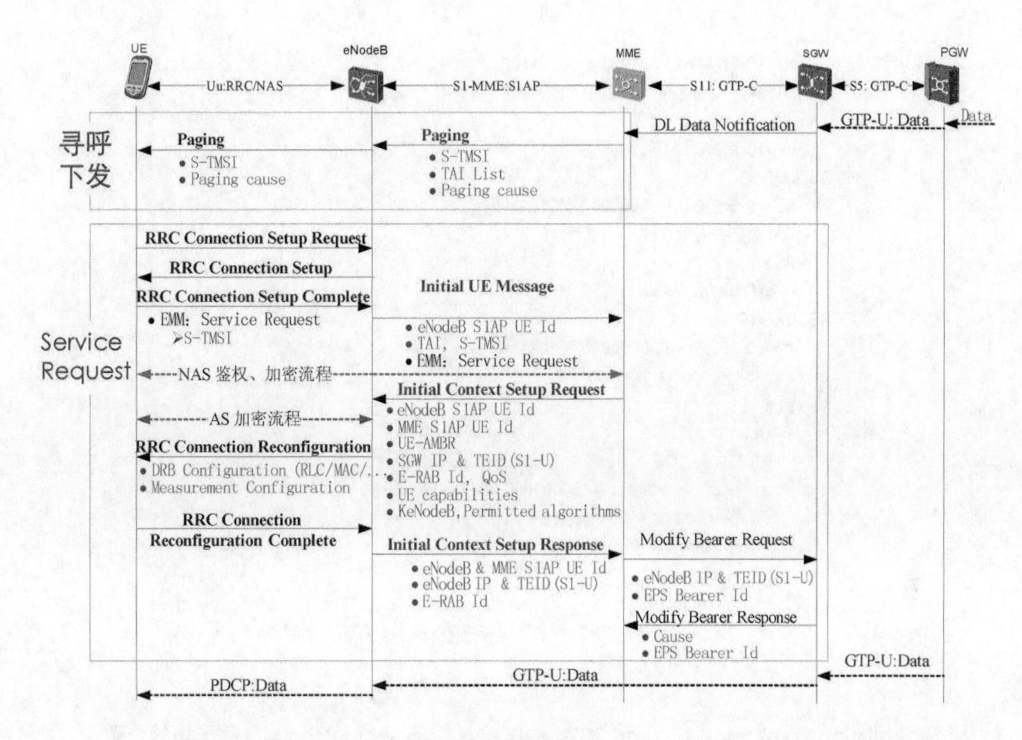

图 5-48　寻呼信令流程

（8）eNodeB 将建立无线侧承载。

（9）此时 eNodeB 将 UE 的上行数据转发给 SGW，SGW 再把上行数据转发给 PGW。

（10）eNodeB 发送一个 S1-AP 消息 Initial Context Setup Response 给 MME，在这个消息里，eNodeB 下行数据的 TEID 会包含在里面。

（11）MME 发送一个 Modify Bearer Request 的消息给 SGW，在这个消息里包含 eNodeB 的地址和 S1 TEID 等。这时 SGW 可以传送下行数据给 UE 了。

（12）SGW 发送一个 Modify Bearer Response 消息给 MME。

寻呼消息关键信元（S1AP Paging）如图 5-49 和图 5-50 所示。

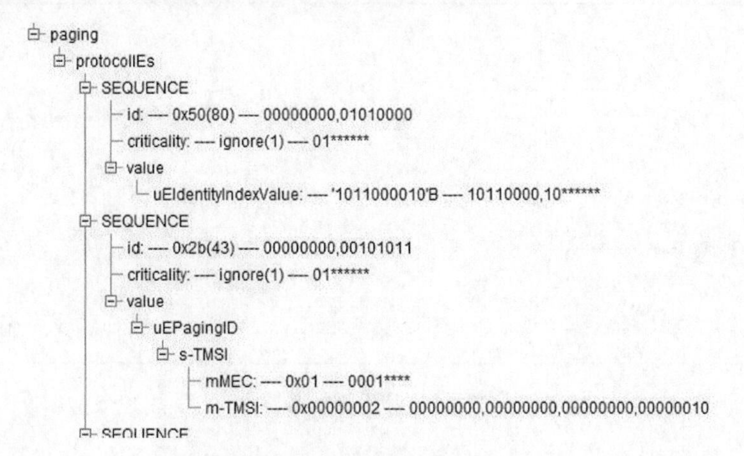

图 5-49　S1AP Paging 信元（1）

```
SEQUENCE
  id: ---- 0x2c(44) ---- 00000000,00101100
  criticality: ---- ignore(1) ---- 01******
  value
    pagingDRX: ---- v256(3) ---- 011*****
SEQUENCE
  id: ---- 0x6d(109) ---- 00000000,01101101
  criticality: ---- ignore(1) ---- 01******
  value
    cNDomain: ---- ps(0) ---- 0*******
SEQUENCE
  id: ---- 0x2e(46) ---- 00000000,00101110
  criticality: ---- ignore(1) ---- 01******
  value
    tAIList
      SEQUENCE
        id: ---- 0x2f(47) ---- 00000000,00101111
        criticality: ---- ignore(1) ---- 01******
        value
          tAIItem
            tAI
              pLMNidentity: ---- 0x64F088 ---- 01100100,11110000,10001000
```

图 5-50　S1AP Paging 信元（2）

（1）uEIdentityIndexValue：IMSI mod 1024 的结果，用于 eNodeB 计算寻呼子帧的位置。

LTE 信令流程-寻呼流程

（2）uEPagingID：用于指示被寻呼的 UE，可以是 IMSI 或 S-TMSI，一般情况下，在 LTE 网络中只采用 S-TMIS 寻呼。

（3）pagingDRX：指示核心网的寻呼周期，该周期必须大于等于 eNodeB 侧的寻呼周期，否则有可能造成寻呼丢失。

（4）cNDomain：指示寻呼的来源，可以是 PS 域或 CS 域。

（5）tAIList：指示寻呼下发的范围。

eNodeB 触发的寻呼消息在空口以 RRC_Paging 消息发送，只包含 S-TMSI 和寻呼域两个信元，如图 5-51 所示。

```
RRC-MSG
msg
  struPCCH-Message
    struPCCH-Message
      message
        c1
          paging
            pagingRecordList
              PagingRecord
                ue-Identity
                  s-TMSI
                    mmec: ---- '00010000'B(10 ) ---- ****0001,0000****
                    m-TMSI: ---- '11000000000111110000000010000101'B(C0 1F 00 85 ) ---- ****1100,00000001,11110000,00001000,0101****
                cn-Domain: ---- ps(0) ---- ****0***
```

图 5-51　RRC_Paging 信元

5.3 TAU 流程

EPS 网络中的跟踪区更新（Tracking Area Update，TAU）类似于 2G/3G 里面的 LAU，如果 UE 的位置信息发生了变化，则需要通过相应的流程通知网络侧进行更新，否则网络侧无法获取 UE 正确的位置，从而导致寻呼失败。TAU 的触发条件包括如下。

（1）UE 发现当前的 TAC 不在 UE 注册网络的 TA（Tracking Area）List 中。

（2）周期性 TAU：由核心网 T3412 定时器控制，当定时器超时后，UE 主动发起 TAU 流程。

（3）UE 从其他网络回到 EPS 网络。

TAU 的作用如下。

（1）在网络登记新的用户位置信息。进入新的 TA，其 TAI 不在 UE 存储的 TAI List 内。

（2）给用户分配新的 GUTI，以下两种场景下 MME 会分配新的 GUTI：第一，若 TAU 过程中更换了 MME pool，则核心网会在 TAU Accept 消息中携带新 GUTI 分配给 UE；第二，如果 MME 打开了 GUTI 重分配开关，则每次 TAU 的时候，MME 都会分配新的 GUTI 给 UE。

（3）使 UE 和 MME 的状态由 EMM-DEREGISTERED 变为 EMM-REGISTERED。UE 短暂进入无服务区后回到覆盖区，信号恢复，且周期性 TAU 到期。

（4）IDLE 态用户可通过 TAU 过程请求建立用户面资源。

5.3.1 空闲态 TAU 流程

空闲态 UE 进行 TAU 的信令流程如图 5-52 所示。

（1）UE 通过向 eNodeB 发送 TAU Request 消息和被选网络指示来触发 TAU 流程，若 UE 内有合法的 EPS 安全上下文，则 TAU 消息需要被完整性保护。在 RRC 空闲态时，UE 需要先触发 RRC 连接的建立。

（2）新 MME 通过旧 GUTI 获得旧侧 MME/S4 SGSN 地址，并发送 Context Request 消息去找回用户的信息。旧侧 MME 利用完整的 TAU Request 消息来检查 Context Request 消息的有效性，而旧侧 SGSN 则会使用 P-TMSI Signature 来验证其有效性，如果新侧 MME 指明其已经对 UE 进行鉴权或者 UE 已经通过旧侧 MME/SGSN 的有效性检查，旧侧 MME/SGSN 会启动一个定时器，用来监控资源删除情况。

（3）旧侧 MME/SGSN 发送 Context Response 消息来响应 MME。

（4）如果第（2）步中进行的完整性检查失败，则需进行鉴权流程。

（5）新侧 MME 还需决定是否要更换 SGW。当 SGW 不能再继续为 UE 服务的时候，将要重新选择 SGW。

（6）新侧 MME 发送 Context Acknowledge 消息给旧侧的 MME/SGSN，以保证旧侧 MME/S4 SGSN 能够及时更新 SGW、PGW 及 HSS 的相关信息，防止一次 TAU 流程还未完成，UE 又发起到旧侧 MME/SGSN 的 TAU 流程。

（7）MME 为 UE 建立 MM 上下文。MME 会验证来自 UE 的 EPS 承载状态和从旧侧 MME/SGSN 得来的承载上下文，并且释放那些非活动态的用户承载资源。如果没有承载上下文，则 MME 将会发 TAU Reject 拒绝消息。

（8）新侧 SGW 发送 Modify Bearer Request 消息给相关的 PGW。

（9）PGW 修改自己的承载上下文，并且返回 Modify Bearer Response 给 SGW。

（10）SGW 更新它的承载上下文并返回 Modify Bearer Response 消息给新侧 MME，这样就可以进行上行数据报文转发了。

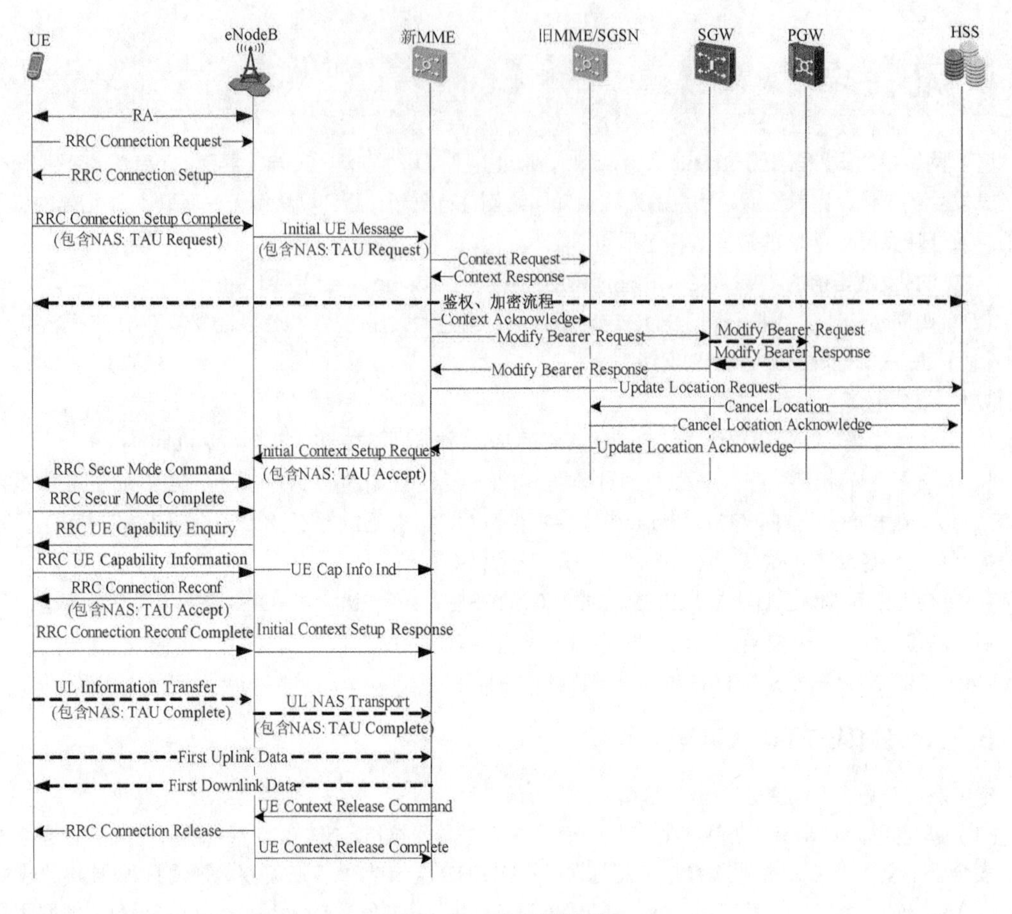

图 5-52 TAU 信令流程

（11）MME 验证自己是否有来自旧侧 MME/SGSN 的签约数据，如果没有，MME 发送 Update Location Request 到 HSS 去取用户的签约信息。

（12）HSS 发送 Cancel Location（IMSI，Cancellation type）给旧侧 MME，将 Cancel Location type 设置为 Update Procedure。

（13）HSS 发送 Update Location Acknowledge 消息响应新侧 MME。

（14）新侧 MME 向 UE 发送 TAU Accept 消息。如果新侧 MME 重新分配了 GUTI，也会通过这条消息下发给 UE。

（15）如果 TAU Accept 消息重新分配了 GUTI，UE 会发送 TAU Complete 消息带给 MME 侧。

（16）TAU 完成以后，核心网通知 eNodeB 立即释放 RRC 连接，UE 重新回到空闲态。

TAU Request 关键信元如图 5-53 所示。

（1）nas-key-set-identifier：NAS 密钥相关信息。

（2）ePS-update-type：指示本次 TAU 是否需要激活承载以及位置更新的类型。

（3）old-GUTI：上一个 GUTI 信息。

（4）last-visited-registered-TAI：上一个 TAC。

（5）ePS-bearer-context-status：如果 UE 需要告知核心网本端的 EPS 承载上下文已经激活，则携带此信元。

```
▼ trackingAreaUpdateRequest
  ▼ nas-key-set-identifier
      tsc:native-security-context (0)
      nAS-key-set-identifier:nas-KSI1 (1)
  ▼ ePS-update-type
      active-flag:no-bearer-establishment-requested (0)
      ePS-update-type-Value:tA-updating (0)

  ▼ old-GUTI
      type-of-identity:guti (6)
      odd-or-even-indic:even-number-and-also-when-the-EPS-Mobile-Identity-is-used (0)
      spare:0xf (15)
    ▼ guti-body
        mcc-mnc:0x64f000 (6615040)
        mME-Group-ID:0x8571 (34161)
        mME-Code:0x1 (1)
        mTMSI:0xc03a015b (3225026907)

    ue-network-capability:E0 E0 00 00

  ▼ last-visited-registered-TAI
      mcc-mnc:0x64f000 (6615040)
      tac:0x5 (5)

  ▶ ePS-bearer-context-status
```

图 5-53　TAU Request 关键信元

（6）ue-network-capability：指示 UE 网络侧的能力。

TAU Accept 关键信元介绍如图 5-54 所示。

```
▼ trackingAreaUpdateAccept
    spare-half-octet:0x0 (0)
  ▼ ePS-update-result
      spare:0x0 (0)
      ePS-update-result-value:tA-only (0)

  ▼ t3412-value
      unit:value-is-incremented-in-multiples-of-decihours (2)
      timer-value:0x9 (9)

  ▼ gUTI
      type-of-identity:guti (6)
      odd-or-even-indic:even-number-and-also-when-the-EPS-Mobile-Identity-is-used (0)
      spare:0xf (15)
    ▼ guti-body
        mcc-mnc:0x64f000 (6615040)
        mME-Group-ID:0x8571 (34161)
        mME-Code:0x1 (1)
        mTMSI:0xc037015b (3224830299)

  ▼ tAI-list
    ▼ Partial-tracking-area-identity-list-type
        spare:0x0 (0)
        type-of-list:list-of-TAIs-belonging-to-different-PLMNs (2)
        number-of-elements:0x4 (4)
      ▼ partial-tracking-area-identity-list3
        ▶ tAC-and-mcc-mnc
        ▶ other-tAC-and-mcc-mnc

  ▶ ePS-bearer-context-status
```

图 5-54　TAU Accept 关键信元

（1）ePS-update-result：指示本次 TAU 的结果（TA 更新或者是 TA+LA 更新）。

（2）t3412-value：周期性位置更新定时器。

（3）gUTI：新分配的 GUTI 号。

（4）tAI-list：新的 TAI 列表。

5.3.2 RRC 连接态 TAU 流程

RRC 连接状态下的 TAU 流程和空闲态 TAU 流程基本一致，如图 5-55 所示。

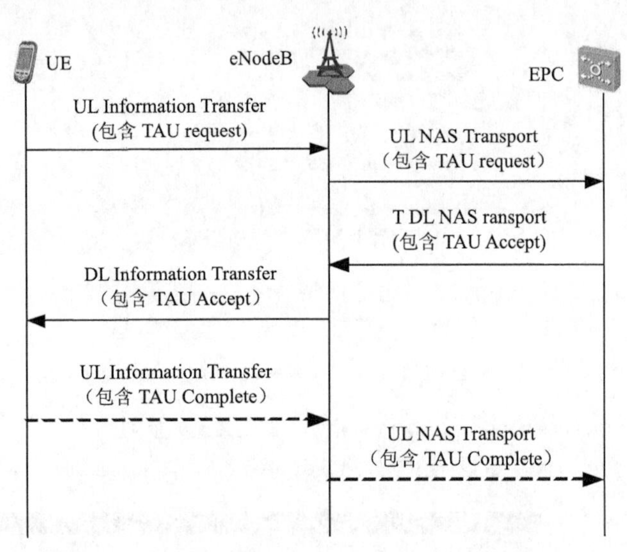

图 5-55 RRC 连接态 TAU 流程

和空闲态 TAU 相比，主要有以下两个要点。

（1）连接态下的 TAU 一定会伴随着切换流程，TAU 流程是在切换流程完成后发起的。

（2）连接态下的 TAU 不需要建立 RRC 链路，并且在 TAU 完成后不需要释放 RRC 连接。

5.4 切换流程

在 LTE 系统中，UE 在 E-UTRAN 内部进行切换时，没有专门定义 RRC 切换命令，无线链路上的切换过程主要通过 RRC 连接建立、释放和重配置来完成。LTE 系统内切换可分为基于 X2 接口的切换和基于 S1 接口的切换两种。但在以下情况下，X2 接口不能支持切换信令，需由 S1 接口支持的切换来完成。

（1）在源 eNodeB 和目标 eNodeB 间没有建立 X2 接口。

（2）在源 eNodeB 中配置，当发生 EPC 节点（MME 和 SGW）改变时，使用 S1 接口向目标 eNodeB 发起切换。

（3）源 eNodeB 尝试通过 X2 接口发生切换，但从目标 eNodeB 收到带有特定原因的失败相应消息。

5.4.1 基站内小区间的切换

同一基站不同小区之间切换的信令流程描述如图 5-56 所示。

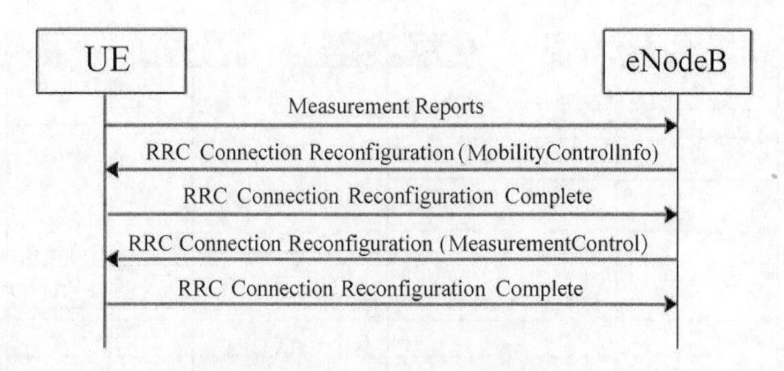

图 5-56　基站内小区间的切换信令流程

（1）UE 上报合适的测量报告，触发基站切换。

（2）基站下发切换命令给 UE，要求切换到新的小区。

（3）RRC 重配置消息中最重要的信元就是 Mobility ControlInfo，当消息中存在这个信元即标识该消息为切换命令。

（4）UE 接收到此信元后会采用消息中携带的配置在目标小区接入，接入成功后会在目标小区上报重配置完成消息来指示基站切换成功。

（5）基站收到在新小区的完成消息后会按照新小区的配置给 UE 重新下发测量配置。

5.4.2　基站间基于 X2 的切换流程

基站间基于 X2 的切换流程信令流程描述如图 5-57 及图 5-58 所示。

（1）当 UE 进入到 RRC 连接状态后，eNodeB 通过 RRC Connection Reconfiguration 消息给 UE 下发测量控制消息，该消息携带测量 ID、邻区列表、测量量、测量报告量及报告模式等。

（2）UE 收到测量控制消息后进行相应测量，在满足报告标准时上报合适的测量报告。

（3）源 eNodeB 判决是否满足切换标准，如果满足，则发送 Handover Request 消息给目标 eNodeB，请求目标基站在目标小区给该 UE 分配资源，并触发源 eNodeB 和目标 eNodeB 间 X2 逻辑链路的建立，用于转发源 eNodeB 缓存的用户数据及相关信令。

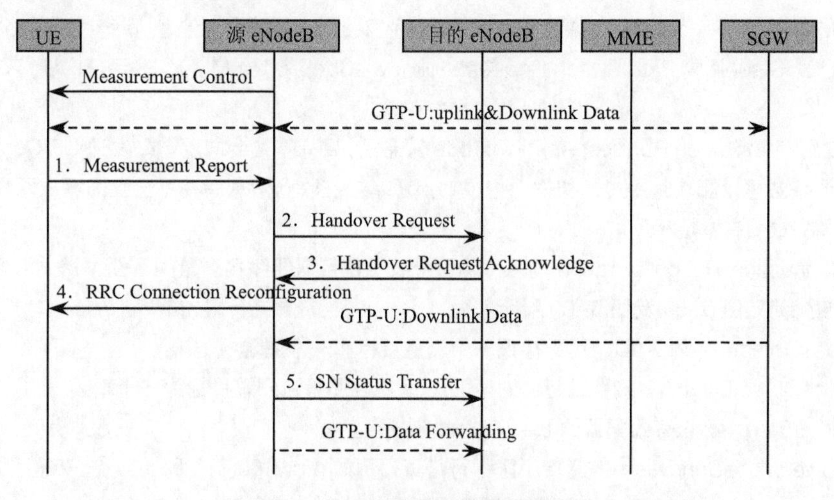

图 5-57　基于 X2 的切换流程信令流程（1）

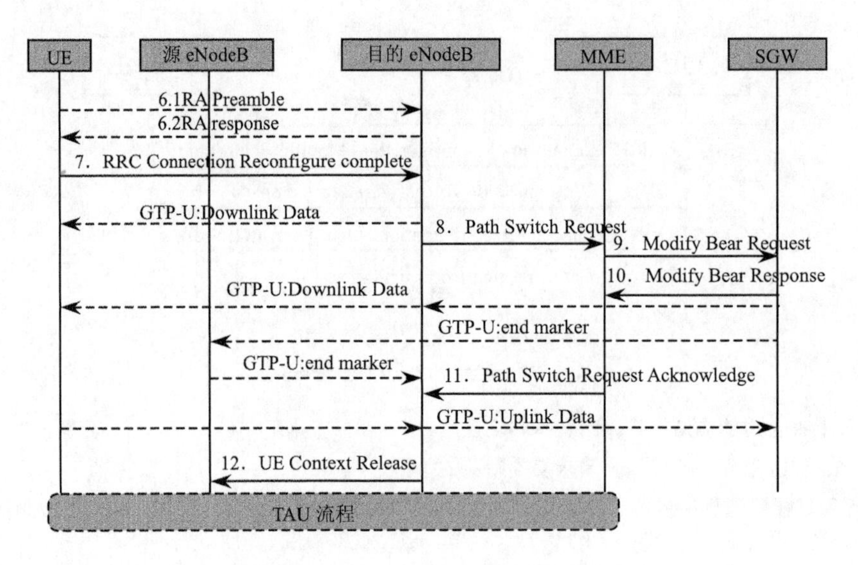

图 5-58 基于 X2 的切换流程信令流程（2）

（4）目标基站接收到切换消息后会进行准入判断，如果允许此 UE 切换入，则会在目标小区给该 UE 分配包含临时标识等的无线资源，并向目标基站发送 Handover Request Acknowledge 指示切换准备成功；同时，完成基站间 X2 逻辑通道的建立。X2 逻辑通道由 UE X2AP ID 对和 IP 地址对标识。

（5）源基站通过 RRC Connection Reconfiguration 消息给 UE 发送切换命令，该消息携带目标小区给用户分配的资源信息，并停发下行数据；如果存在需要转发的 E-RAB 承载，则源基站启动转发流程，发送 SN Status Transfer 消息，开始回传缓存的数据到目标 eNodeB。

（6）UE 收到 RRC Connection Reconfiguration 消息后，按照切换命令的信息在目标 eNodeB 发起随机接入过程，尝试在目标 eNodeB 接入；UE 接入到目标基站小区后会发送重配置完成消息给目标基站。

（7）目标基站接收到完成消息后会向 MME 发送 Path Switch Request 消息请求核心网切换用户面路径，将 S1-U 接口从 SGW-源 eNodeB 切换到 SGW-目标 eNodeB。

（8）MME 发送 Modify Bear Request 消息给 SGW，要求 SGW 切换用户面路径，SGW 将 S1-U 接口从源 eNodeB 切换至目标 eNodeB，并回复 Modify Bear Response 消息。至此，下行数据的路径为 SGW—目标基站—UE。SGW 回复 Path Switch Request Acknowledge 消息给 MME，表示 S1-U 接口已切换至目标小区。

（9）接收到 Path Switch Request Acknowledge 消息后，目标基站会向源基站发送 UE Context Release 消息，指示源基站可以删除此用户，切换已经成功。源基站在收到消息后并不会立即释放用户，而是等待本端数据转发完成后在本地释放。

RRC Connection Reconfiguration 消息（测量配置）携带需要终端测量的事件、相关门限参数、邻小区列表。关键信元如图 5-59 及图 5-60 所示。

（1）MeasObjectId：测量 ID。用于标识一个测量目标和一个测量报告。

（2）measObjectEUTRA：测量目标。对于 LTE 系统内测量，测量目标为一个载频。

（3）carrierFreq：标识有效配置的 E-UTRA 载频频点。

（4）allowedMeasBandwidth：测量小区下行带宽，例如 mbw100(5)，即 100 个 RB。

（5）presenceAntennaPort1：是否测量天线端口 1，false(0)表示测试端口 0。

（6）offsetFreq：表示适用于载频的偏移值。例如，信元值 dB-24 对应-24 dB，dB-22 对应-22 dB 等。

```
rrcConnectionReconfiguration
  rrc-TransactionIdentifier: ---- 0x3(3) ---- *****11*
  criticalExtensions
    c1
      rrcConnectionReconfiguration-r8
        measConfig
          measObjectToRemoveList
            MeasObjectId: ---- 0x2(2) ---- **00001*
          measObjectToAddModList
            MeasObjectToAddMod
              measObjectId: ---- 0x1(1) ---- ****0000,0*******
              measObject
                measObjectEUTRA
                  carrierFreq: ---- 0xdde(3550) ---- ***00001,10111011,110*****
                  allowedMeasBandwidth: ---- mbw100(5) ---- ***101**
                  presenceAntennaPort1: ---- FALSE(0) ---- ******0*
                  neighCellConfig: ---- '01'B(40 ) ---- *******0,1*******
                  offsetFreq: ---- dB0(15) ---- *01111**
                  cellsToAddModList
                    CellsToAddMod
                      cellIndex: ---- 0x1(1) ---- ***00000
                      physCellId: ---- 0x3c(60) ---- 00011110,0*******
                      cellIndividualOffset: ---- dB0(15) ---- *01111**
                    CellsToAddMod
                      cellIndex: ---- 0x2(2) ---- ******00,001*****
                      physCellId: ---- 0x3d(61) ---- ***00011,1101****
                      cellIndividualOffset: ---- dB2(17) ---- ****1000,1*******
          reportConfigToRemoveList
          reportConfigToAddModList
          measIdToRemoveList
          measIdToAddModList
          quantityConfig
```

图 5-59　RRC Connection Reconfiguration（测量配置下发）关键信令（1）

```
reportConfigToRemoveList
reportConfigToAddModList
  ReportConfigToAddMod
    reportConfigId: ---- 0x1(1) ---- ****0000,0*******
    reportConfig
      reportConfigEUTRA
        triggerType
          event
            eventId
              eventA3
                a3-Offset: ---- 0x2(2) ---- 100000**
                reportOnLeave: ---- FALSE(0) ---- ******0*
            hysteresis: ---- 0x2(2) ---- *******0,0010****
            timeToTrigger: ---- ms320(8) ---- ****1000
        triggerQuantity: ---- rsrp(0) ---- 0*******
        reportQuantity: ---- sameAsTriggerQuantity(0) ---- *0******
        maxReportCells: ---- 0x4(4) ---- **011***
        reportInterval: ---- ms240(1) ---- *****000,1*******
        reportAmount: ---- infinity(7) ---- *111****
measIdToRemoveList
measIdToAddModList
  MeasIdToAddMod
    measId: ---- 0x1(1) ---- *******0,0000****
    measObjectId: ---- 0x1(1) ---- ****0000,0*******
    reportConfigId: ---- 0x1(1) ---- *00000**
quantityConfig
  quantityConfigEUTRA
    filterCoefficientRSRP: ---- fc6(6) ---- *****001,10******
    filterCoefficientRSRQ: ---- fc6(6) ---- **00110*
s-Measure: ---- 0x0(0) ---- *******0,000000**
```

图 5-60　RRC Connection Reconfiguration（测量配置下发）关键信令（2）

（7）physCellId：PCI，即物理小区标识。取值范围为 0~503，共 504 个，需进行规划。

（8）cellIndividualOffset：小区偏置。用于切换算法中，可起到改变小区覆盖半径的作用。

关键信元如下。

（1）reportConfigId：测量事件 ID，与测量配置中的测量 ID 相关联。

（2）triggerType：测量报告触发类型。LTE 系统支持周期报、事件报等触发方式。此处为事件报，使用 A3 事件触发。

（3）a3-Offset：A3 事件偏置，用于切换控制。

（4）hysteresis：A3 事件迟滞，用于切换控制。

（5）timeToTrigger：A3 事件触发时延，用于切换控制。

（6）triggerQuantity：触发测量量。测量量可以为 RSRP、RSRQ 等。

（7）maxReportCells：最大报告小区数。

（8）filterCoefficientRSRP：测量滤波系数，用于平滑信号快衰落。

RRC_MEAS_RPRT 关键信元如图 5-61 所示。

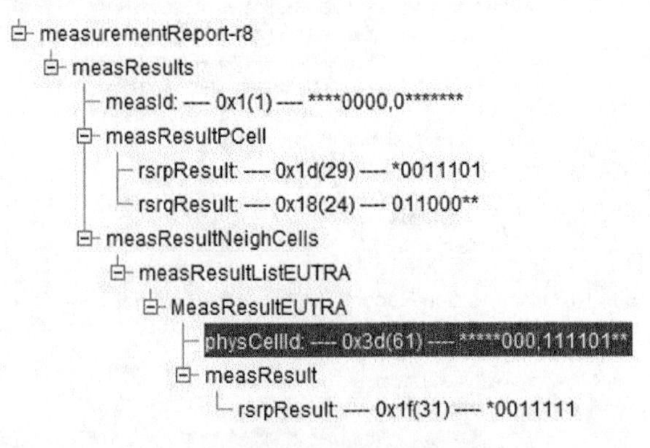

图 5-61　RRC_MEAS_RPRT 关键信元

（1）measId：测量标识，用于关联一个测量目标和一个测量报告。

（2）rsrpResult：测量结果，即 RSRP 或 RSRQ 的测量结果。RSRP 实际取值=信元值-140。RSRQ 实际取值为（信元值-40）/2 dB。例如，此处服务小区源测量量为 RSRP，测量结果 1 为 29，即实际值为-111dBm。

（3）physCellId：邻区小区 PCI。此处为 61。

（4）rsrpResult：即 RSRP 或 RSRQ 的测量结果。实际取值=信元值-140。此处测量结果 1 为 29，即实际值为-109 dBm。

RRC_CONN_RECFG（切换命令）关键信元如图 5-62 所示。

（1）targetPhysCellId：目标小区的 PCI。

（2）carrierFreq：目标小区频点。

（3）t304：定时器 T304。切换保护定时器，信元 ms50 对应 50 ms，ms100 对应 100 ms，以此类推。具体请参见定时器章节。

（4）newUE-Identity：目标小区给 UE 分配的 C-RNTI，用于 UE 在目标小区的非竞争随机接入。

（5）radioResourceConfigCommon（无线资源配置）：主要包含了目标小区给 UE 分配的 PRACH、PDSCH、PUSCH、子帧配置、MAC 层和物理层的无线资源。

（6）cipheringAlgorithm：UE 在目标小区使用的加密算法。

（7）integrityProtAlgorithm：UE 在目标小区使用的完整性保护算法。

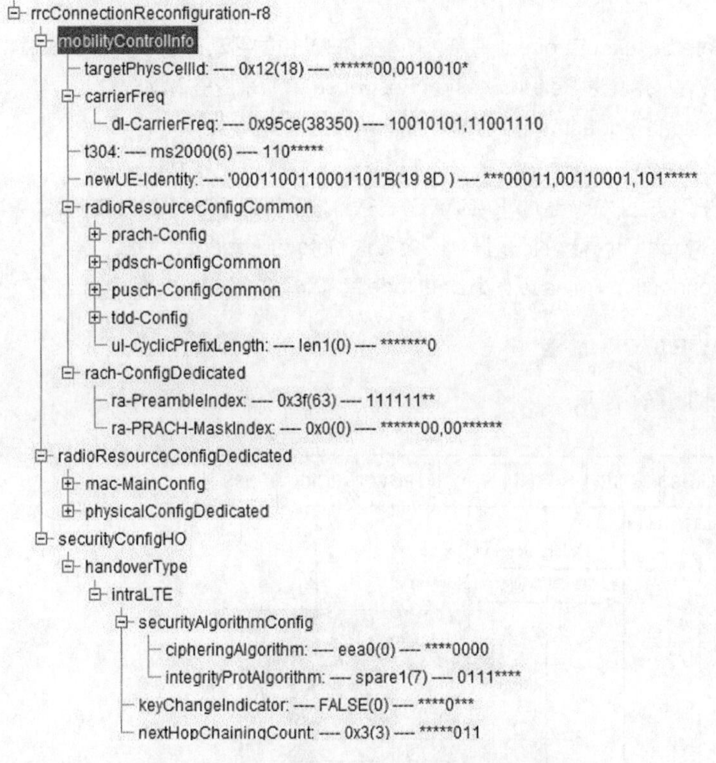

图 5-62　RRC_CONN_RECFG（切换命令）关键信元

5.5 Detach 流程

Detach 流程允许 UE 通知网络侧其不想再进入 EPS，或是网络侧通知 UE 不允许再进入 EPS 网络。

5.5.1 UE 发起的 Detach 流程

UE 发起的 Detach 流程如图 5-63 所示。

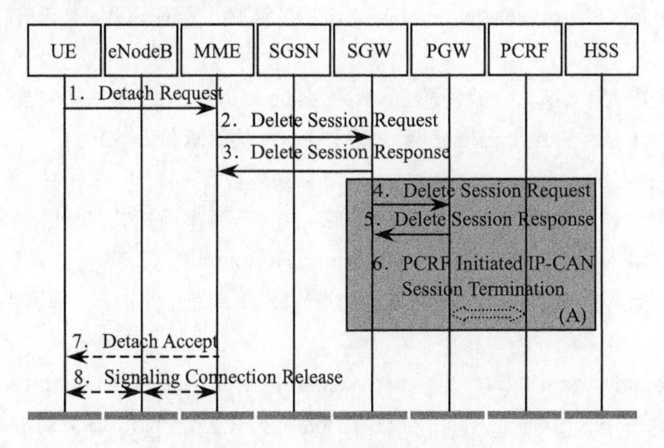

图 5-63　UE 发起的 Detach 流程

（1）当 UE 想从 EPS 服务分离或断开与最后一个 PDN 的连接，UE 会发送 NAS 消息 Detach Request 给 MME。

（2）MME 向 SGW 发送 Delete Session Request 消息，UE 在 SGW 中的活动态承载需要去激活。

（3）SGW 删除相关承载上下文，并发送 Delete Session Response 消息来应答 MME。

（4）SGW 发送给 Delete Session Request 消息到 PGW 删除承载上下文。

（5）PGW 通过发送 Delete Session Response 消息来应答 SGW。

（6）如果在核心网中使用了 PCRF，PGW 通过 IP-CAN 流程来通知 PCRF EPS 承载已被删除。

（7）如果 Detach 不是由于 Switch Off 导致的，则 MME 会发送 Detach Accept 给 UE。

（8）MME 发送 Signalling Connection Release 消息给 eNodeB，以释放 S1-MME 信令面连接。

5.5.2 MME 发起的 Detach 流程

MME 发起的 Detach 流程如图 5-64 所示。

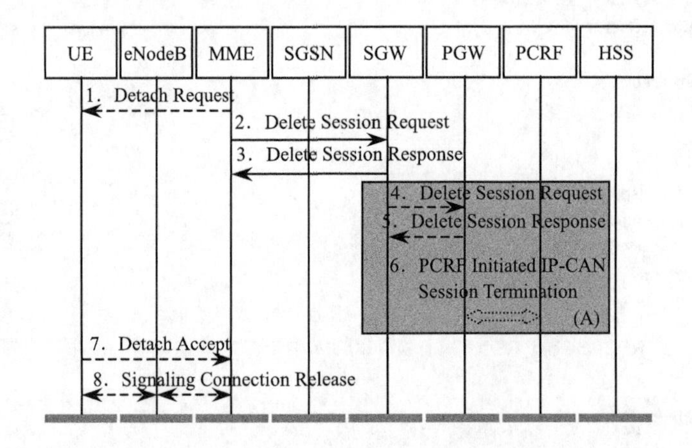

图 5-64 MME 发起的 Detach 流程

（1）MME 发起隐式或显式的分离（如果 MME 在很长一段时间内没有跟 UE 联系即可发起隐式分离）。隐式分离时，MME 不会发送 Detach Request (Detach Type)消息给 UE，只有在显式分离的时候才会发送。其中 Detach Type 可能会被置为重新附着，这样在 Detach 流程以后，UE 又会重新附着。

（2）MME 发送 Delete Session Request (TEID)消息给 SGW，所有 SGW 上与该 UE 相关的承载要被去激活。

（3）SGW 删除相关承载上下文，并发送 Delete Session Response 消息来应答 MME。

（4）SGW 发送给 Delete Session Request 消息到 PGW 删除承载上下文。

（5）PGW 通过发送 Delete Session Response 消息来应答 SGW。

（6）如果在核心网中使用了 PCRF，PGW 通过 IP-CAN 流程来通知 PCRF EPS 承载已被删除。

（7）如果 UE 收到第（1）步中来自 MME 的 Detach Request 消息，它会在第（1）步之后的任意时间发送 Detach Accept 消息给 MME。eNodeB 转发这个 NAS 消息给 MME，消息中携带 UE 正在使用的 TAI+ECGI 小区。

（8）MME 收到 Detach Accept 消息、Delete Session Response 消息和 Detach Acknowledge 消息（适当的时候）后，会发送一个 Signalling Connection Release 消息给 eNodeB 来释放 S1-MME 信令链接。如果分离类型请求 UE 建立一个新的附着，UE 会在 RRC 链接释放完成后重新附着。

S1AP_INITIAL_UE_MSG(Detach Request) 关键信元说明如图 5-65 所示。

```
⊟ detachRequest
  ⊟ ue-originating-detach
    ⊟ nas-key-set-identifierasme
      ├ tsc: ---- native-security-context(0) ---- 0*******
      └ nAS-key-set-identifier: ---- no-key(7) ---- *111****
    ⊟ detach-type
      ├ switch-off: ---- switch-off(1) ---- ****1***
      └ type-of-detach: ---- ePS-detach(1) ---- *****001
    ⊟ gUTI-or-imsi
      ├ type-of-identity: ---- guti(6) ---- *****110
      ├ odd-or-even-indic: ---- even-number-and-also-when-the-EPS-Mobile-Identity-is-used(0)
      ├ spare: ---- 0xf(15) ---- 1111****
      ⊟ guti-body
        ├ mcc-mnc: ---- 0x64f088(6615176) ---- 01100100,11110000,10001000
        ├ mME-Group-ID: ---- 0x1(1) ---- 00000000,00000001
        ├ mME-Code: ---- 0x1(1) ---- 00000001
        └ mTMSI: ---- 0x1(1) ---- 00000000,00000000,00000000,00000001
⊟ SEQUENCE
  ├ id: ---- 0x43(67) ---- 00000000,01000011
  ├ criticality: ---- reject(0) ---- 00******
  ⊟ value
    ⊞ tAI
⊟ SEQUENCE
  ├ id: ---- 0x64(100) ---- 00000000,01100100
  ├ criticality: ---- ignore(1) ---- 01******
  ⊟ value
    ⊞ eUTRAN-CGI
⊟ SEQUENCE
  ├ id: ---- 0x86(134) ---- 00000000,10000110
  ├ criticality: ---- ignore(1) ---- 01******
  ⊟ value
    └ rRC-Establishment-Cause: ---- mo-Signalling(3) ---- 0011****
```

图 5-65　Detach Request 关键信元

（1）detach-type：去附着类型，包含去附着原因和类型；switch-off 表示去附着原因为关机；type-of-detach 为去附着类型，这里是 EPS 去附着。

（2）type-of-identity：去附着的 UE 标识，可为 GUTI 或 IMSI，此处为 GUTI。GUTI 由 MCC+MNC+MME group id+MMC code+M-TMSI 组成。

（3）tAI：跟踪区标识，这里是指 UE 所注册的 TA 标识。

（4）eUTRAN-CGI：用于标识该消息是从哪个小区发上来的，由 PLMN id +cell id 组成。

（5）rRC-Establishment-Cause：UE 发起 RRC 建立原因值，此处为 mo-Signalling（主叫信令）。

Delete Session Request 关键信元说明如图 5-66 所示。

（1）eps-bearer-id：表示要删除的 EPS 承载标识，此处为 5。

（2）tai：跟踪区标识，这里是指 UE 所注册的 TA 标识。

（3）ecgi：用于标识该消息是从哪个小区发上来的，由 PLMN id+cell id 组成。

（4）ipv4-address：表示删除 GTP 隧道关联的 IP 地址，此处为 ACA80701，转换成十六进制为 172.168.1.1。

```
delete-session-request
  CHOICE
    linked-eps-bearer-id
      ie-comman
      spare : ---- 0x0(0) ---- 0000****
      eps-bearer-id : ---- 0x5(5) ---- ****0101
  CHOICE
    user-location-information
      ie-comman
      spare : ---- 0x0(0) ---- 00******
      lai-flag : ---- lai-flag0(0) ---- **0*****
      ecgi-flag : ---- ecgi-flag1(1) ---- ***1****
      tai-flag : ---- tai-flag1(1) ---- ****1***
      rai-flag : ---- rai-flag0(0) ---- *****0**
      sai-flag : ---- sai-flag0(0) ---- ******0*
      cgi-flag : ---- cai-flag0(0) ---- *******0
      tai
      ecgi
  CHOICE
    indication-flags
  CHOICE
    sender-f-teid-for-Control-Plane
      spare : ---- 0x0(0) ---- 0000****
      teid-body
        v4 : ---- v4-flag1(1) ---- 1*******
        v6 : ---- v6-flag0(0) ---- *0******
        spare : ---- 0x0(0) ---- **0*****
        interface-type : ---- s11-MME-GTPC-interface(10) ---- ***01010
        teid-or-gre-key : ---- 0x8000aa07(2147527175) ---- 10000000000000001010101000000111
      ip-address
        ipv4-address : ---- 0xACA80701 ---- 10101100101010000000011100000001
```

图 5-66　Delete Session Request 关键信元

UE Context Release Command 关键信元如图 5-67 所示。

```
|_uEContextReleaseCommand
   |_protocolIEs
      |_SEQUENCE
      |  |_id :  ---- 0x63(99) ---- 0000000001100011
      |  |_criticality :  ---- reject(0) ---- 00******
      |  |_value
      |     |_uE-S1AP-IDs
      |        |_uE-S1AP-ID-pair
      |           |_mME-UE-S1AP-ID :  ---- 0x140002d(20971565) ---- ****1
      |           |_eNB-UE-S1AP-ID :  ---- 0x29(41) ---- 0000000000101001
      |_SEQUENCE
         |_id :  ---- 0x2(2) ---- 0000000000000010
         |_criticality :  ---- ignore(1) ---- 01******
         |_value
            |_cause
               |_nas :  ---- detach(2) ---- ****010*
```

图 5-67　UE Context Release Command 关键信元

LTE 信令流程-去附着流程

（1）uE-S1AP-IDs：UE 在 S1 接口的 ID 对，用于在 MME 侧和 eNodeB 侧唯一标识该 UE，包括 mME-UE-S1AP-ID 和 eNodeB-UE-S1AP-ID。

（2）cause：上下文释放原因，这里为 detach。

练习题

1. 在系统消息中，MIB 所包含的内容有哪些?
2. LTE 系统的随机接入产生的原因包括哪几种?
3. 请描述在 LTE 系统中，鉴权加密四元组是哪些?
4. 描述同一基站不同小区之间切换的信令流程详细步骤。

Communication

Chapter

6

第6章 LTE 特性算法

LTE 特性算法包括基础算法和增强算法。基础算法可满足终端必需行为，比如空闲态下根据当前覆盖情况选择最佳驻留小区，以满足下一时刻准确的接入或者寻呼监听；连接态下及时切换，以满足业务的连续性，不会因为主服务小区的变化而业务中断等。增强算法为特殊场景设计，比如 ANR，可避免因邻区漏配产生的切换失败问题。本章主要介绍基础算法。

课堂学习目标

- 掌握 LTE 空闲态管理算法
- 掌握 LTE 系统内切换算法
- 掌握 LTE 功率控制算法

6.1 LTE 空闲态管理

图 6-1 所示为 UE 的初始化过程：当 UE 正常开机后，但没有与无线网络建立 RRC 连接时，称为 UE 处于空闲态。UE 在空闲态下可以进行 PLMN 选择，小区选择和小区重选，跟踪区注册，周期性寻呼监测。而空闲态管理算法正是用来管理这些行为的，保证 UE 驻留在一个信号质量更好的小区，从而保障 UE 接入的成功率和服务质量。

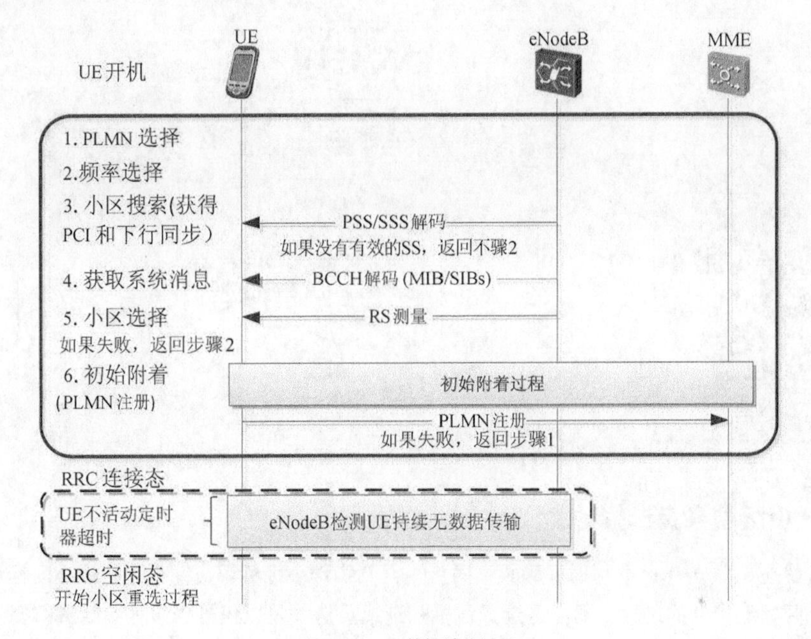

图 6-1 UE 的初始化过程

UE 不活动定时器的使用：当 UE 和网络建立起连接之后，即从 RRC 空闲态转化为 RRC 连接态后进行数据传输，此时 eNodeB 对 UE 是否发送和接收数据进行检测。如果 UE 一直都没有接收和发送数据，并且持续时间超过该定时器时长，则释放该 UE。UE 则从 RRC 连接态转化为 RRC 空闲态。

6.1.1 PLMN 选择

PLMN 选择有两种方式。第一种为 UE 自动选择，也是常用方式，即 UE 根据 PLMN 列表中已配置的优先级由高向低选，初始 PLMN 选择优先级如下。

（1）如果 EHPLMN 列表存在且不为空，选择最高优先级的 EHPLMN。

（2）如果 EHPLMN 列表不存在或为空，则 HPLMN 按照保存在 USIM 卡中的文件“User Controlled PLMN Selector with Access Technology”中的 PLMN/接入技术组合的优先级顺序选择。

（3）按照保存在 USIM 卡中的文件“Operator Controlled PLMN Selector with Access Technology”中的 PLMN/接入技术组合的优先级顺序选择。

（4）随机选择其他信号质量高的 PLMN/接入技术组合。只要一个 PLMN/接入技术组合的小区参考信号接收功率（Reference Signal Received Power，RSRP）值大于等于-110 dBm，则这个 PLMN/接入技术组合被认为是信号质量高的，按照信号质量高低的顺序选择其他的 PLMN/接入技术组合。

第二种为手工选择，使用较少，即 UE 搜索这个网络的所有 PLMN，呈现给用户，由用户选择其中的一个。

PLMN 选择流程如图 6-2 所示，当 UE 开机或者从无覆盖的区域进入覆盖区域时，首先选择最近一次已注册过的 PLMN（Registered PLMN）并尝试在这个 RPLMN 注册。如果注册最近一次的 RPLMN 成功，则将 PLMN 信息显示出来，开始接受运营商服务；如果没有最近一次的 RPLMN 或最近一次的 RPLMN 注册不成功，UE 会使用初始 PLMN 选择流程，根据 USIM 卡中关于 PLMN 的优先级信息，可以通过自动或手动的方式继续选择其他 PLMN。

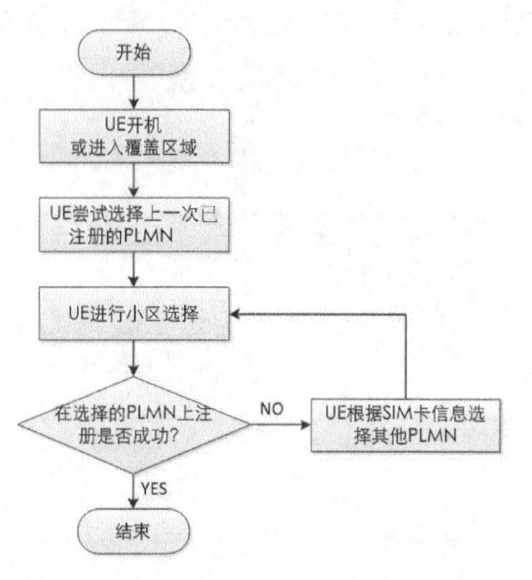

图 6-2 PLMN 选择流程

6.1.2 小区搜索及选择

小区搜索就是 UE 与小区取得时间和频率同步，得到物理小区标识，并根据物理小区标识，获得小区信号质量与小区其他信息的过程。而小区选择包括初选或重选，是以信号强度等参数进行衡量的，判定该小区为用户空闲态驻留小区的过程。

小区搜索有两种，一种为存储信息的小区搜索（Stored Information Cell Search），UE 采用此方式搜索时，会根据保存的载波频点的信息和小区参数来进行，这些信息是通过以前收到的测量控制信息或者检测到的小区系统消息获得的。另一种为初始小区搜索（Initial Cell Search），如果 UE 事先不知道频率信息，UE 扫描 UE 支持的 E-UTRAN 带宽内的所有载波频点，在每个载波频点上，UE 仅会搜索信号最强的小区。两种搜索都会经历图 6-3 所示的过程，当 UE 在某个频域上进行小区搜索时，首先检测同步信道，同步信道分为主同步信道与辅同步信道，UE 首先检测到主同步信道，获得 5 ms 时钟同步。同时通过主同步信号映射获取物理小区标识组内 ID。 然后 UE 检测到辅同步信号，完成帧同步即完成小区时间同步。因为小区组 ID 和辅同步信号是一一映射的关系，所以通过辅同步 UE 确定物理小区标识所属的小区组 ID 编号。然后 UE 通过物理小区组 ID 号和组内 ID 得到完整物理小区标识，并且通过物理小区标识计算出参考信号的位置，之后 UE 检测下行参考信号，获得小区信号强度与质量。再之后 UE 读取 BCH 广播信道，获得其他小区系统消息。

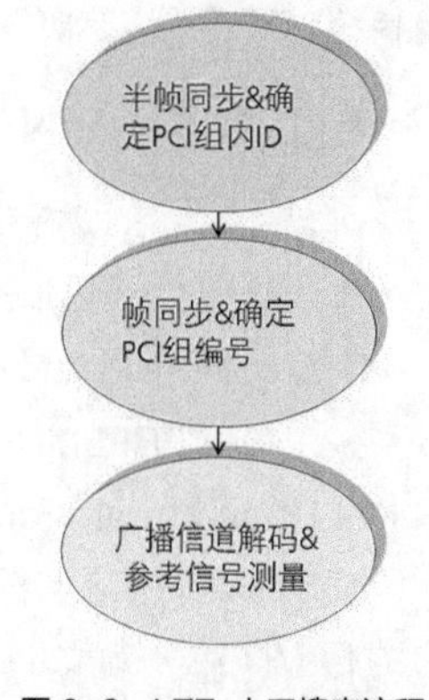

图 6-3 LTE 小区搜索流程

关于系统消息，按照 3GPP R10 版本定义，系统消息分成一个 MIB（在 PBCH 上发送），13 个 SIB（在 PDSCH 上发送）。实际网络部署时，SIB 不会全部配置，具体视场景需求而定。UE 初次获得系统消息的场景，除了 UE 开机选择小区驻留外，还有可能是协议定义的小区重选、切换完成后、从其他 RAT 系统进入 E-UTRAN、UE 从非覆盖区返回覆盖区这 4 种场景。当 UE 正确获取了系统消息后，不会重复读取系统消息，只有距离上次正确接收系统消息 3 小时后，或者收到 eNodeB 寻呼消息指示系统消息变化，或者收到 eNodeB 寻呼消息指示 ETWS 信息的时候，UE 才会再次更新系统消息。如图 6-4 所示，当 UE 在收到寻呼消息指示系统消息变化时，并不会立即更新系统消息，而是在下一个系统消息修改周期才接收到 eNodeB 更新的系统消息。

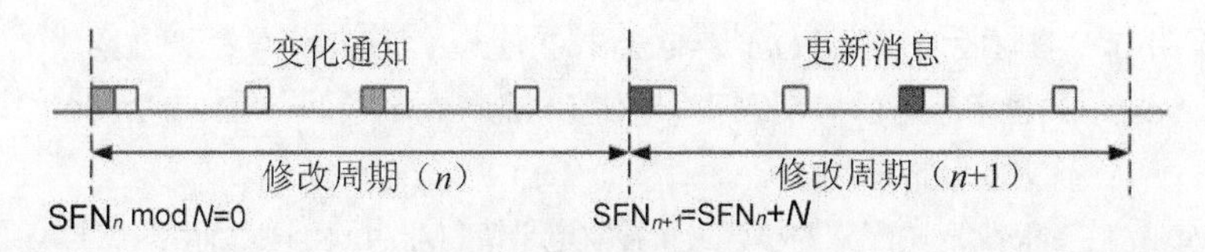

图 6-4 系统消息更新流程

系统消息的修改周期为 N 个无线帧，修改周期的起点为 SFN MOD N = 0 的无线帧。在第 n 个修改周期中，当寻呼周期到达时，eNodeB 在寻呼消息中指示小区内所有空闲态与连接态 UE 系统消息内容发生变化。在第 n+1 个修改周期到来时，eNodeB 下发更新的系统消息。图中不同灰度的小方块代表了不同内容的系统消息。

系统消息的修改周期为 N= modificationPeriodCoeff * defaultPagingCycle。

（1）modificationPeriodCoeff 为修改周期系数，指示 UE 在系统消息修改周期内监听寻呼消息的最小次数，通过参数 BCCHCFG.ModifyPeriodCoeff 配置。

（2）defaultPagingCycle 为默认寻呼周期，单位为无线帧，通过参数 PCCHCFG.DefaultPagingCycle 配置。

（3）modificationPeriodCoeff 和 defaultPagingCycle 在 SIB2 中广播。

小区选择：在接收了所有必需的系统信息后，UE 根据测量结果以及系统消息中的相关参数进行小区准入判决。其中测量结果为参考信号接收质量（Reference Signal Received Quality，RSRQ），系统消息相关参数主要来源于 SIB1，主要为以下几个参数：最低接收电平（Minimum required RX level，Qrxlevmin）、最低接收电平偏置（Minimum required RX level offset，Qrxlevminoffset）、最低接入信号质量（Minimum required RX quality level，Qqualmin）、最小接收信号质量偏置（Minimum required RX quality level offset，Qqualminoffset）、最大允许发射功率（Max transmit power allowed，UePowerMaxUE）。

小区选择如图 6-5 所示。

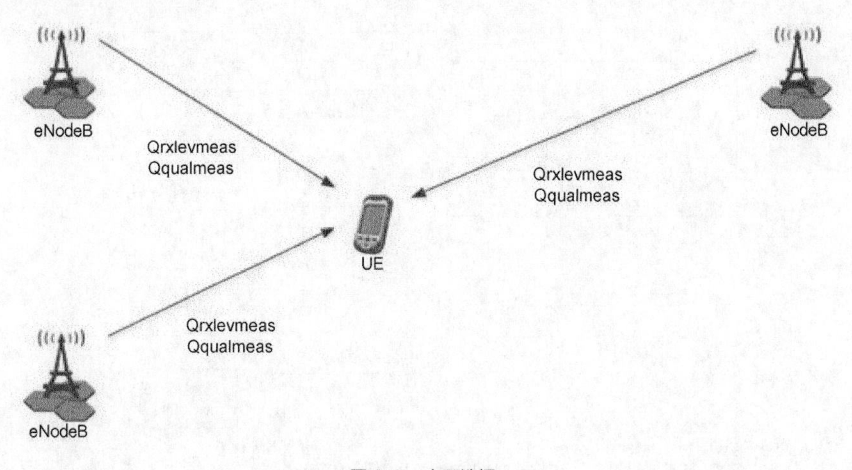

图 6-5 小区选择

当两个以下条件（S 准则）均符合时，E-UTRAN 小区会成为一个被选择驻留的小区。

- Srxlev > 0 且 Squal > 0。
- Srxlev = Qrxlevmeas – (Qrxlevmin + Qrxlevminoffset) – Pcompensation。
- Squal = Qqualmeas – (Qqualmin + Qqualminoffset)。

参数说明如下。

（1）Srxlev：小区选择接收电平值（Cell Selection RX Level Value），单位为 dB。

（2）Squal：小区选择接收质量值（Cell Selection Quality Value），单位为 dB。

（3）Qrxlevmeas：待驻留小区的接收信号电平值（Measured Cell RX Level Value），即 RSRP，单位为 dBm。

（4）Qrxlevmin：在 eNodeB 中配置的小区最低接收电平值（Minimum Required RX Level），单位为 dBm。

（5）Qrxlevminoffset：小区最低接收信号电平的偏置值（Minimum Required RX Level Offset）。这个参数只有 UE 在尝试更高优先级 PLMN 的小区时才用到，就是当 UE 驻留在 VPLMN 的小区时，将根据更高优先级 PLMN 的小区留给它的这个参数，来进行小区选择判决。

（6）Pcompensation：功率补偿〔max(PMax–UE Max output power,0)〕，单位为 dB；其中，PMax 为小区允许 UE 的最大发射功率，用在小区上行发射信号过程中，单位为 dBm；UE Max output power 为 UE 本身的最大射频输出功率，单位也是 dBm。

（7）一般默认配置下，Qrxlevminoffset 和 Pcompensation 两个参数都为 0，因此小区选择的规则可以简化为 Qrxlevmeas>Qrxlevmin，即小区的 RSRP 大于 eNodeB 配置的小区最低接入电平。

（8）Qqualmeas：待驻留小区的接收信号电平值，即 RSRQ，单位为 dB。注意：如果该参数不配置，默认采用无穷大，并且不下发给 UE，那么 UE 只基于 RSRP 进行小区选择。

（9）Qqualmin：在 eNodeB 中配置的小区最低接收质量值（Minimum Required RX Quality Level），单位为 dB。

（10）Qqualminoffset：小区最低接收信号质量的偏置值（Minimum Required RX Quality Level Offset），单位为 dB。

图 6-6 所示为小区选择与重选全场景图，包含 UE 小区初选、重选、从连接态转移到空闲态时小区选择的几大场景。

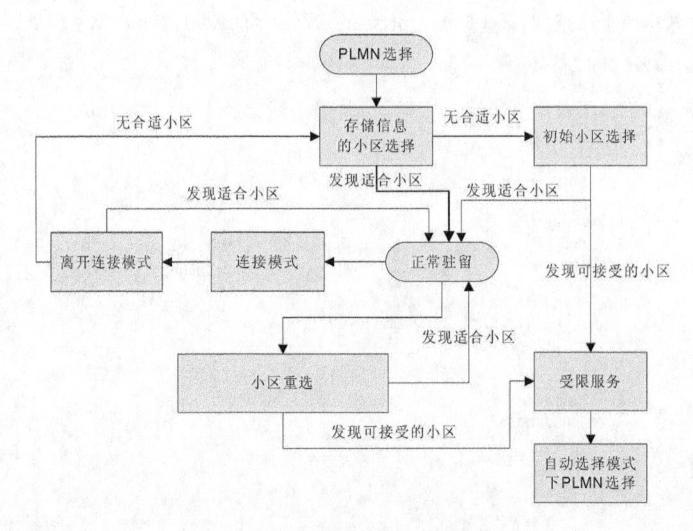

图 6-6　小区选择与重选全场景图

当 UE 从连接态转移到空闲态时，或当 UE 选择一个 PLMN 后，都需要进行小区选择，选择一个小区驻留。

当存储信息的小区选择 UE 从连接态转移到空闲态时，UE 将会在连接态中的最后一个小区驻留，或者根据在 RRC Connection Release 信息中分配的频点信息选择适合小区驻留。若没有满足小区选择条件的小区，则采用存储信息的小区选择方式，寻找适合小区驻留。搜索不到适合小区时，则启用初始小区选择进行小区方式选择。

存储信息的小区选择：UE 根据保存的 E-UTRAN 载波频点，以及侦测到的小区参数信息，搜索该频点上信号最强的小区。如果搜索到适合小区，UE 将会选择驻留在该小区。如果没有搜索到适合小区，UE 将会启动初始小区选择方式。

小区选择

初始小区选择：当 UE 采用初始小区选择方式进行小区选择时，UE 事先不需要知道哪个频点是 E-UTRAN 的载波频点。UE 会扫描支持的 E-UTRAN 频段的所有载波频点，搜索适合小区。在每个载波频点上，UE 仅会搜索信号最强的小区。如果搜索到适合小区，UE 将会选择驻留在该小区。如果没有搜索到适合小区，UE 将选择一个可接受小区驻留。

6.1.3 小区重选

小区重选是空闲模式下 UE 的移动管理，服务小区和邻小区信号强度会随 UE 的移动而变化，此时 UE 需要选择适当的小区驻留，称为小区重选。

UE 的小区重选包含两步：第一步，邻区测量启动，UE 在进行小区重选以前，首先根据当前服务小区的信号质量和邻区的优先级信息，启动邻区测量。第二步，重新选择驻留小区，基于 R 准则，根据被测量邻区的无线信号质量和优先级进行小区重选。

E-UTRAN 小区重选优先级分为绝对优先级和专用优先级。绝对优先级由专用的参数 CellReselPriority 配置，并在系统消息中广播。而专用优先级是 UE 专用的，在释放 UE 无线资源时，通过 RRC Connection Release 消息下发，针对单个 UE 有效。专用优先级会应用在一些过载小区，实现负载均衡等功能。

当 UE 正常驻留在一个小区时，UE 会根据小区重选规则，重选一个小区进行驻留。小区重选是对邻区进行信号质量等级的测量，对不同优先级的小区，UE 按不同的重选规则进行评估，重选一个小区。在 UE 进行测量和小区重选时，需要用到邻频的优先级信息。不同 RAT 间的频点不能配置相同的优先级。在进行同频小区重选时，UE 将忽略频点优先级信息，也就说同频小区都是同优先级的，不存在不同优先级。

1. 同频邻区测量启动规则

（1）如果未配置同频测量门限，则不管当前服务小区信号质量如何，UE 都将进行同频小区测量。

（2）如果配置了同频小区测量的触发门限，则有以下两种情况。

① Srxlev > SIntraSearch 并且 Squal > SintraSearchQ，UE 不进行同频小区测量。

② Srxlev ≤SintraSearch 或 Squal ≤ SintraSearchQ，UE 进行同频小区测量。

相关参数说明如下。

SIntraSearch：同频测量 Srxlev 门限（the Srxlev Threshold for Intra-Frequency Measurements），单位为 dB。

SIntraSearchQ：同频测量 Squal 门限（the Squal Threshold for Intra-Frequency Measurements），单位为 dB。

小区重选测量启动

注：Srxlev = Qrxlevmeas – (Qrxlevmin + Qrxlevminoffset) – Pcompensation，

Squal = Qqualmeas – (QQualMin + QQualMinOffset)，使用公式与 S 准则公式相同，但门限参数可独立配置，SIntraSearch 同频测量启动门限，SIntraSearchQ 同频 RSRQ 测量启动门限，均可在 eNodeB 后台配置。

2. 异频邻区测量启动规则

（1）若异频或小区比服务小区优先级高，则 UE 总是进行异频/异系统测量。

（2）若异频小区优先级不高于服务小区，则有以下两种情况。

① 如果未配置门限，则 UE 总是测量异频邻区。

② 如果配置了门限，则进行如下操作。

a.当 Srxlev > SNonIntraSearch 并且 Squal > SNonIntraSearchQ，则 UE 将不测量异频/异系统邻区。

b.当 Srxlev ≤ SNonIntraSearch 或 Squal ≤ SNonIntraSearchQ，则 UE 测量异频或异系统邻区。

相关参数说明如下。

SNonIntraSearch：异频测量 Srxlev 门限 （the Srxlev Threshold for E–UTRAN Inter–Frequency and Inter–RAT Measurements），单位为 dB。

SNonIntraSearchQ：异频测量 Squal 门限（the Squal Threshold for E–UTRAN Inter–Frequency and Inter–RAT Measurements，单位为 dB。

注：Srxlev = Qrxlevmeas – (Qrxlevmin + Qrxlevminoffset) – Pcompensation，Squal = Qqualmeas – (QQualMin + QQualMinOffset)，使用公式与 S 准则公式相同，但门限参数可独立配置，SNonIntraSearch 异频/测量启动门限，SNonIntraSearchQ 异频 RSRQ 测量启动门限，均可在 eNodeB 后台配置。

3. 同频/同优先级的小区重选规则

如图 6–7 所示，根据小区重选规则，在小区重选时间（Cell Reselection Timer Value for EUTRAN, TreselEutran）内，邻区信号电平测量值一直高于当前服务小区（R_N > R_S），R_S 为服务小区的信号质量等级（Cell–Ranking Criterion Rs for Serving Cell），R_N 为邻区的信号质量等级（Cell–Ranking Criterion Rs for Neighbouring Cell），且 UE 在当前服务小区驻留超过 1 s，两个条件都满足时，则触发 UE 重选到新的满足小区。

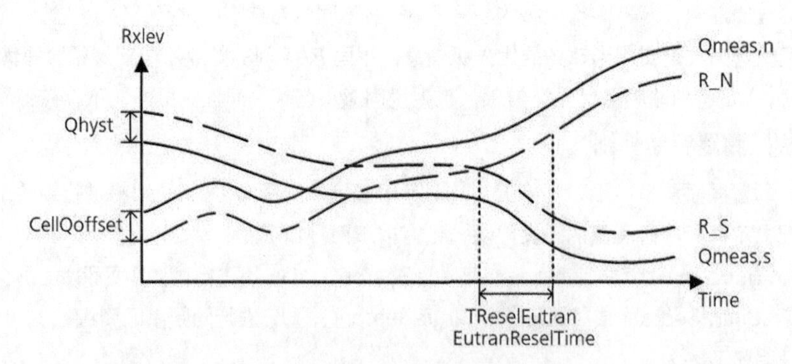

图 6–7 同频/同优先级的小区重选规则

当有多个邻区的信号电平测量值大于服务小区的信号时，UE 将选择信号最强的小区做重选。对小区做重选时，UE 还将根据系统消息 SIB1 中的“cellAccessRelatedInfo”检查是否能够接入该小区。如果该小区被禁止，则必须从候选小区清单中排除，则 UE 不再考虑选择它。如果该小区由于属于禁止漫游 TA，或不属于注册 PLMN 或 EPLMN，而不能成为可接受小区（suitable cell），则 UE 在 300 s 内，不再考虑重选该小区或与该小区频率相同的小区。

R_N = Qmeas,n − CellQoffset，R_S = Qmeas,s + Qhyst

（1）Qmeas,s：UE 测量的服务小区的 RSRP 值（RSRP Measurement Quantity），单位为 dBm。

（2）Qhyst：在 eNodeB 侧配置的服务小区的重选迟滞值（the Hysteresis Value for Ranking Criteria），单位为 dB，在 SIB3 中广播。

（3）Qmeas,n：UE 测量的邻区的 RSRP 值（RSRP Measurement Quantity），单位为 dBm。

（4）CellQoffset：在 eNodeB 侧配置的邻区偏置值（Offset Between the Two Cells），单位为 dB。对同频小区，Qoffset 为 SIB4 中广播的 q−OffsetCell，如果 SIB4 中未广播 q−OffsetCell，UE 取 q−OffsetCell 为 0；对异频小区，Qoffset 为 SIB5 中广播的 q−OffsetCell 和 q−OffsetFreq 之和，如果 SIB5 中未广播 q−OffsetCell，UE 取 q−OffsetCell 为 0。

4. 高优先级小区重选规则

高优先级小区重选规则与同优先级重选规则类似但有所区别，区别主要在判决公式和参数上。

如图 6−8 和图 6−9 所示，根据小区重选规则，在小区重选时间（Cell Reselection Timer Value，TReselection）内，满足基于接收质量的规则或满足基于接收电平的规则，且 UE 在当前服务小区驻留超过 1 s，两个条件都满足时，则触发 UE 重选到新的满足小区。

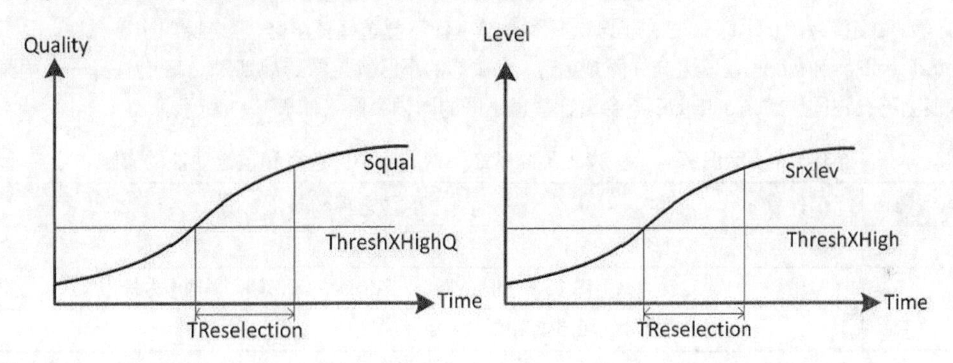

图 6−8 基于接收质量的高优先级小区重选规则　　图 6−9 基于接收电平的高优先级小区重选规则

基于接收质量的规则 Squal > ThreshXHighQ，Squal = Qqualmeas − (Qqualmin + Qqualminoffset)，异频频点 RSRQ 高优先级重选门限，单位为 dB。

基于接收电平的规则 Srxlev > ThreshXHigh，Srxlev = Qrxlevmeas − (Qrxlevmin + Qrxlevminoffset) Pcompensation，异频高优先级重选门限（ThreshXHigh），单位为 dB。

5. 低优先级小区重选规则

低优先级小区重选规则与同优先级重选规则类似但有所区别，区别主要在判决公式和参数上。

如图 6−10 和图 6−11 所示，根据小区重选规则，在小区重选时间 TReselection 内，满足基于接收质量的规则或满足基于接收电平的规则，且 UE 在当前服务小区驻留超过 1s，两个条件都满足时，则触发 UE 重选到新的满足小区选择的小区。

基于接收质量的规则 Squal_S < ThrshServLowQ 且 Squal_N > ThreshXLowQ，服务频点低优先级 RSRQ 重选门限（ThrshServLowQ），异频频点 RSRQ 低优先级重选门限（ThreshXLowQ），单位均为 dB。

基于接收电平的规则 Srxlev_S < ThrshServLow 且 Srxlev_N > ThreshXLow，服务频点低优先级重选

门限（ThrshServLow）和异频频点低优先级重选门限（ThreshXLow）单位为 dB。

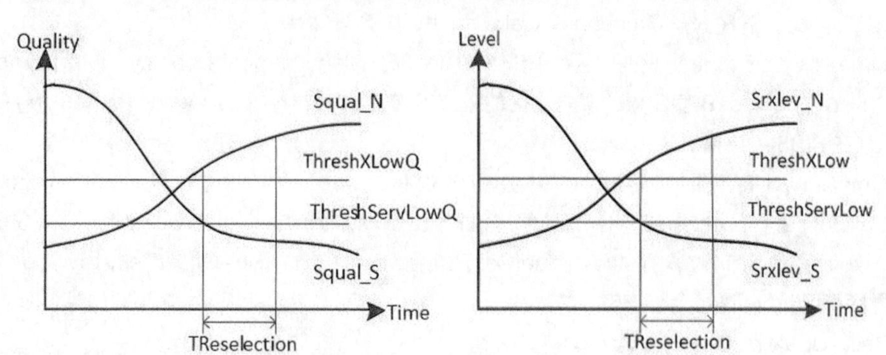

图 6-10 基于接收质量的低优先级小区重选规则　　图 6-11 基于接收电平的低优先级小区重选规则

小区保留与禁止是运营商进行网络控制的两个机制，只对空闲态 UE 起作用，对连接态 UE 无效。信息通过系统消息 SIB1 下发给 UE，有两种状态：小区禁止状态 cellBarred，当一个小区有若干个 PLMN 的情况下，该状态为所有 PLMN 共享；小区为运营商保留状态 cellReservedForOperatorUse（华为设备通过参数 CELLOP.CellReservedForOp 配置），该状态为各个 PLMN 各自独有。

小区如果设置为禁止小区，UE 在小区选择和重选中都不会选择该小区，紧急呼叫也不允许。如果 SIB1 中的 intraFreqReselection 取值为允许同频重选，当重选的小区满足重选规则时，UE 会选择一个同频小区。如果取值为不允许同频重选，则 UE 不会重选禁止小区的同频小区，如表 6-1 所示。

表 6-1　小区保留与小区禁止不同状态下对 UE 小区选择和重选功能的影响

小区保留	小区禁止	小区选择和重选影响
不保留	不禁止	无影响
保留	不禁止	接入类 11 和 15 在 HPLMN/EHPLMN 中无影响，其他作为禁止小区
-	禁止	不能作为小区选择和重选目标

接入类是适用于 UE 在无线接口的接入。从 0～15 有 16 个接入类，关于接入类 0～9 和 11~15 的信息存在于 USIM 中，并且接入类 10 在系统消息中广播来指示 UE 是否允许紧急呼叫。接入类 0～9 是普通类。每个 UE 被分配这 10 个类中的任意一个。UE 可能得到在它们的 HPLMN、EPLMN 和 VPLMN 的服务。接入类 11～15 是特殊类。它们被分配给具体高优先级的用户。每个 UE 可分配 5 类中的一个或多个。类 11 为 PLMN 使用，类 15 为 PLMN 职员使用，类 12 为安全部门使用，类 13 为公用事业使用，类 14 为紧急情况服务使用。

6.1.4 跟踪区更新

当 UE 完成网络附着即注册之后，网络会下发当前小区归属 TA 及 TAL，同时终端需保证当前小区归属 TA 在注册过的 TAL 里面，从而保证下一时刻网络基于 TAL 对空闲态 UE 的寻呼。当 UE 由一个 TAI List 移动到另一个 TAI List 时，必须在新的 TA 上重新进行位置登记以通知网络来更改它所存储的移动台的位置信息，同时获得新 TA 归属的 TAL，这个过程就是跟踪区更新(Tracking Area Update，TAU)。

UE 在以下几种情况会进行跟踪区更新，当以下任一条件满足，UE 发出跟踪区更新请求，开始跟踪区更新，其详细过程可参见 3GPP TS 23.401。

（1）当 UE 检查到系统消息中的 TAI 不同于 USIM 里存储的 TAI，发现自己进入了一个新的 TA。

（2）周期进行跟踪区更新的定时器超时，此定时器长度由核心通过 NAS 消息配置给 UE。

（3）UE 从其他系统小区重选到 E-UTRAN 小区。

（4）由于负载平衡的原因释放 RRC 连接时，需要进行跟踪区更新。

（5）EPC 存储的关于 UE 能力信息的变化。

TAI list 就是将一组 TAI 组合为一个 List，在 UE Attach 或 TAU 过程中通知 UE，UE 收到 TAI List 后保存在本地，移动用户可以在这个 List 包含的所有 TA 区内移动而无须发起位置更新过程。UE 在附着时，MME 通过 Attach Accept 或 TAU Accept 消息为 UE 分配一组 TAI（TAI List），UE 会保存它，当需要寻呼 UE 时，网络会在 TAI List 所包含的小区内向 UE 发送寻呼消息，TAI List 的分配由网络决定，允许核心网根据用户属性来动态分配。一个列表中 TAI 的个数可变,TAI List 最多可包含 16 个 TAI。

跟踪区更新

6.1.5 寻呼

寻呼可以简单理解为基站找手机，它的触发场景有 4 种：呼叫一个处于空闲态的用户，通知驻留在该小区的用户更新系统消息，通知用户 ETWS 告警信息，通知用户 CMAS 信息。前两种为目前网络所应用。

当 UE 有下行数据到达时，包括 EPS Services（LTE 数据业务）、CS fallback（语音回落）、SMS（短消息）等，MME 将通知 eNodeB 进行寻呼，由 eNodeB 发起对 UE 的寻呼。UE 接收到寻呼消息后将发起服务请求，响应核心网的寻呼消息。

当 UE 所在小区发生系统消息参数变更时，eNodeB 需通过寻呼消息通知每个 UE，UE 收到系统消息改变通知后就会知道在下一个系统消息改变周期内系统消息将进行改变。通知处在 RRC_IDLE 或 RRC_CONNECTED 状态下的 UE 系统消息改变。

当网络产生地震海啸预警系统（Earthquake and Tsunami Warning System，ETWS）主通知和/或 ETWS 辅通知消息时，网络需通过寻呼通知 UE 接收 ETWS 消息。ETWS 用于向公众及时发布地震、海啸等紧急信息，指导公众避险和自救。ETWS 为公共告警系统(Public Warning System，PWS)的一部分。此消息承载在 SIB10、SIB11 中。

当网络产生商用手机预警系统(Commercial Mobile Alert System，CMAS)通知时，网络需通过寻呼通知 UE 接收 CMAS 消息。在灾后电视、广播信号和电力等中断的情况，该预警系统能够以短信的方式及时向居民通报情况。该系统发出的预警分为 3 种类型：灾难预警，告知市民有可能会发生的影响他们生活或危及生命的事件；儿童绑架事件/安珀警报（America's Missing Broadcast Emergency Response，AMBER）预警；总统预警，通知其他可能发生的任何危急事件。该预警短信最初只是以文本形式发送，但考虑到残疾人士的需求，信息带有振动和声音信息，不过将来会增加声音和视频内容。

寻呼消息的来源可以大致分为两类：第一类来自 MME，包括 EPS 服务、ETWS 通知、CMAS 通知；第二类来自 EUTRAN，为系统消息改变。

寻呼的时机的确定：eNodeB 统一下发 PCCH 配置参数，UE 根据自身的 IMSI 号进行散列，确定自己的寻呼时机。空闲状态下，UE 以非连续接收（Discontinuous Reception，DRX）方式接收寻呼信息以节省耗电量。

寻呼信息出现在空口的位置是固定的，以寻呼帧（Paging Frame，PF）和寻呼时刻（Paging Occasion，PO）来表示。如图 6-12 所示，一个 PF 是一个无线帧，可以包含一个或多个 PO。PO 是寻呼帧中的一个下行子帧，其中包含寻呼无线网络临时标识（Paging Radio Network Temporary Identity，P-RNTI）的信息，在 PDCCH 上传输。P-RNTI 在协议中被定义为固定值。UE 将根据 P-RNTI 从 PDSCH 上读取寻呼消息。

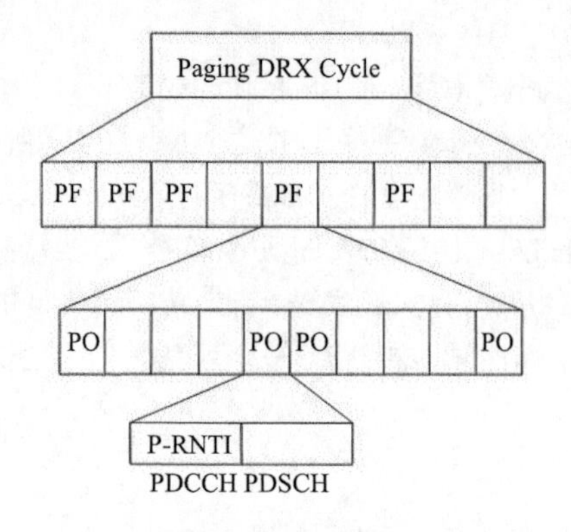

图 6-12 空口寻呼机制

（1）UE 对 DRX 周期的计算：当 UE 不使用特定寻呼周期时，UE 使用 eNodeB 在 SIB2 中广播的 defaultPagingCycle 作为 UE 的 DRX 周期。当 UE 使用特定寻呼周期时，UE 将通过 NAS 层消息将其特定寻呼周期值告之 MME。同时，UE 比较自己的特定寻呼周期值与 defaultPagingCycle 的取值，采用两者中较小的值作为 UE 的 DRX 周期。

（2）eNodeB 对 DRX 周期的计算：如果 MME 在 Paging 消息中指示了 Paging DRX 周期，eNodeB 比较该 Paging DRX 周期和 defaultPagingCycle 取值，选择其中较小的值作为此次 Paging 的 DRX 周期。如果 MME 的 Paging 消息中未指示 Paging DRX 周期，eNodeB 采用 defaultPagingCycle 作为此次 Paging 的 DRX 周期。

（3）PF 为寻呼帧，大小为一个无线帧，其中包含一个或多个寻呼时刻，由以下公式得到。

SFN mod T= (T div N)*(UE_ID mod N)

（4）PO 即寻呼时刻，大小为一个子帧，可能传输 P-RNTI 加扰的 PDCCH，承载寻呼消息。由以下公式得到，而 PO 对应的子帧号由表 6-2 和表 6-3 所示。

i_s = floor(UE_ID/N) mod Ns

（5）T 是 DRX 周期，由 UE 特定的最短 DRX 周期所决定，可以由 NAS 层指示，也可使用 SIB2 中广播的 defaultPagingCycle。如果 NAS 层指示了 DRX 周期，则比较 defaultPagingCycle 与 NAS 层指示的 DRX 周期，UE 采用两者中较小的 DRX 周期。若 NAS 没有指示，则由使用 defaultPagingCycle。

（6）N=min(T,NB)，NB 由参数 PCCHCFG.NB 配置，取值可以是 4T、2T、T、T/2、T/4、T/8、T/16、T/32。

（7）Ns 是 max(1,NB/T)。

（8）UE_ID=IMSI mod 1024。UE 在没有 IMSI 的情况下紧急呼叫，UE_ID 使用默认值 0。

表 6-2 FDD 制式 PO 的子帧号

Ns	PO（i_s=0）	PO（i_s=1）	PO（i_s=2）	PO（i_s=3）
1	9	N/A	N/A	N/A
2	4	9	N/A	N/A
4	0	4	5	9

表 6-3　TDD 制式 PO 的子帧号

Ns	PO（i_s=0）	PO（i_s=1）	PO（i_s=2）	PO（i_s=3）
1	0	N/A	N/A	N/A
2	0	5	N/A	N/A
4	0	1	5	6

PF 和 PO 计算举例：如图 6-13 所示，假设 defaultPagingCycle 为 rf128，Nb 为 1T，UE IMSI = 460030912120201，UE ID = IMSI Mod 1024 = 460030912120201 mod 1024 = 393，计算该 UE 的 PF 和 PO。

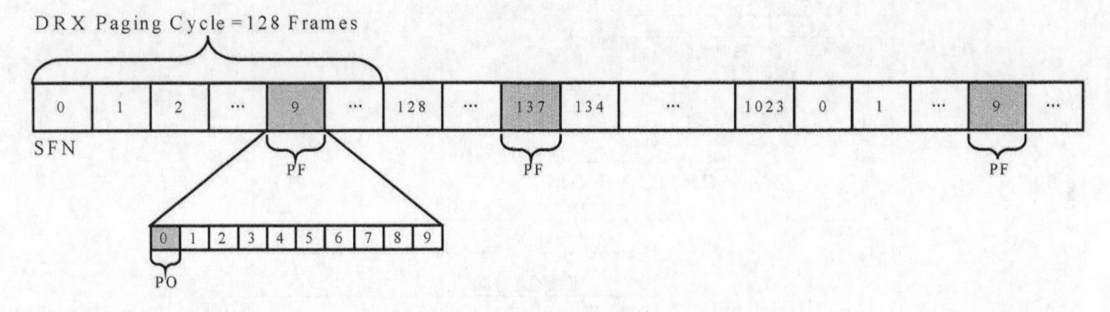

图 6-13　PF 和 PO 举例

PF 的计算过程如下。

（1）T = defaultPagingCycle；NB = Nb, NB = 1T：N=min(T,NB) = 1T = 128rf。

（2）(T div N)*(UE_ID mod N) = (128 div 128)*(393 mod 128) = 9。

例如，SFN = 9，SFN mod 128 = 9，满足公式 1：SFN mod T= (T div N)*(UE_ID mod N)，所以 PF_0(SFN) = 9。

（3）计算其他 PF。PF_n(SFN) = PF_0 + n*T（n =0, 1, 2 等，计算结果必须小于 1 023），如 PF_1 = 137，以此类推，以下这些 SFN 都是 PF：9、137、265、393、521、649、777、905、9，这些 SFN 都满足公式 1 等号两边的结算结果。

PO 的计算过程如下。

（1）Ns = max(1,NB/T)，Ns = 1。

（2）i_s = floor(UE_ID/N) mod Ns，i_s = floor(393/128)mod1 = 0，依据 Ns、i_s 查表 6-3，可以得出 PO = 0。

（3）根据以上结算结果，可以得出该 UE 的 PF 和 PO 分别如下。

PF(SFN) = 9、137、265、393、521、649、777、905。

PO(Sub Frame) = 0。

6.2 系统内切换算法

根据 RRC 的连接状态，移动性管理主要分为连接态移动性管理和空闲态移动性管理两大类。当 UE 建立了 RRC 连接时，称为 UE 处于连接态。连接态移动性管理是 eNodeB 通过控制消息下发相关配置信息，UE 据此完成切换测量，并在 eNodeB 控制下完成切换的过程，保证连续的用户体验。切换是当 UE 处于连接态时改变服务小区的过程，包括同频切换、异频切换。

同频切换实现 LTE 系统中相同频点的小区间切换过程，异频切换实现 LTE 系统中不同频点的小区间切换过程。同频和异频切换的界定只取决于中心频道是否相同，和频带以及带宽无关。

如图 6-14 所示，切换包括测量触发、切换测量、切换判决与切换执行 4 个阶段。测量触发阶段，先判断触发原因，确定启动某种切换；测量阶段，不同的切换测量有不同的触发原因；判决阶段，eNodeB 根据 UE 上报的测量结果进行判决，决定是否触发切换；执行阶段，eNodeB 根据决策结果，控制 UE 切换到目标小区，完成切换。

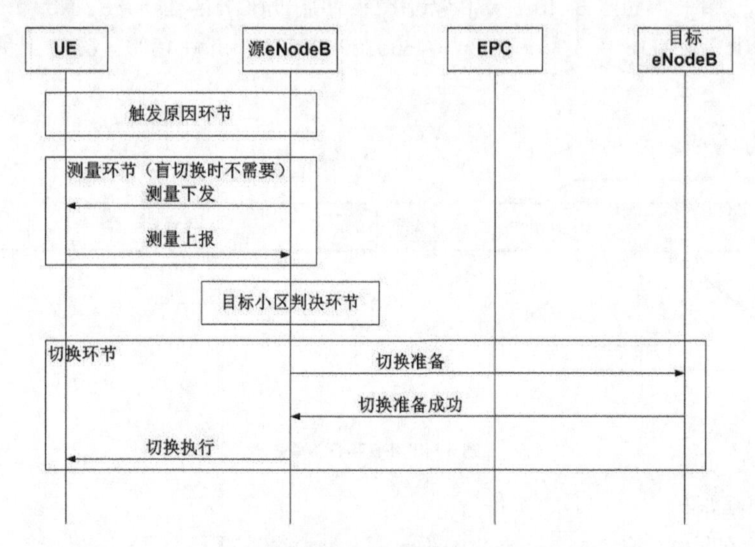

图 6-14 切换流程

eNodeB 先判断触发原因，确定启动某种切换。必要类场景：UE 已经无法在本小区继续进行业务，必须发起切换，否则可能会掉话。非必要类场景：根据网络中的部署策略，进行各种切换，即使 UE 没有切换成功，在本小区也可以继续进行业务。必要类场景和非必要类场景如表 6-4 所示。

表 6-4 必要切换场景与非必要切换场景

切换类型		切换方式	切换描述
必要类场景	基于覆盖	同频/异频	在 UE 建立无线承载时，eNodeB 通过信令 RRC Connection Reconfiguration 默认下发同频邻区测量配置信息
		异频切换	基于覆盖的异频切换测量配置在服务小区信号质量小于一定门限时下发
	基于上行链路质量	异频切换	当 eNodeB 发现 UE 上行链路质量受限时，则触发基于上行链路质量的异频测量
	基于距离	异频切换	当 eNodeB 发现 UE 上报的 TA 值超过某一个门限，则触发基于距离的异频测量。适用于越区覆盖严重的地区
非必要类场景	基于业务	异频切换	基于业务的异频切换测量在 eNodeB 处理 Initial Context Setup Request 消息或承载建立、修改、删除消息之后，判别 UE 的业务状态而触发
	基于频率优先级	异频切换	高低频段组网时，希望 UE 业务尽量承载在高频段，低频段仅用于保证连续覆盖，利用基于频率优先级的切换来实现这一目的

在 UE 建立无线承载后，eNodeB 根据连接态移动性管理相关特性/功能开启的情况，通过信令 RRC Connection Reconfiguration 给 UE 下发测量配置信息。另外，在 UE 处于连接态或完成切换后的情况下，

若测量配置有更新，则 eNodeB 通过 RRC Connection Reconfiguration 消息下发更新的测量配置。

测量配置信息主要由测量对象、上报配置、测量标识、测量量配置、测量 GAP 等公共配置构成。

测量对象主要包括目标系统、测量频点和目标小区〔高优先级邻区，且小区特定偏执（Cell Individual Offset，CIO）设置不为 0〕。eNodeB 先选择测量的目标系统，再从对应系统的邻区列表中获取需要测量的频点或小区。每一个测量对象都有一个专属的测量对象 ID（Measurement Object ID，MeasObjectId），如表 6-5 所示。

表 6-5　测量对象主要参数

参　数	含　义
下行频点	表示 E-UTRAN 异频邻区的下行频点
测量带宽	表示本地小区邻区的测量带宽
频率偏置	表示 E-UTRAN 异频频点下邻区的频率偏置
异频邻区配置信息	表示服务小区异频邻区配置情况
本地小区异频邻区双发射天线配置指示	表示本地小区中该异频频点下的所有邻区是否配置为两个及以上天线端口
高优先级小区列表（可选）	如果配置某些邻区为高测量优先级，则 eNodeB 则将提供这些小区的信息

测量事件如表 6-6 所示，每一项测试事件都有一个测量报告 ID（measurement reporting configuration，Report Configuration ID）。

表 6-6　测量事件

事　件	门　限	动　作
A1	服务小区信号质量变得高于对应门限	eNodeB 停止异频/异系统测量。但在基于频率优先级的切换中，事件 A1 用于启动异频测量
A2	服务小区信号质量变得低于对应门限	eNodeB 启动异频/异系统测量。但在基于频率优先级的切换中，事件 A2 用于停止异频测量
A3	邻区信号质量开始比服务小区信号质量好	源 eNodeB 启动同频/异频切换请求
A4	邻区信号质量变得高于对应门限	源 eNodeB 启动异频切换请求
A5	服务小区信号质量变得低于门限 1，并且邻区信号质量变得高于门限 2	源 eNodeB 启动异频切换请求
B1	异系统邻区信号质量变得高于对应门限	源 eNodeB 启动异系统切换请求
B2	服务小区信号质量变得低于门限 1，并且异系统邻区信号质量变得高于门限 2	源 eNodeB 启动异系统切换请求

eNodeB 基于测量对象及报告配置可以创建一个或者多个测量标识（Meas ID），这个 ID 与测量对象 ID（Measurement Object ID）及报告配置 ID（Report Configuration ID）相对应。同时，UE 在上报测量报告时，这个测量标识也会同时上报，方便 eNodeB 区分不同的测量报告。

上报配置：在一个上报配置列表中，每一条报告配置都包含报告触发，该标准触发 UE 发送一条测量报告。 这可以是周期性的或者单一事件的描述。如果是事件触发的测量报告，则会同时定义报告的类型以及相关的参数。

测量标识：测量标识列表中每一个测量标识（Meas ID）对应一个具有报告配置的测量对象 ID（Measurement Object ID）。通过配置多个测量标识，能够使得多个测量对象对应同一报告配置，同时也使得多个报告配置 ID（Report Configuration ID）对应同一测量对象。在测量报告中测量标识是用作索引号。

测量量配置：对同频测量配置一个，对异频测量配置一个，对异系统测量配置一个。数量配置决定了测量的数量，以及用于该测量类型的所有评估和相关报告的滤波器。每一个滤波器配置一个测量量。如图 6-15 所示，在上报测量报告之前，UE 将对测量结果进行 L1 滤波与 L3 滤波。L1 滤波由 UE 物理层执行，不需要用户配置，主要用于消除快衰落对测量结果的影响。L3 滤波主要对阴影衰落和少量快衰落毛刺进行平滑滤波，为事件判决提供更优的测量数据。L3 滤波系数根据触发量的不同，有 RSRP 和 RSRQ 两个 L3 滤波系数。E-UTRAN 的 L3 滤波系数由参数 EUTRAN RSRP 高层滤波系数（EUTRAN RSRP filter coefficient，EutranFilterCoeffRsrp）和 EUTRAN RSRQ 高层滤波系数（EUTRAN RSRQ filter coefficient，EutranFilterCoeffRsrq）决定。

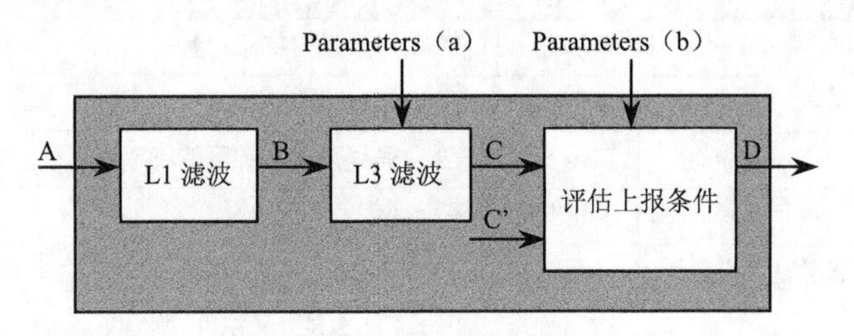

图 6-15 公共配置——滤波配置

A 为物理层的直接测量结果；B 是经过 L1 滤波的物理层的测量结果，即向高层提供的测量结果；C 是经过 L3 滤波后的测量值。在层 3 使用下列公式。

$$F_n(1-a)\cdot F_{n-1}+a\cdot M_n$$

公式中变量的定义如下。

（1）M_n表示最近从物理层接收的测量结果。

（2）F_n表示更新后的过滤测量结果，其用于关于报告标准或测量报告的评估。

（3）F_{n-1}表示原来的过滤测量结果，其中当从物理层接收到第一个测量结果时设置 F_0 为 M_1。

（4）a = 1/2(k/4)，其中 k 表示 filterCoefficent，即滤波系数。滤波系数的值越大，对信号平滑作用越强，抗衰落能力越强，但对信号变化的跟踪能力将变弱。

测量间隙（GAP）：针对异频和异系统测量可能需要下发，UE 可以使用这个周期执行异频测量，此时不调度上下行传输。

测量 GAP 就是让 UE 离开当前频点到其他频点测量的时间段，测量 GAP 用于异频测量和异系统测量。在异频与异系统测量中，UE 只在测量 GAP 内进行测量。通常情况下 UE 只有一个接收机，在同一时刻只可能在一个频点上接收信号。如图 6-16 所示，当需要进行异频或异系统测量时，eNodeB 将下发测量 GAP 相关配置，UE 将按照 eNodeB 的配置指示启动测量 GAP。测量 GAP 以周期 Tperiod 循环。UE 只在 GAP width 也就是 Tgap 内进行测量。当各种切换原因的测量 GAP 同时存在时，eNodeB 会根据不同的触发原因，记录这些不同的测量值，这些不同的测量值称为测量 GAP 的成员。测量 GAP 的成员可共用测量 GAP 配置。只有当测量 GAP 的成员全部停止时，UE 才会停止测量 GAP。测量 GAP 有模式 1 和模式 2。模式 1 中的 Tgap 为 6 ms，周期 Tperiod 为 40 ms；模式 2 中的 Tgap 为 6 ms，周期 Tperiod 为 80 ms。采用哪种模式进行测量由参数 GapPatternType 决定。

UE 根据 eNodeB 下发的测量配置信息，进行本小区及邻区测量，当对应的小区信号质量满足事件触发上报条件时，则 UE 将发送测量报告，上报满足条件的小区信息。测量报告中携带测量标识，用于指示报告的类型。

UE 是通过事件转周期上报的方式上报测量结果。

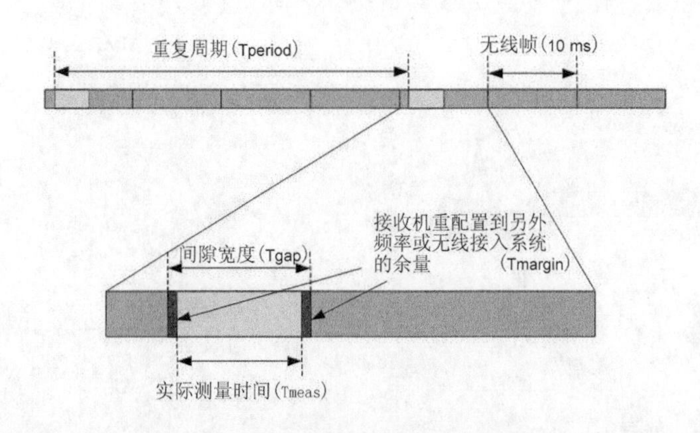

图 6-16　公共配置——测量 GAP 配置

事件被触发并上报之后将转为周期上报满足该事件的测量信息，此方式称为事件转周期上报。UE 的测量结果通过事件转周期的方式上报给 eNodeB。周期上报将在事件取消条件满足，或达到最大上报次数，或 UE 收到切换命令后取消。这种方式可有效防止因测量报告的遗失或内部处理流程的失败对切换造成影响。对于准入拒绝，可以起到重试的作用。测量报告中，邻区可能一次报不完。并且随着 UE 的移动，会上报不同的邻区，通过事件转周期可以得到比较完整的测量结果。

迟滞与延迟触发时间，是 UE 评估事件是否上报的重要参数，直接影响系统切换性能。这两类参数在测量配置消息中可以针对相应事件进行配置。

评价 LTE 小区质量的有 RSRP 与 RSRQ 两种，RSRP 和 RSRQ 值分别对应于参考信号接收功率与参考信号接收质量，RSRQ 在 RSRP 的基础上还考虑了干扰因素。各个事件的触发量与上报量可以通过对应参数分别配置，可以是 RSRP 与 RSRQ 的两者其一或两者一起。UE 根据 eNodeB 下发的触发量信息，当对应的小区信号质量满足事件上报条件时，则 UE 将上报满足条件的小区信息。

切换判决：以同频切换为例，当 eNodeB 接收到 UE 发送的测量报告后，获取满足事件 A3 条件的小区，生成切换目标小区列表。针对生成切换目标小区列表进行小区过滤，对目标小区列表中 Intra-eNodeB 和 Inter-eNodeB 小区测量结果相同的情况下，进行 Intra-eNodeB 小区的优先排序处理，优先实现 Intra-eNodeB 小区的切换，以减少 Inter-eNodeB 切换时带来的信令交互以及数据转发。

若是多个 Intra-eNodeB 小区测量结果相同，则随机挑选小区切换。Inter-eNodeB 小区情况类似时进行一样的处理。eNodeB 按照过滤后的目标小区列表顺序，向目标小区发送切换请求，只有准入判决通过的才会下发切换命令。

当切换请求失败时，eNodeB 会向下一个目标小区发送切换请求。如果测量报告中的所有小区都已经尝试过，则等待 UE 发送下一次测量报告。

切换执行：如图 6-17 所示，当执行完同频切换决策，eNodeB 将对切换目标小区列表中质量最好的小区发起切换。由于 LTE 系统采用的是硬切换（同一时间只有一条无线链路与 UE 相连）。为了防止 eNodeB 数据丢失，采用数据转发保证 eNodeB 数据完整。如图 6-18 所示，对于同 MME 异 eNodeB 切换（如图中 eNodeB1 与 eNodeB2 之间），源 eNodeB 通过判断是否与目标小区所属的 eNodeB 建立了 X2 链路，自动选择切换发起的路径：当建立了 X2 链路，将通过 X2 接口发起切换请求，且通过 X2 接口进行数据转发；否则，通过 S1 接口发起切换请求，并通过 S1 接口进行数据转发。对于跨 MME 的异 eNodeB 切换（如图中 eNodeB1 与 eNodeB3 之间），通过 S1 接口发起切换（发起切换请求），源 eNodeB 通过判断是否与目标小区所属的 eNodeB 建立了 X2 链路，自动选择数据转发路径：当建立了 X2 链路，通过 X2 接口进行数据转发；否则，通过 S1 接口进行数据转发。

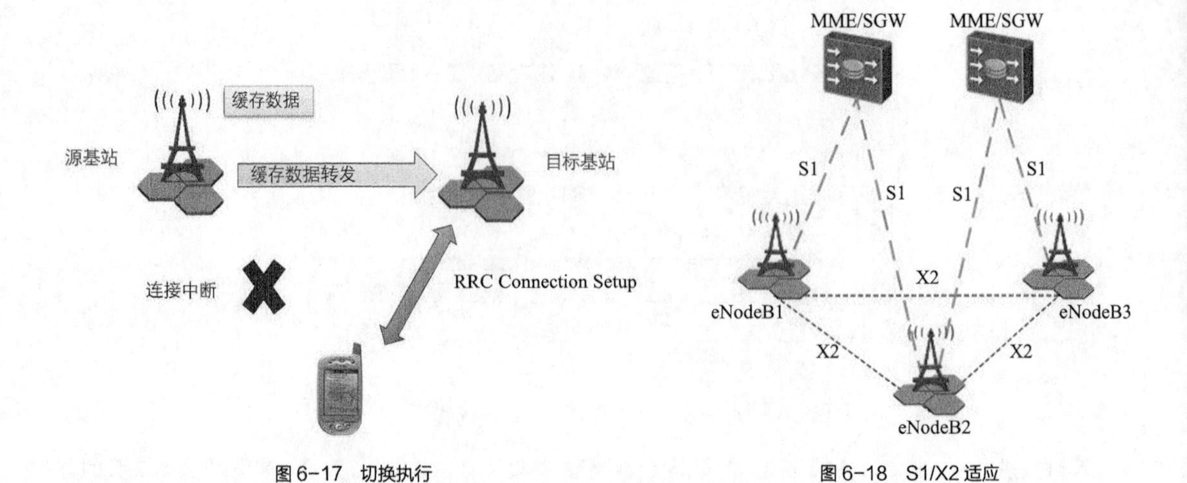

图 6-17　切换执行　　　　图 6-18　S1/X2 适应

数据转发：当源 eNodeB 发送切换命令给 UE 后，UE 脱离源 eNodeB，源 eNodeB 将接收的乱序的上行数据以及未发送成功的下行数据转发至目标 eNodeB，这就是数据转发的过程。数据转发可有效防止切换过程中数据丢失造成的用户数据传输速率下降与传输时延增加。同 eNodeB 小区的切换无须数据转发；对于异 eNodeB 小区，数据转发通过 X2 接口与 S1 接口切换自适应来选择数据转发路径。

切换失败惩罚与重试：若切换准入成功，源 eNodeB 下发切换命令给 UE。UE 切换执行过程中空口传输失败时会重建回源小区。如图 6-19 所示，当下一次又向小区 A 发起切换尝试并且切换准入成功时，eNodeB 会向这个小区 A 发起切换重试。并且允许向这个小区 A 连续发起 10 次切换重试。到达 10 次后，对于此 UE，eNodeB 将不再向重试的小区 A 发起切换请求，防止由于异常原因导致的掉话率上升。对于必要类切换或站内小区间非必要类切换，eNodeB 将对目标小区列表中下一个质量最好的小区发起切换尝试。若目标小区列表中的小区都切换准入失败，则等待下一次测量报告。对于站间非必要类切换，在 eNodeB 不会对目标小区列表中下一个质量最好的小区发起切换尝试。切换失败后直接等待下一次测量报告。对于盲重定向/盲切换，则 eNodeB 结束切换流程。对于资源类准入失败，通过设置惩罚定时器对该小区进行惩罚。惩罚定时器超时后才可以向该小区发起重试。对于非资源类准入失败，通过设置惩罚次数对该小区进行惩罚。到达惩罚次数后才可以向该小区发起重试。进入惩罚状态后每次根据测量报告判断小区 A 是否满足切换条件，满足时对小区 A 的惩罚次数加 1。重试是惩罚结束后惩罚过的小区 A 又满足切换条件时，才能重新向惩罚过的小区 A 发起切换请求，即为重试。

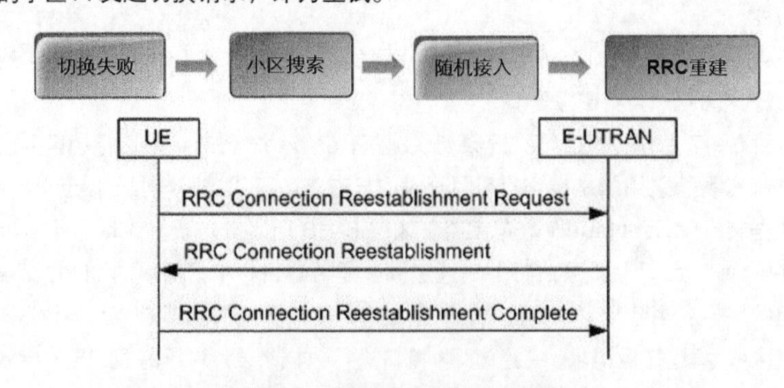

图 6-19　切换失败之后的 RRC 重建

切换失败后的 RRC 重建，当切换失败后，UE 将自动进行 RRC 连接重建：UE 先进行小区选择，再对所选小区发起 RRC 连接重建过程。若 UE 获得 eNodeB 侧准许消息，UE 将接入所选择小区，有效减少由于切换失败而带来的掉话。eNodeB 通过判断是否有该 UE 的上下文（context），对发起 RRC 连接重建请求的 UE 进行重建判决。按照 3GPP 协议 36.331，只有 prepared cell 才可能有该 UE 的上下文，prepared cell 所属的 eNodeB 通过判断该 UE 上下文内容，准许 UE 的 RRC 连接重建请求，其他小区对其 RRC 连接重建请求进行拒绝。prepared cell 包括源小区、准备好切换的小区以及与它们同一 eNodeB 的小区。重建流程按照结果分为重建成功与重建失败。重建成功的具体流程如图 6-19 所示。若重建失败，则 UE 进入空闲态。

6.2.1 同频切换

同频切换实现 LTE 系统中相同频点的小区间切换过程。

同频移动性管理只涉及一种触发原因的切换，即只有基于覆盖的同频切换。如图 6-20 所示，当 UE 建立无线承载时，eNodeB 将向 UE 发送 Measurement Configuration 消息，此消息包含同频测量的相关配置，UE 据此执行相关测量。在 UE 处于连接态或完成切换后的情况下，若测量配置有更新，则 eNodeB 通过 RRC_CONN_RECFG 消息下发更新或部分更新的测量配置。否则不下发，沿用原测量配置信息。

2012-03-07 19:56:42(00)	RRC_CONN_REQ	RECEIVE
2012-03-07 19:56:42(00)	RRC_CONN_SETUP	SEND
2012-03-07 19:56:44(00)	RRC_CONN_SETUP_CMP	RECEIVE
2012-03-07 19:56:44(00)	RRC_UE_CAP_ENQUIRY	SEND
2012-03-07 19:56:46(00)	RRC_UE_CAP_INFO	RECEIVE
2012-03-07 19:56:46(00)	RRC_SECUR_MODE_CMD	SEND
2012-03-07 19:56:48(00)	RRC_SECUR_MODE_CMP	RECEIVE
2012-03-07 19:56:48(00)	RRC_CONN_RECFG	SEND
2012-03-07 19:56:51(00)	RRC_CONN_RECFG_CMP	RECEIVE
2012-03-07 19:56:51(00)	RRC_CONN_RECFG	SEND
2012-03-07 19:56:51(00)	RRC_UL_INFO_TRANSF	RECEIVE
2012-03-07 19:56:53(00)	RRC_CONN_RECFG_CMP	RECEIVE

该消息包含所有的同频测量和报告配置，包括 A1(可选)、A2(可选) 和A3(必选) 事件

图 6-20 eNodeB 信令跟踪

图 6-21 所示为同频切换、事件 A3 触发与取消条件。

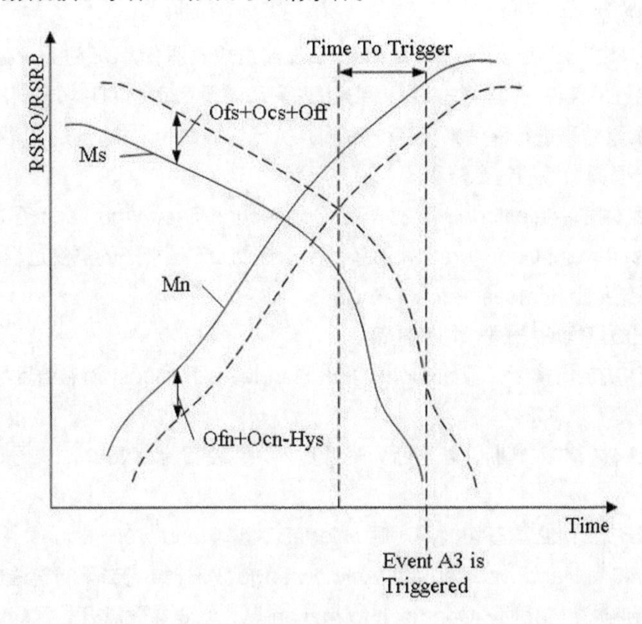

图 6-21 事件 A3

触发条件为：Mn+Ofn+Ocn−Hys > Ms+Ofs+Ocs+Off。

取消条件为：Mn+Ofn+Ocn+Hys < Ms+Ofs+Ocs+Off。

公式中的变量有如下定义。

（1）Mn 是邻区测量结果。

（2）Ofn 是邻区频率的特定频率偏置，由参数 QoffsetFreq 决定。此参数在测量控制消息的测量对象中下发。

（3）Ocn 是邻区的特定小区偏置，由参数 CellIndividualOffset 决定。当该值不为零，此参数在测量控制消息中下发；否则当该值为零时不下发，公式计算时默认取值为 0。eNodeB 将根据小区负载情况临时修改邻区与服务小区的 CIO，触发基于负载的同频切换。

（4）Ms 是服务小区的测量结果。

（5）Ofs 是服务小区的特定频率偏置，由参数 QoffsetFreq 决定，此参数在测量控制消息的测量对象中下发。

（6）Ocs 是服务小区的特定小区偏置，由参数 CellSpecificOffset 决定。此参数在测量控制消息中下发。

（7）Hys 是事件 A3 迟滞参数，由参数 IntraFreqHoA3Hyst 决定，在测量控制消息中下发。

（8）Off 是事件 A3 偏置参数，由参数 IIntraFreqHoA3Offset 决定。该参数针对事件 A3 设置，用于调节切换的难易程度，该值与测量值相加用于事件触发和取消的评估。此参数在测量控制消息的测量对象中下发，可取正值或负值，当取正值时，此时增加事件触发的难度，延缓切换；当取负值时，此时降低事件触发的难度，提前进行切换。

用于事件 A3 评估判决的 Mn 和 Ms 测量量类型，由参数 IntraFreqHoA3TrigQuan 决定。该值由 3GPP 协议 36.331 规定在测量控制中的报告配置中给出，可选类型为 RSRP 或 RSRQ。

UE 依照提供的测量配置信息开始对相应频点上的所有能够在 UE 测量范围的小区进行测量，若测量结果满足事件 A3 触发条件，并在延迟触发时间内都满足该触发条件，UE 将测量结果进行上报；否则，当测量结果满足事件 A3 触发条件后，由于信号质量下降，满足事件取消条件，并在延迟触发时间内都满足该取消条件，UE 将取消测量结果的上报。

同频切换的 3 个步骤：UE 测量，根据 eNodeB 下发测量控制消息，UE 进行测量，当同频邻区质量满足所配置的 A3 事件的触发条件，UE 将向 eNodeB 发送测量结果；eNodeB 切换判决，eNodeB 生成切换目标小区列表，并对测量结果进行评估判决；eNodeB 执行切换命令，执行服务小区向目标小区的切换。图 6-22 为典型场景下同频切换的信令流程。

（1）在无线承载建立时，源 eNodeB 下发 RRC Connection Reconfiguration 至 UE，其中包含 source eNodeB 配置的 Measurement Configuration 消息，用于控制 UE 连接态的测量过程。

（2）UE 根据测量结果上报 Measurement Reports。

（3）源 eNodeB 根据测量报告进行切换决策。

（4）当源 eNodeB 决定切换后，源 eNodeB 发出 Handover Request 消息给目标 eNodeB，通知目标 eNodeB 准备切换。

（5）目标 eNodeB 进行准入判断，若判断为资源准入，再由目标 eNodeB 依据 EPS 的 QoS 信息执行准入控制。

（6）目标 eNodeB 在 L1/L2 准备切换并对源 eNodeB 发送 Handover Request Acknowledge 消息。

（7）当源 eNodeB 接到 Handover Request Acknowledge 消息时，或当下行链路中的 RRC Connection Reconfiguration 消息包含了 Mobility Control Information 时，数据转发就开始了。源 eNodeB 下发 RRC Connection Reconfiguration 包含 Mobility Control Information 至 UE，指示切换开始。

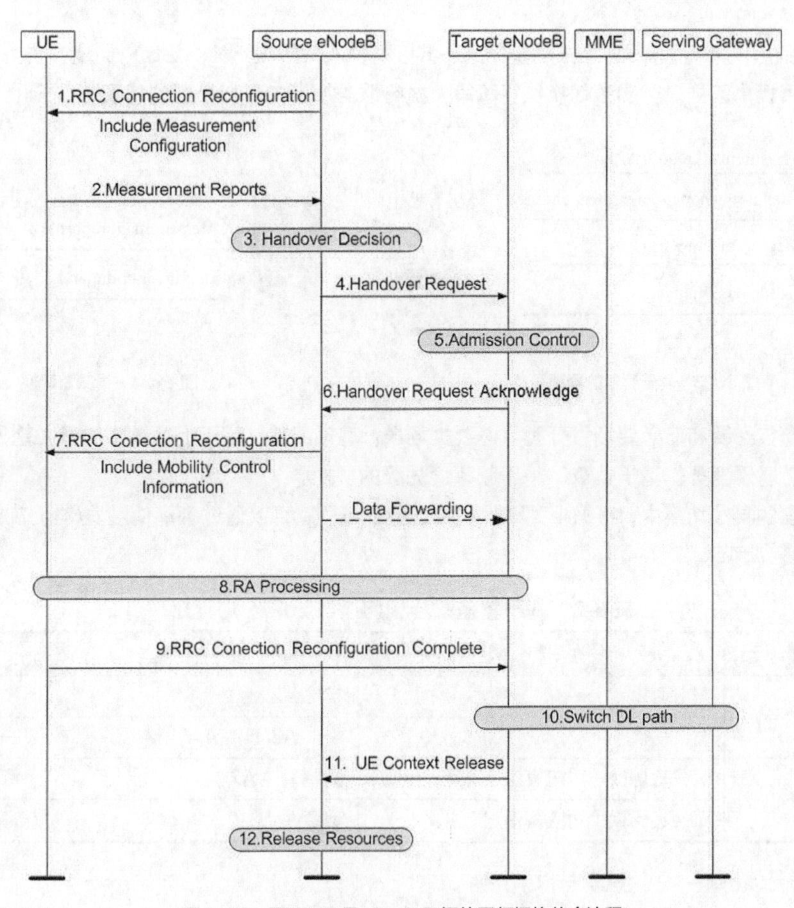

图6-22 同MME异eNodeB间的同频切换信令流程

（8）UE进行目标eNodeB 的随机接入过程，完成UE与目标eNodeB之间的上行同步。

（9）当UE成功接入目标小区时，UE发送RRC Connection Reconfiguration Complete给目标eNodeB，指示切换流程已经结束，目标eNodeB可以发送数据给UE了。执行下行数据路径转换过程。

（10）SGW发送下行TEID到目标eNodeB。

（11）目标eNodeB通过发送UE Context Release消息通知源eNodeB切换成功，并触发源eNodeB的资源释放。

（12）收到UE Context Release消息，源eNodeB将释放UE上下文相关的无线资源与控制面资源。

6.2.2 异频切换

异频切换分成基于测量的异频切换和异频盲切换。基于测量的异频切换如图6-23所示，切换必须由异频测量报告的上报触发。异频盲切换如图6-24所示，eNodeB控制UE跳过异频测量，基于盲切换优先级配置直接切换。盲切换流程可以省略UE测量邻区信号质量的过程，减少空口信令交互，可更快地发起切换，节省切换时间。异频切换时，若采用盲切换需配置邻区的盲切换优先级。盲切换可应用于目标邻区与服务小区为同覆盖场景，确保盲切换流程不会失败，或者UE不支持异频邻区的测量场景，或者运营商对于某些特性时延要求很高的场景，比如CSFB特性。

异频切换包含4个步骤。异频测量触发/停止阶段：异频切换中，不同的切换原因，其测量的触发与停止阶段不同。异频测量阶段：eNodeB下发异频测量控制，UE进行异频测量。当邻区质量满足所配置的

A3 或 A4 事件的触发条件，UE 将上报测量结果。异频切换决策阶段：eNodeB 对测量报告内容进行评估判决，生成切换目标小区列表。异频切换执行阶段：执行服务小区向目标小区的切换。

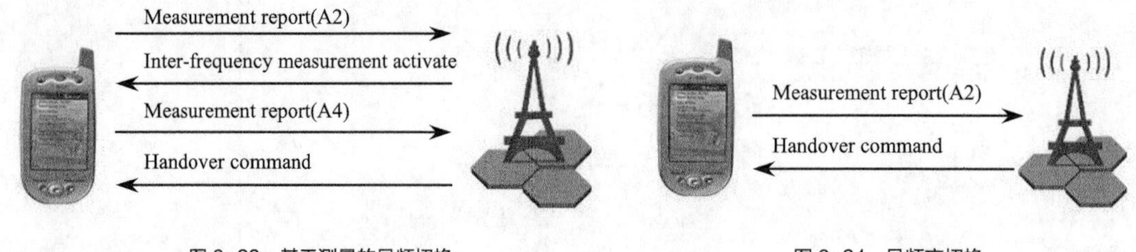

图 6-23　基于测量的异频切换　　　　图 6-24　异频盲切换

异频切换可按必要和非必要场景分类。必要类场景：基于覆盖、基于上行链路质量、基于距离的切换，非必要类场景：基于业务、基于负载、基于频率优先级的切换。

在基于覆盖的异频切换中，根据相关事件参数配置的不同，可以通过各事件触发/停止盲重定向/盲切换或测量，如表 6-7 所示。

表 6-7　基于覆盖的异频切换与测量触发/停止

流　　程	子 流 程	触　　发	停　　止
测量	异频测量	事件 A2	事件 A1
	异频切换	事件 A3/事件 A4/事件 A5	—
盲重定向/盲切换	优先盲切换（对应盲切换）	测量事件 A2	测量事件 A1
	紧急盲切换（对应盲重定向）	盲事件 A2	盲事件 A1

图 6-25 所示为事件 A2 的触发与取消条件。

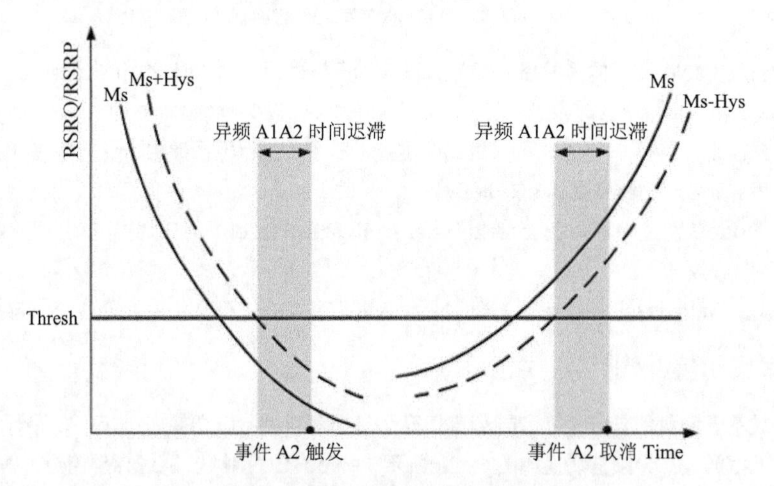

图 6-25　事件 A2 的触发与取消条件

事件 A2 表示服务小区信号质量变得低于对应门限。

触发条件：Ms + Hys < 特定 A2 门限。

取消条件：Ms − Hys > 特定 A2 门限。

在基于覆盖的异频切换中，事件 A2 用于异频测量的触发，表示服务小区的质量已经低于一定门限值。当事件 A2 满足上报条件并上报 eNodeB 后，将触发异频测量配置的下发。对公式中的变量进行如下定义。

（1）Ms 是服务小区的测量结果。

（2）Hys 是事件 A2 迟滞参数。

Thresh 为事件 A2 的门限参数。服务小区质量在 Time to Trigger 的时间内一直低于相应门限值，并满足事件的上报条件，将上报事件 A2。

图 6-26 所示为事件 A1 的触发与取消条件。

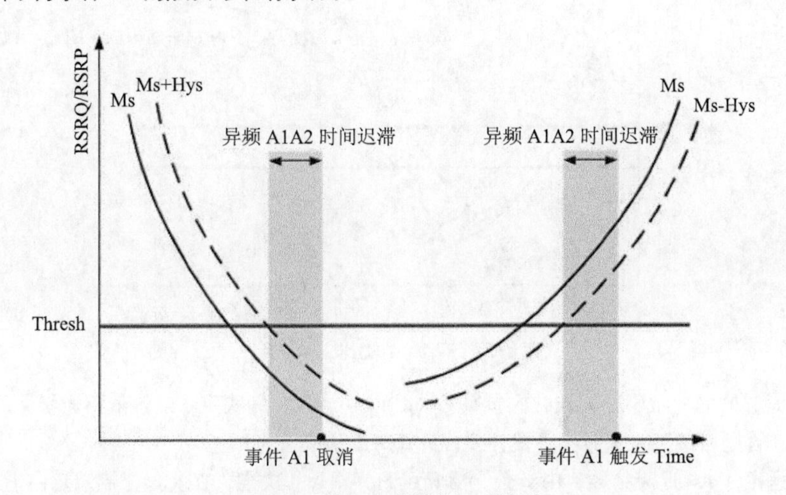

图 6-26　事件 A1 的触发与取消条件

事件 A1 表示服务小区信号质量变得高于对应门限。

触发条件：Ms−Hys >特定 A1 门限。

取消条件：Ms + Hys <特定 A1 门限。

（1）Ms 是服务小区的测量结果。

（2）Hys 是事件 A1 迟滞参数。

Thresh 为事件 A1 的门限参数。服务小区质量在 Time to Trigger 的时间内一直高于相应门限值，并满足事件的上报条件，将上报事件 A1。

当 eNodeB 收到触发异频测量的事件 A2 时，下发相关的异频切换事件。基于覆盖的异频切换可以通过事件 A3/A4/A5 触发，具体 eNodeB 下发通过哪个事件配置触发基于覆盖的异频切换，由后台配置控制。

基于覆盖的异频切换可以通过事件 A3、事件 A4 或事件 A5 触发。其他原因触发的异频切换，只能通过事件 A4 触发。

事件 A3 用于触发异频切换时，事件 A3 偏置参数由 A3Off 决定，频率偏置由参数 Ofn 决定，其他事件 A3 参数与同频事件 A3 参数相同。

触发条件：Mn + Ofn + Ocn − Hys > Ms + Ofs + Ocs + A3Off。

取消条件：Mn + Ofn + Ocn + Hys < Ms + Ofs + Ocs + A3Off。

如果异频切换通过事件 A3 触发，则触发与停止异频测量的测量类型为 RSRP。

图 6-27 所示为事件 A4 的触发与取消条件。

事件 A4 表示邻区信号质量变得高于对应门限。

触发条件：Mn+Ofn+Ocn−Hys>Thresh。

取消条件：Mn+Ofn+Ocn+Hys<Thresh。

（1）Mn 是邻区测量结果。

（2）Ofn 是邻区频率的特定频率偏置，由参数 QoffsetFreq 决定。此参数在测量控制消息的测量对象中下发。

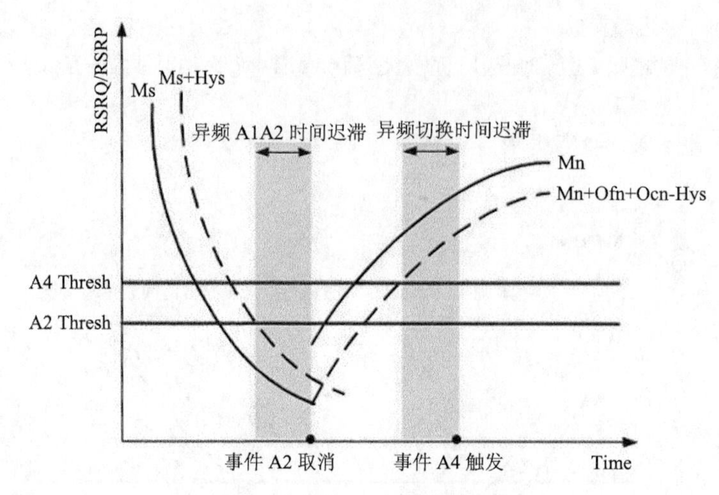

图 6-27 事件 A4 的触发与取消条件

（3）Ocn 是邻区的特定小区偏置，由参数 CellIndividualOffset 决定。当该值不为零，此参数在测量控制消息中下发；否则当该值为零时不下发，公式计算时默认取值为 0。

（4）Hys 是事件 A4 迟滞参数，由参数 InterFreqHoA4Hyst 决定，在测量控制消息中下发。

（5）事件 A4 的时间迟滞由参数 InterFreqHoA4TimeToTrig 设置。邻区质量在 Time to Trigger 的时间内一直高于任一门限值，并满足事件的上报条件，将上报事件 A4。

（6）Thresh 是事件 A4 的门限参数。根据触发量或者上报量的不同，异频切换的门限对应的参数也不同。当触发门限为 RSRP 时，Thresh = InterFreqHoA4ThdRsrp + IfHoThdRsrpOffset；当触发门限为 RSRQ 时，Thresh= InterFreqHoA4ThdRsrq。门限参数为 QCI 级参数：针对每个 QCI 优先级配置。门限偏置参数为频点级参数：针对每个异频相邻频点配置。基于距离的切换，基于上行功率控制的切换以及基于 SPID 切换回 HPLMN 的切换，也会使用该参数作为异频测量事件的触发门限值。

图 6-28 所示为事件 A5 的触发与取消条件。

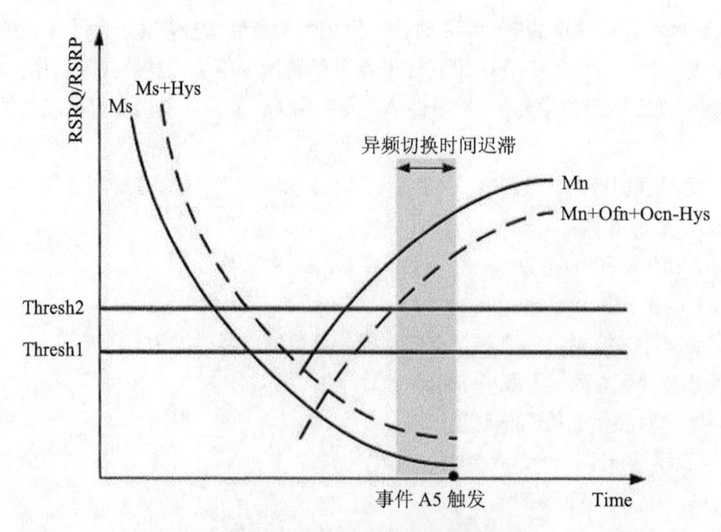

图 6-28 事件 A5 的触发与取消条件

事件 A5 表示服务小区信号质量变得低于门限 1（A5 门限），并且邻区信号质量变得高于门限 2（A4 门限）。

触发条件：Ms+Hys<Thresh1 且 Mn+Ofn+Ocn-Hys>Thresh2。

取消条件：Ms-Hys>Thresh1 或 Mn+Ofn+Ocn+Hys<Thresh2。

事件 A5 用于触发异频切换时，门限 Thresh1 与基于覆盖的异频切换事件 A2 门限相同，门限 Thresh2 与基于覆盖的异频切换事件 A4 门限相同。其他事件 A5 参数与异频事件 A4 参数保持一致。

基于覆盖的异频切换特性中，eNodeB 支持下发盲切换事件 A2，监控服务小区信号进一步降低，UE 没有及时切换的情况。同时，eNodeB 会下发盲切换事件 A1，用于解除服务小区信号进一步降低的情况。基于覆盖的场景，eNodeB 在处理盲切换流程前，收到 UE 上报的盲切换事件 A1，将停止处理盲切换流程。

当 UE 上报盲事件 A2，eNodeB 则触发盲重定向。但是在 eNodeB 切换处理过程中收到该事件时，先记录事件，如果切换准备失败，再执行盲重定向。eNodeB 在盲重定向完成前，收到 UE 上报的盲事件 A1，则停止盲重定向。

盲切换过程中的目标选择流程如图 6-29 所示，如果配置了邻区的盲切换优先级，那么 eNodeB 将选择优先级最高的邻区执行盲切换。如果未配置邻区的盲切换优先级，那么 eNode 将选择优先级最高的频点执行盲重定向流程。

基于上行链路质量的异频切换是基于上行信号质量触发的。当上行信号质量较差时，若不能及时触发切换，则容易产生掉话。基于上行链路质量的异频切换，根据上行信号的 MCS（Modulation and Coding Scheme）选择和 IBLER（Initial Block Error Rate）的判定来检测 UE 是否发生上行链路质量受限，从而达到上行信号质量检测的目的。

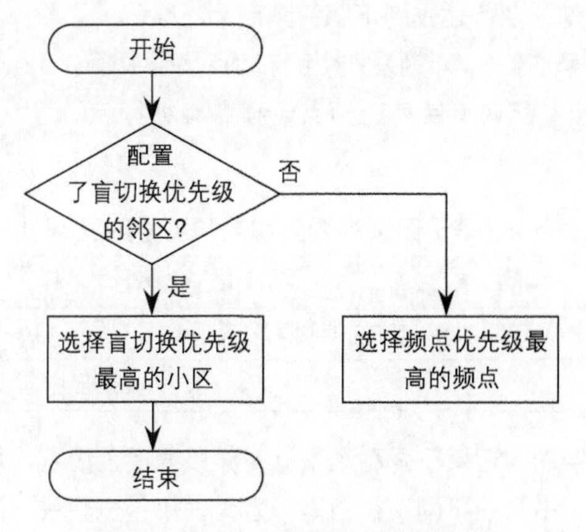

图 6-29　盲切换过程中的目标选择流程

当同时满足上行 MCS 索引<UlBadQualHoMcsThd，上行数传 IBLER-IBLER 目标收敛值> UlBadQualHoHoIblerThd 两个条件时，下发 A4 测量控制。

基于上行链路质量的异频切换可以通过事件 A4 触发，事件 A4 的原理与触发和参数，都与基于覆盖的异频切换事件 A4 的一样，如表 6-8 所示。

当 eNodeB 发现 UE 的上行链路质量进一步变差，即同时满足如下条件时，eNodeB 会判决 UE 的上行链路质量严重受限，可能会产生掉话。此时 eNodeB 将进入盲重定向流程。

- 上行 MCS 索引 < UlBadQualHoMcsThd；
- 上行数传 IBLER-IBLER 目标收敛值 － 10% > UlBadQualHoHoIblerThd。
- 基于上行链路质量的异频盲重定向与基于覆盖的异频盲重定向目标选择流程一致。

表 6-8　基于上行链路质量的异频切换

流　程	子流程	触　发	停　止
测量	异频测量	上行链路质量变差	上行链路质量变好
	异频切换	事件 A4	–
盲切换	–	上行链路质量更差，但未收到事件 A4 报告	–

基于距离的异频测量的触发是由 eNodeB 对于 UE 距离的判定来实现的。UE 相对于 eNodeB 的距离获取依赖于上行定时提前的机制，eNodeB 测量 UE 的 TA（Time Advance），并通过 Timing Advance Command 将 TA 值下发给 UE，TA 精度=16 Ts。其中 Ts 为 LTE 系统物理层的最小时间单位，满足 Ts=1/(15 000×2 048) s=32.55 ns。基于距离的异频切换中，距离的精度为 16 Ts/(2×无线电波传输速度)=16×32.55 ns/(2×3×10^8 m/s)=78.12 m。

异频测量触发：UE 相对于 eNodeB 的距离超过门限 DistBasedHoThd 连续 10s（该值内部固定）。

异频测量停止：UE 相对于 eNodeB 的距离在门限 DistBasedHoThd 范围内连续 10s（该值内部固定）。

基于距离的异频切换可以通过事件 A4 触发，事件 A4 的原理与触发和参数，都与基于覆盖的异频切换事件 A4 的原理一样。

基于业务的异频切换流程如图 6-30 所示，此算法应用到 LTE 系统下异频同覆盖场景中，实现对于业务进行分层。通过此特性，读者可以根据业务类型优先将某个 QCI 业务建立到不同的频点上。

基于距离的异频切换可以通过事件 A4 触发，对目标频点集合中频点优先级 ServiceHoFreqPriority 配置为最高的频点或频点集进行测量，如表 6-9 所示。

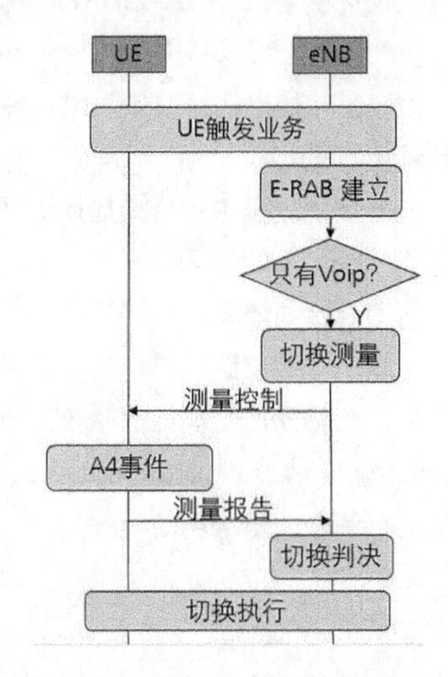

图 6-30　基于业务的异频切换流程

表 6-9　基于距离的异频切换与测量触发/停止

流　程	触　发	停　止
异频测量	UE 建立的最高优先级 QCI 业务允许切换到某异频频点	测量 GAP 进行了 3s，却没有触发切换
异频切换	事件 A4	UE 中断了允许切换的 QCI 业务

基于频率优先级的异频切换功能适用于两种场景：多频段同覆盖组网，希望尽量由高频段承载业务，而低频段空闲以保证连续覆盖；多频段不同覆盖组网，当大、小带宽频段不同覆盖时，网络轻载时尽量由大带宽频段承载业务。

多频段同覆盖组网场景下的测量与盲切换的事件 A1/A2 相同，如表 6-10 所示，当 eNodeB 收到事件 A1（即事件 A1 作为测量触发）报告时，当盲切换开关打开，则触发盲切换。否则触发异频测量，eNodeB 下发事件 A4 测量控制。

表 6-10　多频段同覆盖组网场景下切换与测量触发/停止

流　程	子 流 程	触　发	停　止
测量	异频测量	事件 A1	事件 A2
	异频切换	事件 A4	–
盲切换	–	事件 A1	事件 A2

多频段不同覆盖组网场景下（如表 6-11 所示），当 eNodeB 收到事件 A2（即事件 A2 作为测量触发）报告时，触发异频测量，eNodeB 下发事件 A4 测量控制。事件 A2 触发的基于频率优先级的异频切换不支持盲切换。

表 6-11 多频段不同覆盖组网场景下切换与测量触发/停止

流 程	子 流 程	触 发	停 止
测量	异频测量	事件 A2	3S 定时器
	异频切换	事件 A4	–

基于频率优先级的异频切换可以通过事件 A4 触发，原理与触发和参数，都与基于覆盖的异频切换事件 A4 的一样。

当盲切换开关打开时，当 eNodeB 收到事件 A1 报告时，则触发基于频率优先级的异频盲切换。

6.3 功率控制

E-UTRAN 下行采用 OFDMA 技术，上行采用 SC-FDMA 技术，小区内不同 UE 的子载波之间是相互正交的，不存在小区内 UE 之间的相互干扰，因此不存在 CDMA 系统中因远近效应而进行功率控制的必要性。但所有的无线通信系统，都面临着对抗路径损耗、阴影衰落的问题，LTE 系统使用功率控制主要用于补偿信道的路径损耗和阴影衰落，并抑制 LTE 同频小区间干扰，保证网络覆盖和容量需求。

E-UTRAN 功率控制在 eNodeB 和 UE 的配合下完成，可实现如下增益。

（1）保证业务质量：通过调整 eNodeB 下行发射功率和 UE 上行发射功率，E-UTRAN 功率控制使业务质量刚好满足误块率 (Block Error Rate，BLER)要求，避免功率浪费。

（2）降低干扰：E-UTRAN 干扰主要来自邻区，通过对本小区的功率控制可减小对邻区的干扰。

（3）降低能耗：上行功率控制减少 UE 能耗，下行功率控制减少 eNodeB 能耗。

（4）提升容量：eNodeB 通过最小化分配发送给每个 UE 上的发射功率，使其刚好满足信号干扰噪声比（Signal to Interference plus Noise Ratio，SINR）要求，提高系统容量。由于对邻区的干扰主要来自边缘用户，eNodeB 通过对边缘 UE 的上行功率控制采用部分路径损耗补偿降低对邻区干扰，提升网络容量。

LTE 中，RSRP 通常为重要覆盖测试指标。如图 6-31 所示，它在物理资源块（Physical Resource Block，PRB）中的位置由 PCI 决定，而它的数目由端口数决定。小区单端口配置下，每个 PRB 中的 4 个 RE 预留给 RS；小区双端口配置下，每个 PRB 中 8 个 RE 预留给 RS。

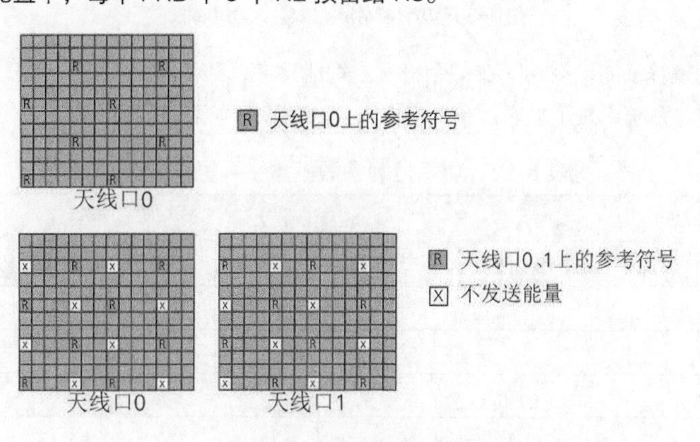

图 6-31 LTE 导频信号图案

图 6-32 所示为清晰信道功率的概念，协议中做了如下定义。

（1）PA：TypeA 符号上 PDSCH RE 的功率。

（2）PB：TypeB 符号上 PDSCH RE 的功率。

（3）EPRE：每个资源单元上的能量，可以理解为每个 RE 的功率。

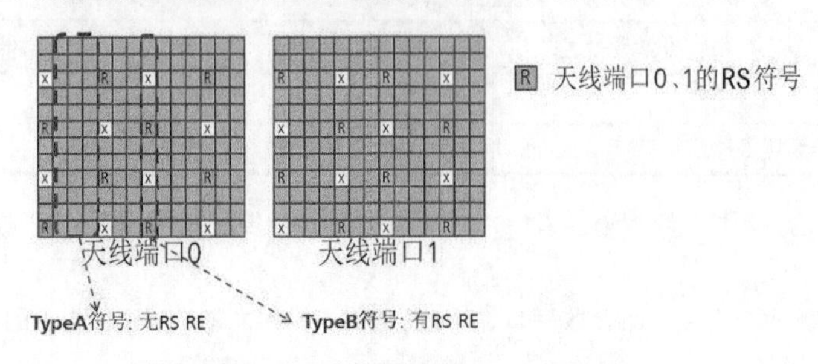

图 6-32 功率控制参数概念——功率符号

一个时隙上的 OFDM 符号可以根据是否有小区参考信号分为 Type A 和 Type B 两类。不同符号 PDSCH RE 相对小区参考信号的 EPRE 的比值由 ρ_A 和 ρ_B 决定。如图 6-33 所示，ρ_A 用来确定 Type A 符号上的 PDSCH 的 EPRE，ρ_B 用来确定 Type B 符号上 PDSCH 的 EPRE。

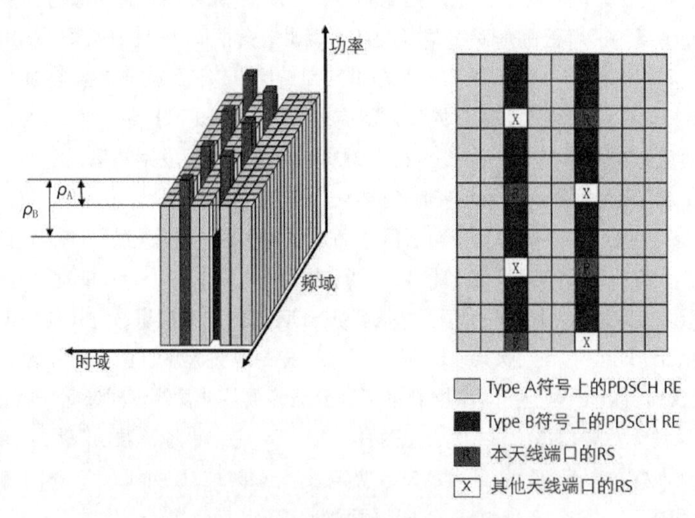

图 6-33 功率控制参数概念——功率偏置

功率控制算法期望基站的发射功率在每个符号上都能用完，即 Type A 和 Type B 符号上的功率相等。为了使 ρ_A 和 ρ_B 关联，系统定义了功率因子比率 Pb，Pb 的取值如表 6-12 所示。

表 6-12 功率控制参数概念——功率因子

Pb	ρ_B/ρ_A	
	天线端口数 1	天线端口数 2 或 4
0	1	5/4
1	4/5	1
2	3/5	3/4
3	2/5	1/2

Pb 表示 PDSCH 上 EPRE 的功率因子比率 ρ_B/ρ_A 的指示，不同 Pb 和天线端口数配置下对应的 ρ_B/ρ_A 取值如表 6-11 所示，通过参数 Pb 设置。

6.3.1　下行功率控制

下行功率控制采用固定功率分配和动态功率控制两种方式。Cell-specific Reference Signal、Synchronization Signal、PBCH、PCFICH、PHICH 以及承载小区公共信息指示的 PDCCH 和承载小区公共信息的 PDSCH，采用固定功率分配，以保证小区的下行覆盖。对于 PHICH、承载 UE 专用信息指示的 PDCCH、承载 UE 专用信息 PDSCH 等信道，可以采用动态功率控制，满足用户 QoS 的同时，降低干扰，增加小区容量和覆盖。eNodeB 周期性地动态调整发射功率，以满足信道质量要求。

LTE 小区功率配置原则：上下行链路平衡；公共信道和业务信道能够达到平衡；能够保证覆盖，降低干扰，保证容量和覆盖平衡；Type A 符号和 Type B 符号上的 PDSCH RE 功率尽量相等；Type A 和 Type B 符号上的总功率尽量相等。

小区参考信号配置公式：DL_RS_Power = $P_{单天线}$-10log(12×N_{RB})+10*log(1+Pb)。

（1）DL_RS_Power：RS（小区参考信号）信号功率。

（2）$P_{单天线}$：单天线发射功率。

（3）Pb：表示 PDSCH 上 EPRE 的功率因子比率指示。

（4）N_{RB}：RB 的数量，取决于带宽，如 20 MHz 包含 100 个 RB。

① 假设载波带宽为 20 MHz（100 个 RB），采用 RRU 1×50 W，Pb 取值为 0，则 RS 的功率为 DL_RS_Power = $P_{单天线}$-10log(12×N_{RB})+10×log(1+Pb)=47 dBm-10log(12×100)+10×log(1+0)=16.2 dBm。

② 假设载波带宽为 20 MHz（100 个 RB），采用 RRU 2×50 W，小区配置 2×2MIMO，Pb 取值为 1，则 RS 的功率为 DL_RS_Power=$P_{单天线}$-10log(12×N_{RB})+10×log(1+Pb)=47 dBm-10log(12×100)+10×log(1+1)=19.2 dBm。

③ 假设载波带宽为 20MHz（100 个 RB），采用 RRU 8×16 W，采用 2×2MIMO，Pb 取值为 1，则 RS 的功率为 DL_RS_Power=$P_{单天线}$-10log(12×N_{RB})+10×log(1+Pb)= 42 dBm-10log(12×100)+10×log(1+1) =14.2 dBm。

RS 功率增强（RS Power Boosting）如图 6-34 所示，实际上是一种下行功控技术，原理就是通过 Pb 的调整，增强 RS 的功率，从而达到增强小区覆盖范围的目的。

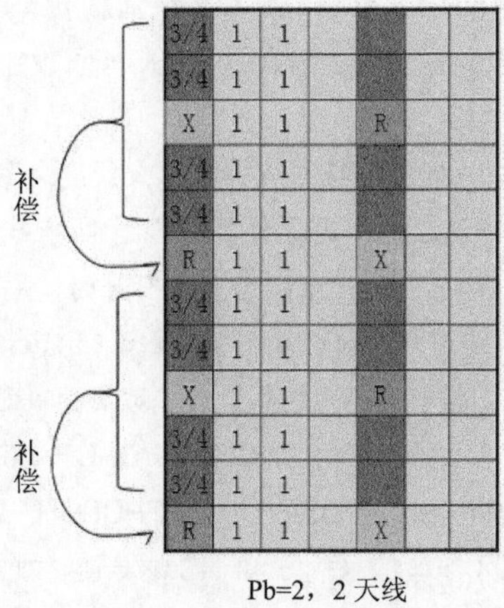

Pb=2，2 天线

图 6-34　RS 功率增强

P-SCH 和 S-SCH 的发射功率计算公式相同，即 PowerSCH=ReferenceSignalPwr +SchPwr。

PBCH 的发射功率计算公式为 PowerPBCH = ReferenceSignalPwr + PbchPwr。

PCFICH 发射功率计算公式为 PowerPCFICH = ReferenceSignalPwr +PcfichPwr。

PHICH 功率控制有两种：一种为静态配置，PowerPHICH = ReferenceSignalPwr + PwrOffset；另一种为动态功控，当基站后台“PHICH 内环功控开关”打开时，小区根据 CQI 估算的 SINRRS 和 SINRTarget（SINR 目标值）的差异，周期性地调整 PHICH 发射功率，以适应路径损耗和阴影衰落的变化。考虑到小区覆盖半径、功率效率和小区容量，PHICH 的 SINRTarget 固定值为 0。如果 SINRRS 小于 SINRTarget，则增大 PHICH 发射功率，反之则减小 PHICH 发射功率。由于 PHICH 占用的资源非常少，降低其发射功率并不能明显节省功率。另外一方面，PHICH 承载上行数据的 ACK/NACK 反馈信息，准确度要求较高，降低其发射功率有可能导致准确度降低，影响上行速率。因此在商用网络默认关闭。

PDCCH 承载 UE 专用信息时的功率控制通过参数设置。PDCCH 承载的专用控制信息包括上行调度（DCI format 0）和下行调度（DCI format 1/1A/1B/2/2A）。如果 UE 对 PDCCH 解调错误概率过高，会严重影响吞吐率。PDCCH 功率控制可保证每个 UE 有相似的 PDCCH 性能，并满足 BLER 要求。当 PDCCH 功控开关打开时，eNodeB 根据测量到的 BLER 和 BLERTarget 的差异，周期性地调整 PDCCH 发射功率。如果 BLER 测量值大于 BLERTarget，则增大发射功率，反之，减小发射功率。当 PDCCH 功控开关关闭时，PDCCH 采用固定功率分配，通过参数 DediDciPwrOffset 设置基于小区参考信号功率的偏置，PowerPDCCH=ReferenceSignalPwr +DediDciPwrOffset。

对于 PDSCH 功率控制来说，一个时隙上的 OFDM 符号可以分为两类：没有参考信号的称为 A 类符号，有参考信号的称为 B 类符号。不同符号相对 Cell-specific Reference Signal 的 EPRE 的比值由 ρ_A 和 ρ_B 决定。对于 PDSCH 功率控制，通过调整 ρ_A 及 ρ_B 来决定某一个 UE 的 PDSCH 上不同 OFDM 符号的 EPRE。简单地说，ρ_A 用来确定不包含 Cell-specific Reference Signal 的 OFDM 符号上的 PDSCH EPRE，而 ρ_B 用来确定包含 Cell-specific Reference Signal 的 OFDM 符号上 PDSCH 的 EPRE。

$$PPDSCH\_A = \rho_A + ReferenceSignalPwr$$

$$PPDSCH\_B = \rho_B + ReferenceSignalPwr$$

（1）ρ_A = PA（dB），PA 通过 RRC 信令下发到 UE，用于 PDSCH 解调。

（2）ρ_B 通过 PDSCH 上 EPRE 的功率因子比率 ρ_B/ρ_A 确定，在不同的 Pb 和天线端口数配置下，对应的 ρ_B/ρ_A 取值如表 6-11 所示。其中，PB 表示 PDSCH 上 EPRE 的功率因子比率 ρ_B/ρ_A 的指示，通过参数 Pb 设置。

PDSCH 既承载公共信息（RACH response、寻呼和系统消息），又承载专用信息（业务信道信息）。当 PDSCH 承载公共信息时，采用固定功率分配方式；当 PDSCH 承载业务信道信息时，可以选择固定功率分配和动态功率控制两种方式。

PDSCH 动态功率控制的目的是在业务的持续过程中跟踪大尺度衰落（路径损耗、阴影衰落），并周期性地动态调整发射功率，以满足信道质量要求。基于 PDSCH 上所承载的业务类型不同，分为半静态调度下的功控、动态调度下的功控。当子开关 Pdsch 半静态开关打开时，用户的 PDSCH 所占 RB 资源相对固定，MCS 也相对固定。eNodeB 根据 VoIP 数据包的初始误块率（Initial Block Error Rate，IBLER）测量值和 IBLERTarget 间的差异，周期性地调整 PDSCH 发射功率，以满足 IBLERTarget 要求。如果 IBLER 测量值小于 IBLERTarget，减小发射功率，反之增大发射功率。当 PDSCH 动态调度开关打开，对应业务启用时，eNodeB 通过更新 PA 来动态调整发射功率。PPDSCH_A 和 PPDSCH_B 设置过程如下。

（1）eNodeB 通过 CQI 估算出小区参考信号的 SINRRS 估算值。如果此时没有 CQI 上报，则使用系统 SINRRS_Initial 默认值。

（2）eNodeB 根据该 UE 的 QoS 信息，包括保证比特速率（Guaranteed Bit Rate，GBP）和聚合最大

比特速率（Aggregate Maximum Bit Rate，AMBR）等，估计出该用户的传输块大小（TB Size）。

（3）在满足 UE 的业务需求以及尽量使得系统保持功率利用率和 RB 利用率相平衡的原则下，根据 SINRRS 估算值和传输块大小，计算出 CQITarget 初始值。

（4）根据 SINRRS 估算值和 CQITarget 初始值，计算出 PDSCH 功率偏置初始值 PO_PDSCH。

（5）eNodeB 将 PO_PDSCH 映射为 PA。

（6）eNodeB 根据 PA 计算 PDSCH 发射功率 PPDSCH_A 和 PPDSCH_B。

（7）当 eNodeB 收到 UE 上报的 CQI 时，与前一次收到的 CQI 值比较。如果两者相差较大，则重新计算该用户的 PA。

6.3.2 上行功率控制

LTE 上行功率控制指的是对上行 PRACH、Sounding RS、PUSCH、PUCCH 的功率控制。

当 UE 开机，读取 SIB2 消息后，UE 可以获得随机接入的配置规则（如 PRACH 的格式，可用的 PRACH 发送时机等）及可选择的前导签名。在 PRACH 上发送前导序列。如图 6-35 所示，如果 UE 需要向基站发送任何信息，需要通过随机接入过程获得上行的授权及同步，在随机接入中即发生上行功控。

eNodeB 收到 UE 的 Random Access Preamble 消息后，该响应中会包括初始的上行授权及上行同步所需的时间提前量（Timing Advance，TA），同时还携带随机接入成功的 UE 的 ID，在 PDSCH 给 UE 发送 Random Access Response 消息。

如果 UE 发送前导签名后没有得到基站的响应，UE 会在增大功率后再次发送随机接入前导。

在随机接入的过程中，如果存在竞争冲突（两个 UE 同时发送了相同的前导签名），eNodeB 可以通过下行的 MAC 包进行仲裁，解决竞争，即出现竞争的情况下，只允许一个 UE 接入。

在业务进行过程中，eNodeB 会周期性地通过 PDCCH 发送 TPC 给 UE，控制 UE 的上行的 PUSCH 和 PUCCH 的功率。

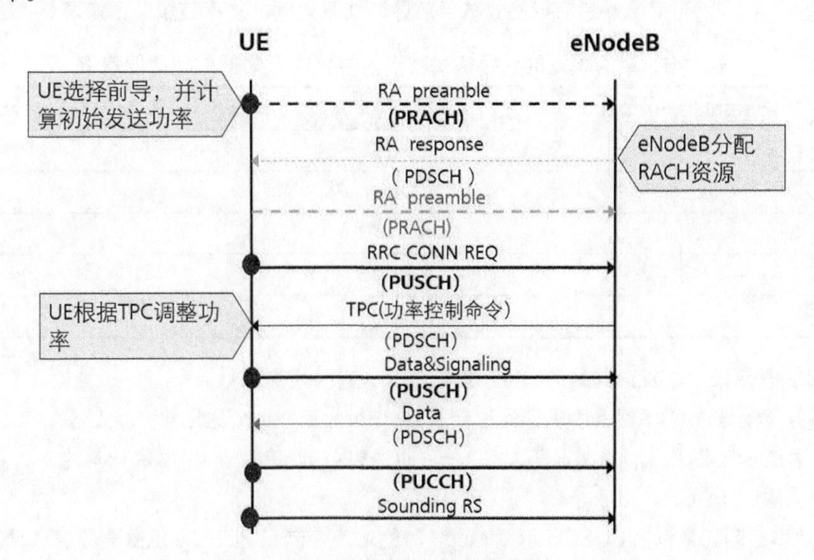

图 6-35 LTE 上行功控过程

图 6-36 所示为 PRACH 功率控制过程，其目的是在保证 eNodeB 随机接入成功率的前提下，UE 以尽量小的功率发射前导，降低对邻区的干扰，并使得 UE 省电。

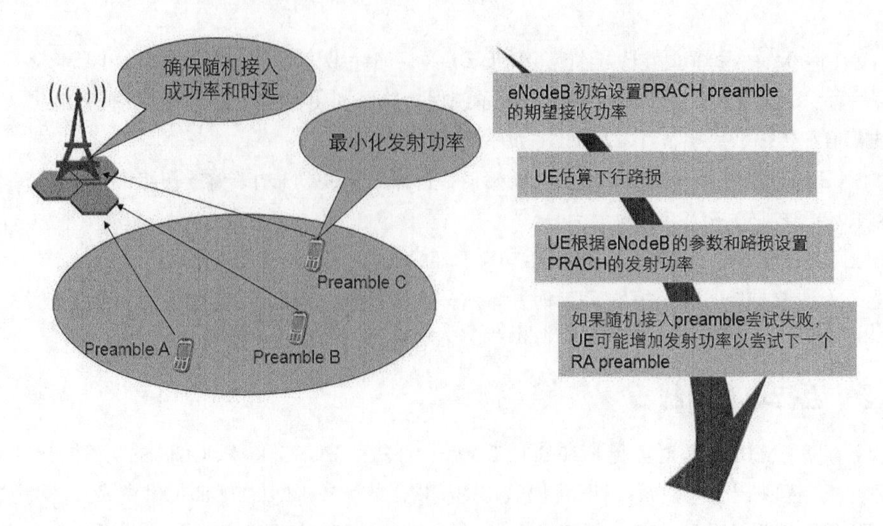

图 6-36　LTE 终端 PRACH 功率控制过程

PRACH 发射功率计算公式如下。

$$P_{\mathrm{PRACH}} = \min\left\{P_{\mathrm{CMAX}}, P_{\mathrm{o\_pre}} + PL + \Delta_{\mathrm{preamble}} + (N_{\mathrm{pre}} - 1)\cdot\Delta_{\mathrm{step}}\right\}$$

（1）P_{CMAX}：为 UE 的最大发射功率。23 dBm 是协议定义的默认值。

（2）$P_{\mathrm{o\_pre}}$：表示当 PRACH 前导格式为 0，在满足前导检测性能时，eNodeB 所期望的目标功率水平。通过参数 PreamblnitRcvTargetPwr 设置初始值。

（3）PL：为 UE 估计的下行路径损耗值，通过 RSRP 测量值和小区参考信号发射功率获得，其中小区参考信号发射功率通过参数 ReferenceSignalPwr 设置。对 RSRP 测量值进行滤波的 alpha 滤波系数，通过参数 FilterRsrp 设置（同 PRACH 的 alpha 滤波系数设置）。

（4）$\Delta_{\mathrm{preamble}}$：表示当前配置的前导格式基于前导格式 0 之间的功率偏置值，如表 6-13 所示。

表 6-13　当前配置的前导格式基于前导格式 0 之间的功率偏置值

Preamble Format	DELTA_PREAMBLE value
0	0 dB
1	0 dB
2	−3 dB
3	−3 dB
4	8 dB

（5）N_{pre}：表示该 UE 发送前导的次数不能超过最大前导发送次数。

（6）Δ_{step}：表示前导功率攀升步长，通过参数 PwrRampingStep 设置。

eNodeB 通过 SIB 将 $P_{\mathrm{o\_pre}}$、Δ_{step} 下发到 UE，UE 根据这些信息以及 PL 和记录的 N_{pre} 计算得到随机接入前导发射功率 PPRACH。

PUSCH 功率控制场景包括 PUSCH 承载 Msg3 时的功率控制和 PUSCH 承载业务信息时的功率控制。

随机接入过程的 Msg3 指的是 RRC Connection Request 消息。当 PUSCH 承载随机接入过程的 Msg3 时，采用开环功控，由 UE 根据公式计算 PUSCH 功率。采用开环功控，网络侧发送 TPC 命令字的实际值为 0 dB。

$$P_{\mathrm{PUSCH}}(i) = \min\left\{P_{\mathrm{CMAX}}, 10\log(M_{\mathrm{PUSCH}}(i)) + P_{\mathrm{o\_pre}} + \Delta_{\mathrm{PREAMBLE\_Msg3}} + PL + \Delta_{\mathrm{TF}}(i) + f(i)\right\}$$

（1）P_{CMAX}：UE 的最大发射功率。

（2）$M_{\mathrm{PUSCH}}(i)$：第 i 个上行子帧上 PUSCH 传输带宽。

（3）$P_{\mathrm{o\_pre}}$：当 PRACH 前导格式为 0 时，在满足前导检测性能时，eNodeB 所期望的目标功率水平。

（4）$\mathrm{PREAMBLE\_Msg3}$：表示 Msg3 相对 PRACH 格式 0 的功率偏置值，由参数 DeltaPreambleMsg3 决定，通过 SIB2 发给 UE。

（5）PL：为 UE 估计的下行路径损耗值。

（6）$\Delta_{\mathrm{TF}}(i)$：不同的 MCS 格式相对于参考 MCS 格式的功率偏置值，计算方式参见协议 36.213。

（7）$f(i)$：UE 的 PUSCH 发射功率的调整量，由 PDCCH 中的 TPC 信息映射获得。初始值计算公式为 $f(0)=\Delta P_{\mathrm{rampup}}+\sigma_{\mathrm{msg2}}$。

（8）$\Delta P_{\mathrm{rampup}}$：由高层提供，对应于从第一个到最后一个前导的总的功率上升幅度。

（9）σ_{msg2}：是随机接入响应中指示的 TPC 命令，可通过参数“DeltaMsg2”配置。

PUSCH 承载业务信息时的功率控制目的：跟踪大尺度衰落，周期性地动态调整 PUSCH 的发射功率，从而降低对邻区的干扰和提高系统容量。功率调整策略基于 PUSCH 上所承载的业务类型不同，PUSCH 上的调度方式分为半静态调度和动态调度。针对这两种调度方式，PUSCH 功率调整采用不同的策略。

当 PUSCH 上承载 VoLTE 业务时，调度方式采用半静态调度。

PUSCH 功率调整通过参数设置，功率调整原理如图 6-37 所示，PUSCH 承载 VoIP 业务时采用半静态调度，PUSCH 功率调整通过参数设置。当半静态调度开关打开时，eNodeB 根据测量到的 IBLER 与 IBLERTarget 进行比较，周期性地调整 PUSCH 发射功率，适应信道环境的变化：如果测量到的 IBLER 大于 IBLERTarget，eNodeB 向 UE 发送增大功率 TPC 命令。如果测量到的 IBLER 小于 IBLERTarget，eNodeB 向 UE 发送降低功率 TPC 命令。eNodeB 将多个半静态调度用户的 PUSCH TPC 命令通过 DCI Format 3/3A 下发到 UE，减小 PDCCH 信令开销。

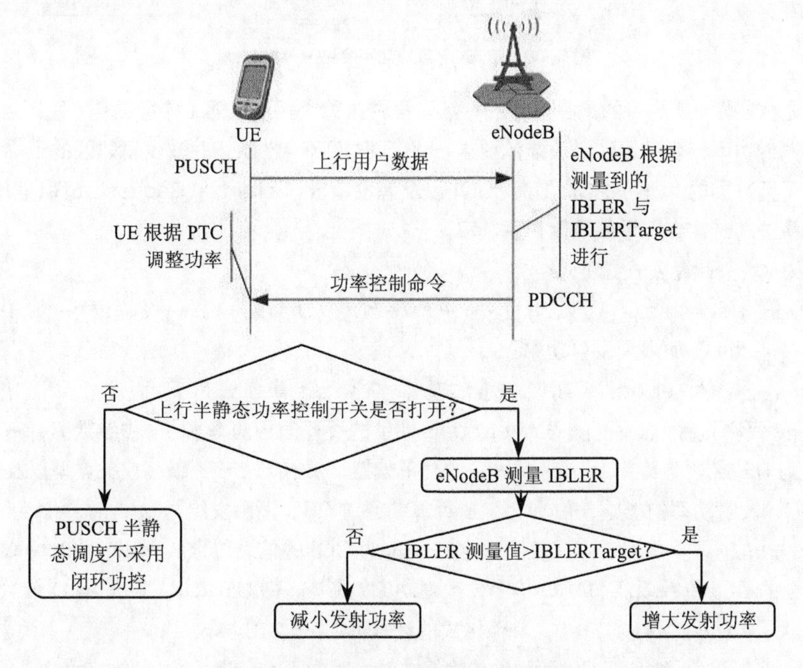

图 6-37 PUSCH 动态功控——半静态调度

动态调度下，PUSCH 功率调整通过参数设置，功率调整原理如图 6-38 所示，当动态调度开关打开时，

eNodeB 估计用户的发射功率谱值，根据用户的发射功率谱估计值与发射功率谱目标值的差异，周期性地调整 PUSCH 发射功率，适应信道环境、业务负载的变化。如果发射功率谱估计值大于发射功率谱目标值，eNodeB 向 UE 发送降低功率 TPC 命令；如果发射功率谱估计值小于发射功率谱目标值，eNodeB 向 UE 发送增大功率 TPC 命令。发射功率谱目标值与服务小区负载水平、UE 业务等级和邻区负载状况有关，E-UTRAN 系统中发射功率谱是指一个 RB 的发射功率。

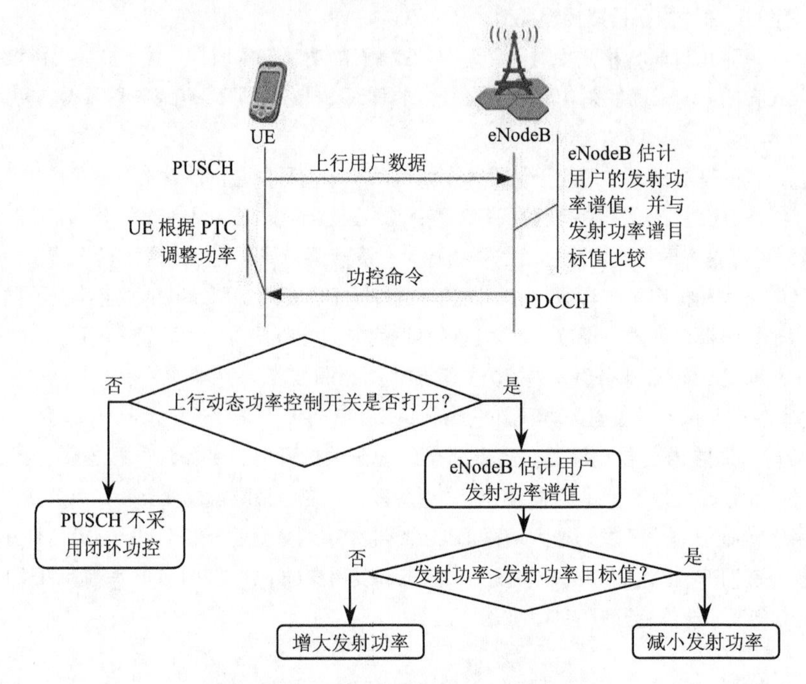

图 6-38 PUSCH 动态功率控制——动态调度

PUCCH 发射功率调整的目的是在业务的持续过程中跟踪大尺度衰落（路径损耗、阴影衰落），并周期性地动态调整发射功率，以满足信道质量的要求，保证 PUCCH 性能，并减少对邻区的干扰。PUCCH 承载的信令包括下行数据的 ACK/NACK 信息、CQI 以及调度请求（Schedule Request，SR）信息。当 PUCCH 的解调错误概率过高时，会严重影响用户吞吐率。

PUCCH 发射功率计算公式如下。

$$P_{\text{PUCCH}}(i)=\min\left\{P_{\text{CMAX}},P_{\text{O\_PUCCH}}+PL+h(n_{\text{CQI}},n_{\text{HARQ}})+\Delta_{\text{F\_PUCCH}}(F)+g(i)\right\}$$

（1）P_{CMAX}：为 UE 的最大发射功率

（2）$P_{\text{o\_PUCCH}}$：为 eNodeB 期望的接收功率水平，计算公式为 $P_{\text{O\_PUCCH}}=P_{\text{O\_NOMINAL\_PUCCH}}+P_{\text{O\_UE\_PUCCH}}$。$P_{\text{O\_NOMINAL\_PUCCH}}$ 表示 eNodeB 期望的目标信号功率水平，由参数 $P_{\text{ONominalPUCCH}}$ 决定。$P_{\text{O\_UE\_PUCCH}}$ 为 UE 相对于 $P_{\text{O\_NOMINAL\_PUCCH}}$ 的功率偏置，反映了 UE 等级、业务类型以及信道质量对不同 UE 的 PUCCH 发射功率的影响，由 eNodeB 计算并通过 RRC 消息发给 UE，系统默认为 0。

（3）$h(n_{\text{CQI}},n_{\text{HARQ}})$：由 PUCCH 格式决定。$n_{\text{CQI}}$ 为 CQI 的信息位数，n_{HARQ} 为 HARQ 的信息位数，反映 PUCCH 上的 CQI 位数以及 HARQ 信令位数对功率的影响。由 UE 依据 CQI/HARQ 位数进行计算，比如格式 1,1 和 1b，$h(n_{\text{CQI}},n_{\text{HARQ}})=0$，其他格式的计算参照 36.213 协议。

（4）$\Delta_{\text{F\_PUCCH}}(F)$：反映 PUCCH 不同的传输格式对发射功率的影响。通过参数 DeltaFPUCCHFormat1、DeltaFPUCCHFormat1b、DeltaFPUCCHFormat2、DeltaFPUCCHFormat2a、DeltaFPUCCHFormat2b 设置。

（5）$g(i)$：UE的PUCCH发射功率的调整量，由PDCCH中的TPC信息映射获得。

PUCCH功率调整通过参数开关设置。如图6-39所示，当PUCCH内环功控开关打开时，eNodeB根据SINR测量值与SINRTarget的差异，周期性地调整PUCCH发射功率，以适应信道环境的变化。PUCCH功控周期默认为200 ms，可通过参数设置进行调整。PUCCH外环功控打开后，内环功控的周期固定为20 ms。SINRTarget由PUCCH不同传输格式内容的BLER要求和基站的解调能力决定。为了提升SINRTarget高门限，增加PUCCH发射功率，在SINRTarget基础上增加偏置值SINROffset，SINROffset由参数设置。如果SINR测量值大于（SINRTarget+SINROffset），eNodeB向UE发送降低功率TPC命令。如果SINR测量值小于（SINRTarget+SINROffset），eNodeB向UE发送增大功率TPC命令。

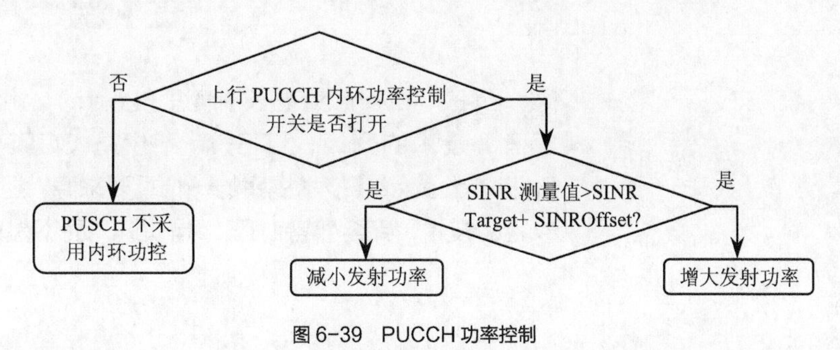

图6-39 PUCCH功率控制

SRS用于上行信道估计和上行定时。SRS功率控制目的是保证上行信道估计和上行定时的精度。SRS功率控制公式如下。

$$P_{\mathrm{SRS}}(i)=\min\left\{P_{\mathrm{CMAX}},10\log(M_{\mathrm{SRS}})+P_{\mathrm{SRS\_OFFSET}}+P_{\mathrm{O\_PUSCH}}+\alpha\cdot PL+f(i)\right\}$$

（1）M_{SRS}：SRS传输带宽。

（2）$P_{\mathrm{SRS\_OFFSET}}$：SRS相对于PUSCH的功率偏置。

（3）其他参数与PUSCH功率控制相同。

上行功率控制特性开通建议：为了获取更好的远点用户吞吐率和用户间的公平性，建议打开PUSCH动态调度内环功控开关。PUSCH半静态调度闭环功控开关算法是为了保障VoIP用户的业务质量，建议在上行半静态调度开关打开的时候打开此算法开关，以获取更好的VoIP用户业务性能。在上行半静态调度开关关闭的场景下，建议关闭此算法。为了保证PUCCH信号质量的稳定，建议打开PUCCH内环功控动态调整开关。

练习题

1. 简要介绍LTE中小区搜索的过程。
2. 衡量LTE覆盖和信号质量的基本测量量是什么?
3. LTE有哪些测量事件?
4. LTE系统中功率控制的目的是什么?

Communication

Chapter

7

第 7 章 LTE-A 技术

LTE-Advanced 是长期演进（Long Term Evolution，LTE）技术的升级，LTE-A 不仅是 3GPP 形成欧洲 IMT-Advanced 技术提案的一个重要来源，还是一个后向兼容的技术，完全兼容 LTE，是演进，而不是革命。

课堂学习目标

- 列出 LTE-A 的关键特性
- 熟悉 LTE-A 的演进路线
- 了解 LTE-A 现网成功案例

7.1 LTE-A 关键技术

随着 LTE 的迅速发展，3GPP 组织开展了 LTE-Advanced 系统相关技术的研究工作，LTE-Advanced 在频点、带宽、峰值速率及兼容性等方面都有新的需求。其中，LTE-Advanced 系统支持的系统带宽最小为 20 MHz，最大带宽达到 100 MHz。它支持的下行峰值速率为 1 Gbit/s，上行峰值速率为 500 Mbit/s，下行频谱效率提高到 30 bit/s/Hz，上行频谱效率提高到 15 bit/s/Hz。在系统容量方面，LTE-Advanced 要求每 5 Mbit/s 带宽内支持 200～300 个并行的 VoIP 用户。LTE-Advanced 对时延的控制更加严格，控制层从空闲状态转换到连接状态的时延低于 50 ms，从休眠状态转换到连接状态的时延低于 10 ms；用户层在 FDD 模式的时延小于 5ms，在 TDD 模式的时延小于 10ms。此外，与 LTE 系统相比，LTE-Advanced 系统在关键技术方面有了很大的增强，引入了一些新的候选技术，如多点协作传输（Coordinated Multiple Point transmissionand reception, CoMP）、载波聚合（Carrier Aggregation，CA）、接力通信（Relay）、增强型多天线技术、无线网络编码技术和无线网络 MIMO 技术、中继技术等。

7.1.1 载波聚合

1. 载波聚合的定义

为了提供更高的业务速率，3GPP 在 LTE-Advanced 阶段提出下行 1 Gbit/s 的速率要求。而受限于无线频谱资源紧缺等因素，运营商拥有的频谱资源都是非连续的，每个单一频段难以满足 LTE-Advanced 对带宽的需求。基于上述原因，3GPP 在 Release 10 阶段引入了载波聚合，通过将多个连续或非连续的载波聚合成更大的带宽（最大 100 MHz），以满足 3GPP 的要求，如图 7-1 所示。

图 7-1 载波聚合原理

载波聚合可以有效利用离散的频谱上的空闲资源，通过将多个载波聚合成更大的带宽，使得用户获得更高的上下行峰值速率体验，如图 7-2 所示。

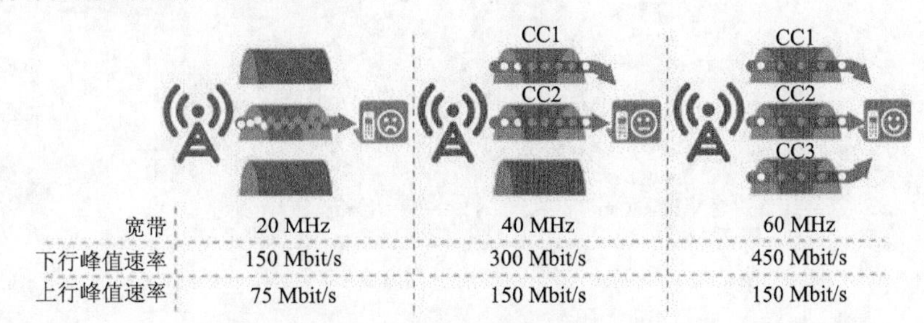

图 7-2 载波聚合峰值速率

载波聚合特性的功能架构主要包括 CA UE 的 Pcell 及 SCell 的配置和状态转换，同时还包括载波聚合场景下其他特性的实现，其中关键的概念如下。

（1）Primary Cell：主服务小区，是 CA UE 驻留的小区。CA UE 在该小区内的运行与其他 R8/9 小区没有区别。只有 PCell 才有 PUCCH。

（2）Secondary Cell：辅服务小区，是指通过 RRC 连接信令配置给 CA UE 的小区，工作在 SCC（辅载波）上，可以为 CA UE 提供更多的无线资源。SCell 可以只有下行，也可以上下行同时存在。

（3）CA Group：CA 组是指在 eNodeB 上将若干小区配置到一个逻辑集合内，只有该集合内的小区才允许聚合。

（4）CC：分量载波（Component Carrier），指参与载波聚合的不同小区所对应的载波。

（5）PCC：主载波，指 PCell 所对应的 CC。

（6）SCC：辅载波，指 SCell 所对应的 CC。

（7）PCC 锚点：eNodeB 选择的优先级高的驻留 PCC。

另外，3GPP Release 10（TS 36.300）对于 LTE-Advanced 载波聚合有如下约束。

（1）CA UE 最多可以聚合（发送/接收）5 分量载波，每载波最大 20 MHz。

（2）CA UE 支持非对称载波聚合，即下行链路和上行链路聚合的分量载波数目可以不同，但是上行分量载波数必须小于等于下行分量载波数，并且上行分量载波是下行分量载波的子集。

（3）每个分量载波的帧结构与 3GPP Release 8 相同，实现向下兼容。

（4）基于 3GPP Release 10 的分量载波允许 Release 8 或 Release 9 的 UE 在载波上发送/接收数据。

2. 载波管理

载波管理的流程包括下面两点。

（1）CA UE 的 PCC 锚点选择

通过 PCC 锚点选择功能可实现按优先驻留 Pcell，或按 PCC 优先级选择 PCell。PCC 锚点选择包括如下两种场景。

① 连接态时的 PCC 锚点选择：在 CA UE 初始接入、切换入或重建入时触发。

② 空闲态时的 PCC 锚点选择：仅在 RRC 连接释放态时触发。

PCC 锚点选择还可支持基于制式优先级和基于负载两种方式进行。

（2）CA UE 的 SCell 的配置、变更、激活、去激活、删除

SCell 的配置可在 CA UE 发起 RRC 连接（包括初始接入、重建、入切换场景）时触发。SCell 配置好后，会产生变更、激活、去激活和删除的状态。当 CA UE 配置并激活 SCell 后，CA UE 可以做载波聚合，否则不能做载波聚合。SCell 的状态变化如图 7-3 所示。

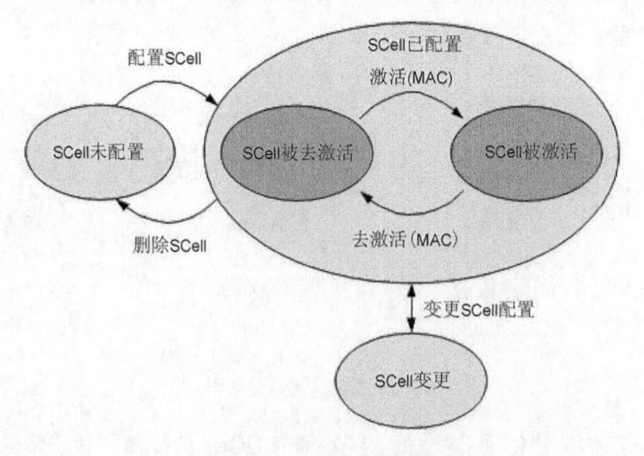

图 7-3 SCell 状态变化

7.1.2 下行 256QAM

3GPP R12 协议中新增了下行 256 正交振幅调制（Quadrature Amplitude Modulation，QAM）的调制方案。256QAM 是对 QPSK、16QAM 和 64QAM 的补充，用于提升无线条件较好时 UE 的比特率。256QAM 中的每个符号能够承载 8 个位信息，相对于 64QAM，能支持更大的传输块大小（Transport Block Size，TBS），理论峰值频谱效率提升 33%。

1. 相关概念

（1）CQI

UE 通过 CQI 向 eNodeB 指示其业务的下行信道质量，eNodeB 根据 UE 业务的信道质量决定使用的调制编码方案（Modulation and Coding Scheme，MCS）。

（2）MCS

eNodeB 通过 MCS 保障 UE 业务的传输效率和传输质量。当信道质量好时，采用更高阶的调制方式和更高的编码效率（添加更少的保护比特）；当信道质量差时，采用更低阶的调制方式和更低的编码效率（添加更多的保护比特），LTE 系统采用自适应的编码方式。

2. 下行 256QAM 的调度流程

eNodeB 根据下行 256QAM 特性开关、终端是否支持下行 256QAM 以及 eNodeB 的 CQI 表格配置情况进行 CQI 调整和资源分配等下行调度流程，如图 7-4 所示。

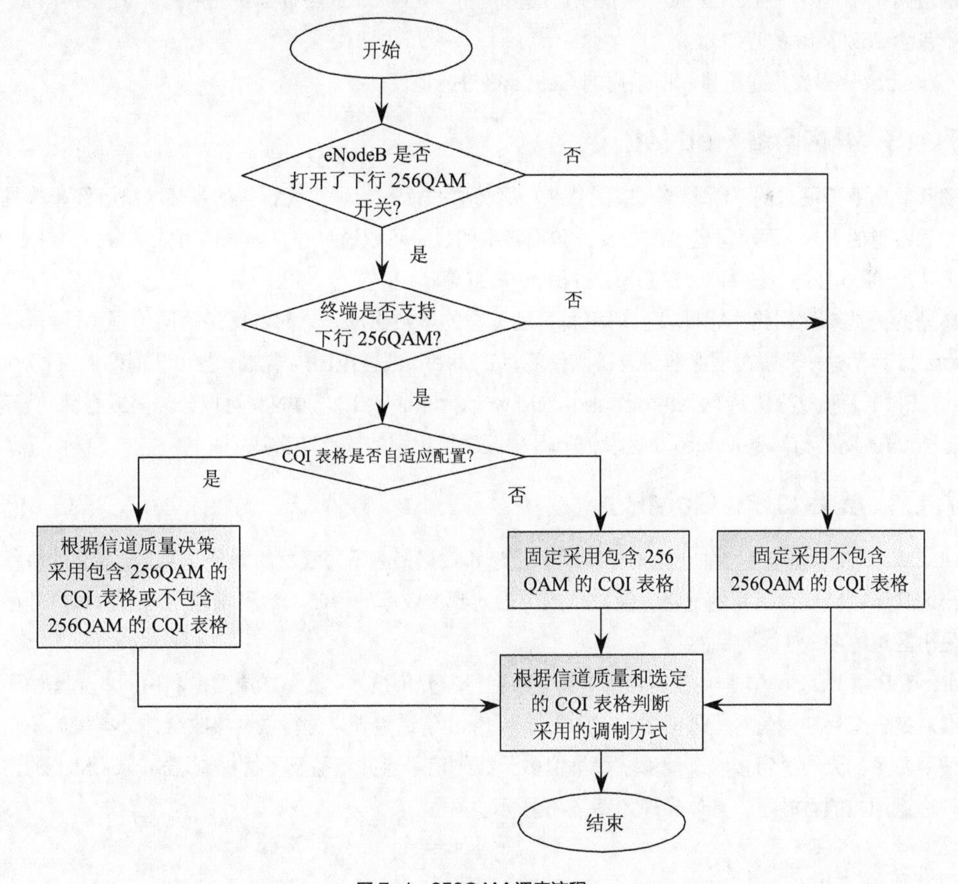

图 7-4 256QAM 调度流程

对图 7-4 中的流程说明如下。

① eNodeB 判断是否打开了下行 256QAM 开关。

a. 如果 eNodeB 打开了 CellAlgoSwitch.Dl256QamAlgoSwitch 的“Dl256QamSwitch(下行 256QAM 开关)”，则进入②。

b. 如果 eNodeB 关闭了 CellAlgoSwitch.Dl256QamAlgoSwitch 的“Dl256QamSwitch(下行 256QAM 开关)”，则 eNodeB 根据信道质量为 UE 选择 QPSK、16QAM 或 64QAM 的调制方式。

② eNodeB 判断终端是否支持下行 256QAM。

下行 256QAM 要求 UE 支持 3GPP R12 协议，终端能力为 CAT 11 ~ CAT 14，且支持下行 256QAM 调制技术。

a. 如果终端支持下行 256QAM，则进入③。

b. 如果终端不支持下行 256QAM，则 eNodeB 根据信道质量为 UE 选择 QPSK、16QAM 或 64QAM 的调制方式。

③ eNodeB 判断下行 256QAM 的 CQI 表格是否为自适应配置。

a. 如果下行 256QAM 的 CQI 表格不是自适应配置，则 eNodeB 为支持 256QAM 的终端固定使用包含 256QAM 的 CQI 表格。

b. 如果下行 256QAM 的 CQI 表格是自适应配置，则 eNodeB 周期性地（通过参数 CellDlschAlgo.Dl256QamCqiTblAdpPeriod 配置）根据信道质量支持 256QAM 的终端判断使用包含 256QAM 的 CQI 表格或不包含 256QAM 的 CQI 表格。

④ eNodeB 根据信道质量和所采用的 CQI 表格进行调度。

7.1.3 异构网络 HetNet

随着数据业务需求的不断增长，应用传统小区分裂技术来部署更大覆盖的基站网络已经越来越难以满足大数据容量的需求。而小区分裂增益及大数据容量的提升可以通过在本地区内有效部署微小站点来获得，例如低功耗 Pico 基站、HeNB/CSG 小站和 relay 站点等。

典型的无线蜂窝网络由相同发射功率和覆盖范围的基站组成，这时的网络为同构网（Homogeneous Network）。为了进一步提高网络容量及覆盖性能，在 Macro 部署范围内增加一些小功率站点（Lower Power Node，LPN），形成异构网（HeterogeneousNetwork，HetNet）。HetNet 可以分为同频组网和异频组网，其中，HetNet 同频组网是 Macro 小区和 Micro 小区采用相同的频点和带宽。

7.1.4 多点协作（CoMP）

UL CoMP 技术基于各协作小区对信道状态信息和数据信息不同程度的共享，通过小区间的协作将原本是邻小区的干扰转变为有用的信息，突破单点传输对频谱效率的限制，达到增强网络覆盖和提升小区性能特别是小区边缘 UE 性能的目的。

eNodeB 的 UL CoMP 采用联合接收方案，即上行宏分集技术。其基本原理是利用同一个基站不同小区的天线对某一个用户的信号（PUCCH、PRACH 和 SRS 信道除外）进行联合接收合并，其类似于在一个小区中使用更多的天线进行接收，能够获得类似多天线的信号合并增益及干扰抑制增益。CoMP 的主要目的是提升边缘用户的吞吐率，具体原理如图 7-5 所示。

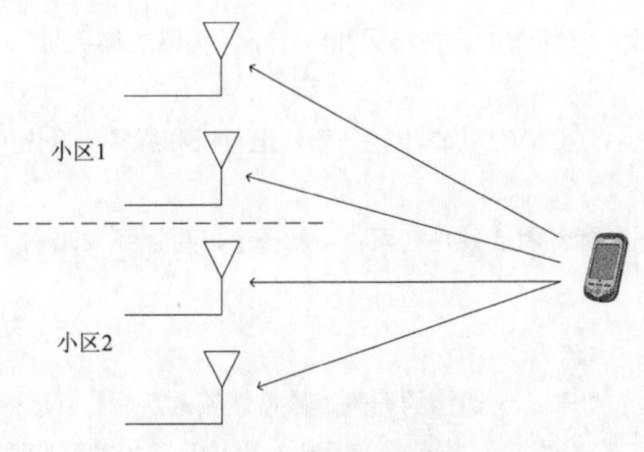

图 7-5 上行多点协作原理

1. 相关概念介绍

一类 UL CoMP UE：小区边缘的 UE，也就是服务小区与邻区重叠区域的 UE，eNodeB 选择这类 UE 进行 CoMP，获取明显的信号合并增益。如图 7-6 所示，UE 处于两个小区的边缘。UE 的上行信号被两个小区（服务小区和协作小区）同时接收，联合解调，相当于接收天线的数目增加。此时 UL CoMP 能够获得明显的信号合并增益。

二类 UL CoMP UE：协作小区中与一类 UL CoMP UE 使用的 RB 有重叠的 UE，UE1 处于小区边缘，属于一类 UL CoMP UE，cell0 为 UE1 的协作小区，UE0 使用的 RB 与 UE1 有重叠。如图 7-7 所示，UE0 在 cell0 的接收信号中含有 UE1 的信号，对于 UE0 来说，UE1 的信号是一种干扰。UL CoMP 利用 cell0 和 cell1 的 4 根天线完成 IRC，更好地抑制 cell0 中 UE0 收到的干扰信号（此干扰来自于 UE1），使 UE0 取得干扰抑制增益。小区吞吐率也会因此而提高。理论上，此增益只与 UE0 的干扰源位置有关，UE0 可能处于任意位置。

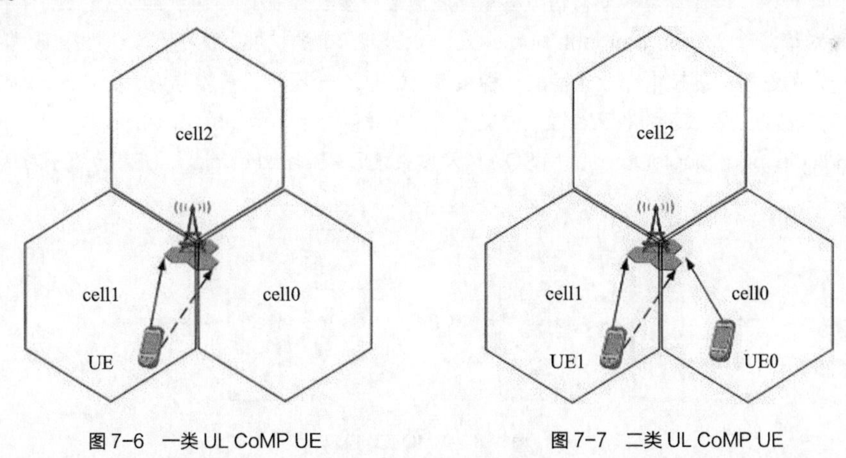

图 7-6 一类 UL CoMP UE　　图 7-7 二类 UL CoMP UE

UL CoMP 小区：包括服务小区与协作小区。服务小区指的是 UE 的主服务小区，协作小区指的是与服务小区一起进行联合接收的其他小区。UL CoMP 协作小区是 eNodeB 动态选择的，一个 UL CoMP 用户在不同时刻的协作小区可以不同。每个 UL CoMP 用户至少有一个 UL CoMP 协作小区。这是个用户级的概念。

两小区 UL CoMP：对单个用户，可以同时有两个小区的接收天线为其服务。对 2 天线小区而言，就是有 4 根天线共同接收该用户的上行 PUSCH 信号，做联合接收，以提升信号质量。

三小区 UL CoMP：对单个用户，可以同时有 3 个小区的接收天线为其服务。对 2 天线小区而言，就是有 6 根天线共同接收该用户的上行 PUSCH 信号，做联合接收，以提升信号质量。

UL CoMP 协作集：UL CoMP 用户的服务小区和协作小区构成的集合叫 UL CoMP 协作集，这是个用户级的概念。

UL CoMP 协作小区列表：UL CoMP 协作小区列表就是可以和服务小区做 UL CoMP 的所有协作小区的集合，这是小区级的概念。

UL CoMP 连通集：根据实际部署的硬件约束，与服务小区可以建立路由、相互连通的小区集合，这是小区级的概念。

2. 应用场景

UL CoMP 主要适用于 UE 处于小区边缘的场景。该特性被激活后，eNodeB 将自动筛选处于小区边缘的 UE，对这些 UE 启动 UL CoMP 功能，以获得信号合并增益及干扰抑制增益。

3. 增益

小区增益：一类 UL CoMP UE 在小区总用户数中的比例越小，二类 UL coMP UE 所使用 RB 的比例越小，则 UL CoMP 带来的增益就越小。

UE 增益：一类 UL CoMP UE 获得信号合并增益，二类 UL CoMP UE 获得干扰抑制增益。

7.1.5 高阶 MIMO

无线通信的迅速发展对系统的容量和频谱效率提出了越来越高的要求。提高容量的途径包括以下几种。

（1）扩展系统带宽：LTE 最大系统带宽是 20 MHz,LTE+最大系统带宽可以是 100 MHz，但带宽不可能无限地扩展。

（2）优化调制方式：LTE 最高阶调制方式是 64QAM，LTE+中调制方式可以是 256QAM，但调制阶数不可能无限增高。

（3）MIMO 技术：理论计算表明，信道容量随发送端和接收端最小天线数目线性增长。

MIMO 是对单发单收（Single Input Single Output，SISO）的扩展，泛指在发送端/接收端采用多根天线，并辅助一定的信号处理技术完成通信的一种技术。如图 7-8 所示，一般称为 $M\times N$ 的 MIMO 系统，其中 M 表示发射天线数，N 表示接收天线数。广义上讲，单发多收（Single Input Multiple Output，SIMO）、多发单收（Multiple Input SingleOutput，MISO）以及波束赋形（Beam Forming，BF）也属于 MIMO 的范畴。

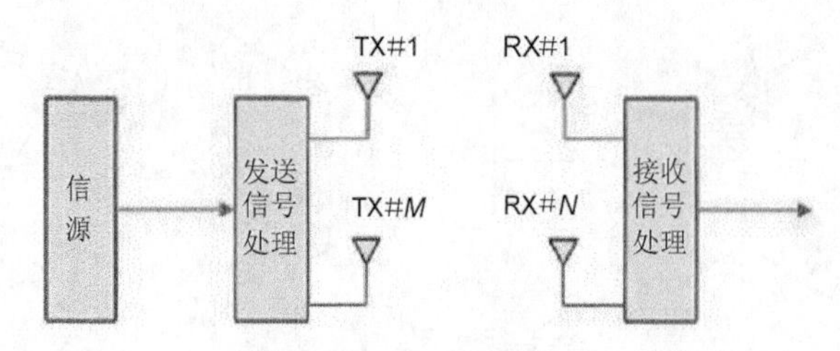

图 7-8 MIMO 工作原理

LTE 协议 Release 10 增加了新的传输模式 TM9，支持最多 8 层的 SU-MIMO 传输和最多 4 层的 MU-MIMO 传输（每个用户最多两层）。TM9 新增了下行 UE 专用参考信号（UE-specificReference Signals，DM-RS）和专用于信道质量指示（Channel Status Indicator，CSI）测量的 CSI 参考信号（CSI Reference Signals，CSI-RS）。由于 Release 9 最多支持 4 层，且用于 CSI 测量的 CRS 占用较大开销，因此 Release10 中增加层数的同时，设计了用于 CSI 测量导频信号，这样可以降低高阶 MIMO 下导频的资源开销。

TM4 模式下的数据解调是基于公共导频 CRS 进行的，要求数据信道和公共信道的发送端口数必须相同。相比 TM4，TM9 增加了专用导频 CSI-RS 和 DM-RS。TM9 模式下 PMI 反馈是基于 CSI-RS 测量的，数据解调是基于用户级专用导频 DM-RS 进行的，数据信道和公共信道的发送端口数可以不同。

同时，在 Release10 中，数据解调由 DM-RS 承担。CSI-RS 在不同天线端口通过正交序列复用，且 CSI 测量要求不如数据解调严格，因此 CSI-RS 对时间和频率资源的占用可以降到很低（1RE/port/PRB）。CSI-RS 的周期是可配置的，由于 TM9 主要应用于低速移动性场景，因此 CSI-RS 周期的变化取值设定为 5 ms、10 ms、20 ms、40 ms、80 ms。

7.1.6 eRelay

移动宽带（Mobile Broad Band，MBB）是业界普遍认同的发展趋势，HetNet 解决方案作为解决 MBB 时代容量与覆盖需求的主要手段，有着广泛的应用前景。小站解决方案是 HetNet 解决方案的重要组成部分，其大规模部署是运营商非常关心的课题。从小基站站点到入网点（Point of Presence，PoP）的“最后一千米接入”往往会占据小基站部署成本的很大比重。eRelay 解决方案的提出，为运营商提供了一种适应多种无线与传输组网场景并且能够快速部署、提供满足性能规格的低成本“最后一千米接入”解决方案。最后一千米接入可以分为有线和无线两大类。前者包括光纤、铜线以及同轴；后者通常按频段划分为 6 GHz 以下的常规频段以及 60GHz/E-band 及其以上的微波频段。相对于无线回传，有线回传可以提供优质传输性能以及高可靠性，但是最后一千米（甚至是最后 100 m）部署有线回传的 CAPEX 会高于无线方式，而且有线回传可能会受市政工程的限制而不可实施，因此无线回传是最后一千米的重要组成部分。在 LTE-A 网络中，小基站的数量将远远超过宏站的数量，那么小基站对传输也提出了严峻的需求。

eRelay 是利用 OFDM NLoS 技术提供 P2MP 的一种支持二层报文转发的无线回传解决方案。这些特性使得 eRelay 可以广泛地适应多种无线传播环境和传输组网场景，如为小站提供回传，为企业或者家庭用户提供宽带接入等，具体实现原理如图 7-9 所示。

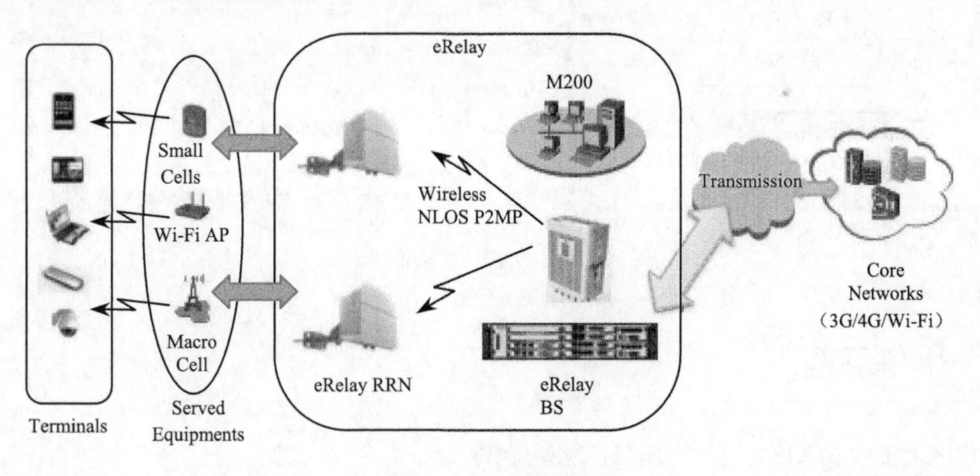

图 7-9 eRelay 实现原理

7.2 LTE-A 成功案例

7.2.1 LTE 4×4 MIMO 现场试验

世界上第一个 LTE 4×4 MIMO 现场试验效果如图 7-10 所示。2012 年第 1 季度，在德国使用华为 4T4R RRU，使用 5 类测试 UE，下行峰值速率稳定在 250 Mbit/s，使用 4Rx DTAG 商用 USB 数据卡试验，上行吞吐率增益达 60%。

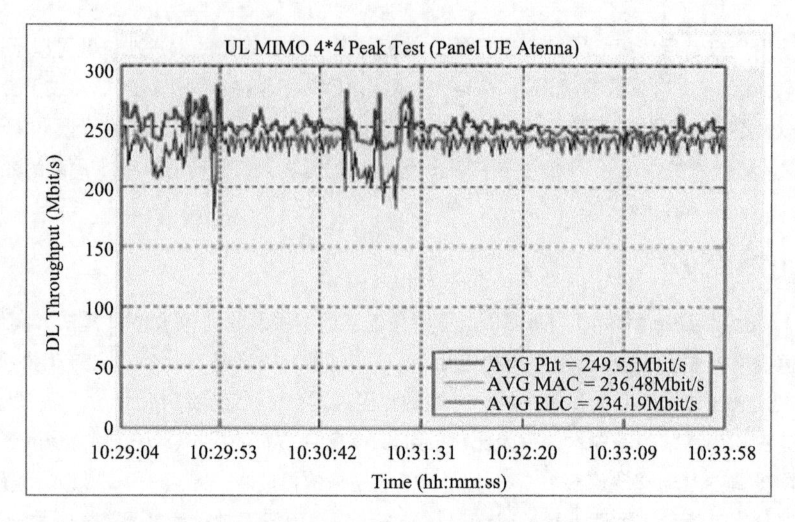

图 7-10　LTE 4×4 MIMO 试验效果

7.2.2　第一个商用 CA 的 LTE 网络

如图 7-11 所示，俄罗斯 Yota 在现网部署了全球第一个商用 CA，速率高达业界最高的 290 Mbit/s。

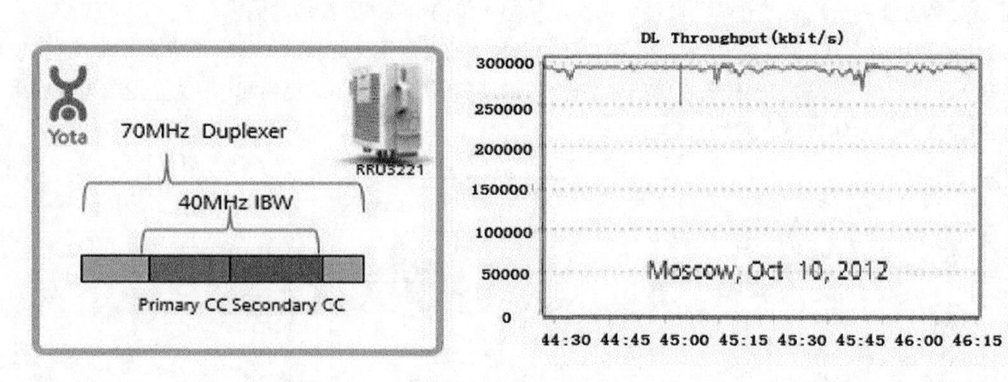

图 7-11　全球第一个商用 CA

练习题

1. 在 LTE-A 的系统中，简述提升峰值速率的关键技术。
2. 请描述上行多点协作开启后系统所带来的增益。

Communication

Chapter

8

第 8 章 LTE 无线网络覆盖估算

链路预算是通信系统用来评估网络覆盖的主要手段。链路预算通过对搜集到的发射机和接收机之间的设备参数、系统参数及各种余量进行处理，得到满足系统性能要求时允许的最大允许路径损耗。利用链路预算得出的最大路径损耗和相应的传播模型可以计算出特定区域下的覆盖半径，从而初步估算出网络规模。

课堂学习目标

- 描述覆盖估算的过程
- 理解链路预算和相关参数

通常，LTE 与其他无线系统的估算过程是一样的。人们可以根据无线传播模型以及允许的最大路损，算出站点覆盖区域，最终算出站点数量。当然，估算出的站点的数量只满足理想小区状态下，在实际地形环境中还会需要一些额外的站点。图 8-1 所示的就是覆盖估算的详细流程。其中，MAPL 为最大允许路损（Max Allowed Path Loss），EIRP 为等效全向辐射功率（Effective Isotropic Radiated Power）。

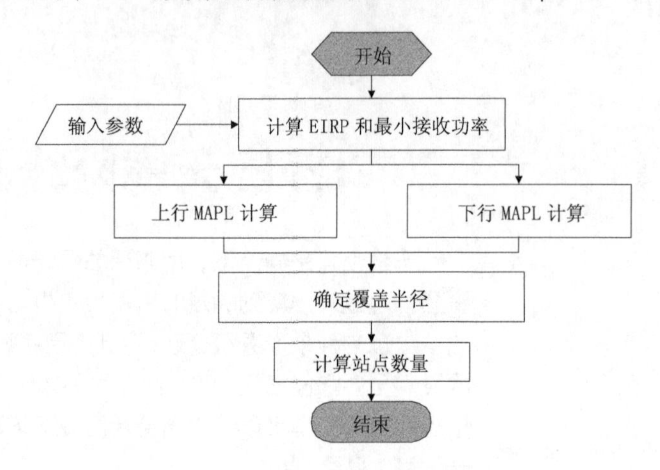

图 8-1 覆盖估算流程

链路预算是覆盖规划中的核心部分，用于计算每个方向的最大路径损耗。在得到了路径损耗以后，选择适合的传播模型，便可得到小区的覆盖半径。常见的传播模型如表 8-1 所示。

表 8-1 常见传播模型

传播模型	应用场景
Okumura-Hata	1. 频率范围：150～1 000 MHz 2. 小区半径：1～20 km 3. 天线挂高：30～200 m 4. 终端天线高度：1～10 m
COST231-Hata	1. 频率范围：1500～2000 MHz 2. 小区半径：1～20 km 3. 天线挂高：30～200 m 4. 终端天线高度：1～10 m
SPM	此模型由路测数据经模型校正后得到

LTE 的链路预算涉及所有的上、下行物理信道。一般情况下，我们需要保证导频和控制信道的覆盖稍大于数据信道即可。

8.1 下行链路预算

图 8-2 所示是下行链路预算的原理，结合相关参数可以计算出最大允许路径损耗。通常，最大允许路损通过发射功率和接收灵敏度计算。在传播过程中，损耗一般都是静态的，如穿透损耗、身体损耗以及线损。增益（如天线增益、MIMO 增益）可以提高最大允许路损，因为它能增强信号强度或者给损耗带来一些补偿。我们保留余量以确保覆盖性能。如果保留余量，覆盖（根据链路预算计算）就总能满足规划目标，

即使在小区有负载或者某个地方慢衰落比平均值要大的情况下。相关的公式如下。

下行 MAPL= EIRP−MRSS (最小接收功率) −穿透损耗−阴影余量−干扰余量。

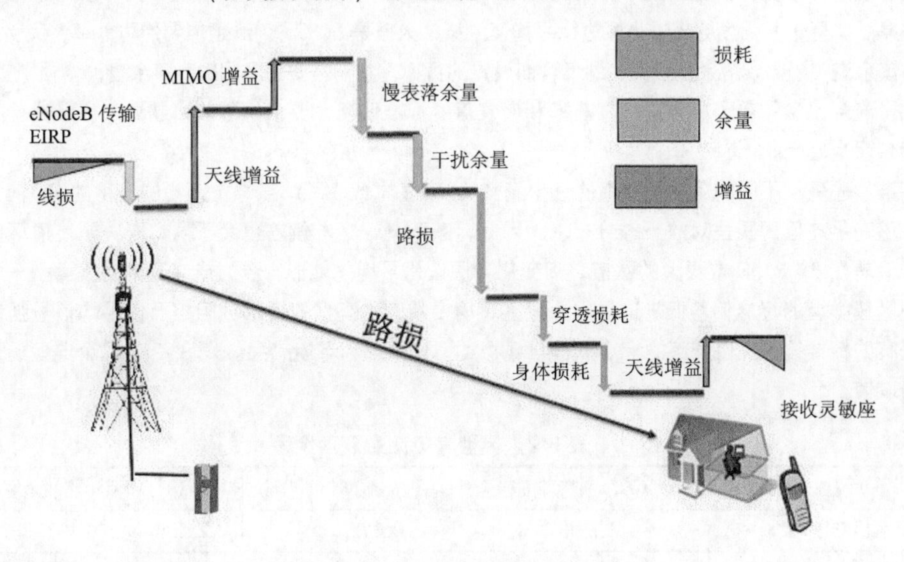

图 8−2　下行链路预算原理

1. 下行等效全向辐射功率

一个站点的发射功率通常被称为下行等效全向辐射功率。它从站点天线的角度反映发射功率水平。在 LTE 系统中，OFDMA 用作资源分配。对不同带宽而言，接收灵敏度是不同的，所以在链路预算过程中，我们应该把单 RE 看作一个计算的统一标准。插入损耗是由各个接头带来的损耗，一般取 3 dB 左右。

TX EIRP = eNodeB 每子载波的发射功率+ eNodeB 天线增益−线损−插入损耗

其中，每子载波发射功率=基站最大功率（dBm）−10lg（子载波数）

以 20 MHz、40 W RRU 为例：每载波功率=46 dBm−10lg(100×12)=15.2 dBm。

2. 基站最大发射功率

基站最大的发射功率由 RRU/RFU 的型号以及相关配置决定，典型配置下，小区最大发射功率为 2×20 W（46 dBm）。

3. 天线增益

定向天线的单天线增益通常为 15 dBi，全向天线的单天线增益在 8 ~ 11 dBi 之间，通常取 10 dBi。分集模式 (TM3)增益与天线数量有关，一般来说，2 天线理论分集增益为 3 dB，通常取 1.5 ~ 2 dB。而 4 天线理论分集增益为 6 dB，通常取 3 ~ 4 dB。Beamforming 增益理论上 8 单元赋形天线下行可获得 9 dB 的赋形增益。根据系统仿真与测试结果，一般取 5 ~ 6 dB。

除以上增益外，部分算法和特性的应用也可以带来一定的增益，比如小区间干扰协调（Inter Cell Interference Coordination，ICIC）算法增益，典型值取 2 dB；自适应调制编码（Adaptive Modulation and Coding，AMC）和 HARQ 增益，典型值取 1 dB。不过，这些增益一般不在链路预算时体现。

4. 干扰余量

在链路预算的时候会考虑干扰余量以补偿来自负载邻区的干扰。干扰余量针对底噪提升，和地物类型、站间距、发射功率、频率复用度有关。50%邻区负载的情况下，干扰余量一般取值为 3 ~ 4 dB。允许的负载越高，干扰余量就定义得越大。

5. 阴影衰落余量

阴影衰落也叫慢衰落，其衰落符合正态分布，由此造成了小区的理论边缘覆盖率只有50%，为了比50%的覆盖率高，实际信号强度会超过小区边缘平均值的概率大概是50%。为满足需要的覆盖率，又引入了额外的余量，该余量叫阴影衰落余量。要达到运营商设置的目标，我们需要考虑阴影衰落余量，增强覆盖。

阴影衰落余量依赖于小区边缘覆盖率和慢衰落的标准偏差，要求的覆盖率越高，标准偏差越高，则阴影衰落余量也越大。

标准偏差是从不同的簇类型获取的一个测量值。它基本代表距站点一定距离的测得的RF信号强度的变量（该值在平均值周围呈对数正态分布）。因此，簇不同，标准偏差也会不同。取决于传播环境，对数正态标准偏差在6～8 dB或更大的数值之间变化。假设是平坦的地形，乡村或者开阔的簇类型一般都会比市郊或城区簇类型的标准偏差低。这是因为城区环境中特有的高建筑会形成阻挡而使平均信号强度比在农村形成更高的标准偏差。慢衰落的标准偏差与地物类型、频点和环境有关。表8-2是几个典型场景的阴影衰落余量取值。

表8-2　典型常见阴影衰落余量

	密集城区	城　区	郊　区	农　村
阴影衰落标准差	11.7 dB	9.4 dB	7.2 dB	6.2 dB
区域覆盖率	95%	95%	90%	90%
阴影衰落余量	9.4 dB	8 dB	2.8 dB	1.8 dB

6. 损耗

（1）馈线损耗：主要是指馈线（或跳线）和接头损耗。LTE采用分布式基站，RRU与天线的距离一般较近，从RRU到天线的一段馈线及相应的接头损耗通常取1 dB。馈线损耗和馈线长度以及工作频带有关，具体如表8-3所示。

表8-3　不同馈线损耗

eNodeB线缆类型	线缆尺寸（英寸）	eNodeB线损100 m (dB)						
		700 MHz	900 MHz	1 700 MHz	1 800 MHz	2.1 GHz	2.3 GHz	2.5 GHz
LDF4	1/2	6.009	6.855	9.744	10.058	10.961	11.535	12.09
FSJ4	1/2	9.683	11.101	16.027	16.57	18.137	19.138	20.11
AVA5	7/8	3.093	3.533	5.04	5.205	5.678	5.979	6.27
AL5	7/8	3.421	3.903	5.551	5.73	6.246	6.573	6.89
LDP6	5/4	2.285	2.627	3.825	3.958	4.342	4.588	4.828
AL7	13/8	2.037	2.333	3.36	3.472	3.798	4.006	4.208

（2）人体损耗：UE离人体很近造成的信号阻塞和吸收引起的损耗，语音（VoIP）业务的人体损耗参考值为3 dB。数据业务以阅读观看为主，UE距人体较远，人体损耗取值0 dB。

（3）穿透损耗：当人在建筑物或车内打电话时，信号需要穿过建筑物或车体，造成一定的损耗。穿透损耗与具体的建筑物结构与材料、电波入射角度和频率等因素有关，应根据目标覆盖区的实际情况确定。在实际商用网络建设中，穿透损耗余量一般由运营商统一指定，以保证各家厂商规划结果可比较。不同场景下的穿透损耗参考取值如表8-4所示。

表 8-4　不同场景下穿透损耗

地物类型/频带	700 MHz	800 MHz	900 MHz	1 500 MHz	1 800 MHz	2.1 GHz	2.3 GHz	2.6 GHz
密集城区	18 dB	18 dB	18 dB	19 dB	19 dB	20 dB	20 dB	20 dB
城区	14 dB	14 dB	14 dB	16 dB	16 dB	16 dB	16 dB	16 dB
市郊	10 dB	10 dB	10 dB	10 dB	10 dB	12 dB	12 dB	12 dB
农村地区	7 dB	7 dB	7 dB	8 dB	8 dB	8 dB	8 dB	8 dB
高速铁路	22 dB	22 dB	22 dB	25 dB	25 dB	26 dB	26 dB	26 dB

7. 接收机灵敏度

接收灵敏度指的是在分配的带宽资源下不考虑外部的噪声或干扰，为满足业务质量要求而必需的最小接收信号水平。接收机灵敏度 = 背景噪声 + 接收机噪声系数 + 要求的 SINR。

背景噪声也叫热噪声。热噪声是由传输媒质中电子的随机运动而产生的。在通信系统中，电阻器件噪声以及接收机产生的噪声均可以等效为热噪声。其功率谱密度在整个频率范围内都是均匀分布的，故又称为白噪声。系统背景噪声 = KTB。K 为 Boltzmann 常数（1.38×10^{-23}J/K）；T 为绝对温度，取 290K；B 为系统带宽，LTE 的可用带宽有 1.4 MHz、3 MHz、5 MHz、10 MHz、15 MHz、20 MHz；在系统带宽为 20 MHz 的情况下，LTE 系统的背景噪声为−101dBm。

噪声系数是指当信号通过接收机时，由于接收机引入的噪声而使信噪比恶化的程度，在数值上等于输入信噪比与输出信噪比的比值，是评价放大器噪声性能好坏的指标，用 NF 表示。该值取决于各厂家基站或终端的性能，目前一般取值为 eNodeB 的 NF= 4 dB，UE 的 NF= 7 dB。

SINR 的取值和很多因素有关，包括要求的小区边缘吞吐率和 BLER、MCS、RB 数量、上下行子帧配比（TD–LTE 特点）、信道模型、MIMO 模式。结合这些因素，通过一系列的系统仿真可以得出要求的 SINR 值。业务速率与需要的 SINR 对应关系仿真结果举例如图 8–3 所示。

ETU3 Channel Model SINR :

Service Rate	SINR -UL	SINR -DL
500 kbit/s	-1.09 dB (4 RB)	-0.43 dB (5RB)
1 000 kbit/s	-1.58 (8 RB)	-0.85 dB (9RB)

Service Rate	SINR-UL	SINR-DL
1 000 kbit/s	1.57 dB (6 RB)	1.26 dB (7 RB)
2 000 kbit/s	1.08 dB (12 RB)	0.82 dB (13 RB)

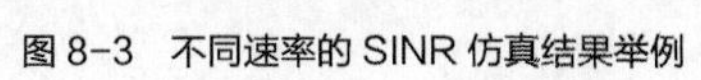

图 8–3　不同速率的 SINR 仿真结果举例

下行链路预算中最大允许路径损耗的计算如表 8–5 所示。

表 8-5　下行链路最大允许路径损耗计算

Tx	Formula
基站最大发射功率(dBm)	A
下行带宽（RB）	C
下行子载波数	$D = 12C$

续表

每子载波的功率（dBm）	$E = A-10\lg10(D)$
基站天线增益(dBi)	G
基站馈线损耗(dB)	H
每子载波 EIRP(dBm)	$J = E+G-H$
Rx	Formula
SINR 门限（dB）	K
噪声系数(dB)	L
接收灵敏度(dBm)	$M = K+L-174+10\lg10(15000)$
人体损耗(dB)	P
最小信号接收强度(dBm)	$R = M+P+Q$
其他损耗及余量	Formula
穿透损耗(dB)	S
干扰余量(dB)	Q
阴影余量(dB)	T
最大路径损耗（dB）	$U = J-R-S-T$

8.2 上行链路预算

如图 8-4 所示，上行链路预算的原理和下行链路预算基本一致，不同之外主要包括以下几点。

（1）发射功率：根据协议的定义，UE 最大发射功率是 23 dBm。

（2）发射带宽：与调度给 UE 的 RB 数量有关。

（3）天线增益：UE 天线增益一般设置为 0 dBi。

（4）上行接收机灵敏度。

（5）上行干扰余量：与 UE 的位置分布相关，一般通过仿真计算，通常取 3 ~ 4 dB。

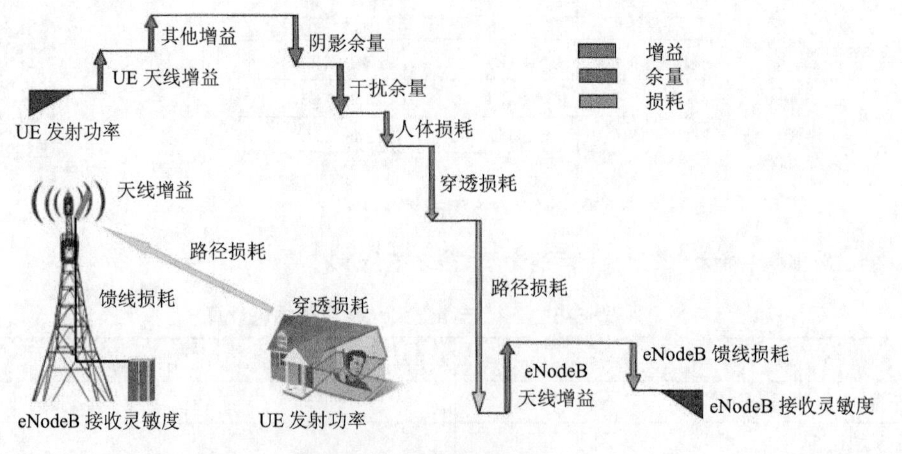

图 8-4 上行链路预算原理

在链路预算中，相关参数的典型取值如表 8-6 所示。

表 8-6　链路预算相关参数典型取值

参数名称	类　型	参数含义	典型取值
TDD 上下行配比	公共	TDD-LTE 支持 7 种不同的上下行配比	#1,2:2
TDD 特殊子帧配比	公共	特殊子帧（S）由 DwPTS、GP 和 UpPTS 这 3 部分组成，这 3 部分的时间比例（等效为符号比例）	#7,10:2:2
系统带宽	公共	包括 1.4 MHz、3 MHz、5 MHz、10 MHz、15 MHz、20 MHz 不同带宽对应不同的 RB 数	20 MHz
人体损耗	公共	话音通话时通常取 3 dB，数据业务不取	0 dB
UE 天线增益	公共	UE 的天线增益为 0 dBi	0 dBi
基站接收天线增益	公共	基站接收天线增益	18 dBi
馈线损耗	公共	包括从机顶到天线接头之间所有馈线、连接器的损耗，如果 RRU 上塔，则只有跳线损耗	1～4 dB
穿透损耗	公共	室内穿透损耗为建筑物紧挨外墙以外的平均信号强度与建筑物内部的平均信号强度之差，其结果包含了信号的穿透和绕射的影响，和场景关系很大	10～20 dB
阴影衰落标准差	公共	室内阴影衰落标准差的计算：假设室外路径损耗估计标准差 X dB，穿透损耗估计标准差 *Y* dB，则相应的室内用户路径损耗估计标准差 = sqrt($X^2 + Y^2$)	6～12
边缘覆盖概率	公共	当 UE 发射功率达到最大，如果仍不能克服路径损耗，达到接收机最低接收电平要求时，这一链路就会中断/接入失败。小区边缘的 UE，如果设计其发射功率到达基站接收机后，刚好等于接收机的最小接收电平，则实际的测量电平结果将以这个最小接收电平为中心，服从正态分布；视运营商要求而定	90%
阴影衰落余量	公共	阴影衰落余量(dB) = NORMSINV(边缘覆盖概率要求)×阴影衰落标准差(dB)	—
UE 最大发射功率	上行	UE 的业务信道最大发射功率一般为额定总发射功率	23 dBm
基站噪声系数	上行	评价放大器噪声性能好坏的一个指标，用 NF 表示，定义为放大器的输入信噪比与输出信噪比之比	4.5 dB
上行干扰余量	上行	上行干扰余量随着负载增加而增加	—
下行干扰余量	下行	与网络拓扑、覆盖半径、发射功率、邻区负载等因素相关	—
基站发射功率	下行	基站总的发射功率（链路预算中通常指单天线），下行 eNodeB 功率在全带宽上分配	43 dBm

8.3 传播模型

无线传播环境复杂，且差异性较大，传播模型中的各参数需要通过实际的传播模型测试与校正，以真实反映无线传播特性，进而提高无线网络规划的准确性。LTE 使用通用的传播模型。

$$\text{PathLoss} = \text{K}_1 + \text{K}_2 \lg(D) + \text{K}_3 \lg(H_{\text{Txeff}}) + \text{K}_4 \times \text{Diffraction loss}$$
$$+\text{K}_5 \lg(D) \times \lg(H_{\text{Txeff}}) + \text{K}_6 (H_{\text{Rxeff}}) + \text{K}_{\text{clutter}} f(\text{clutter})$$

式中，K_1 为与频率相关的常数；

K_2 为距离衰减常数；

K_3 为基站天线高度修正系数；

H_{Txeff} 为发射机天线的有效高度（m）；

K_4 为绕射损耗的修正因子；

Diffraction loss 为传播路径上障碍物绕射损耗；

K_5 为基站天线高度与距离修正系数；

K_6 为终端天线高度修正系数；

H_{Rxeff} 为接收机天线有效高度；

$K_{clutter}$ 为地物 clutter 的修正因子；

f(clutter)为地貌加权平均损耗。

以下是利用 RND 链路预算工具，输入相关链路预算的因素以及传播模型，分别得出的上行和下行的小区半径最终结果，如图 8-5 所示。

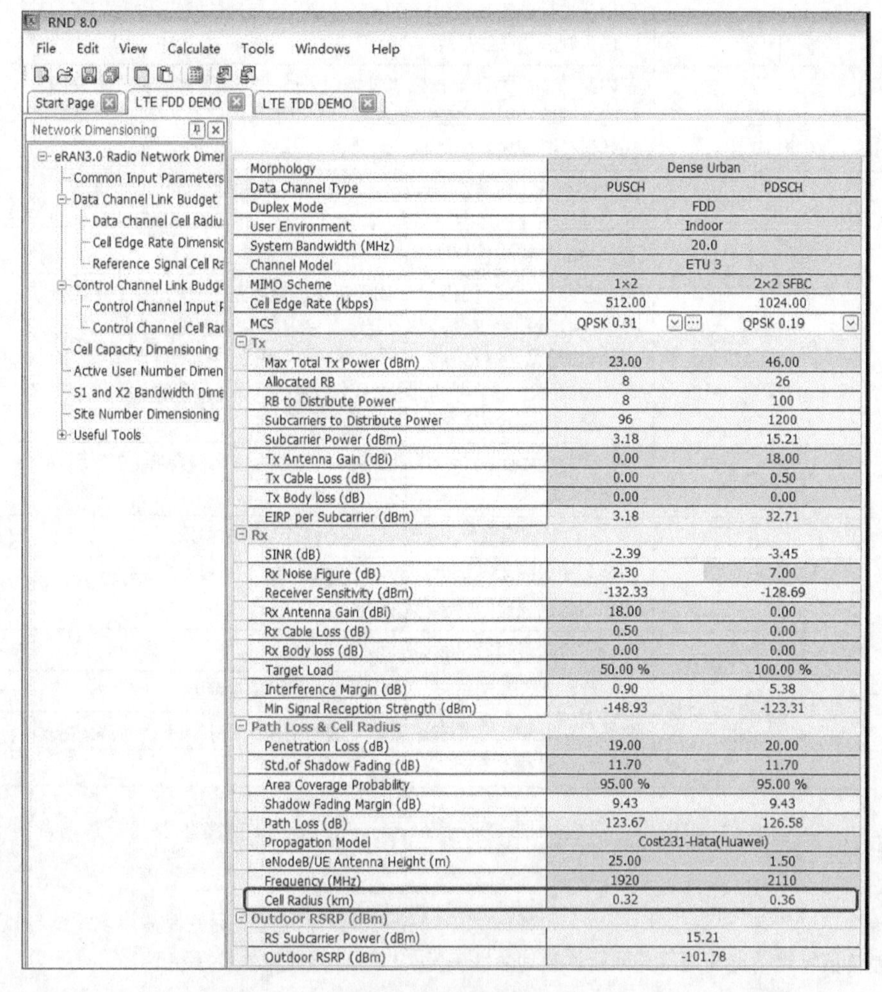

Morphology	Dense Urban	
Data Channel Type	PUSCH	PDSCH
Duplex Mode	FDD	
User Environment	Indoor	
System Bandwidth (MHz)	20.0	
Channel Model	ETU 3	
MIMO Scheme	1×2	2×2 SFBC
Cell Edge Rate (kbps)	512.00	1024.00
MCS	QPSK 0.31	QPSK 0.19
Tx		
Max Total Tx Power (dBm)	23.00	46.00
Allocated RB	8	26
RB to Distribute Power	8	100
Subcarriers to Distribute Power	96	1200
Subcarrier Power (dBm)	3.18	15.21
Tx Antenna Gain (dBi)	0.00	18.00
Tx Cable Loss (dB)	0.00	0.50
Tx Body loss (dB)	0.00	0.00
EIRP per Subcarrier (dBm)	3.18	32.71
Rx		
SINR (dB)	-2.39	-3.45
Rx Noise Figure (dB)	2.30	7.00
Receiver Sensitivity (dBm)	-132.33	-128.69
Rx Antenna Gain (dBi)	18.00	0.00
Rx Cable Loss (dB)	0.50	0.00
Rx Body loss (dB)	0.00	0.00
Target Load	50.00 %	100.00 %
Interference Margin (dB)	0.90	5.38
Min Signal Reception Strength (dBm)	-148.93	-123.31
Path Loss & Cell Radius		
Penetration Loss (dB)	19.00	20.00
Std.of Shadow Fading (dB)	11.70	11.70
Area Coverage Probability	95.00 %	95.00 %
Shadow Fading Margin (dB)	9.43	9.43
Path Loss (dB)	123.67	126.58
Propagation Model	Cost231-Hata(Huawei)	
eNodeB/UE Antenna Height (m)	25.00	1.50
Frequency (MHz)	1920	2110
Cell Radius (km)	0.32	0.36
Outdoor RSRP (dBm)		
RS Subcarrier Power (dBm)	15.21	
Outdoor RSRP (dBm)	-101.78	

图 8-5 链路预算举例

8.4 基站面积计算

不同站型小区面积的计算方式不同，对于定向 3 扇区站点，假设小区半径为 R，则站间距离 D=1.5R，基站覆盖面积=1.96R^2。详细计算如图 8-6 所示。

对于全向站，假设小区半径为 R，则站间距离 D=1.732R，基站覆盖面积=2.6R^2。详细计算如图 8-7 所示。

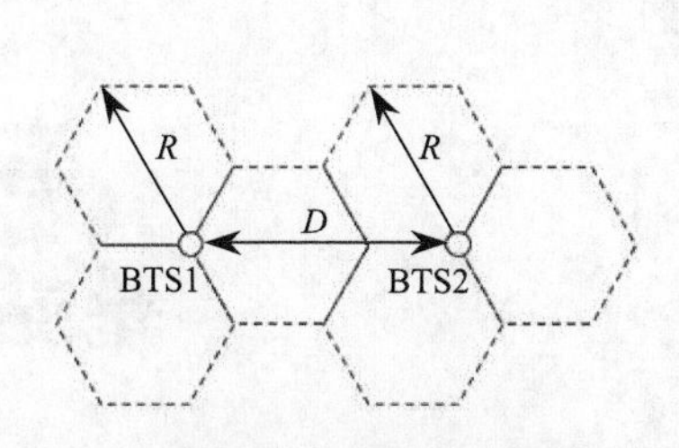

图 8-6　定向站面积计算

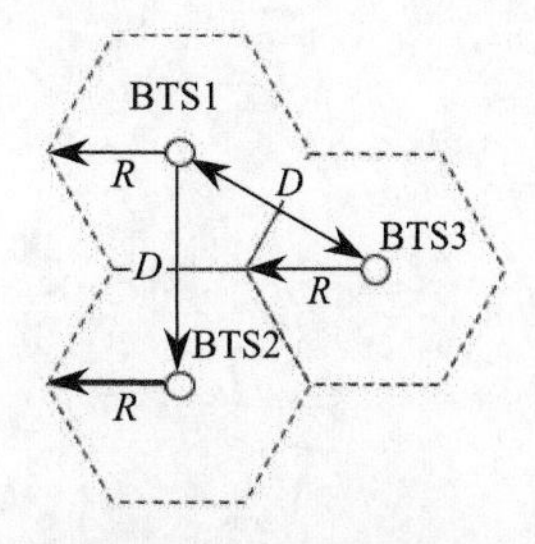

图 8-7　全向站面积计算

8.5 基站数量计算

假设某规划区域的面积为 M，则该规划区域需要的基站数 N 为 $N=M/(\lambda \cdot S)$，其中，λ 是扇区有效覆盖面积因子，一般取值为 0.8。详细的基站数量举例如表 8-7 所示。

表 8-7　基站数量举例

区域类型与覆盖要求	密集市区（三扇区）	一般市区（三扇区）	郊区（三扇区）
区域面积	36.95 km^2	325.93 km^2	236.68 km^2
连续覆盖业务的小区半径	0.30 km	0.52 km	1.26 km
连续覆盖业务的基站面积	0.18 km^2	0.52 km^2	3.05 km^2
基站数量	205 个	627 个	78 个

练习题

1. 请简述覆盖估算过程中上下行链路预算的不同点。
2. 目前在网络覆盖规划过程中，常见的传播模型有哪几种？

Communication

Chapter

9

第 9 章 基站勘测

LTE 基站的无线网络勘察设计直接影响 LTE 无线网络的性能和建设成本。本章介绍了 LTE 站点勘察前的准备工作、机房勘察、设备勘察、天面勘察、GPS 勘察的工作内容及注意事项，勘察设计的注意事项和基站选址的原则。

课堂学习目标

- 了解基站勘测流程
- 掌握勘测前的准备工作
- 掌握站点勘测的详细过程
- 掌握勘测结束后提交的勘测报告

9.1 基站勘测流程

在移动通信网络建设过程中，基站勘测结果作为天馈系统安装施工的依据，直接影响工程质量和进度，是工程中关键的工作之一。基站详细勘测主要包括记录基站的经纬度、站高，绘制天面平面图和周围环境平面图。机房的空间大小、机房承重能力、电源等是否满足要求，天线方位角、下倾角的确定，天线在天面的安装位置。

基站勘测流程如图 9-1 所示。根据网络规划目标以及无线网络预规划报告提供的站点列表，对每一个候选站点进行详细勘测，输出每一站点的勘测报告，根据候选站点的优先级和可获得性，确定最终的站址。

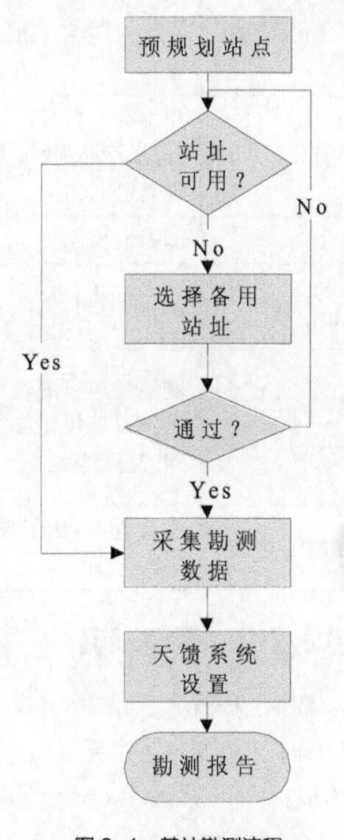

图 9-1　基站勘测流程

勘测数据是要获得备选站点的详细信息，包括站高、经纬度、天面详细信息、基站周围传播环境等；天馈系统设置包括天线的高度、方向角、隔离度要求等。

基站勘测要求勘测人员对移动通信技术体系要全面了解，包括以下几方面。

LTE 站址勘测准备

（1）移动通信系统的空中接口。

（2）基站设备的技术性能。

（3）天馈系统知识。

（4）无线传播理论的基础知识。

9.2 勘测前准备

9.2.1 工具和常用仪器

在基站勘测的过程中，为了能获取相关信息，常用的硬件仪器如表 9-1 所示。

表 9-1 基站勘测硬件

工具名称	用　　途	注意事项
数码相机	拍摄基站周围无线传播环境、天面信息以及共站址信息	携带相机充电器和充好电的电池
GPS	确定基站的经纬度	GPS 中显示搜索到 4 颗以上卫星才可用，所处位置要求尽量开阔。投影格式设置为 WGS84，度数显示设置为 *XX.XXXX*°（运营商没有要求情况下采用）。在一个地区首次使用 GPS 要开机等待 10min 以上，这样才能保证精度。根据地图椭球格式的不同，经纬度有不同格式，在 GPS 中要进行设置。常用的 GARMIN12XL GPS 中有一百多种格式，默认使用 WGS84 格式
指南针	确定天线方位角	使用时注意不要靠近铁物质，不要将指南针直接放到屋顶以免受磁化而影响精度。在磁化比较严重的地区（如周围金属物体比较多、有微波等装置），建议使用某些 GPS 的电子罗盘功能

续表

工具名称	用　　途	注意事项
便携式计算机	记录、保存和输出数据	记录勘测数据使用油笔，特别在雨天，纸件容易被雨水打湿，使用水笔的话字迹将变得模糊甚至消失，对勘测报告的编写带来问题。在北方的冬季最好使用铅笔，有些季节水笔、油笔都难以写出字迹
地图	当地行政区域纸面地图，显示勘测地区的地理信息	使用纸面地图的时候，注意纸面地图的处理方式，部分城市的纸面地图是经过变形处理的，从纸面地图上画出的站点位置不一定准确，需要将站点位置信息导入 Mapinfo 或者其他工具中才能观察出真实的位置
卷尺	测量长度信息	无
望远镜（可选）	观察周围环境	无
激光测距仪（可选）	测量建筑物高度以及周围建筑物距勘测站点的距离等	测量建筑物的高度最好的方法是使用激光测距仪，使用激光测距仪测量建筑物高度时需减去测量时激光测距仪所在位置与楼面的距离。有时也可以使用卷尺或角度仪替代，使用卷尺可以准确地测量建筑物的高度，对于不便使用卷尺的时候，可以利用角度仪和卷尺共同进行估算
角度仪（可选）	测量角度，用于推算建筑物高度	无

9.2.2 资料准备

熟悉工程概况，尽量收集与项目相关的各种资料，主要包括以下内容。

（1）工程文件（主要是指与前期工程相关的一些文件，比如已有站址分布情况，或者其他网络分布情况等）。

（2）基站勘测表。

（3）网络背景。

（4）当地地图。

（5）现有网络情况。

9.2.3 勘测协调会

在正式开始勘测前，应当集中所有相关人员（包括勘测及配合人员）召开勘测准备协调会，主要内容如下。

（1）了解当地电磁背景情况，必要时进行清频测试。

（2）勘测及配合人员落实。

（3）车辆、设备准备。

（4）制订勘测计划，确定勘测路线，如果时间紧张或需要勘测区域比较大，可划分成几组，同时进行勘测。

（5）与运营商交流获，得共站址站点已有天线系统的频段、最大发射功率、天线方位角等。

（6）如果涉及非运营商物业的楼宇或者铁塔，需要向客户确认是否可以到达楼宇天面或铁塔。

（7）确认客户需要重点照顾的区域在本站址的覆盖范围内，勘测前需要明确这些重点覆盖区域。

（8）如果客户条件允许，最好能够要求客户安排熟悉路线和环境的人一同前往，这样比较有目的，节约时间。

9.3 站点详细勘测

9.3.1　站点环境勘测

一旦基站位置确定下来，就要制订详细基站勘测计划。详细勘测得到的结果要用于网络规划、设备采购和工程建设。所以详细勘测内容包括建筑、微波传输、设备安装位置等内容。

1. 站点的总体拍摄

到达站点后，拍摄有关备选站点入口、所属建筑物或者铁塔站点的总体结构的 1~2 张照片。对于站点入口的照片，如果有可能，需要将该站点位置对应的街道、门牌号码拍摄进去。具体拍摄示例如图 9-2 所示。

图 9-2　站点总体拍摄

2. 站点经纬度采集

为保证良好的接收信号，GPS 要放置在无障碍物阻挡的地方。在一个地区首次使用 GPS，要在开机后等待 10min 以上，这样才能保证精度。GARMIN 系列的 GPS 有较高的精度，在同一地点两次开关机得到的经纬度数据距离相差不到 10m。

在勘测点空旷的地方使用 GPS 采集基站经纬度前，首先设置 GPS 的坐标格式为 WGS-84 坐标，经纬度显示格式为 XXXXXX°。当然如果运营商有其他的格式，按照运营商的要求进行设置。为保证良好的接收性能，GPS 要放置在无阻挡的地方。在一个地区首次使用 GPS 要等待搜索到 4 颗卫星以上，这样才能保证精度。GPS 接收机是靠计算 GPS 卫星的星座图来进行初步搜索的，如果将当地大致的经纬度信息输入 GPS 接收机，可以大大加快 GPS 定位速度。

LTE 站点周围环境勘测

3. 站点周围传播环境

站的选址往往带有一些主观和理想化的因素，为确保所选站址是合理而有效的，并且为规划和将来的优化提供依据，对站址周围的环境信息进行采集是很有必要的。主要考虑周围的传播环境对覆盖会产生哪些影响，并根据周围环境特点合理规划天线的方位角和下倾角。如果所选站址周围传播环境不能满足要求，则要考虑重新选用备用站址或者重新选址。具体勘测步骤如下。

（1）从正北方向开始，记录基站周围 500m 范围内各个方向上与天线高度差不多、比天线高的建筑物、自然障碍物等的高度和到本站的距离。在基站勘测表中描述基站周围信息，将基站周围的建筑物、山、广告牌等在图上标示出来，并在图中简单描述站点周围障碍物的特征、高度和到本站点的距离等，同时记录 500m 范围内的热点场所，现场填写《站点 RF 勘测表》中相应部分的内容。

（2）在天线安装平台拍摄站址周围的无线传播环境：根据指南针的指示，从 0°（正北方向）开始，以 30° 为步长、顺时针拍摄 12 个方向上的照片，每张照片以“基站名_角度”命名，基站名为勘测基站的名称，角度为每张照片对应的拍摄角度。每张照片要在绘制的天面平面示意图上注明拍摄点的位置以及拍摄方向，另外从水平角度拍摄东、西、南、北方向上的景物，拍照时并不是固定在某一点，而是根据具体天线的安装位置，尽量从架设天线的位置在天面各个方向的边缘分别拍照，上一张照片与下一张照片应该有少许交叠。在所绘制的天面平面示意图上标注出拍摄照片的位置和方向。

（3）观察站址周围是否存在其他运营商的天馈系统，并做记录。在《站点 RF 勘测表》中同时标记天线位置（采用方向、距离表示）、系统所用频段。

（4）其他情况：基站周围是否有高压线，建筑施工情况等也需要在《站点 RF 勘测表》中说明。

（5）当站点基本可用，但无法实现假想服务边界内全部区域覆盖时，应对不能满足覆盖的区域（通常是服务边界的被阻挡区域，或特殊的大型建筑群及其阴影）再进一步勘察，确定补充覆盖方案，例如通过周边其他站点覆盖等。如果无法通过周边站点补充覆盖，应向规划工程师汇报说明，进一步论证站点的合理性。规划工程师可根据该区域的重要程度和设计覆盖目标要求，选择更改设计分裂站点，或增加微蜂窝、室内分布系统、直放站等补充覆盖。

9.3.2 天面勘测

1. 天线高度勘测

（1）天线应比周围主要建筑高 5～15 m；挂高应在假想典型站高附近，连续覆盖区域的站点如果过低，将形成覆盖空洞，过高将形成越区和干扰；考虑到优化调整的余地，如果站点规划中所留余量不大（小于 10%），则站点高度不应低于假想站高的 1/4，且站点越偏离假想站点位置，允许降低的站高幅度越小；连续覆盖区域内高度也不应高过假想高度的 1/2，且站点越偏离假想站点位置，允许的高度变化越小，如果高出该范围，应通过模拟测试等手段进行干扰定量分析，并探讨特殊天线的应用。

（2）同一基站不同小区的天线允许有不同的高度，这可能是受限于某个方向上的安装空间，也可能是小区规划的需要。

（3）对于地势较平坦的市区，一般天线相对于地面的有效高度为 25～30 m。

（4）对于郊县基站，天线相对于地面的有效高度可适当提高，一般在 40～50 m。

（5）孤站高度不要超过 70 m。

（6）天线高度过高，会降低天线附近的覆盖电平（俗称“塔下黑”），特别是全向天线，该现象更为明显。

（7）天线高度过高容易造成严重的越区覆盖、同/邻频干扰等问题，影响网络质量。

（8）天线典型安装高度要求如表 9-2 所示。

表 9-2 天线安装高度

天线安装高度要求					
	与周边平均地物相对高度		与地面相对高度		
	推荐值	最大值	最小值	典型值	最大值
密集城区	1 m	2 m	15 m	20 m	25 m
城区	2 m	4 m	20 m	25 m	30 m
郊区	4 m	8 m	20 m	30 m	35 m
乡村	30 m	40 m	20 m	40 m	50 m
此因素重要性	重要	重要	参考	参考	参考

2. 天线高度测量

（1）利用卷尺或者激光测距仪可以测量建筑物的高度。

（2）当天线安装位置在建筑物顶面时，需要记录建筑物高度。

（3）一种测量高度的简单方法为数一下一层楼的台阶（楼梯）数，测量每级台阶高度，则楼高=每级台阶高度×一层楼台阶数×楼层数 + 最高层高度。如果每层楼高度基本一致，可通过下面方法测出一层楼的高度，楼高=每层楼高度×楼层数，这种条件下利用卷尺量出一层楼的高度即可获得站高。

（4）当天线安装在已有铁塔上时，首先需要确认安装在第几层天面上，然后通过运营商获得高度值。如果有激光测距仪，可以直接测量建筑物高度或者铁塔该层天面高度。

（5）当天线安装在楼顶塔上时，需要记录建筑物的高度和楼顶塔放置天线的天面高度。

3. 天线方向角勘测

天线方位角在预规划阶段已经确定，在站点勘测中根据站点周围障碍物的阻挡情况对各扇区的方位角进行调整，避免周围障碍物对信号传播的影响。设置天线方向角时应遵循以下原则。

（1）天线方位角的设计应从整个网络的角度考虑，在满足覆盖的基础上，尽可能保证市区各基站的三扇区方位角一致，局部微调，以避免日后新增基站扩容时增加复杂性，城郊接合部、交通干道、郊区孤站等可根据重点覆盖目标对天线方位角进行调整。

（2）天线的主瓣方向指向高话务密度区，可以加强该地区信号强度，提高通话质量。

（3）市区相邻扇区交叉覆盖的深度不能太深，同基站相邻扇区天线方向夹角不宜小于 90°。

（4）郊区、乡镇等地相邻小区之间的交叉覆盖深度不能太深，同基站相邻扇区天线方向夹角不宜小于 90°。

（5）为防止越区覆盖，密集市区应避免天线主瓣正对较直的街道、河流和金属等反射性较强的建筑物。

（6）如果所勘测地区存在地理磁偏角，在使用指南针测量方向角时必须考虑磁偏角的影响，以确定实际的天线方向角。

4. 天线隔离度要求

为避免交调干扰，基站的收、发信机必须有一定的隔离，隔离度至少要大于 30 dB。以 GSM900 和 GSM1800 共站址的系统为例，天线隔离度取决于天线辐射方向图和空间距离及增益，其计算如下。

（1）垂直排列布置时，$L_v=28+40\log(k/\lambda)$，单位为 dB。

（2）水平排列布置时，$L_v=22+20\log(d/\lambda)-(G_1+G_2)-(S_1+S_2)$，单位为 dB。

其中，λ 为载波的波长，k 为垂直隔离距离，d 为水平隔离距离，G_1、G_2 分别为发射天线和接收天线在最大辐射方向上的增益（dBi），S_1、S_2 分别为发射天线和接收天线在 90°方向上的副瓣电平（dBp）。通常 65°扇形波束天线 S 约为-18 dBp，90°扇形波束天线 S 约为-9 dBp，120°扇形波束天线 S 约为-7 dBp，这可以根据具体的天线方向图来确定。采用全向天线时，S 为 0。无论是在双极化天线还是在分集天线中都必须满足上式。

9.3.3 勘测记录

典型的 RF 勘测记录表应完整记录如下内容。

（1）站点名称。

（2）站点 ID。

（3）站点类型（如 2G 或 3G）。

（4）站点地址或联系人。

（5）站点所在的建筑物类型（如政府机构、私人住宅、商业楼宇等）。

（6）站点的备选编号（如 A、B、C）。

（7）站点所属 Cluster 的类型（如 Dense urban、urban 等）。

（8）站址经纬度。

（9）塔或抱杆的类型。

（10）塔或抱杆的高度。

（11）站点所在的建筑物高度。

（12）扇区信息如下。

① 扇区名称。

② 天线安装方式（塔或抱杆）。

③ 天线高度(等于建筑物高度加上塔或抱杆高度)。

④ 方向角。

⑤ 天线增益。

⑥ 下倾角。

9.4 勘测报告输出

为了避免遗忘造成的信息偏差，以及及时发现备选站点存在的问题，制订应对方案，勘测结束后，需要与客户再次开会，讨论勘测出现的问题，确认勘测结果，不能达成共识的需要签署勘测备忘录，请运营商签字认可并存档。同时需要输出以下材料，如表 9-3 所示。

表 9-3　基站勘测输出文档

材料名称	参考模板	备　注
基站勘测报告	《XX 项目 X 期_XX 站点 RF 勘测报告_YYYYMMDD》 《XX 项目 X 期_XX 站点 RF 勘测记录表_YYYMMDD》	基站勘测报告是对单个基站勘测的总结，主要数据来源是基站勘测表、基站环境的拍摄照片等
工程参数总表	《XX 项目 X 期_工程参数总表_YYYYMMDD》	工程参数总表是对基站勘测报告的简要总结，主要数据来源是基站勘测报告、站点选择范围、运营商提供的相关数据等。工程参数总表中的数据需要随着网络的发展实时更新，保证同实际的网络一致。容易错误的是扇区方向角以及因为方向角的改变而引起的扇区名的改变。建议扇区名字的顺序按照顺时针编号 1、2、3 等
基站勘测备忘录	《基站勘测备忘录_YYYYMMDD》	基站勘测备忘录主要是对勘测遗留问题的总结，便于后期的监控跟踪

练习题

1. 基站勘测过程中，使用到的硬件设备有哪些?

2. 天线方位角的设置，应注意哪些原则?

3. 在拍摄站址周围无线环境时，有哪些要求?

Communication

Chapter

10

第 10 章 电磁背景干扰测试

为了保证使用的频段各项电磁指标达到网络运行的条件，使用专门仪器对覆盖区域进行电磁背景干扰测试，获得的数据将作为网络开通前的参考。在网络运行以后，可以使用相同的办法进行电磁背景干扰测试，但是需要考虑系统本身造成的电磁辐射。

课堂学习目标

- 了解电磁背景干扰来源
- 掌握电磁背景测试方法
- 掌握勘测前的准备工作
- 了解 YBT250 在清频测试中的应用

10.1 电磁背景干扰测试概述

在进行无线网络规划设计时，需要首先检测覆盖区域相应频段的背景噪声强度，避免对无线网络的质量、容量和覆盖造成负面影响。如果无线网络应用频段内存在外界干扰，需要定位干扰的来源并采取相应措施。

10.1.1 电磁背景干扰来源

无线频谱资源由国际标准化组织和各国无线电管理机构统一分配。我国移动运营商的主要频谱占用情况如图 10-1 所示。另外还包括广播电视、数字卫星通信、军事、航空等频谱占用。各个无线系统使用各自的频谱资源，但是由于发射接收器件的非理性特性和保护带的大小的不同，会造成杂散干扰、阻塞干扰、互调干扰、ACLR/ACS 等相互影响。

运营商	上行频率（MHz）	下行频率（MHz）	频宽（MHz）	合计款频（MHz）	制式	
中国移动	890-909	935-954	19	179	GSM900	2G
	1710-1725	1805-1820	15		DCS1800	2G
	2010-2025	210-2025	15		TD-SCDMA	3G
	1880-1890 2320-2370 2575-2635	1880-1890 2320-2370 2575-2635	130		TD-LTE	4G
中国联通	909-915	954-960	6	81	GSM900	2G
	1745-1755	1840-1850	10		DCS1800	2G
	1940-1955	2130-2145	15		WCDMA	3G
	2300-2320 2555-2575	2300-2320 2555-2575	40		TD-LTE	4G
	1755-1765	1850-1860	10		FDD-LTE	4G
中国电信	825-840	870-885	15	85	CDMA	2G
	1920-1935	2110-2125	15		CDMA2000	3G
	2370-2390 2635-2655	2370-2390 2635-2655	40		TD-LTE	4G
	1765-1780	1860-1875	15		FDD-LTE	4G

图 10-1　国内移动运营商频谱使用情况

在 TD-SCDMA/TD-LTE 网络中，其主要应用频段包括 F/A/E/D 频段，可能造成干扰的无线通信系统包括 GSM/PHS/WLAN，以及数字卫星广播及军方通信等行业无线通信的特定频段。

10.1.2 电磁背景干扰的评估标准

干扰是影响无线通信网络质量的关键因素之一，最直接的影响是系统接收灵敏度的降低，从而导致覆盖半径的下降。

如表 10-1 所示，我们以干扰相对热噪声的差值（Mmargin）和灵敏度恶化量（R）来衡量干扰的影响。

表 10-1　干扰与灵敏度恶化量关系

Mmargin（dB）	灵敏度恶化 R （dB）
0	3.0
−1	2.5
−2	2.1
−3	1.8
−4	1.5

续表

Mmargin（dB）	灵敏度恶化 R （dB）
−5	1.2
−6	1.0
−7	0.8
−8	0.6
−9	0.5
−10	0.4

表 10−2 所示为灵敏度恶化与覆盖半径下降间的关系（按照经典的传播模型 Okumura−Hata 计算，基站天线高度 30 m）。

表 10-2　灵敏度恶化与覆盖半径下降的关系

灵敏度恶化（dB）	覆盖半径下降	覆盖面积下降
0.4	3%	5%
1	6.37%	12.33%
2	12.33%	23.14%
3	17.91%	32.61%
5	28.03%	48.21%
10	48.21%	73.17%

通常，对 LTE 等系统干扰评估的严格标准，是以干扰信号低于热噪声 10 dB、灵敏度恶化为 0.4 dB 作为可接受标准；对于宽松的干扰评估标准，是以干扰信号低于热噪声 6 dB、灵敏度恶化为 1 dB 为可接受标准。

10.1.3　电磁背景干扰测试工具

对电磁干扰测试，首先选择好仪器，基本仪器包括频谱仪、带通滤波器、测试天线、车辆、GPS、指北针、低噪放大器（LNA）、便携机、匹配负载，同时需要带足够数量的馈线，还要注意各连接之间的接头类型。

1. 频谱分析仪/扫频仪

常见频谱仪和扫描仪如图 10−2 所示。

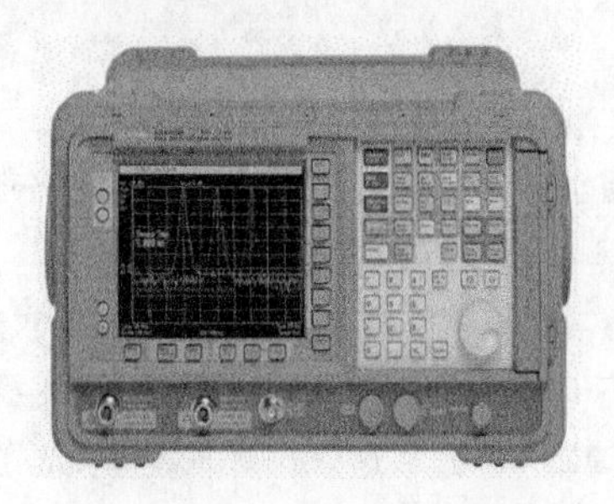

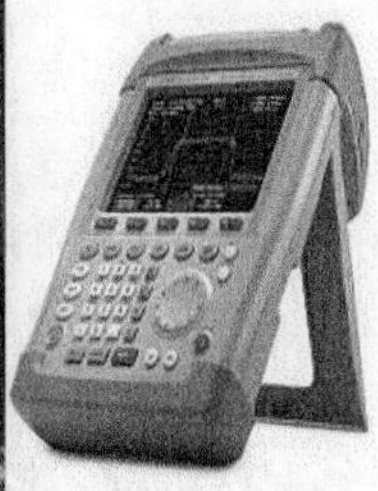

图 10−2　常见频谱仪和扫描仪

频谱仪/扫频仪（Scanner）用于测试信号的频域特性，包括频谱、邻道功率、快速时域扫描、寄生辐射、互调衰减等。其关键指标如下。

（1）频谱仪分辨带宽（RBW）：即频谱仪可以分辨的最小信号带宽。该参数越小，则仪器本身的噪声越低。

（2）视频滤波带宽（VBW）：是指频谱仪混频后中频滤波器带宽。带宽越窄，曲线越平滑。

（3）中心频率（F0）：指当前频谱仪的可测试频谱的中心频率。

（4）带宽（SPAN）：指当前频谱仪的可测试的频谱宽度。

（5）检波方式（Detector Mode）：WCDMA 通常采用 RMS 检波方式。

（6）扫描时间（Sweep Time）：表示在一定的 SPAN 带宽内，扫描一次所用的时间。

（7）灵敏度：一般把信号带宽为 XHz 的最小接收电平定义为频谱仪在该带宽的接收灵敏度。

（8）输入信号衰减（ATT）：当有大信号输入时，需要对信号进行适当衰减，如果不衰减，频谱仪本身可能会产生大量互调分量，影响测试结果的准确性。ATT 的设置会影响频谱仪的底噪。

（9）参考电平：频谱仪显示的参考电平。一般根据干扰电平设置，原则是使干扰电平动态范围在显示范围内。

2. 天线

天线用于干扰信号的接收，常见的天线类型如图 10-3 所示，通常有以下两种常用的类型。

（1）全向天线：有利于干扰的测量，不利于干扰的定位。

（2）定向天线：用于干扰源的搜索，方向性越强，增益越高，搜索的能力越强。常用定向天线包括板状天线、 八木天线、 对数周期天线。

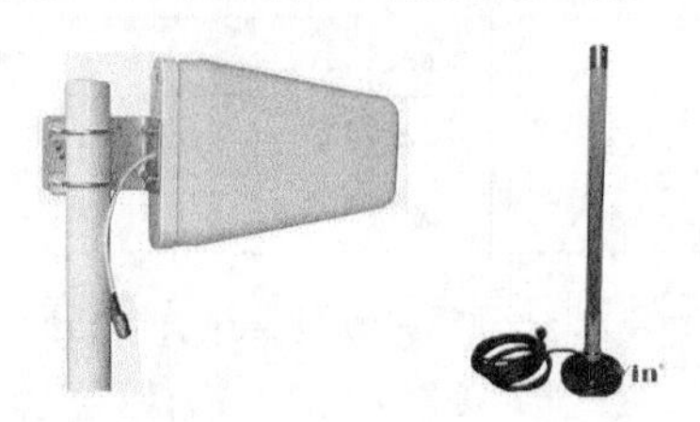

图 10-3 常见天线类型

3. 低噪放大器

低噪放大器（LNA）用于提高测试仪器的接收灵敏度，测试中可选用 30 dB 增益、噪声系数为 5 dB 的 LNA。LNA 需要考虑额外供电问题，有些测试仪器内置 LNA，例如 YBT250。对于级联网络，在系统前端存在高增益的放大器的前提下，系统的噪声系数取决于第一级的噪声系数。

10.2 电磁背景干扰测试概述

电磁背景测试准备好工具后，还需事先了解测试系统组成、各个连接设备的接头类型，准备足够的转换接头和连接线，并通过当地无线电管理委员会或者运营商等渠道了解要测试频段的频谱分配情况，从而可以准备相应的带通滤波器。再与运营商一起确定路测的测试路线和定点测试的站点。

路测的测试路线选择城市的主要道路，而定点测试通常选择在待建站点的天面上，要求选择的站点位于城市主要覆盖区域，测试的天线周围比较开阔，一般高于周围建筑物 3～5 m。定点测试根据城市的大小，通常选择 1～5 个点进行测试。如果定点测试无法选择待建站点，那么选择的测试点要求高度大于 30 m。

10.2.1 测试流程

电磁背景干扰测试主要包括以下几步：测试准备、电磁背景测试、数据分析、干扰分析定位、干扰消除。其中，干扰消除是由运营商和电信政府部门完成的。

如果电磁背景干扰上行测试也采用路测，则测试流程与电磁背景干扰下行测试流程一致。对于GSM/UMTS/CDMA/LTE FDD 系统，上下行频率不同，需针对相应频段分别测试。对于 TD-SCDMA/TD-LTE 等 TDD 系统，上行和下行使用同一个频段，无须像 FDD 系统那样分别按照下行频段和上行频段测试干扰。如果 TDD 系统采用定点测试，则测试流程可以参考 FDD 系统的上行定点测试流程。如果 TDD 系统采用路测，则测试流程可以参考 FDD 系统的下行路测测试流程。

10.2.2　测试操作步骤

无线网络电磁背景干扰测试分为上行测试和下行测试，分别对应运营商要求测试的上行频率和下行频率。上行测试采用路测或者定点测试，下行测试采用路测。TDD 系统上行和下行使用同一个频段，因此只需要在目标频段测试一次即可，可以采用路测或者站点定点测试。

1. 频谱仪底噪获取

如何通过频谱仪或者 Scanner 进行电磁背景干扰测试，判断外界是否存在干扰呢？基本原则是与频谱仪或者 Scanner 的底噪进行对比，如果高于频谱仪或者 Scanner 的底噪，则认为存在外界干扰。

获得频谱仪或者 Scanner 的底噪值，可以通过下面几种方法。

（1）在频谱仪或者 Scanner 外接 50Ω 的匹配负载，获取频谱仪或者 Scanner 的测量最大值作为频谱仪或者 Scanner 的底噪。

（2）如果没有 50Ω 的匹配负载，可在确认无干扰的地方直接断开天线与带通滤波器的连接，保持开路，获取频谱仪或者 Scanner 的测量最大值作为频谱仪或者 Scanner 的底噪。

（3）如果已知频谱仪或者 Scanner 的噪声系数（NF），则可以直接计算频谱仪或者 Scanner 的底噪，即−174 dBm/Hz+10log(RBW)+NF。

上面第一种和第二种方法，需要设置频谱仪或者 Scanner 的参数，取值与电磁背景上行测试/下行测试设置的值保持一致。详细的参数设置如表 10-3 所示。

表 10-3　频谱仪参数设置

参数名称	参数数值
f0	测试的 UL/DL 频段的中心频率
SPAN	测试的频谱带宽
RBW	10 ~ 100 kHz
Trace	选择 MAXHOLD
RefLvl	参考电平根据测试信号的大小设置，尽量使信号处于频谱仪的中间位置或者使用 AutoLevel
Vertical Scale	10 dB/div（默认值）

2. FDD 系统上行测试

电磁背景干扰上行测试的连接示意图如图 10-4 所示。

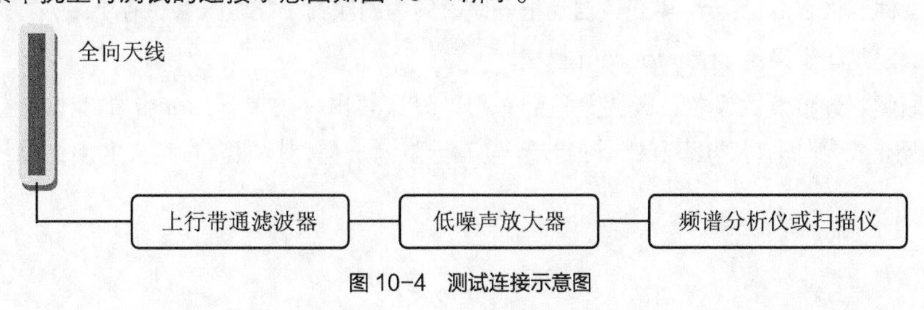

图 10-4　测试连接示意图

上行测试建议采用路测或者采用定点测试。路测和定点测试的区别如下。

（1）路测：使用 Scanner 在定义的测试路线上路测。该方法的优点是测试简单，数据处理方便，路测的覆盖面广。缺点是需要路测设备支持上行频谱测试，而支持上行频谱测试的 Scanner 比较少。同时，由于建筑物阻挡，测到的干扰信号可能会比较弱，甚至无法测试到干扰信号，而实际基站却可能发现有干扰。路测只能确认路测时刻有无干扰，对非持续干扰很难发现。

（2）定点测试：选取一定数量的站点在建筑物的天面上进行定点测试。该方法的优点是天面上阻挡少，接收到的干扰信号电平高，更容易发现干扰。缺点是需要获取每个站点的物业准入，测试时间长。

TD-LTE 是 TDD 系统，上行和下行使用同一个频段，因此不需要按照上行和下行分别测试，只需要在目标频段测试一次即可。无论是定点测试还是路测均，可以使用 Scanner 测试。

（3）上行定点测试。

① 记录该测试站点的经纬度信息、站点类型、站高等信息。

② 正北方向为 0° ，按照顺时针，每隔 30° 拍摄一次测试站点周围照片。

③ 连接测试设备，天线建议使用 2 dBi 或者更高增益的全向天线，设置频谱仪或者 Scanner 的测试参数，建议保存 24h 的数据，记录数据文件名。是否需要保存 24 h 的数据可以根据实际情况修改，比如只保存早上 8 点到下午 18 点的数据。设置的参数如表 10-3 所示。

测试中必须使用带通滤波器，滤波器的频率和带宽对应相应的测试系统。测试时，如果站点天面上存在其他的异系统，要求测试天线距离其他异系统的天线至少 3 m 以上。如果没有带通滤波器，可能会因为频谱分析仪或扫描仪本身的动态范围小，而测试频段的邻频有大信号，从而导致底噪抬升，造成对小信号测试不准。

低噪放的增益根据频谱分析仪或扫频仪的动态范围及被测试系统底噪确定，至少保证能测出低于底噪 6 dB 的干扰信号大小。如果没有低噪声放大器，可能对同频段内造成 UL 灵敏度恶化超出要求，但是对信号大小超出频谱分析仪或扫频仪本身的动态范围的信号测不准，导致对该频段范围的干扰无法准确定位。

下面以常用的频谱仪 YBT250 为例，介绍上行定点测试时 YBT250 的设置。

① 连接测试设备。

② 在 YBT250 中，功能选择 2 频谱监测→Spectrogram 模式，设置测试的中心频率和 SPAN，或者设置开始频率和终止频率，将 Trace 设置为 Max Hold，参考电平使用 AutoLevel 自动设置。

③ 保存数据。在菜单 Setup→Edit 中的 Spectrum Tab 中设置纵轴时长，建议选择 Hours，纵轴时长设置为 1h，Trace interval 设置为 0.8min。选中 Auto Save results 和 Auto Export Results，每隔 1h 输出一个二进制文件和一个文本文件。一天 24h 总共生成 24 个文件。

YBT250 的所有操作流程如图 10-5 所示。在电磁背景干扰测试中通常使用频谱监测功能。

在频谱监测窗口，有两种模式：Spectrum 模式和 Spectrogram 模式。Spectrum 模式适用于实时测量，需要手工保存文件。Spectrogram 模式可自动把一段时间内的频谱变化情况都保存下来，事后再逐一检查即可复现干扰。因此建议采用 Spectrogram 模式。

（4）上行路测。连接测试设备，天线放置到车顶，设置频谱仪或者 Scanner 的测试参数，将中心频率设置为测试的上行频率。上行路测的其他步骤与下行路测一样，按照事先定义的测试路线进行路测，保存数据。

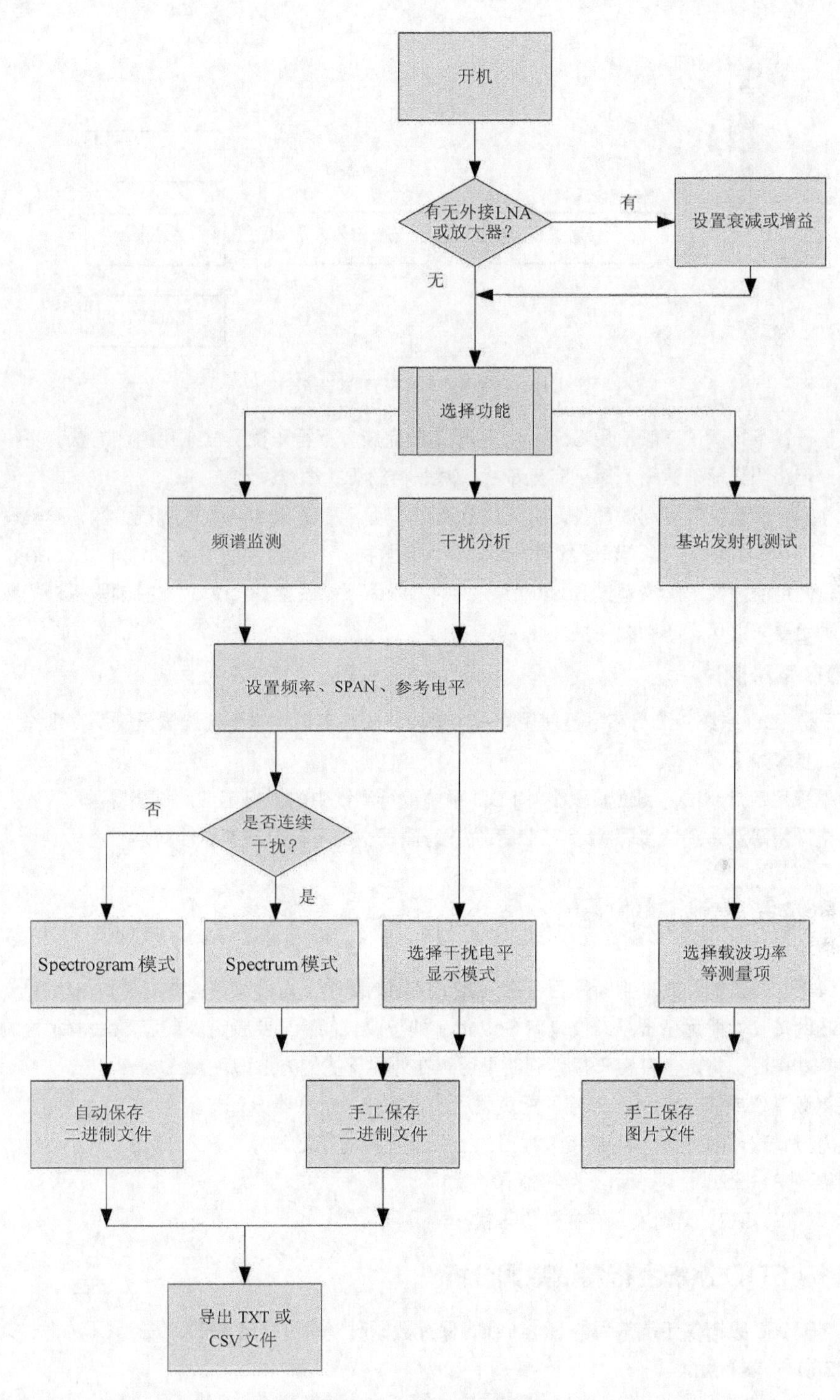

图 10-5　YBT250 操作流程

3. FDD 系统下行测试

电磁背景干扰下行测试的设备连接如图 10-6 所示。

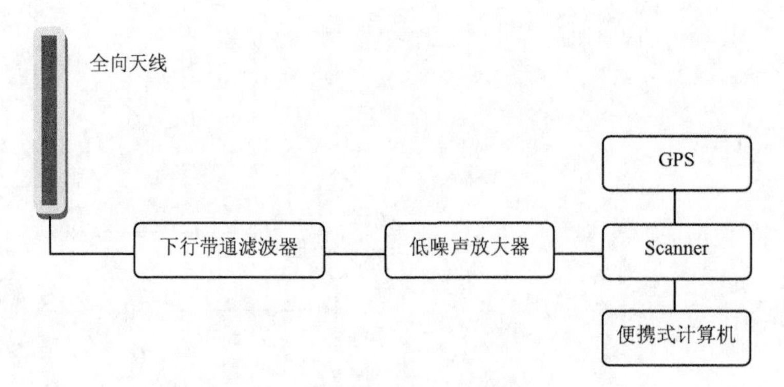

图 10-6 电磁背景干扰下行测试设备连接

电磁背景干扰下行测试一般使用 Scanner 通过路测完成。下行干扰测试采用路测方法，更接近于用户的实际情况，但路测只能确认路测时刻有无干扰，对非持续干扰很难发现。

按照图 10-6 所示，连接测试设备，将天线放置到车顶，设置 Scanner 的测试参数，参数设置要求如表 10-3 所示。按照事先定义的测试路线进行路测，保存数据。下行测试使用 Scanner，Scanner 只能支持特定的频段，使用前需要了解清楚该 Scanner 支持的频段，不能设置 Scanner 支持频段以外的频率。只要支持的频段满足要求即可，与制式无关。

4. TDD 系统测试

TD-LTE 是 TDD 系统，上行和下行使用同一个频段，因此电磁背景干扰测试只需要在工作频段测试一次，详细测试步骤如下。

（1）如果采用定点测试，测试步骤参考 FDD 系统上行测试中的上行定点测试步骤。

（2）如果采用路测，测试步骤参考 FDD 系统下行测试中的下行路测测试步骤。

10.3 电磁背景测试数据分析

电磁背景干扰测试的目的是判断是否存在外界干扰影响基站上行接收性能或者手机下行接收性能。

由于基站的接收性能远高于频谱仪或者 Scanner 的接收性能，只要频谱仪或者 Scanner 检测到存在干扰，那么对基站来说，肯定也存在干扰。判断是否存在外界干扰的方法如下。

（1）获得频谱仪或者 Scanner 外接匹配负载后的上行或下行底噪 P1；

（2）获得频谱仪或者 Scanner 外接天线后的上行或下行功率是 P2；

- 如果（P1=P2），则表示不存在外界干扰；
- 如果（P1<P2），则表示存在外界干扰。

10.3.1 FDD 系统上行测试数据分析

无论是 YBT250 频谱仪还是常用的 Scanner，保存数据时，均可导出为 TXT 或者 CSV 格式文件。文件格式以 YBT250 的 TXT 为例。

```
Trace 1 Start Freq (Hz)    1920000000
Trace 1 Stop Freq (Hz)     1980000000
11/13/2016 7:54:38 PM
-114
-113
-113
```

```
-114
-115
-114
…
-114

11/13/2008 7:54:40 PM
-110
-111
-112
-113
-114
-116
…
-117

11/13/2008 7:54:40 PM
…
```

YBT250 在每个时刻的采样点固定为 500 个，每个采样点对应的频率分别为 Start Freq +(Stop Freq–Start Freq) / 500×n,其中 n 为采样点的序号。-114 是第一个采样点的信号强度,表示-114 dBm/RBW。Scanner 在每个时刻的采样点通常不固定，而是与 RBW 相关，通常是按照 RBW 或者 RBW/2 采样。

上行测试数据分别按照时域和频域进行分析。对于时域，在每个时刻，获取所有采样点中的最大值，按照一天 24h 或者保存数据的时间段输出上行数据的时域分布图，如图 10-7 所示。这样可以知道在哪个时刻存在比较强的干扰，干扰是持续干扰还是间歇干扰。目前没有工具支持，需要手工处理多个文本文件。

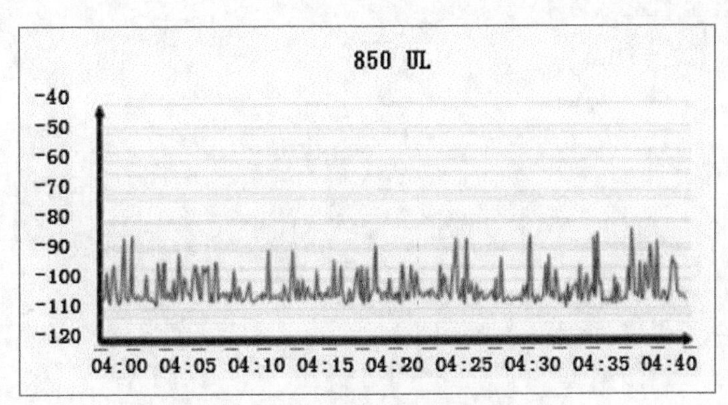

图 10-7 数据时域分布图

对于频域，获取每个采样点对应频点在不同时刻的最大值、中值和标准差，以及最大值超过频谱仪或 Scanner 底噪的点数占总点数的比例，如表 10-4 所示，表中数值小于-110 表示正常，否则存在干扰。根据 Max Value 可以知道哪些频点存在干扰，该干扰的频谱宽度。

结合上行数据的时域分析和频域分析，该站点存在外界干扰，干扰在 24h 内始终存在，存在干扰的频率是 835.02 ~ 835.08 MHz。

表 10-4 上行数据的频域分析

频率（MHz)	中间值	标准偏差	最大值	干扰百分比(%)
835.02	−122.02	3.37	−94.81	0.19
835.05	−122.08	3.36	−94.5	0.27
835.08	−122.09	3.36	−95.75	0.19
……				
835.32	−121.97	3.24	−112.75	0.00

10.3.2 FDD 系统下行测试数据分析

下行测试数据分析与上行分析类似，下面是 Scanner 导出的 TXT 测试数据格式。

```
2008-11-18 10:52:18.301    log code:0x10d8100a port216
    COM[0] = 1
    DEVICEID[0] = 0
    STATUS[0] = 0
    LOOPCNT[0] = 0
    SCAN_NUMBER[0] = 5
    BAND[0] = 768
    DATAMODE[0] = 1
    STARTFREQUENCY[0] = 2160000000
    RESOLUTION_BW[0] = 10000
    NUMBER_SWEEPS[0] = 8
    SWEEP_TYPE[0] = 1
    RETURN_BLOCK_SIZE[0] = 2000
    DATA_BLOCK_LENGTH[0] = 2
    Data_PARAM[0] = -125.59
    Data_PARAM[1] = -124.90
    Data_PARAM[2] = -125.11
    Data_PARAM[3] = -125.52
    Data_PARAM[4] = -125.63
    Data_PARAM[5] = -126.88
    Data_PARAM[6] = -129.14
    Data_PARAM[7] = -128.11
    Data_PARAM[8] = -127.24
    Data_PARAM[9] = -126.91
…
2008-11-18 10:52:20.264    log code:0x10d8100a port216
    COM[0] = 1
    DEVICEID[0] = 0
    STATUS[0] = 0
    LOOPCNT[0] = 1
    SCAN_NUMBER[0] = 5
    BAND[0] = 768
    DATAMODE[0] = 1
    STARTFREQUENCY[0] = 2160000000
    RESOLUTION_BW[0] = 10000
    NUMBER_SWEEPS[0] = 8
    SWEEP_TYPE[0] = 1
    RETURN_BLOCK_SIZE[0] = 2000
```

```
    DATA_BLOCK_LENGTH[0] = 2
    Data_PARAM[0] = -124.54
    Data_PARAM[1] = -125.76
    Data_PARAM[2] = -128.53
    Data_PARAM[3] = -129.27
    Data_PARAM[4] = -126.80
    Data_PARAM[5] = -125.79
    Data_PARAM[6] = -127.42
    Data_PARAM[7] = -129.40
    Data_PARAM[8] = -127.23
    Data_PARAM[9] = -126.36
...
2008-11-18 10:52:20.314    log code:0x10d8100a port216
...
```

Scanner 在每个采样时刻，对每个采样点按照 RBW/2 进行采样，每个采样点对应的频率分别为 Start Freq + (RBW/2) ×*n*，其中 *n* 为采样点的序号。Data_PARAM[0] = –125.59 对应的是第一个采样点的信号强度，表示–125.59 dBm/RBW。

对于频域，对于每个采样点对应的频点，获取该频点在不同时刻的最大值、中值和标准差，以及最大值超过频谱仪或 Scanner 底噪的点所占比例，如表 10–5 所示。表中数值小于–110 表示正常，否则表示存在干扰。根据 Max Value 可以知道哪些频点存在干扰，该干扰的频谱宽度。

表 10-5　下行数据的频域分析

频率（MHz)	中间值	标准偏差	最大值	干扰百分比(%)
880.05	–117.74	6.27	–73.56	8.55
880.08	–117.33	6.46	–74.5	10.33
880.11	–118.46	6.36	–70.78	7.08
……				
880.35	–118.77	5.80	–70	4.5

结合下行路测数据的地理部分图和频域分析可以知道，路测的哪些区域存在干扰，存在干扰的频率是多少。

10.3.3　TDD 系统测试数据分析

TD–LTE 电磁背景干扰测试如果采用定点测试，则数据分析方法与 FDD 系统上行定点测试数据分析方法一致。

下面是 Scanner 导出的 TXT 测试数据格式，RBW 设置为 10 kHz。

```
Frequency(KHz),Value (dBm),Longitude,Latitude, Time,
2631750.00,  -121.34,    0,      0,     0000-0-0  00:00:00
2631760.97,  -121.36,    0,      0,     0000-0-0  00:00:00
2631771.94,  -121.75,    0,      0,     0000-0-0  00:00:00
2631782.92,  -121.55,    0,      0,     0000-0-0  00:00:00
2631793.89,  -121.52,    0,      0,     0000-0-0  00:00:00
2631804.86,  -121.28,    0,      0,     0000-0-0  00:00:00
2631815.83,  -121.48,    0,      0,     0000-0-0  00:00:00
2631826.80,  -121.30,    0,      0,     0000-0-0  00:00:00
2631837.77,  -121.41,    0,      0,     0000-0-0  00:00:00
```

```
2631848.75,  -121.42,    0,      0,      0000-0-0  00:00:00
2631859.72,  -120.92,    0,      0,      0000-0-0  00:00:00
2631870.69,  -121.73,    0,      0,      0000-0-0  00:00:00
2631881.66,  -121.38,    0,      0,      0000-0-0  00:00:00
2631892.63,  -121.28,    0,      0,      0000-0-0  00:00:00
2631903.61,  -121.22,    0,      0,      0000-0-0  00:00:00
2631914.58,  -121.36,    0,      0,      0000-0-0  00:00:00
2631925.55,  -121.38,    0,      0,      0000-0-0  00:00:00
...
```

Recommend Scanner 在每个采样时刻，对每个采样点按照 RBW 进行采样，每个采样点对应的频率分别为 Start Freq +（RBW）×n，其中 n 是采样点的序号。

10.4 干扰定位

干扰的大小是影响网络运行的关键因素，其主要表现为在接收电平不低的情况下，信号质量很差，甚至掉话。另外，它对切换和拥塞等也有显著的影响。如何降低或消除干扰是网络规划、优化的重要任务之一。

10.4.1 FDD 系统上行干扰定位

经过数据分析，判断基站上行存在外界干扰，需要对干扰的来源进行定位。上行定点测试干扰定位步骤如下。

（1）通过 Internet 或者运营商了解当地的频谱分配及存在的通信系统，结合采集数据分析，判断可能的干扰源。

（2）按照图 10-8 所示的连接测试设备，天线使用增益 10 dB 以上的定向天线（建议使用八木天线，即 YAGI 天线），在站点的天面上，每隔 45° 方向测试一次干扰信号强度，找到/干扰最强的方向，参数设置保持与电磁背景测试的参数设置一致。

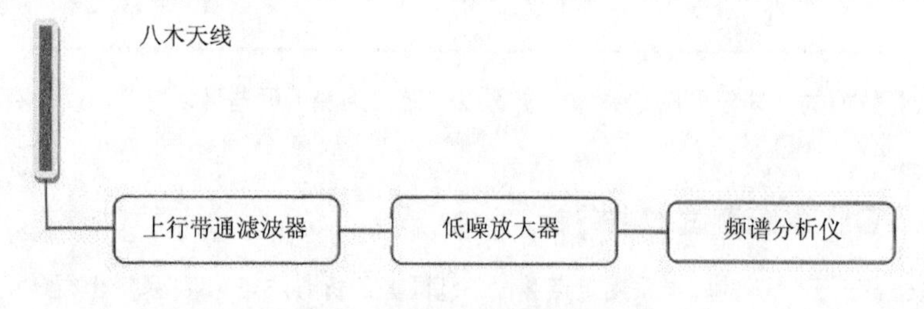

图 10-8 上行干扰定位仪器连接示意图

（3）根据扫描到的干扰信号性质，改变 SPAN 和中心频率设置，进一步分析干扰信号的频谱宽度、分布范围、变化特性和信号强度等。

（4）如果定位干扰源来自于共天面的其他通信系统，则找到干扰源，否则进入下一步。

（5）根据在测试站点找到的干扰最强方向，驱车通过三点定位方法，逐步缩小干扰的范围，最终定位到干扰源。在每一点，按照第（3）步中确定的 SPAN 和中心频率设置频率仪的参数，扫描各个方向的干扰信号强度，找到干扰最强的方向。三点定位干扰的示意图如图 10-9 所示。

上行路测干扰定位步骤与下行路测干扰定位步骤一样，参考下节下行路测干扰定位步骤。

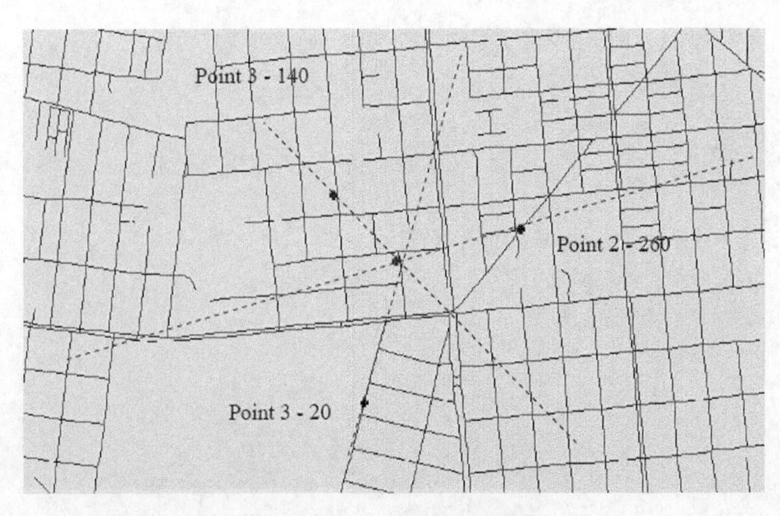

图 10-9　上行三点定位干扰示意图

10.4.2　FDD 系统下行干扰定位

根据路测数据的地理分布图和频域分析，了解存在干扰的区域，对每个干扰区域，采用三点定位方法，逐步缩小范围，最终确定干扰源的位置。初时参数设置与电磁背景干扰测试中的下行参数设置一致。

在测试过程中，可能会存在多个干扰源，这时需要根据干扰性质，通过频率或者功率变化情况，一个一个地分别定位干扰源，参数设置可根据具体情况设置，通常会修改频率、RBW 和参考电平。

测试仪器的连接示意图如图 10-10 所示。

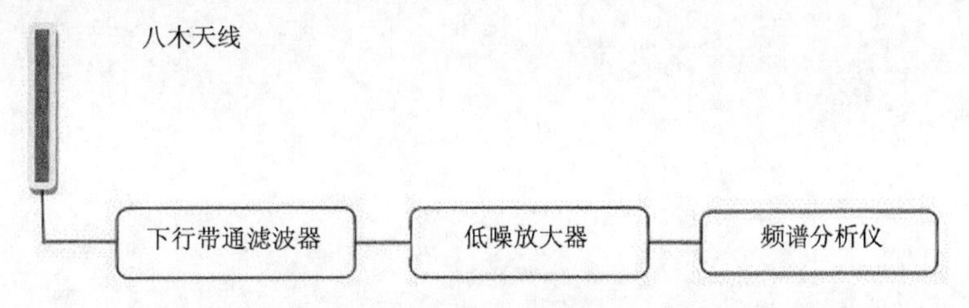

图 10-10　下行干扰定位仪器连接示意图

在下行电磁背景干扰测试过程中，经常容易遇到下面问题：在协议规定的下行整个频段内，相邻的信道已经存在 GSM/CDMA/UMTS/LTE 系统，这些系统的下行一直是在发射的，路测时如果靠近这些系统的站点，在电磁背景测试的目标频段内会出现比较多的干扰。对这类干扰，建议选取几个典型点，直接获得包含邻道系统频段和测试目标频段的频谱，证明干扰是来自于邻道系统。

在某运营商的清频测试中，使用 Scanner 路测，测试的目标频段是 880 ~ 885 MHz，Scanner RBW 设置为 30 kHz，Scanner 的底噪约为−110 dBm，存在大量的点信号强度大于−110 dBm，说明在很多区域存在干扰。

经过定位，发现所有的干扰是来自于其他运营商的相邻频段 CDMA 系统，该运营商使用的频点是 880 ~ 887 MHz。

10.4.3　TDD 系统干扰定位

TD-LTE 电磁背景干扰测试如果采用定点测试，则干扰定位方法与 FDD 系统上行定点测试干扰定位方法一致。如果采用路测方法，则干扰定位方法与 FDD 系统下行路测干扰定位方法一致。

练习题

1. 在移动通信系统中，干扰源主要类型有哪些?
2. 电磁干扰测试所用工具主要包含哪些?
3. 请简述电磁背景干扰测试的步骤。

Communication

Chapter

11

第 11 章 LTE 小区参数规划

参数规划是在站点规划的基础上进行的，是对新规划的站点和待演进的站点进行参数设置的规划。因为 2G/3G 网络经历了比较充分的优化，所以 LTE 的某些参数可以参考 2G/3G 的优化成果；比如 TAL 的边界可以继承的 2G/3G LAC 边界，RS 功率规划可以参考 2G/3G 的导频功率，邻区关系同样可以继承 2G/3G 的邻区关系等。

课堂学习目标

- 掌握 LTE 频率规划关键要素及可用频段
- 掌握 LTE 邻区规划原则
- 掌握小区的 PCI 规划原则
- 了解 PRACH 规划目的及根序列
- 掌握 TA 的规划流程及边界划分原则

11.1 小区参数规划概述

LTE 无线规划流程如图 11-1 所示，总体过程包含信息收集、预规划、详细规划和参数规划。小区规划主要涉及频率规划、PCI 规划、PRACH 规划和邻区规划等。

信息收集：在网络规划初始阶段进行，主要用于链路预算、网络估算及网络仿真等，包括目标连续覆盖业务要求、覆盖概率、质量要求、覆盖面积、用户密度、用户行为、工作频段、数字地图等信息，以及已有 2G/3G 的话务信息、站点分布及工程参数等。这些信息可以作为网络规划的输入或者作为网络规划的参考。

无线网络预规划：在项目前期进行，在未进行现场站点勘测的情况下对将来的网络进行的初步规划，主要包括网络估算、初始站点选择、系统仿真几个阶段。

详细规划：在无线网络预规划的基础上对每个站点的选择进行实地勘测验证，确定指导工程建设的各项网规相关小区工程参数，并通过仿真验证小区参数设置以及规划效果。

参数规划：详细规划之后就可以进行位置区、邻区和 PCI 等参数的规划。位置区规划主要对跟踪区进行规划。邻区规划主要为每个小区配置相应的同频邻区、异频邻区、异系统邻区，确保切换的正常进行。PCI 规划主要用来确定每个小区的物理小区 ID。

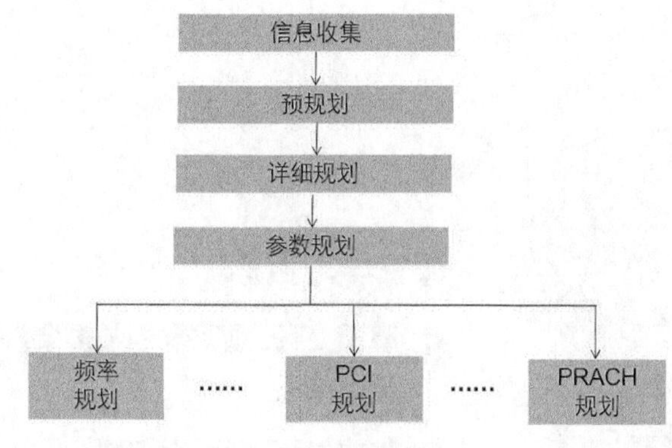

图 11-1 LTE 无线规划流程

11.2 频率规划

在建设和扩容中，频率资源的规划成为移动通信网络规划的重要环节，它对网络的性能产生重要的影响。如果在网络整体规划时频率规划得不好，则会造成整个网络建成或扩容后某些性能指标不符合要求。

如何更有效地利用有限的频率资源，以最少的频点满足现网的要求，达到最佳的频率配置效果，一直是网络规划人员研究的课题。

频率复用是蜂窝移动通信系统的核心概念，也就是相隔一定距离的小区内的用户可以使用相同的频率，从而大大增加频谱效率。它的机理是基于无线电波传播路径损耗特性，即假设两个基站之间的距离足够远，那么用于一个基站的频率可以在另一个基站上复用。

频率复用距离指的是在满足通信质量的要求下，允许使用相同频率的小区之间的最小距离。频率复用的最小距离取决于许多因素，比如中心小区周围邻小区数目、地形地貌类型、每个小区基站天线高度、发射功率、调制方式及所要求的可靠通信概率等，但是最主要的限制在于某种制式的系统可以接受的最低干扰水平：系统能够容忍的干扰水平越高，频率复用距离越小，频谱效率越高，从而系统容量越大。

如表 11-1 所示，截至 3GPP R11，协议已定义了 44 个频段，TDD-LTE 的频段是从频段 33 开始的。中国 LTE 频谱基本集中在 1.8 GHz、2.1 GHz、2.3 GHz、2.6 GHz 等频段。按照 3GPP 协议规范频段 FDD/TDD 双工方式又有划分。不同运营商在被分配的频段下，使用对应的双工方式建设网络。表 11-2 所示为国内已投入运营的部分 TD-LTE 频段。

表 11-1　LTE 协议频段

E-UTRA 频段	上行频段 eNodeB 接收 UE 发送 最低上行频点	–	最高上行频点	下行频段 eNodeB 发送 UE 接收 最低下行频点	–	最高下行频点	双工方式
1	1 920 MHz	–	1 980 MHz	2 110 MHz	–	2 170 MHz	FDD
2	1 850 MHz	–	1 910 MHz	1 930 MHz	–	1 990 MHz	FDD
3	1 710 MHz	–	1 785 MHz	1 805 MHz	–	1 880 MHz	FDD
4	1 710 MHz	–	1 755 MHz	2 110 MHz	–	2 155 MHz	FDD
5	824 MHz	–	849 MHz	869 MHz	–	894MHz	FDD
6	830 MHz	–	840 MHz	875 MHz	–	885 MHz	FDD
7	2 500 MHz	–	2 570 MHz	2 620 MHz	–	2 690 MHz	FDD
8	880 MHz	–	915 MHz	925 MHz	–	960 MHz	FDD
9	1 749.9 MHz	–	1 784.9 MHz	1 844.9 MHz	–	1 879.9 MHz	FDD
10	1 710 MHz	–	1 770 MHz	2 110 MHz	–	2 170 MHz	FDD
11	1 427.9 MHz	–	1 447.9 MHz	1 475.9 MHz	–	1 495.9 MHz	FDD
12	699 MHz	–	716 MHz	729 MHz	–	746 MHz	FDD
13	777 MHz	–	787 MHz	746 MHz	–	756 MHz	FDD
14	788 MHz	–	798 MHz	758 MHz	–	768 MHz	FDD
15	Reserved			保留			FDD
16	Reserved			保留			FDD
17	704 MHz	–	716 MHz	734 MHz	–	746 MHz	FDD
18	815 MHz	–	830 MHz	860 MHz	–	875 MHz	FDD
19	830 MHz	–	845 MHz	875 MHz	–	890 MHz	FDD
20	832 MHz	–	862 MHz	791 MHz	–	821 MHz	FDD
21	1 447.9 MHz	–	1 462.9 MHz	1 495.9 MHz	–	1 510.9 MHz	FDD
22	3 410 MHz	–	3 490 MHz	3 510 MHz	–	3 590 MHz	FDD
23	2 000 MHz	–	2 020 MHz	2 180 MHz	–	2 200 MHz	FDD
24	1 626.5 MHz	–	1 660.5 MHz	1 525 MHz	–	1 559 MHz	FDD
25	1 850 MHz	–	1 915 MHz	1 930 MHz	–	1 995 MHz	FDD
26	814 MHz	–	849 MHz	859 MHz	–	894 MHz	FDD
27	807 MHz	–	824 MHz	852 MHz	–	869 MHz	FDD
28	703 MHz	–	748 MHz	758 MHz	–	803 MHz	FDD

续表

E-UTRA 频段	上行频段 eNodeB 接收 UE 发送 最低上行频点	–	最高上行频点	下行频段 eNodeB 发送 UE 接收 最低下行频点	–	最高下行频点	双工方式
29	N/A			717 MHz	–	728 MHz	FDD
……							
33	1 900 MHz	–	1 920 MHz	1 900 MHz	–	1 920 MHz	TDD
34	2 010 MHz	–	2 025 MHz	2 010 MHz	–	2 025 MHz	TDD
35	1 850 MHz	–	1 910 MHz	1 850 MHz	–	1 910 MHz	TDD
36	1 930 MHz	–	1 990 MHz	1 930 MHz	–	1 990 MHz	TDD
37	1 910 MHz	–	1 930 MHz	1 910 MHz	–	1 930 MHz	TDD
38	2 570 MHz	–	2 620 MHz	2 570 MHz	–	2 620 MHz	TDD
39	1 880 MHz	–	1 920 MHz	1 880 MHz	–	1 920 MHz	TDD
40	2 300 MHz	–	2 400 MHz	2 300 MHz	–	2 400 MHz	TDD
41	2 496 MHz		2 690 MHz	2 496 MHz		2 690 MHz	TDD
42	3 400 MHz	–	3 600 MHz	3 400 MHz	–	3 600 MHz	TDD
43	3 600 MHz	–	3 800 MHz	3 600 MHz	–	3 800 MHz	TDD
44	703 MHz	–	803 MHz	703 MHz	–	803 MHz	TDD

表 11-2 国内已投入运营的部分 LTE 频段

E-UTRA Band	频 段	频 点	双工方式
38	2 570~2 620MHz	37 750~38 249	TDD
39	1 880~1 920 MHz	38 250~38 649	TDD
40	2 300~2 400MHz	38 650~39 649	TDD

4G 小区带宽最高为 20MHz，运营商在进行频率规划时会考虑频率复用模式，如图 11-2 所示，综合考虑频谱利用率和干扰等因素，优选的两种方案为 1×3×3, 1×3×1(eNodeB 数目×单站小区数目×频点数目)。

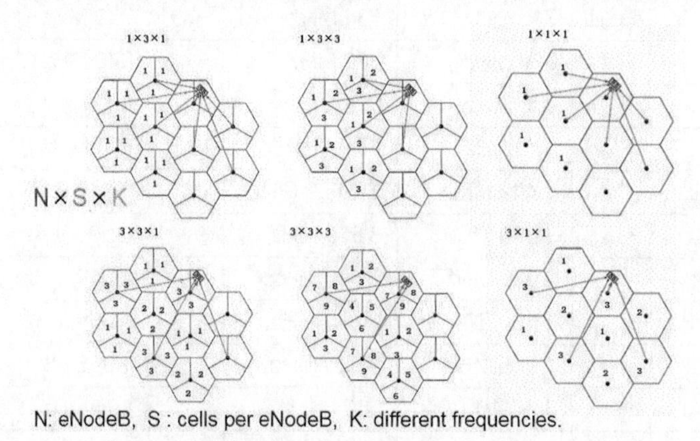

图 11-2 频率复用模式

图 11-3 所示为 1×3×1 频率复用模式，优点在于整网频率效率高，扇区吞吐量高，无需复杂的调度算法，系统开销小。缺点在于同频干扰大，不容易控制，扇区边缘速率低，连续组网实现困难。

图 11-4 所示为 1×3×3 频率复用模式，其优点在于同频干扰小，对站址和 RF 参数要求低，无线资源管理（Radio Resource Management，RRM）算法简单，无须开启小区间干扰协调（Inter Cell Interference Coordination，ICIC）。缺点在于需要详细网络频率规划，频谱效率相对较低。

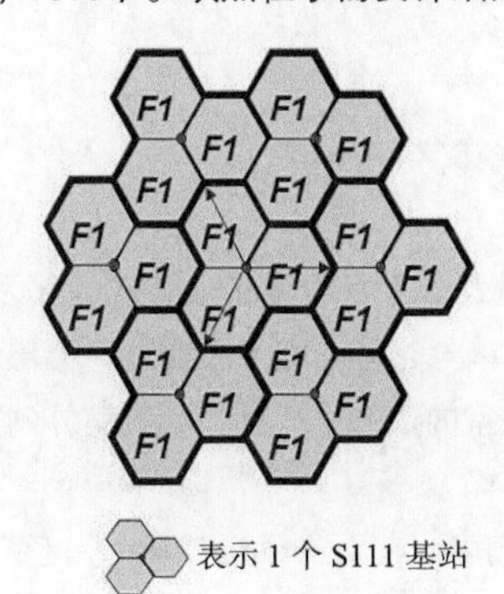

图 11-3 1×3×1 频率复用模式

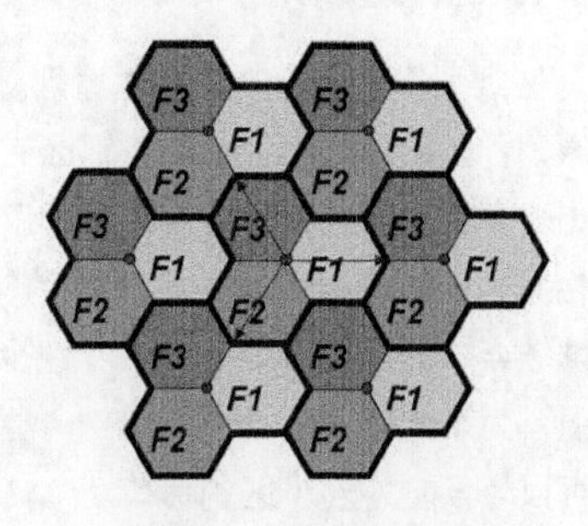
表示一个 S111 基站

图 11-4 1×3×3 频率复用模式

软频率复用（Soft Frequency Reuse，SFR）用于 ICIC 技术，主要是如何解决小区边缘干扰问题，对小区边缘干扰提出了自适应软频率复用算法。

下行 ICIC 如图 11-5 所示，小区中心使用约 2/3 频带，小区边缘使用约 1/3 频段，不同小区边缘在频谱上错开，中心频带的发射功率小于边缘频带的发射功率。

上行 ICIC 如图 11-6 所示，小区中心使用约 2/3 频带，在小区边缘，不同基站的用户在频域上错开，只使用约 1/3 的频带资源，相同基站的不同小区用户在时域上错开，分别在奇数/偶数帧调度。

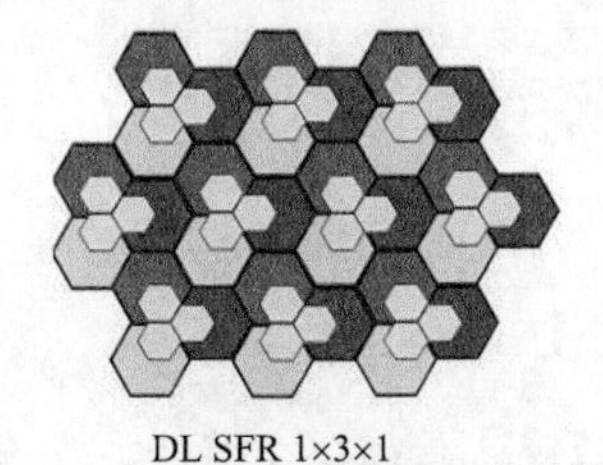

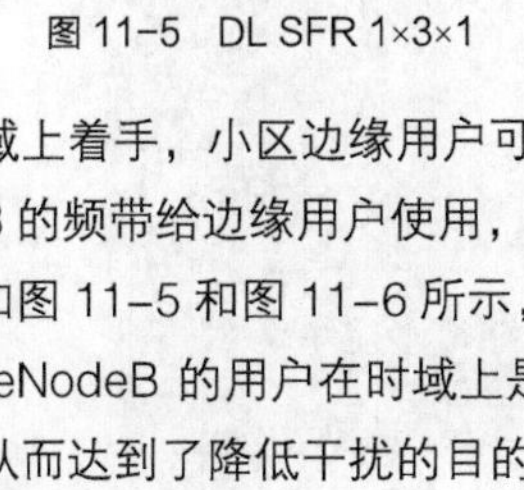

图 11-5 DL SFR 1×3×1

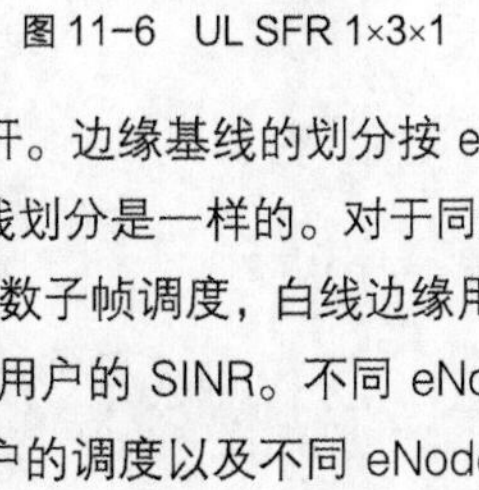

DL SFR 1×3×1

图 11-6 UL SFR 1×3×1

从时域和频域上着手，小区边缘用户可以在频域或时域上错开。边缘基线的划分按 eNodeB 进行，这样可以安排近 1/3 的频带给边缘用户使用，同站各小区的边缘基线划分是一样的。对于同站间的干扰协调，采用时域协调，如图 11-5 和图 11-6 所示，黑线边缘用户只在偶数子帧调度，白线边缘用户只在奇数子帧调度，这样同一 eNodeB 的用户在时域上是错开的，提高了边缘用户的 SINR。不同 eNodeB 的用户在频域上是分开的，从而达到了降低干扰的目的。边缘用户和中心用户的调度以及不同 eNodeB 边缘用户的协调通过一定的调度算法来实现。

11.3 邻区规划

邻区规划的主要目的是保证在小区服务边界的手机能及时切换到信号最佳的邻小区，以保证通话质量和整网的性能。如果因远离服务小区而信号减弱，不能及时切换到最佳服务小区，则基站和移动台都需要加大发射功率来克服干扰，以满足服务质量要求。当功率增加到最大，依旧无法满足服务质量，就发生掉话；同时，在增大发射功率的过程中，整网干扰增加，导致网络容量及覆盖能力下降。因此，要保证稳定的网络性能，就需要很好地来规划邻区。

11.3.1 邻区规划原则

对于 LTE 邻区规划，有以下几个基本原则。

（1）邻近原则：如果两个小区相邻，那么它们要在彼此的邻区列表中。

对于站点比较少的业务区，可将所有扇区设置为邻区。

（2）互易性原则：如果小区 A 在小区 B 的邻区列表中，那么小区 B 也要在小区 A 的邻区列表中。

在一些特殊场合，处理孤岛覆盖时为了减少掉话，只配置单向邻区。如当高层室内覆盖的窗口室外宏小区的信号较强，为了避免 UE 重选到室外小区发起呼叫后往室内走产生掉话，配置室外到室内小区的单向邻区，这样可以降低室外宏小区的负荷。

（3）百分比重叠覆盖原则：确定一个终端可以接入的导频门限，在大于导频门限的小区覆盖范围内，如果两个小区重叠覆盖区域的比例达到一定的程度（比如 20%），将这两个小区分别置于彼此的邻区列表中。

11.3.2 邻区规划方法

为了尽量不遗漏邻区关系，首先通过规划软件（以 U-net 为例）进行规划，然后把 3G 的邻区关系导入 Unet 的邻区表中，工具便会自动生成两者的并集，具体方法如下。

（1）利用 U-net 进行邻区规划

① 如图 11-7 所示，通过选择选项进行邻区规划。

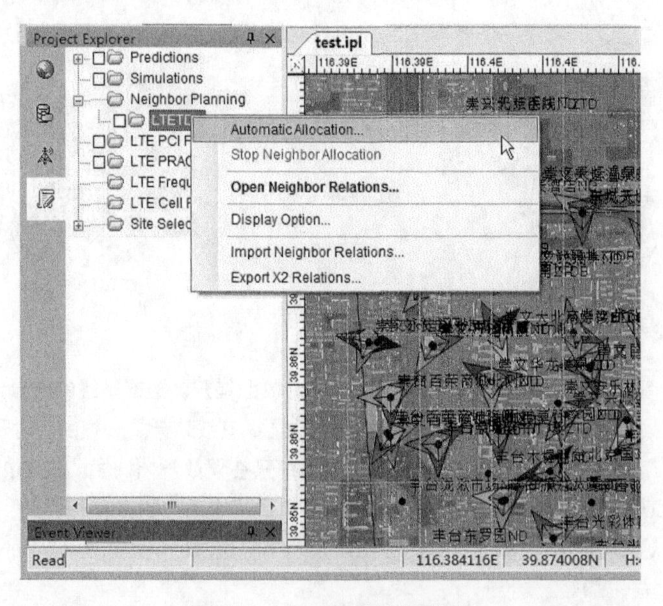

图 11-7 Topology 方式邻区规划

② 如图 11-8 所示，建议选择 Topology 方式进行邻区规划，将最大的邻区距离设置为 3 km，不勾选“Planning Neighbor based on existed Neighbor”复选框，勾选“Force Co-Site As Neighbour”复选框。

③ 单击“Run”按钮进行邻区规划。

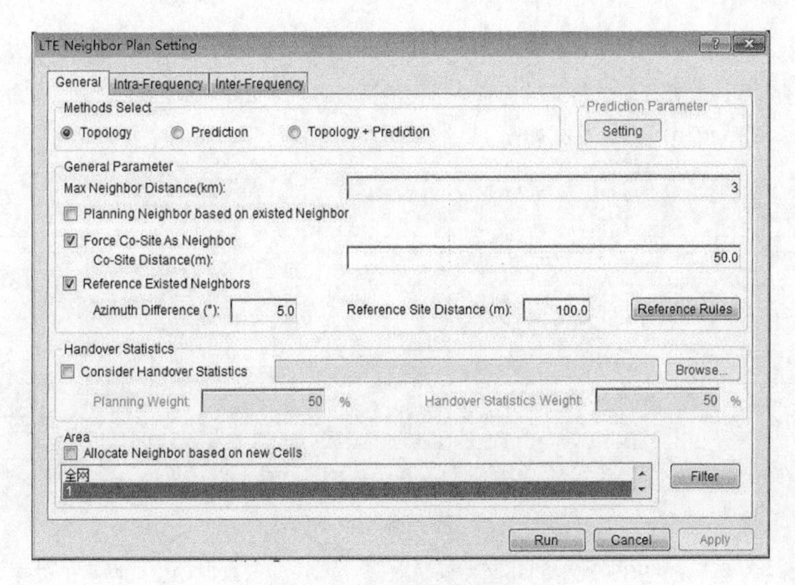

图 11-8　最大的邻区距离设置

④ 如图 11-9 所示，规划完成之后，可以对规划的结果进行简单核查。

⑤ 如图 11-10 所示，完成核查之后，可以把全部邻区关系导出。

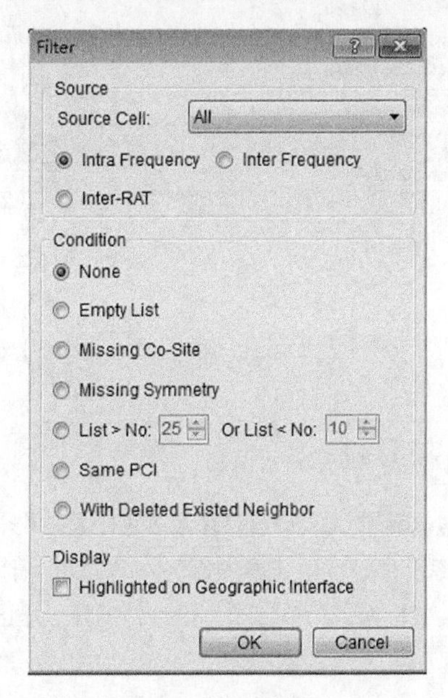

图 11-9　结果核查

图 11-10　邻区关系导出

（2）将现网 3G 邻区关系映射到 LTE 中

① 获取现网 3G 的现网邻区。

② 将需要进行邻区规划的 LTE 站点列出，与 3G 基站信息表进行对应，找出对应的 3G 站点，将 TDL 扇区 ID 和 3G 扇区 ID 进行一一对应。

③ 利用 Excel 函数 VLOOKUP 将 3G 邻区表中的 3G 扇区 ID 替换为 LTE 扇区 ID，最后将没有 TDL 扇区对应的 3G 站点和邻区信息都去掉，完成从 3G 邻区关系到 TDL 的映射。

④ LTE 邻区导入需要符合 U-net 的格式，先从 U-net 中导出邻区的格式，然后填入符合格式的邻区信息即可，由于室内外异频，所以将邻区为室外小区的列表导入 Intra-Frequency 表，将邻区为室内小区的列表导入 Inter-Frequency 表，格式如图 11-11 所示。

	A	B	C	D	E	F	G	H	I	J	K
1	NodeBName	eNodeBId	LocalCellId	CellName(*)	CellId	Neighbor Mcc	Neighbor Mnc	NeighborNBId	NeighborCellName(*)	NeighborCellId	Status
2	回龙埔二FE	0	0	TE-TDD回龙埔二FE_1(	0	0	0	0	LTE-TDD回龙埔二FE_3(1)	0	No Change
3	回龙埔二FE	0	0	TE-TDD回龙埔二FE_1(	0	0	0	0	LTE-TDD回龙埔二FE_2(1)	0	No Change
4	回龙埔二FE	0	0	TE-TDD回龙埔二FE_1(	0	0	0	0	LTE-TDD龙岗天虹FE_3(1)	0	No Change
5	回龙埔二FE	0	0	TE-TDD回龙埔二FE_1(	0	0	0	0	LTE-TDD龙岗天虹FE_1(1)	0	No Change
6	回龙埔二FE	0	0	TE-TDD回龙埔二FE_1(	0	0	0	0	LTE-TDD龙府FE_3(1)	0	No Change
7	回龙埔二FE	0	0	TE-TDD回龙埔二FE_1(	0	0	0	0	LTE-TDD龙府FE_1(1)	0	No Change
8	回龙埔二FE	0	0	TE-TDD回龙埔二FE_1(	0	0	0	0	LTE-TDD龙潭FE_1(1)	0	No Change
9	回龙埔二FE	0	0	TE-TDD回龙埔二FE_1(	0	0	0	0	LTE-TDD龙心FE_1(1)	0	No Change
10	回龙埔二FE	0	0	TE-TDD回龙埔二FE_1(	0	0	0	0	LTE-TDD龙中FE_3(1)	0	No Change
11	回龙埔二FE	0	0	TE-TDD回龙埔二FE_1(	0	0	0	0	LTE-TDD龙城鹏飞FE_3(1)	0	No Change
12	回龙埔二FE	0	0	TE-TDD回龙埔二FE_1(	0	0	0	0	LTE-TDD西埔村FE_3(1)	0	No Change
13	回龙埔二FE	0	0	TE-TDD回龙埔二FE_2(	0	0	0	0	LTE-TDD回龙埔二FE_3(1)	0	No Change
14	回龙埔二FE	0	0	TE-TDD回龙埔二FE_2(	0	0	0	0	LTE-TDD回龙埔二FE_1(1)	0	No Change
15	回龙埔二FE	0	0	TE-TDD回龙埔二FE_2(	0	0	0	0	LTE-TDD龙岗天虹FE_3(1)	0	No Change
16	[illegible]	0	0	TE-TDD回龙埔二FE_2(	0	0	0	0	LTE-TDD龙心FE_1(1)	0	No Change

Intra / Inter / RAT LTE WCDMA / RAT LTE GSM

图 11-11　导入 Inter-Frequency 表

⑤ 如图 11-12 所示，将 3G 映射的邻区关系导入 U-net 中，工具自动生成两者的并集。

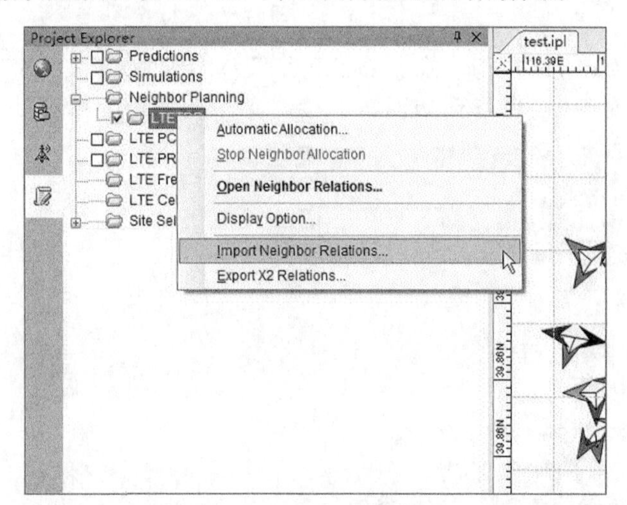

图 11-12　导入邻区关系

⑥ 导出最终生成的邻区，并对邻区进行数量和互配检查，目前版本同频邻区最多可配置 64 个。重点对超多、超少的邻区进行核查；删除超远的不合理的邻区关系；添加明显遗漏的邻区。用“Ctrl+鼠标左键”单击源小区之外的任一小区，单向增删邻区关系；用“Shift+鼠标左键”单击源小区之外的任一小区，双向增删邻区关系。

11.4 PCI 规划

LTE 的物理小区标识 PCI 是方便终端对不同小区的无线信号进行区分，保证在相关小区覆盖范围内没有相同的物理小区标识。LTE 的小区搜索流程确定了采用小区 ID 分组的形式，通过检索辅同步序列（SSCH 确定小区组 ID）以及主同步序列（PSCH 确定组内 ID），两者相结合来确定具体的小区 ID。所以从支持多小区组网的能力上讲，小区 ID 的数量当然越大越好，但与大量小区 ID 对应的是，必须有足够数量的高性能的同步序列以支持快速、准确的小区 ID 搜索。因此 LTE 采用每个小区 ID 组包含 3 个小区 ID，分为 168

个组的方法，最终确定 LTE 的小区 ID 数量为 504 个。

对于现实组网中不可避免地要对这些小区 ID 进行复用，可能造成相同小区 ID 由于复用距离过小产生冲突，PCI 规划的目的就是为每个小区分配一个小区 ID，确保同频同小区 ID 的小区下行信号之间不会互相产生干扰，避免影响终端正确同步和解码正常服务小区的导频信道。

若 PCI 规划不合理导致 PCI 复用距离不够（同 PCI 干扰），就会使一些非相关的导频信号产生干扰，在跟踪导频信号时就会产生错误，如果错误发生在移动台识别系统的呼叫过程中，就会导致切换到错误的小区，严重时甚至会掉话。

在现实组网中不可避免地要对这 504 个 PCI 进行复用，这样就有可能造成相同 PCI 相互之间产生冲突，PCI 的规划应注意以下原则。

1. 避免 collision

在同频的情况下，假如两个相邻的小区分配相同的 PCI，这种情况下会导致重叠区域中至多只有一个小区会被 UE 检测到，而初始小区搜索时只能同步到其中一个小区，而该小区不一定是最合适的，称这种情况为 collision，如图 11-13 所示。

2. 避免 confusion

一个小区的两个相邻小区具有相同的 PCI，这种情况下，如果 UE 请求切换到 ID 为 A 的小区，eNodeB 不知道哪个为目标小区，称这种情况为 confusion，如图 11-14 所示。

图 11-13　PCI 规划 collision 示例

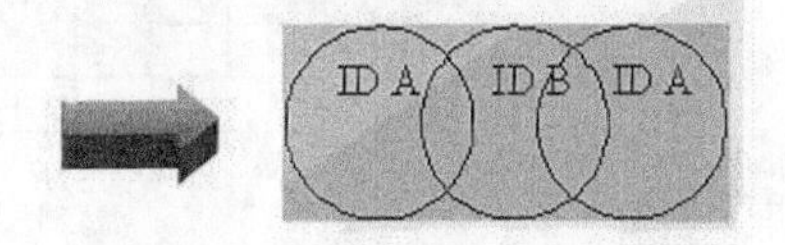

图 11-14　PCI 规划 confusion 示例

规划中应考虑“collision”和“confusion”，即 PCI 在任何一个小区的覆盖区域是唯一的（称为“collision-free”），且一个小区的两个相邻小区不能有相同的 PCI（称为“confusion-free”）。

除了以上的规划原则外，小区的 PCI 分配还应遵循以下的规律。

3. 对主小区有强干扰的其他同频小区，不能使用与主小区相同的 PCI（异频小区的邻区可以使用相同的 PCI）

对主小区而言，在小区边界上可能收到来自其他一些同频小区的导频信号，如果在主小区边界上测到其他小区的导频信号强度大于 UE 的接入电平，这个小区就是主小区的相邻小区（NeighbouringCell）。

对于在主小区边界上收到的来自邻近小区中其他非相邻小区的导频信号，虽然强度小于 UE 的接入电平，但对 UE 的接收仍然产生干扰，因此这些小区是否能采用和主小区相同的 PCI（同 PCI 复用），取决于此小区对当前主小区的干扰是否低于某一门限。

4. 邻小区下行导频采用 MOD3 错开

LTE 导频符号在频域的位置与该小区分配的 PCI 码相关，通过将邻小区的导频率符号频域位置尽可能地错开，可以一定程度地降低导频符号相互之间的干扰，进而对网络整体性能有所提升。

5. 邻小区上行导频序列组号 MOD30 错开

LTE 中 UE 的上行导频序列组号与该小区分配的 PCI 码相关，通过将邻小区的上行导频序列组号尽可能地错开（MOD30 错开），可以一定程度地提高 UE 的接入成功率，进而对网络整体性能有所提升。

6. 基于实现简单、清晰明了、容易扩展的目标

目前采用的规划原则：同一站点的 PCI 分配在同一个 PCI 组内，相邻站点的 PCI 在不同的 PCI 组内。

PCI 评估调整步骤如下。

（1）设定 PCI 复用层数和复用距离；

（2）通过工具筛选不满足 PCI 复用条件的小区；

（3）使用预留的 PCI（或 PCI 组）对不满足复用条件的小区进行替换；

（4）调整完后，再次进行评估，确保满足要求。

PCI 替换注意事项。

（1）如果一个 RRU 分裂出 2～3 个覆盖区域，但仍为一个扇区，PCI 的分配应充分考虑到所有天线的方向角和覆盖区域。

（2）替换后的 PCI Mod 3 结果不变。

（3）保证替换后站内小区的 PCI 还是一个组 PCI。

（4）尽量修改小区数量少的站点 PCI。

PCI 调整举例：A 市设定的 PCI 复用层数为 32，复用距离为 2 km。预留 PCI 为 126～167。通过 U-net 工具评估，结果如图 11-15 所示。

Cell Name	Code	Destination Cell Name	Distance
YTHKC_1	80	1055_1	1467.515
YTHKC_2	79	1055_2	1467.515
1055_1	80	YTHKC_1	1467.515
1055_2	79	YTHKC_2	1467.515

图 11-15 PCI 规划举例

从上表可看出，YTHKC 和 1055 站点 PCI 复用距离不满足要求，因此，对 YTHKC 的 PCI 进行替换。

调整过程如下。

LTE PCI 规划

（1）查询 YTHKC 和 1055 包含的小区数：YTHKC 包含 3 个小区，1055 包含两个小区。

（2）考虑到 1055 的小区数量少，故修改 1055 小区的 PCI。计算 1055_1 和 1055_2 的模 3 值分别为 2 和 1。

（3）在预留 PCI（126～167）里，选择模 3 值与 1055 匹配的 PCI 组，如将 1055_1 的 PCI 改为 128，将 1055_2 的 PCI 改为 127。

11.5 PRACH 参数规划

11.5.1 PRACH 格式

随机接入在 LTE 系统起着重要作用，是用户进行初始接入、切换、连接重建立、重新恢复上行同步的唯一策略。UE 在随机接入时需要随机选择前导序列，因此，合理地规划前导序列是保障用户接入成功性的重要手段，使接入过程中的不确定性控制在可接受的范围内。

如图 11-16 所示，PRACH 由 CP（循环前缀）、前导序列（Preamble）和保护间隔组成。在 LTE 系统中，前导序列使用的是 ZC 序列，与 CP 和 UE 的移动速度有关，序列长度影响基站对序列的接收质量，保护间隔的大小决定了小区的接入覆盖半径。

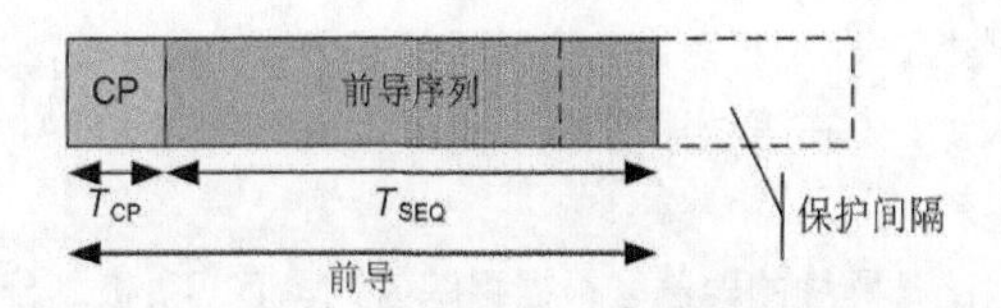

图 11-16　PRACH 帧结构

协议定义了 5 种 PRACH 帧格式，如表 11-3 所示。都能用于 TDD 的随机接入，但是 FDD 系统只能使用前 4 种前导格式（格式 0~3）。在格式 4 的配置下，PRACH 只在 UpPTS 域内发射信号，主要用于热点区域覆盖。格式 0 ~ 3 用于不同场景覆盖。每一种格式的帧都包括一个循环前缀和一个 ZC 序列。不同的覆盖场景需要选取不同格式的 PRACH 帧。不同长度的 CP 可以抵消因为 UE 位置不同而引发的时延扩展效应，不同的保护间隔用于克服不同的往返时延（Round Trip Delay，RTT）。

表 11-3　前导格式

前导格式	CP（μs）	前导序列	保护间隔	小区覆盖半径
0	103.125	800	96.875	14.531
1	684.375	800	515.625	77.344
2	203.125	1600	196.875	29.531
3	684.375	1600	715.625	102.65
4（TDD）				根据配置决定

（1）格式 0 适用于正常小区覆盖。

（2）格式 1 和 3 适用于超远覆盖和 UE 高速移动场景。

（3）格式 2 适用于较大覆盖小区和 UE 快速移动场景。

（4）格式 4 适用于热点覆盖。

LTE 中的前导序列由 ZC 根序列产生，ZC 根序列不同，那么生成的 Preamble 序列是正交的。通过在相邻小区之间规划不同的根序列可以有效消除随机接入过程中的冲突。因此在 PRACH 参数规划中，ZC 根序列的规划是很重要的一个参数。

11.5.2　PRACH 根序列规划

LTE 小区前导序列是由 ZC 根序列通过循环移位（cyclic shift，也即零相关区配置，Ncs）生成的，每个小区的前导序列为 64 个，UE 使用的前导序列是随机选择或由 eNodeB 分配的，因此为了降低相邻小区之间的前导序列干扰，就需要正确规划 ZC 根序列索引。

LTE PRACH 规划

在格式 0~3 下，ZC 根序列索引有 838 个，Ncs 取值有 16 种，此时 ZC 序列的长度是 839；在格式 4 下，ZC 根序列索引有 138 个，Ncs 取值有 7 种，此时 ZC 序列的长度是 139。

规划采用的 Ncs 值不宜过小，否则超过 Ncs 对应半径的用户将由于无法被识别出正确的 Preamble 而导致无法接入。同时 Ncs 也不宜过大，即超过基站需要支持的接入半径，会造成基站的资源浪费。

11.6　TA 规划

跟踪区（Tracking Area，TA）是 LTE/SAE 系统为 UE 的位置管理新设立的概念。TA 功能与 3G 的位置区（LA）和路由区（RA）类似，是 LTE 系统中位置更新和寻呼的基本单位。跟踪区的大小〔即一个跟踪区码（TAC）所覆盖的范围大小〕在系统中是一个非常关键的因素。TAI 是 TA 的唯一标识，TAI = MCC+MNC+TAC，共计 6 字节。

为了确定移动台的位置，LTE 网络的覆盖区根据跟踪区码（TAC）被划分成许多个跟踪区，TA 包含相同 TAC 配置的一个小区群体。网络通过在整个跟踪区内的所有小区同时发送寻呼消息来寻呼 IDLE 态的 UE。目前 TAL 方案（多注册 TA 方案）中的寻呼范围是整个 TAL 下的所有 TA 所辖的全体小区。

“多注册 TA”是 LTE 的位置管理方案，是从多种 TA 概念方案中综合和总结出的一种 TA 概念，其特点在于多个 TA 可组成一个 TAL，这些 TA 同时分配给一个 UE。UE 在 TAL（TA List）内移动时不需要执行 TA 更新，如图 11-17 示，寻呼消息也是在整个 TAL 内的所有 TA 中下发。

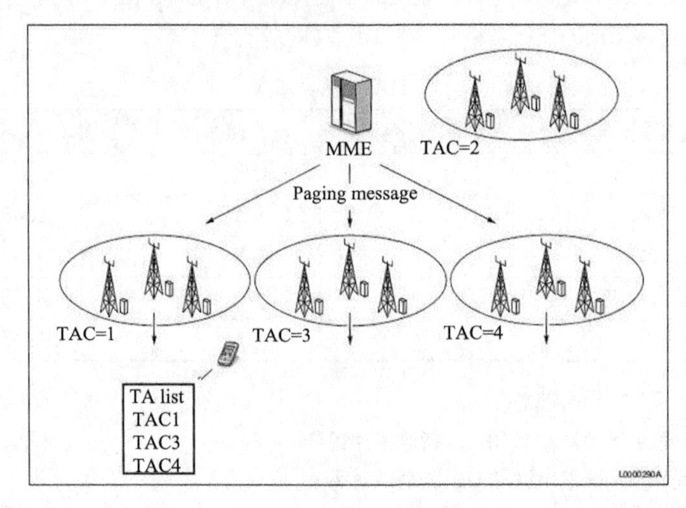

图 11-17 TAL 组网

TA List 就是将一组 TA 组合为一个 List，在 UE Attach 或 TAU 过程中通知 UE。

UE 收到 TAI List 后保存在本地，移动用户可以在这个 List 包含的所有 TA 区内移动，而无须发起位置更新过程。

当需要寻呼 UE 时，网络会在 TAI List 所包含的小区内向 UE 发送寻呼消息。

在 3G 中，UE 改变 RA 就应该执行 RA 更新（空闲状态和连接状态都执行）。如果这个原则继续适用于 EPS，则更多的 TA 数量会使得 TA 更新的频率大大提高，也就提高了网络信令过程的负荷。同时，TA 也不可能规划得太大，这样会扩大 UE 的寻呼区域，寻呼区域太大会浪费系统的无线资源。因此，在 EPS 中采用的是多注册 TA 的概念，即为 UE 分配跟踪区列表。

当 UE 注册到网络或执行 TA 更新后，网络为 UE 分配一个 TA 列表，UE 同时将这些 TA 注册到 MME 中，如 TA 列表包含多个 TA，多个 TA 都注册在 MME 中，作为 UE 所在的位置区。UE 在一个 TA 列表中移动时，TA 的改变不会引起 TA 更新过程的执行。同时，对于空闲状态 UE 进行寻呼时，可以在一个 TA 列表中的所有 TA 中进行寻呼，也可以按照某些优化算法，在 TA 列表中的部分 TA 中进行寻呼，这样就在 TA 更新的信令负荷和寻呼区域大小之间寻找了一个平衡点。当 UE 移动出当前的 TA 列表区域时，才需要执行 TA 更新过程，MME 将为 UE 重新分配一个 TA 列表。TA List 允许重叠，以避免静态 TA List 边界处的乒乓效应。TA List 的分配由网络决定，允许核心网根据用户属性来动态分配。一个列表中 TA 的个数可变，TA List 最多可包含 16 个 TAI。

LTE 的 TA 区划分与寻呼密切性能相关。TA 区的合理规划，能均衡寻呼负荷，减少系统信令开销。TA

规划原则如下。

（1）确保寻呼区域内寻呼信道容量不受限。

（2）区域边界的位置更新开销最小，易于管理。

如图 11-18 所示，寻呼消息由逻辑信道 PCCH 承载，映射到传输信道 PCH，最后由物理信道 PDSCH 承载。PDSCH 除承载寻呼消息外，还承载其他信息，如系统消息、用户数据等。UE 通过监听 PDCCH，查看是否携带了 P-RNTI，来判断网络在本次寻呼周期是否进行寻呼。如果携带，表示有寻呼数据，则 UE 要去 PDSCH 上解读寻呼数据，如果在寻呼数据中解到自己的 UE ID（通常为 S-TMSI），则表示有其寻呼数据。由于多个用户可以被分到同一个寻呼组，因此 P-RNTI 可同时为多个用户使用，容量上不受限。相对于 2G/3G 的专用信道承载寻呼消息，LTE 系统寻呼数据承载在共享信道 PDSCH 上，因此寻呼容量很大。由于寻呼调度优先级高于用户数据，如果寻呼区域过大，会导致用户数据可用资源减少，从而影响小区的吞吐率。因此，寻呼区不宜太大。通常规划的 TA 规模如表 11-4 所示。

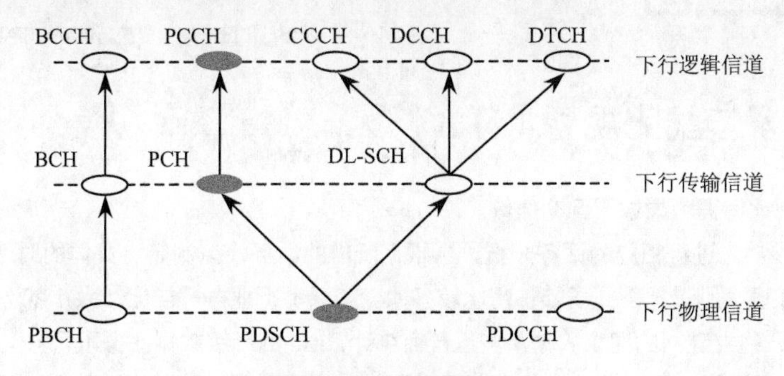

图 11-18　寻呼信道映射

表 11-4　通常规划的 TA 规模

场　　景	TA 规模 （所含 eNodeB 个数）	TAL 规模 （所含 eNodeB 个数/TA 个数）
城区场景	30 ~ 50	150 ~ 300eNodeB / 3 ~ 10TA
郊区农村场景	50 ~ 70	200 ~ 580eNodeB / 3 ~ 12TA

如图 11-19 所示，城郊与市区不连续覆盖时，有可能会出现手机在 TAU 周期性位置更新时间+不可达用户隐式分离定时器超时而做不了 TAU，超过保护时间后，系统认为 IMSI 隐式分离，假如此时进入市区，市区与郊区的 TAL 一致，有些手机不会立即做正常的 TAU，就会出现有信号却不在服务区的现象。所以在 TAL 的划分上，一般郊区（县）使用单独的 TAL，即和城区的 TAL 不一样，此时的 TAL 分布类似于一个同心圆，内圆城区也可能由于容量因素设置几个跟踪区，圆内采取分片方式、另一个内外圆环方式或混合方式，可以有效避免以上现象的发生。实践证明，这样的 TAL 划分不仅可以减少用户不在服务区现象，并且接通率和呼通率也能有较大改善。

TAL 边界划分原则如下。

（1）边界不要放在话务量很高的地方。

（2）边界划分要考虑用户的移动行为，如主干道、高铁等话务热点尽量少跨 TAL。

（3）不要把边界放在话务密集的城郊接合部，避免频繁 TAU。

（4）TAL 在地理上连续覆盖，避免和减少“插花”。

（5）可以利用市区中山体、河流等地形因素来作为边界：TAL 区域不建议跨 MME。

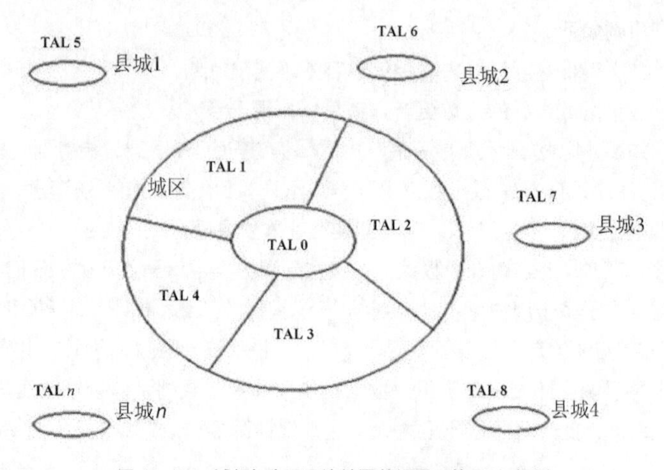

图 11-19 城郊与市区不连续覆盖场景下的 TAL 规划

11.7 时隙子帧配比规划（TDD）

在规划子帧配比时需考虑以下几个原则。

（1）业务需求：先进行相应的话务分析，再根据所需的话务模型制定出具体的时隙配置比例。如果所需的下行数据比较多，则选择下行子帧占用比较多的。如果上行业务需求比较大，就选择上行子帧多的。

（2）LTE TDD 独立建网的建议：据某些运营商统计，3G 的无线数据业务下行与上行的比例为 4：1～4.5：1，TD-LTE 下行与上行的频谱效率比为 1.5：1～2：1，则理想的时隙配比为 2：1～3：1，一般建议配置为 DL：UL=3：1

（3）特殊时隙配置：根据小区半径、小区用户数、下行吞吐率综合决定。

（4）首先确定 GP：小区半径即覆盖距离是决定条件。根据远端的上行和下行的时间差来确定 GP 的大小，从而确定时隙之间的配比。一般超远覆盖时所需要的 GP 要尽可能大，来满足超远覆盖所需要正确传输的环回时延（如采用 3：9：2）。其次在满足小区半径的情况下，尽量减少 GP 符号数，以便下行有更多符号用于数据传输。其次确定 UpPTS：一般用于上行 SRS，由小区用户数决定。用户数少时为 1，用户数多时为 2，以便基站准确及时估计各用户信道条件。最后确定 DwPTS：上述参数确定后，取值唯一。异系统共存：如果需要和其他 TDD 异系统共存时，还需要对特殊时隙的配置进一步进行限制。

练习题

1. 关于 TA 规划，原则有哪些？
2. LTE 小区的随机接入前导和根序列有何关系？
3. LTE 邻区规划的原则有哪些？
4. LTE 频率规划的原则有哪些？
5. PCI 冲突产生的原因是什么？

Communication

Chapter 12

第 12 章 LTE 单站验证

单站验证是指在 eNdoeB 硬件安装调试完成后，对单站的设备功能和覆盖能力进行的自检测试和验证。当待优化区域内所有小区通过单站验证，表明站点不存在功能性问题，单站验证阶段结束，进入 Cluster 优化阶段。

课堂学习目标

- 了解单站验证的流程
- 学会单站验证的环境准备
- 掌握单站验证的工具使用方法

12.1 单站验证流程

12.1.1 单站验证概述

单站验证有如下目的。

（1）单站点验证在网络进入 Cluster 优化前，保证各个站点下各个小区的基本功能（如接入、通话等）是正常的。如图 12-1 所示，可以将网络优化中需要解决的因为网络覆盖原因造成的掉话、接入等问题与设备功能性掉话、接入等问题分离开来，有利于后期问题定位和问题解决，提高网络优化效率。

（2）对于特定局点，若合同中客户要求单站验收作为回款依据，单站验证的验证项目和方法都可作为验收的参考，具体验收 KPI 需与客户商定。

（3）单站验证还可以帮助网规工程师熟悉优化区域内的站点位置、配置、周围无线环境等信息，为下一步的优化打下基础。

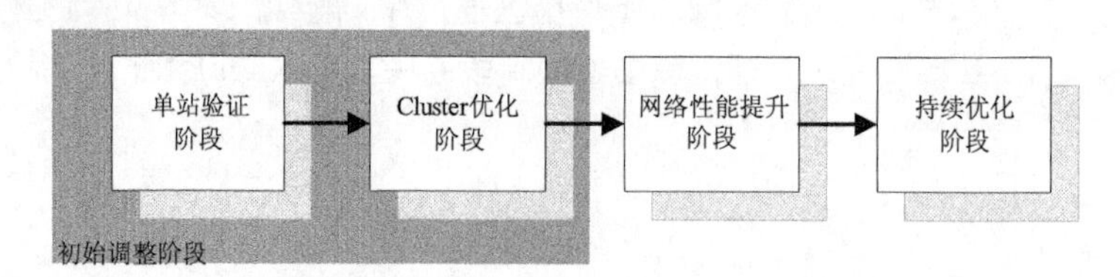

图 12-1　单站验证在网络优化中的位置

12.1.2 单站点验证基本流程

单站验证的工作流程如图 12-2 所示。该阶段的输出是《单站验证报告》，并保证站点成功商用。单站验证具体工作包括单站验证准备、测试与分析、调整建议与实施、单站验证报告 4 个关键步骤，保证在单站验证中发现的问题能够得到闭环的解决。

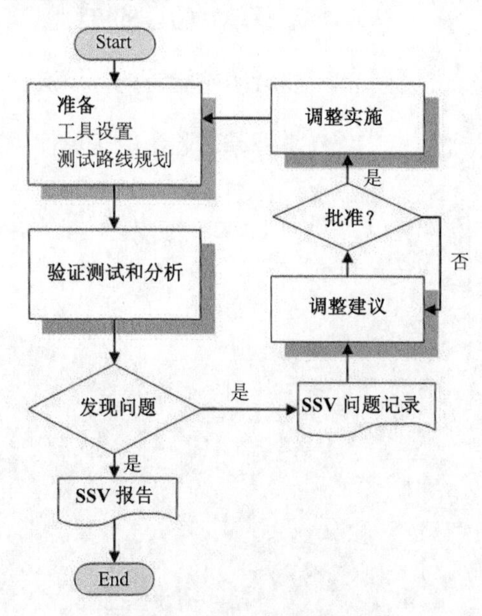

图 12-2　单站验证流程图

12.1.3　单站点验证准备

单站验证工作主要通过测试来完成，在确定网规要进行单站验证后，通常会对验证方法会有明确的规定，其中就涉及测试工具的选择。

（1）工具准备

通用工具：Netmeter、Iperf/FileZilla、GPS。

测试 UE+Probe：一台 UE，两台便携式计算机（或一台便携+USB 转网卡设备-需驱动）Probe(含 License)。

此外，如果单站验证报告中要求输出统计或图表，需要确定使用何种后台软件对测试完的 logfile 进行导入和数据后分析。

常用工具说明如下。

① Probe 是一款空口测试工具，主要用于搜集 LTE 网络空口测试数据。

② Iperf 工具是一款用于测试空口能力的 UDP 灌包工具，它可以屏蔽掉应用层参数设置问题，直接用来验证 LTE 空口能力。

③ Ethereal 是一款常用的网络抓包工具，支持多种协议解析，可以用来分析网络行为，对数传问题定位有很大的帮助。

④ CHR 和一键式日志是用来搜集呼叫日志和系统运行日志的，通过这些日志可以分析和定位常见的一些问题。

（2）测试路线规划

按照待验证站点的场景，基本可以把站点划分为 3 类。

① Urban 站点；

② Remote 站点；

③ Highway 站点。

不同的测试站点在设计测试路线时要求各不相同，如图 12-3 所示，每个站点应当定义一个以站点为圆心的“Ring”。此外“Ring”还有一个作用，即在进行验证单站的项目时，以“Ring”中样本的测试结果和统计结果为主。

通常对于 Urban 站点，测试 Ring 的半径为 350 m，Remote 站点的半径为 2.5 km 左右，Highway 站点的半径为 4 km 左右，如图 12-3 所示。

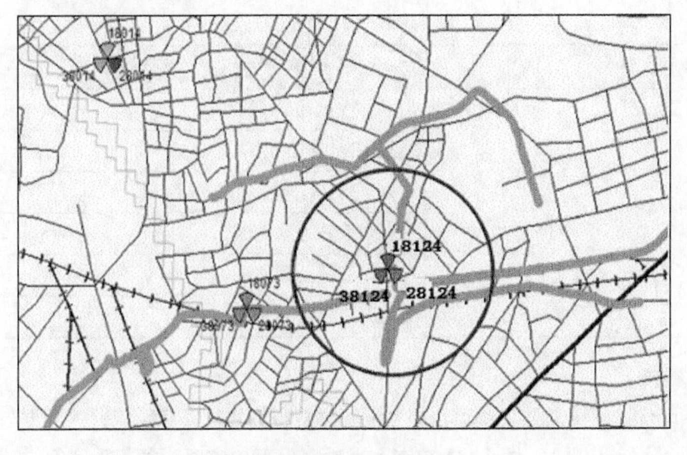

图 12-3　站点测试“Ring”

在测试前，每个站点的类型及对应测试 Ring 的大小必须和客户方确认。

在测试时应当把握的原则如下。

① 测试路线尽可能跑全待测基站各个扇区覆盖方向上的公路。

② 测试路线应当超过测试 Ring 的规定范围，且直到测试到邻区站发生切换为止。

③ 另外对于 Urban 站点，如果待验证站点能够基本连续覆盖，推荐选择以 Cluster 的形式组织测试，如图 12-4 所示，在测试时应当尽量跑全待测基站周围所有主要街道，而且测试路线尽量考虑当地的行车习惯，减少过红绿灯时的等待时间。

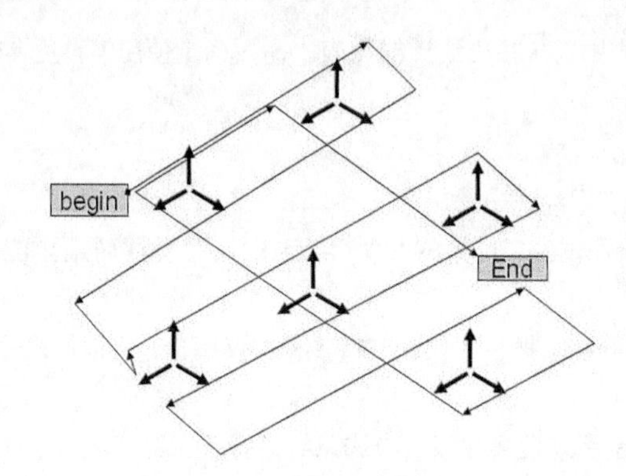

图 12-4 区域验证测试路线示意图

测试路线可以使用 Mapinfo 工具制作，具体方式是，在数字地图上新建一个图层，标明测试起始点和测试终止点，中间过程使用带箭头的折线表示测试路线和测试过程。在测试时，把该图层在路测工具中打开，指导单站测试顺利且完整的进行。

（3）测试方法确定

单站验证的测试方法对于所有站点的测试都是通用的，通常需要同客户确认好相关内容。对 LTE 来说，测试方法如下。

① 测试路线的选择，请参考上一小节。

② 测试任务的选择如表 12-1 所示，具体测试时需要对 DT 测试方式进行组合，原则是能够完成《单站点验证报告》中的相关测试即可。

表 12-1 DT 测试方式

测试项	测试方式
UE or Datacard	LTE Attach 入网测试
	LTE Dettach 退网测试
	LTE PING 时延测试
	LTE FTP 下载测试
	LTE FTP 上载测试
	LTE 站内切换测试

（4）配置参数核查

在站点测试前，网优工程师需要采集网络规划配置的数据，并检查实际配置的数据与规划数据是否一致。

LTE 实际配置的数据可以通过 eNodeB 查询，通过文件可以实时了解 eNodeB 中配置的相关参数。

（5）站点状态核查

站点检查前，网优工程师需要向产品支持工程师确认是否存在告警以及问题是否解决，测试小区的小区状态是否正常。其中特别关注间歇性告警问题（比如，传输告警会引起 SCTP 链路闪断，会造成核心网释放资源，引起切换失败）。

（6）其他准备

单站验证环节测试前准备工作还包括测试工具检查和测试车辆速度。

测试工具检查：测试前通过便携式计算机连接 LTE UE 终端和 GPS，并保证测试设备和测试软件工作正常。

测试车辆速度：建议保持在 30 km/h 左右，经过待测小区的主服务区时，当发现有异常情况（如 Attach 接入功能异常、测试设备工作异常、某个小区的 RSRP、SINR 覆盖情况异常，等等）时，需要减速行驶或暂时靠边停止行驶；如果存在异常情况，将异常情况记录下来，重新接入业务后继续前进，完成其他小区的测试，待区域验证工作完成后再对异常小区进行详细的验证和问题处理。

LTE 单站验证流程及准备

建议：为了避免邻基站对待测试基站的干扰影响，建议在单站测试的 TCP 业务和切换业务之前去激活邻基站的小区。

12.1.4 测试与分析

验证测试与分析的内容通常具备明显的产品的特征。

单站验证工作是通过测试来进行功能性验证，关注解决由于数据配置错误或者硬件安装质量造成的问题，对各项测试结果做分析。

（1）如果测试过程以及结果分析没有发现明显问题，则依据本次测试结果输出《单站验证报告》。

（2）如果测试过程或结果显示有明显问题，需要把这些问题记录在《单站验证问题记录表》中，并给出问题分析。

12.2 LTE 单站验证项目

12.2.1 DT 覆盖测试

1. 验证方法

DT 覆盖测试主要是通过路测，检查 UE 接收的 RSRP 和 SINR 是否异常（例如，是否存在其中一个测试小区的 RSRP 和 SINR 明显差于其他的小区），确认是否存在天馈连接异常、天线安装位置设计不合理、周围环境发生变化导致建筑物阻挡、硬件安装时天线倾角/方向角与规划时不一致等问题。

（1）连接上 UE，按照选定的测试路线对待测小区的信号进行测试，尽可能跑全基站周围所有主要街道。

（2）根据 UE 接收的信号得出区域覆盖图，对比各个小区的 RSRP 覆盖情况和 SINR 分布情况，对其中 RSRP 和 SINR 分布情况较差的小区要重点关注。

2. 验证准则

（1）站点视距近点范围 RSRP>−90 dBm，SINR >5 dB，如果站点下信号覆盖较弱，则此项验证不通过，具体要求请参考承诺的 KPI。

（2）路测路线上的 PCI 设置是否与规划一致。若是不一致，则此项验证不通过。

（3）在对该站点完成相关的验证后，把详细的分析结果填入《单站验证报告》。

3. 问题分析与处理

分析这类问题的思路是，根据规划参数中 PCI，依据 UE 测试数据核对覆盖方向是否与规划参数一致。

（1）方位角与 PCI 不一致，导致这个问题的原因可能是机顶处 3 个扇区的天馈连线与各个小区连接错位，或者是基带单元与各射频单元光纤连接错位，如图 12-5 所示。

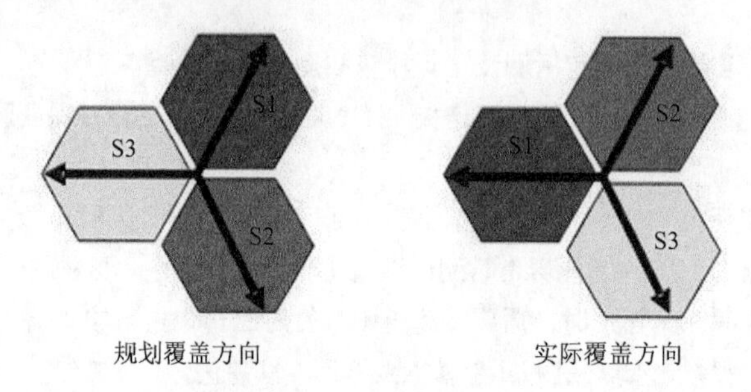

图 12-5　3 个小区覆盖方向错位

机顶处 3 个扇区的天馈连线如图 12-6 和图 12-7 所示。

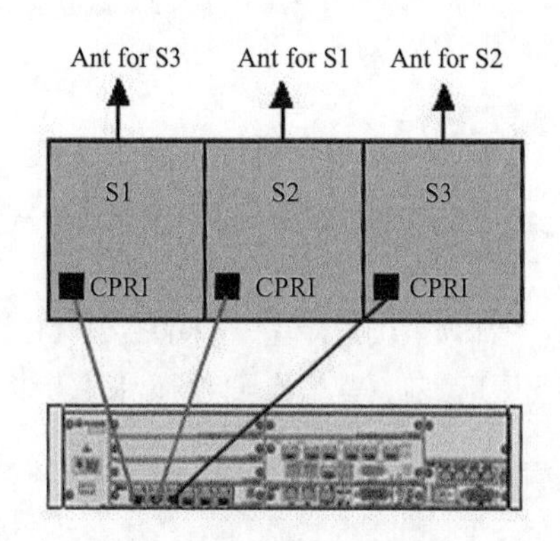

图 12-6　天馈与规划小区错位

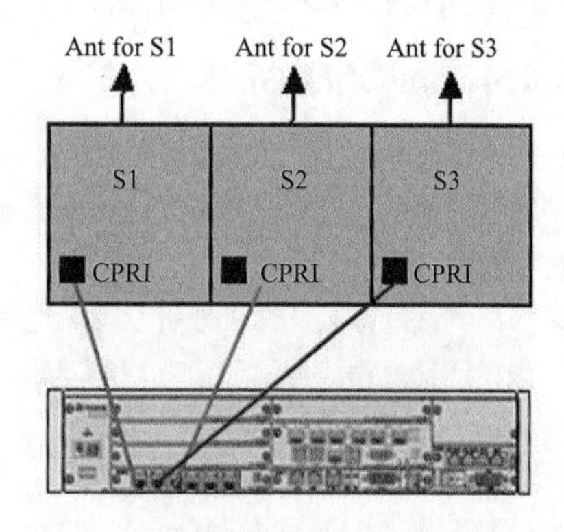

图 12-7　基带单元与各射频单元光纤连接错位

当基站发生这种问题后，由于它打破了 PCI 规划，导致实际的邻区数据与规划邻区不一致，会存在较多的切换失败导致掉话。

对待这类问题，应当把规划与实际覆盖的差异和初步分析反馈给 eNodeB 工程师，推动 eNodeB 工程师进行问题整改。

（2）在方位角与 PCI 一致的前提下，如果 PLMN、TAC、CGI、UL Frequency、DL Frequency、UL Bandwidth、DL Bandwidth 的任意数据与规划参数不符，应当尽快协调 OMC 机房进行数据修改。数据修改完毕后安排复测。

12.2.2 LTE 接入功能测试

1. 验证方法

通过该项测试，检查待测 LTE 小区的 LTE 接入功能是否正常。

检查 USIM 卡下行开户速率，确保 USIM 卡下行开户速率不大于 LTE 小区最大容量。

使用 Probe 的 Test Plan 进行自动连续接入。

具体操作步骤如下。

（1）确保 LTE 路测系统硬件连接良好，OM IP 已经配置好，且在测试便携式计算机的 DOS 窗口上能 ping 通 UE 的 OM IP 地址。

（2）连接 OMT 与 UE，如图 12-8 所示。

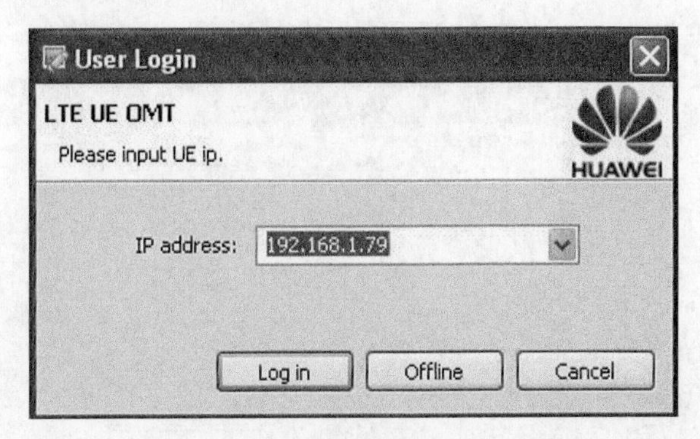

图 12-8　连接 OMT 与 UE 示图

在 OMT 的 Running Logs 上显示“Synchronizing UE succeeded”，表示 OMT 与 UE 连接良好。

（3）在 Probe 软件里面，选择“Configuration”→“Test Plan Control”，接着单击“Click here to config”按钮进行设置，如图 12-9 所示。

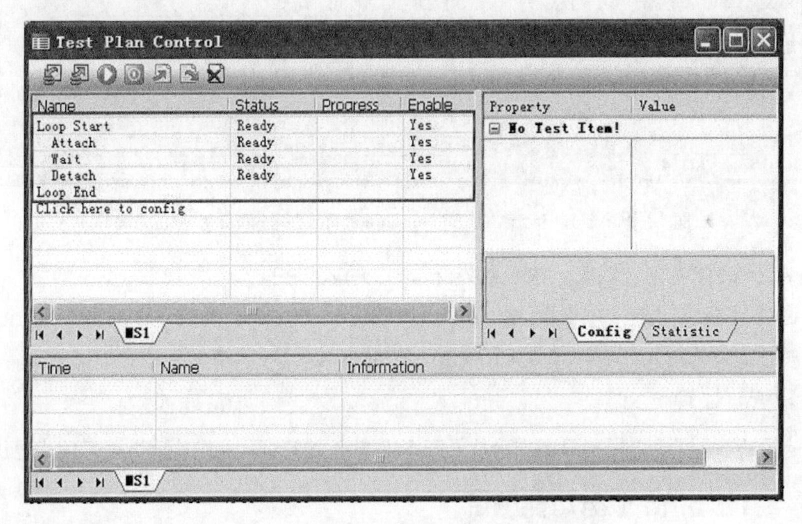

图 12-9　Probe Test Plan 连续接入设置方法

其中，相关参数设置如下。

① Loop Test Count=20。

② Attach Timeout (s)=15。

③ Attach Mode = Attach only。

④ Wait duration (s)=5。

⑤ Detach Type=PS。

⑥ Detach Timeout (s) = 15。

（4）在 Probe 软件里单击“Start Test Plan”按钮，开始测试并记录测试文件，系统自动循环接入 LTE 小区。

2. 验证准则

对于 LTE UE 接入功能测试，验证准则可以参考下述内容。

（1）对于 LTE UE 终端，可以通过 Probe 中的 Test plan，通过执行结果查看 Attach 和 Detach 是否成功，可以通过 Probe 中的 L3 Message 查看核心网是否成功地分配业务 IP 地址，如图 12-10 所示。

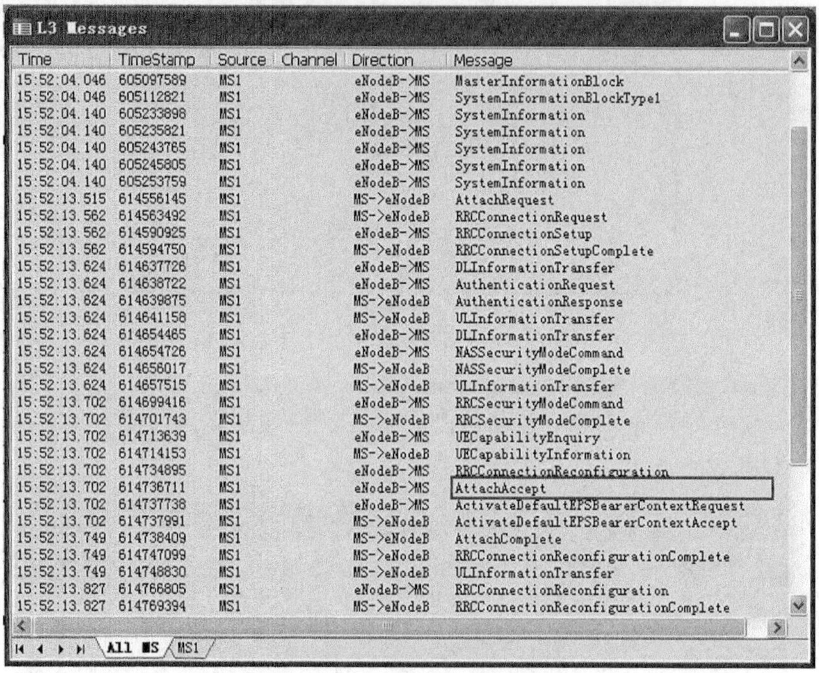

L3 Messages

Time	TimeStamp	Source	Channel	Direction	Message
15:52:04.046	605097589	MS1		eNodeB->MS	MasterInformationBlock
15:52:04.046	605112821	MS1		eNodeB->MS	SystemInformationBlockType1
15:52:04.140	605233898	MS1		eNodeB->MS	SystemInformation
15:52:04.140	605235821	MS1		eNodeB->MS	SystemInformation
15:52:04.140	605243765	MS1		eNodeB->MS	SystemInformation
15:52:04.140	605245805	MS1		eNodeB->MS	SystemInformation
15:52:04.140	605253759	MS1		eNodeB->MS	SystemInformation
15:52:13.515	614556145	MS1		MS->eNodeB	AttachRequest
15:52:13.562	614563492	MS1		MS->eNodeB	RRCConnectionRequest
15:52:13.562	614590925	MS1		eNodeB->MS	RRCConnectionSetup
15:52:13.562	614594750	MS1		MS->eNodeB	RRCConnectionSetupComplete
15:52:13.624	614637726	MS1		eNodeB->MS	DLInformationTransfer
15:52:13.624	614638722	MS1		eNodeB->MS	AuthenticationRequest
15:52:13.624	614639875	MS1		MS->eNodeB	AuthenticationResponse
15:52:13.624	614641158	MS1		MS->eNodeB	ULInformationTransfer
15:52:13.624	614654465	MS1		eNodeB->MS	DLInformationTransfer
15:52:13.624	614654726	MS1		eNodeB->MS	NASSecurityModeCommand
15:52:13.624	614656017	MS1		MS->eNodeB	NASSecurityModeComplete
15:52:13.624	614657515	MS1		MS->eNodeB	ULInformationTransfer
15:52:13.702	614699416	MS1		eNodeB->MS	RRCSecurityModeCommand
15:52:13.702	614701743	MS1		MS->eNodeB	RRCSecurityModeComplete
15:52:13.702	614713639	MS1		eNodeB->MS	UECapabilityEnquiry
15:52:13.702	614714153	MS1		MS->eNodeB	UECapabilityInformation
15:52:13.702	614734895	MS1		eNodeB->MS	RRCConnectionReconfiguration
15:52:13.702	614736711	MS1		eNodeB->MS	AttachAccept
15:52:13.702	614737738	MS1		eNodeB->MS	ActivateDefaultEPSBearerContextRequest
15:52:13.702	614737991	MS1		MS->eNodeB	ActivateDefaultEPSBearerContextAccept
15:52:13.749	614738409	MS1		MS->eNodeB	AttachComplete
15:52:13.749	614747099	MS1		MS->eNodeB	RRCConnectionReconfigurationComplete
15:52:13.749	614748830	MS1		MS->eNodeB	ULInformationTransfer
15:52:13.827	614766805	MS1		eNodeB->MS	RRCConnectionReconfiguration
15:52:13.827	614769394	MS1		MS->eNodeB	RRCConnectionReconfigurationComplete

All MS / MS1

图 12-10　通过 Probe 的 L3 Message 查看核心网分配业务 IP 的方法

从 Attach Accept 消息中可以读出核心网分配给 UE 的业务 IP。

（2）可以通过 U2000 上的话统查看该小区的入网成功次数和 SAE 承载建立成功次数。

在对该站点完成相关的验证后，把详细的分析结果填入《LTE-单站点验证表》。

3. 问题分析与处理

对于单站验证环节，网优工程师只需要完成 LTE 接入功能的验证。上述验证准则有关描述仅仅作为参考。

12.2.3 LTE ping 业务功能测试

1. 验证方法

通过该项测试，检查待测 LTE 小区的 ping 时延是否正常，可使用 Probe 的 Test Plan 设置 Ping 业务，具体操作步骤如下。

（1）确保 LTE 路测系统硬件连接良好，UE 入网成功，并可以从 Probe 上读出 UE 的 Serving Cell 的 PCI、RSRP、SINR 等信息。

（2）在 OMT 上单击“CFG MAC AND IP”，输入 UE MAC 地址、TE MAC 地址、TE 业务网关 IP 地址和 TE 业务 IP 地址业务，并在业务 PC 的 DOS 窗口里输入 UE 的 Route 表配置命令和 ARP 映射配置命令。

（3）在 Probe 软件里面，选择“Configuration”→“Test Plan Control”，接着单击“Click here to config”按钮进行设置，如图 12-11 所示。

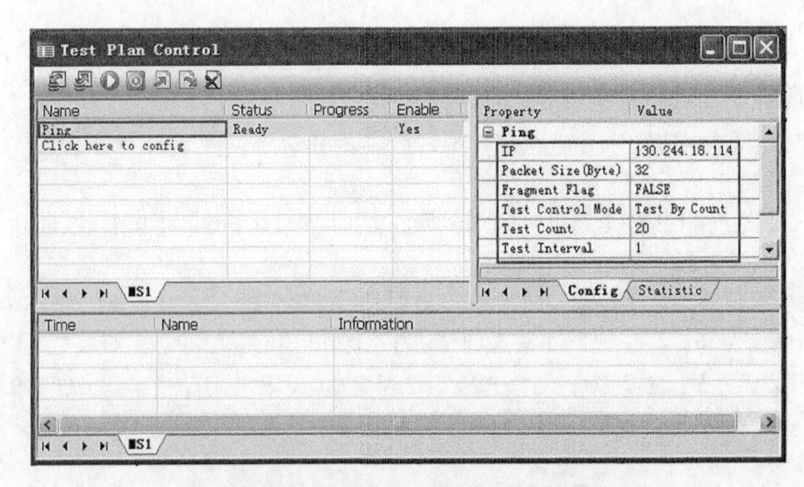

图 12-11 Probe Test Plan 循环 Ping 业务设置方法

ping IP 一般为离核心网最近的内网 FTP 服务器 IP。在 Probe 软件里单击“Start Test Plan”按钮，开始测试并记录测试文件，系统自动循环启动 ping。

2. 验证准则

对于 LTE UE ping 时延测试，验证准则可以参考下述内容，如图 12-12 所示。

在 Probe 软件里，通过选择“View”－“Service Quality”→“Ping Service Quality Evaluation”，查看 ping 时延。

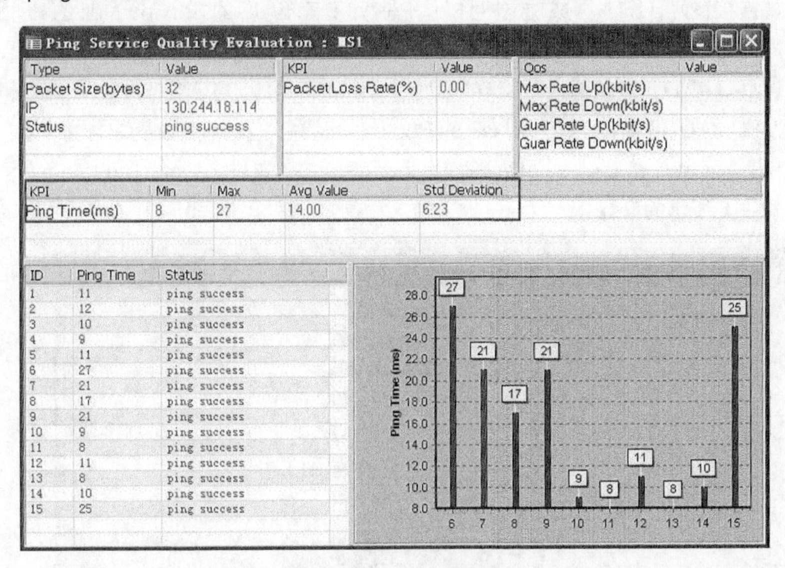

图 12-12 ping 时延评估

在对该站点完成相关的验证后，把详细的分析结果填入《LTE-单站点验证表》。

3. 问题分析及处理

对于单站验证环节，网优工程师只需要完成 LTE ping 时延的验证。上述验证准则有关描述仅仅作为参考。

在实际做 ping 测试中，建议关闭计算机的防火墙及 Symantec 防毒软件的 Network Threat Protection 功能（如果是安装的此款软件）。此功能如果不关闭，则会造成每一次 ping 包的时延过大，会拉低平均时延。

12.2.4 LTE FTP 业务功能测试

1. 验证方法

通过该项测试，检查待测 LTE 小区的 TCP 业务功能是否正常。

具体操作步骤如下。

（1）确保 LTE 路测系统硬件连接良好，UE 入网成功，并可以从 Probe 上读出 UE 的 Serving Cell 的 PCI、RSRP、SINR 等信息。

（2）在 OMT 上单击“CFG MAC AND IP”，输入 UE MAC 地址、TE MAC 地址、TE 业务网关 IP 地址和 TE 业务 IP 地址业务，并在 OMT 中开启 DHCP 自动获取 IP（UE V2R2 以上版本支持），操作如下。

① 在 OMT 左侧界面，选择“UE 操作→L2> SET ARP & DHCP SWITCH”，双击进入设置界面，配置如图 12-13 所示的参数。ArpSwitch 设置为 ON，DhcpSwitch 设置为 ON。

	名称	参数值	描述
1	ArpSwitch	ON	
2	DhcpSwitch	ON	

图 12-13 UE DHCP 功能开启参数

② 业务 PC 网卡设置为自动获取 IP 地址。

③ UE 开机。

（3）建立上传及下载任务并开始业务功能测试。可用两种方式进行测试：Probe Testplan；Iperf 灌包。

使用 Probe 的 Testplan 功能设置 FTP 下载和上传，具体操作步骤如下。

① 确保 LTE 路测系统硬件连接良好，UE 入网成功，并可以从 Probe 上读出 UE 的 Serving Cell 的 PCI、RSRP、SINR 等信息。

② 在 OMT 上单击“CFG MAC AND IP”，输入 UE MAC 地址、TE MAC 地址、TE 业务网关 IP 地址和 TE 业务 IP 地址业务，并在业务 PC 的 DOS 窗口里输入到 UE 的 Route 表配置命令和 ARP 映射配置命令。

③ 在 Probe 软件里面，选择“Configuration”→“Test Plan Control”，接着单击“Click here to config”按钮，进行如图 12-14 和图 12-15 所示的设置。

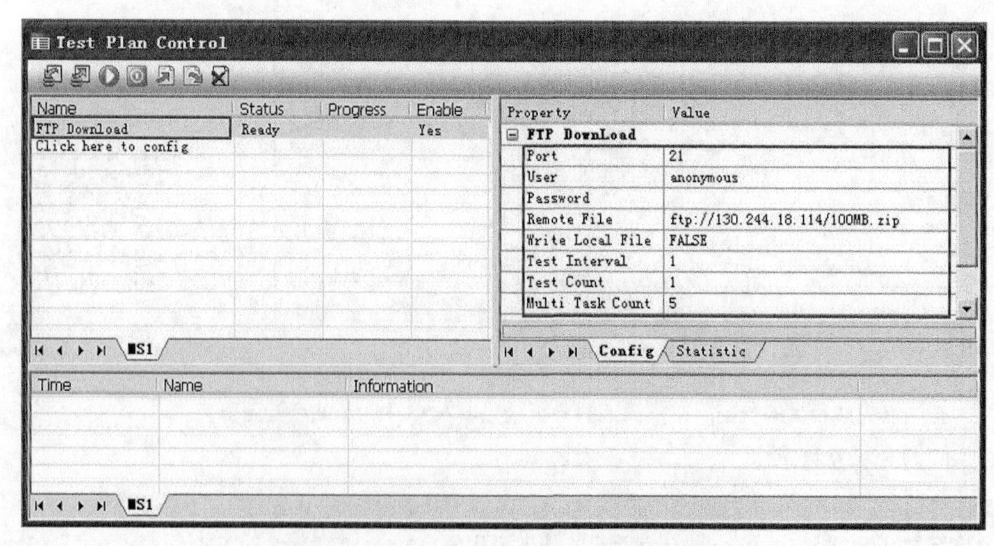

图 12-14 Probe Test Plan FTP 下载业务设置方法

FTP 下载测试一般要求 5 线程下载。

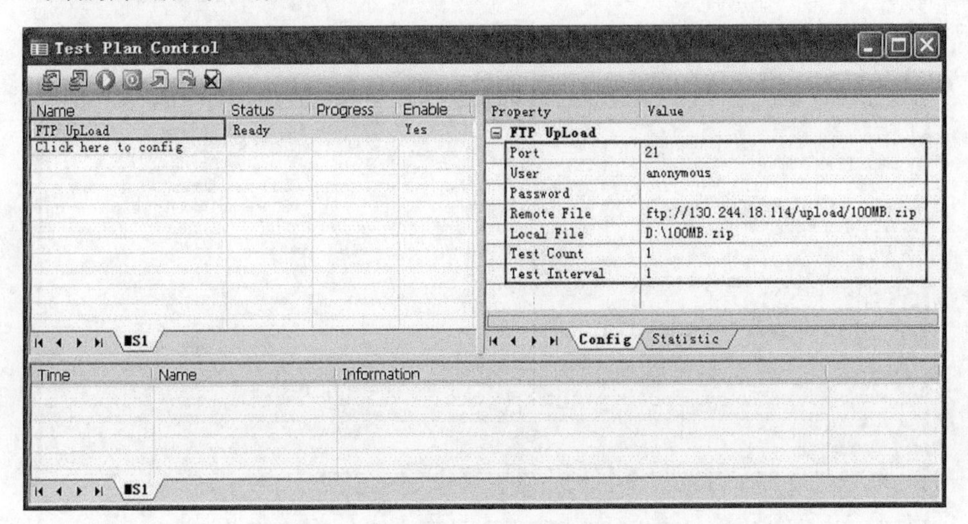

图 12-15　Probe Test Plan FTP 上传业务设置方法

使用 Gperf 软件进行 TCP 上下行灌包。Gperf 软件集成了 Iperf 的 DOS 命令功能，灌包操作更方便。业务 PC 和 FTP 服务器上均需安装 Gperf 软件，测试时需远程登录 FTP 服务器操作。

测上行 Throughput 时，如图 12-16 所示。

① 首先 FTP Server 侧选择 UL、TCP 方式，单击 Start 按钮等待。

② 业务 PC 侧选择 UL、TCP 方式，输入 FTP Server IP，输入起止时间，勾选 Messages 复选框打印，单击 Start 按钮开始上行灌包。

测下行 Throughput 时。

① 首先业务 PC 侧选择 DL、TCP 方式，单击 Start 按钮等待。

② FTP Server 侧选择 DL、TCP 方式，输入业务 PC 的 IP，输入起止时间，勾选 Messages 按钮打印，单击 Start 按钮开始下行灌包。

注意：TCP 灌包时业务 PC 和 FTP Server 端口一定要保持一致。

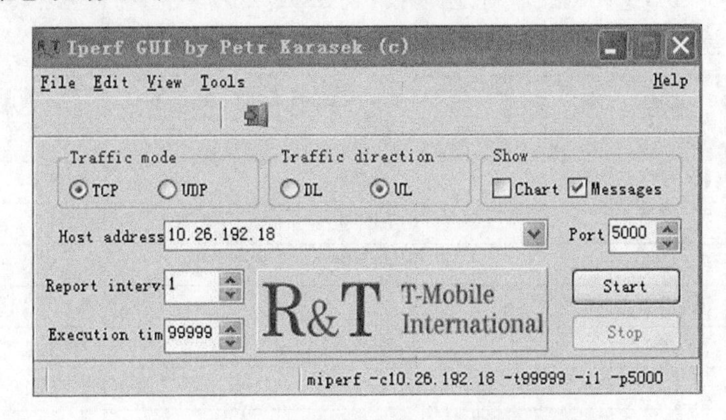

图 12-16　Gperf 软件进行 TCP 上下行灌包设置示例

2. 验证准则

对于 LTE UE TCP 业务验证测试，验证准则可以参考下述内容。

在 Probe 软件里，通过选择“View”→“Service Quality”→“FTP Service Quality Evaluation”,查看 FTP 下载和上传统计结果，如图 12-17 所示。

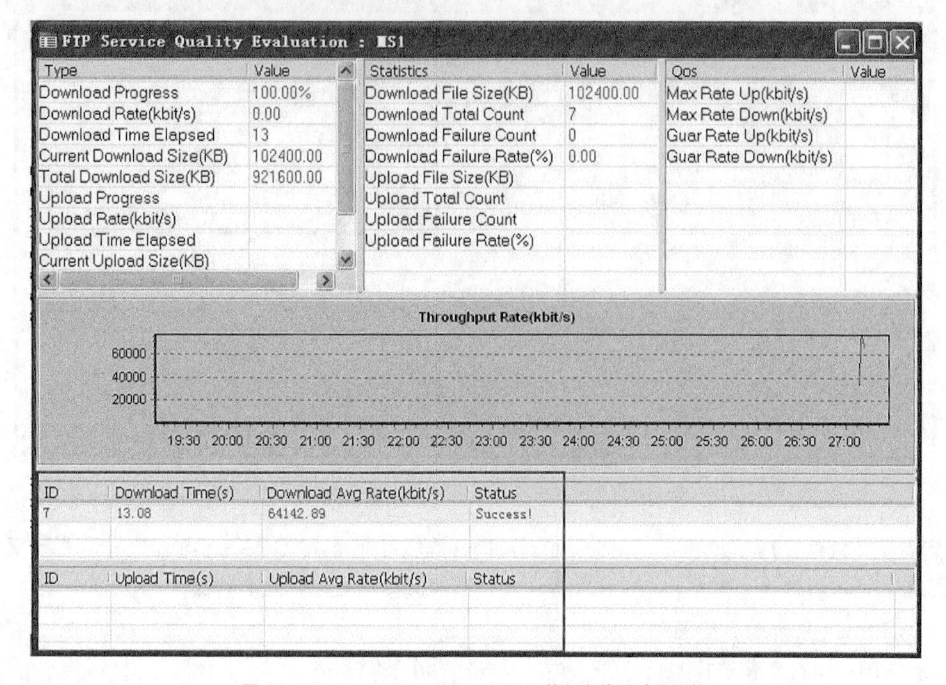

图 12-17 Probe Test Plan FTP 下载和上传吞吐量评估

在对该站点完成相关的验证后，把详细的分析结果填入《LTE-单站点验证表》。

3. 问题分析及处理

对于单站验证环节，由于硬件故障、参数配置错误、TCP 窗口配置不合理等各方面的原因，导致单用户 TCP 业务达不到峰值，网优工程师需要逐一排查。

上述验证准则有关吞吐率的描述仅作为参考，具体的吞吐率要求请参看项目的具体 KPI 承诺，如表 12-2 所示。在实际做 TCP 下载速率测试时，可以依据以下的 RSRP/SINR 与速率的对应关系进行大致判断。

表 12-2 下行峰值吞吐量对比表

带宽（Hz）	不同 Cat 终端峰值吞吐量（Mbit/s）		
	CAT3	CAT4	CAT5
1.4M	7.019	7.019	7.019
3M	21.126	21.126	21.126
5M	36.073	36.073	36.073
10M	73.104	73.104	73.104
15M	102	109.712	109.712
20M	102	149.855	149.855

20 MHz 带宽，Cat5 终端，单小区内场衰落信道，SNR-THP 基线如图 12-18 所示。

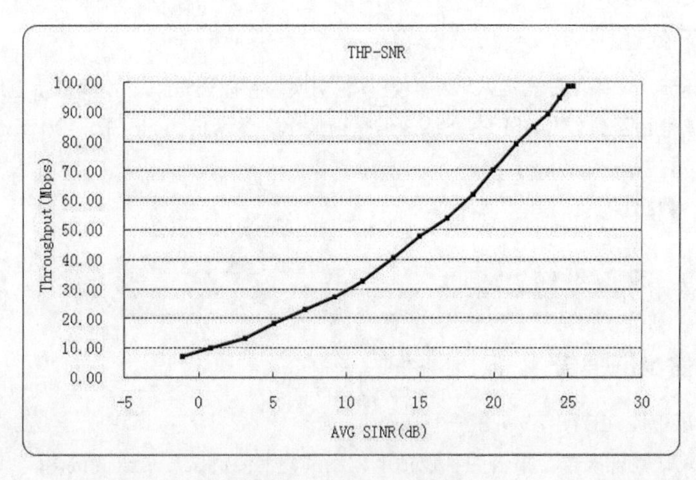

图 12-18 SNR-THP 基线

12.2.5 LTE 站内切换验证测试

1. 验证方法

通过该项测试，检查待测 LTE 站内切换是否正常。

（1）根据工程参数和地图显示，事先确定好站内切换的路线。为保证站内切换的成功率，尽量在 Ring 的范围测试。

（2）建议去激活邻基站的小区，避免邻区干扰。

（3）接入待测基站的小区，根据事先制定的路线开始测试，并在 Probe 上记录数据和查看是否能切换。

2. 验证准则

对于 LTE 站内切换是否正常，验证准则可以通过 OMT 上命令和 Probe 中的 L3 Message 查看是否切换成功，如图 12-19 所示。

L3 Messages

Time	TimeStamp	Source	Direction	Message
14:50:31	67166096	MS1	MS->eNodeB	MeasurementReport
14:50:31	67183255	MS1	eNodeB->MS	RRCConnectionReconfiguration
14:50:31	67190600	MS1	MS->eNodeB	RRCConnectionReconfigurationCompl..
14:50:31	67213383	MS1	eNodeB->MS	RRCConnectionReconfiguration
14:50:31	67216507	MS1	MS->eNodeB	RRCConnectionReconfigurationCompl..
14:50:31	67375989	MS1	eNodeB->MS	MasterInformationBlock
14:50:31	67391002	MS1	eNodeB->MS	SystemInformationBlockType1
14:50:31	67395005	MS1	eNodeB->MS	SystemInformation
14:50:31	67399941	MS1	eNodeB->MS	SystemInformation
14:50:31	67405980	MS1	eNodeB->MS	SystemInformation
14:50:31	67411951	MS1	eNodeB->MS	SystemInformationBlockType1
14:50:31	67414913	MS1	eNodeB->MS	SystemInformation
14:50:31	67419925	MS1	eNodeB->MS	SystemInformation
14:50:31	67424915	MS1	eNodeB->MS	SystemInformation
14:50:32	67426105	MS1	eNodeB->MS	SystemInformation
14:50:35	70725137	MS1	eNodeB->MS	RRCConnectionReconfiguration
14:50:35	70727929	MS1	MS->eNodeB	RRCConnectionReconfigurationCompl..
14:50:57	93084758	MS1	MS->eNodeB	MeasurementReport
14:50:57	93112260	MS1	eNodeB->MS	RRCConnectionReconfiguration
14:50:57	93120582	MS1	MS->eNodeB	RRCConnectionReconfigurationCompl..
14:50:57	93154931	MS1	eNodeB->MS	RRCConnectionReconfiguration
14:50:57	93156986	MS1	MS->eNodeB	RRCConnectionReconfigurationCompl..
14:50:57	93168340	MS1	eNodeB->MS	RRCConnectionReconfiguration
14:50:57	93170182	MS1	MS->eNodeB	RRCConnectionReconfigurationCompl

图 12-19 通过 Probe 中的 L3 Message 中查看切换是否成功

FTP 业务功能及切换测试

3. 问题分析及处理

对于单站验证环节，如果 UE 能接入网络但是不能切换，可以通过以下步骤来排查原因。

（1）检查无线信号是否良好，RSRP、SINR 值是否偏小，参考值为 RSRP>-90 dBm，SINR>5 dB。

（2）核查 RRC 重传是否成功。

（3）检查切换参数配置。

12.3 单站验证报告及实例

12.3.1 单站验证报告

单站验证报告如图 12-20 所示。

最后输出 LTE 单站验证报告，报告内容包括下载测试、上传测试、覆盖测试等。

LTE网络XX单站验证报告

基站描述

站名：		日期：	2017/xx/xx
站号：		区县：	
地址：		站型：	S111
设备类型：	DBS3900+RRU3632		

参数验证

工程参数	规划数据	实测数据	验证通过	备注
经度				
纬度				

工程参数	小区名1			小区名2			小区名3			备注
	规划数据	实测数据	结果	规划数据	实测数据	结果	规划数据	实测数据	结果	
天线挂高（米）										
方位角（度）										
总下倾角（度）										
预制电下倾（度）										
机械下倾角（度）										

基站参数（基站侧）	规划数据	实测数据	验证通过	备注
TAC				
NodeBID				

小区参数（基站侧）	小区名1			小区名2			小区名3			备注
	规划数据	实测数据	结果	规划数据	实测数据	结果	规划数据	实测数据	结果	
小区ID（Cell ID）										
PCI										
频段										
主频点										
小区带宽										
根序列										

图 12-20 单站验证报告（a）

功能验证

业务验证		验证通过			备注
		小区名1	小区名2	小区名3	
基站工程师验证项	Access Success Rate				
	FTP下载				
	FTP上传				
网优工程师验证项	FTP下载				
	FTP上传				

验证结论

是否通过验证：是

备注：

*若小区数超过3个的基站，请自行扩充表格

图 12-20　单站验证报告（b）

12.3.2　单站验证实例

单站验证实例如图 12-21 所示。

TD-LTE单站验证报告

基站描述

站名：X州经济学院1号教学楼WE　　日期：2016/8/24

站号：1772321　　区县：X州X城区

地址：x州市X城区XX镇XX路XX经济学院　　站型：室分

设备类型：未提供

覆盖范围：RRU1覆盖：1号教学楼2-6F；RRU2覆盖：10号宿舍楼1-6F；RRU3覆盖：生活超市楼1-6F；RRU4：6号宿舍1-6F

参数验证

基站参数（工程）	规划数据	实测数据	验证通过	备注
经度（度）	114.468655	114.468655		精确到小数点后6位，不考核
纬度（度）	23.079186	23.079186		精确到小数点后6位，不考核
TAC	3	3		
NodeBID	1772321	1772321		
IP地址	100.65.37.231			

图 12-21　单站验证实例（a）

小区参数（工程）	X州经济学院1号教学楼WE1									备注
	规划数据	实测数据	结果							
小区ID(Cell ID)	1	1	是							
PCI	20	20	是							
频段	E	E	是							
主频点	39250	39250	是							
小区带宽	20M	20M	是							
根序列	20	20	是							
子帧配比	1/7	1/7	是							
特殊子帧配比	7	7	是							

功能验证

业务验证		验证通过			备注
		经济学院1号教学楼			
网优工程师验证项	FTP下载	是			小区数超过3个时，自行整理版面，下同。
	FTP上传	是			
	切换	是			
	天线口RSRP	是			

验证结论

是否通过验证： 是

图 12-21 单站验证实例（b）

练习题

1. 单站验证的功能有哪些（至少列 3 条）？
2. 测试路线通常遵循哪些原则?
3. 单站验证前要确认的条件有哪些?

Communication

Chapter

13

第13章 LTE RF 优化

RF 优化是无线射频信号的优化，其目的是在优化网络覆盖的同时保证良好的接收质量，同时网络具备正确的邻区关系，从而保证下一步业务优化时无线信号的分布是正常的，为优化工作打下良好的基础。

课堂学习目标

- 了解 RF 优化的目的和内容
- 列出 RF 优化的流程
- 掌握 RF 优化的测试方法
- 掌握 RF 优化期间问题的分析方法

13.1 RF 优化概述

随着 LTE 的商用网络的陆续建设，为了满足网络验收标准而需要进行有针对性的优化，其中 RF 作为每个实际网络中最常用的优化手段是相当重要的一环。RF 优化是对无线射频信号的优化，目的是在优化信号覆盖、改善切换、控制干扰、优化负载平衡和提升小区吞吐量等。根据用户的分布不同保障合理的网络拓扑，在合理的网络拓扑基础上再进行无线参数的优化能保障网络达到更优的性能。

13.1.1 LTE 网络问题

1. 覆盖问题

覆盖问题优化主要是针对信号强度和网络拓扑结构的优化，信号强度用于保障一定的覆盖概率，保障网络不出现弱覆盖和覆盖盲区，用户都能接入网络；合理的网络拓扑是指每个小区有明确的覆盖范围，不出现越区覆盖的现象，交叠覆盖不严重。

2. 切换问题

一方面检查邻区漏配，验证和完善邻区关系，解决因此产生的切换、掉话和下行干扰等问题；另一方面进行必要的工程参数调整，解决因为不合理的 RF 参数导致的切换不合理问题。

3. 干扰问题

在 RF 优化阶段排除由于外界干扰或者邻区漏配导致的下行干扰，有效地发现因覆盖、切换等问题导致的干扰现象，从而通过调整 RF 参数来进行解决。

4. 负载平衡

负载平衡优化主要在网络运营阶段根据话统统计的负载来优化，目的是保障小区的资源都能得到有效利用，也避免高负载带来对邻区的高干扰问题。

5. 吞吐量

吞吐量优化也发生在网络运营阶段，根据用户的分布来重点优化一些区域，保障用户分布的地方具有较高的信号质量，提升资源的利用率，提升频谱效率。

对于一个网络来说，一般以上几个问题会同时出现，在优化的时候需要综合考虑。

13.1.2 网络优化阶段

如表 13-1 所示，网络优化是一个长期的过程，包括了网络建设阶段、网络交付阶段、性能提升阶段以及持续性优化服务阶段。

表 13-1 网络优化阶段

阶段	特点	解决网络问题	数据源
网络建设阶段	在网络建设的过程中，当 Cluster 内的站点全部建设完成或者 80%的站点建设完成时就需要对 Cluster 进行优化	覆盖问题、干扰问题、切换问题等	DT 数据、eNodeB 侧跟踪数据
网络交付阶段	全网建成后，为达到覆盖概率和 KPI 达标指标的要求进行的优化，主要优化区域为 Cluster 交界处。优化方法和特点与 Cluster 优化相同	覆盖问题、干扰问题、切换问题等	DT 数据、eNodeB 侧跟踪数据

续表

阶　　段	特　　点	解决网络问题	数据源
性能提升阶段	在网络运营阶段，为了进一步提升网络质量，满足日益增长的用户需求，集中人力对网络进行一次优化，短期内提升网络的运行和服务质量，提升品牌效应	覆盖问题、负载问题、吞吐量问题等并解决用户投诉	话统数据、MR 或者 DT 数据、eNodeB 侧跟踪数据
持续性优化服务阶段	在网络运营阶段，通过日常网络的性能监控、网络质量评估检查发现网络问题，保障网络质量的稳定，针对发现的网络问题提升网络性能，并完成对网络优化维护人员的技能传递	覆盖问题、干扰问题、掉话等问题	话统数据、MR 等

13.2 RF 优化原理

13.2.1 网络质量评估

网络质量评估作为 RF 优化重要的环节，需要根据采集数据进行细致的网络质量分析。重点考核指标为 RSRP 和 SINR，具体如表 13-2 所示。

表 13-2　RSRP 质量问题分析中指标

RF 质量评估指标	反映的网络质量问题	评估指标
RSRP	代表了实际信号可以达到的程度，是网络覆盖的基础，主要与站点密度、站点拓扑、站点挂高、频段、EIRP、天线倾角/方位角相关	（1）平均 RSRP：通过测试工具（Probe / Assistant）统计地理化平均后的服务小区或者 1st 小区 RSRP 平均值 （2）边缘 RSRP：通过测试工具（Probe / Assistant）统计地理化平均后的服务小区或者 1st 小区 RSRP CDF 图中 5%点的值
SINR	从覆盖上能够反映网络 RF 质量的比较直接的指标，SINR 越高，反映网络质量可能越好，用户体验也可能越好。满载下 SINR 与除了 PCI 以外的所有 RF 因素相关，空载下 SINR 则与 PCI 规划强相关，且受其他所有 RF 因素影响	（1）实测平均 SINR：通过测试工具（Probe / Assistant）统计地理化平均后的服务小区或者 1st 小区均衡前 RS SINR 平均值 （2）实测边缘 SINR：通过测试工具（Probe / Assistant）统计地理化平均后的服务小区或者 1st 小区均衡前 RS SINR CDF 图中 5%点的值
吞吐率	表示下行吞吐率能够达到的程度，不仅受 RF 质量因素影响，还与其他因素相关，所以此值只在一定程度上反映 RF 质量优劣，它主要与 SINR、CQI 值相关	（1）平均吞吐率：测试中反映每个 RB 上的平均下行吞吐率 （2）边缘吞吐率：测试中反映每个 RB 上的下行吞吐率 CDF 图中 5%点的值

RSRP 是参考信号 RE 上的平均接收信号功率。协议 36.214 中的定义：Reference signal received power (RSRP),is defined as the linear average over the power contributions (in [W]) of the resource elements that carry cell-specific reference signals within the considered measurement frequency bandwidth.

13.2.2 数据分析与优化

1. 覆盖问题

弱覆盖/覆盖漏洞：各小区的信号都低于优化基线，导致终端接收到的信号强度很不稳定，通话质量很差或者下载速度很慢，容易掉网，则认为是弱覆盖区域，当信号强度更低或者根本无法检测到信号时，终端无法入网，则认为是覆盖漏洞区域，如图 13-1 所示。具体判断可以利用测试得到最强小区的 RSRP 与设定的门限进行比较，例如弱覆盖门限一般为-110 dBm，覆盖漏洞门限参考协议 36.133 设置为-124 dBm。弱覆盖门限并不是基线，仅供参考。

通常弱覆盖/覆盖漏洞产生的原因是建筑物等障碍物的遮挡或者不合理的规划。处于弱覆盖/覆盖漏洞的 UE 下载速率低，用户体验差。

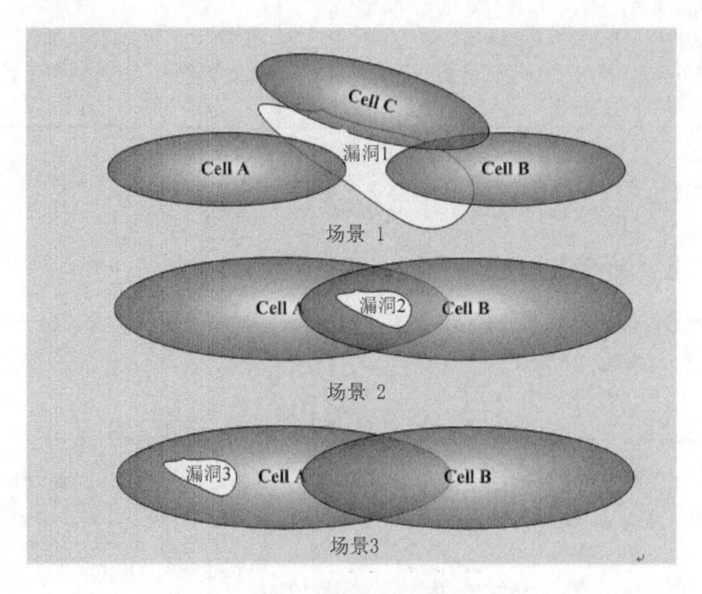

图 13-1　覆盖漏洞场景

弱覆盖与覆盖漏洞的场景一样，只是信号强度强于覆盖漏洞但是又不足够强，低于弱覆盖的门限。关于弱覆盖及覆盖漏洞的解决方法如下。

（1）确保问题区域周边的小区都正常工作，若周边有最近的站点未建设完成或者小区未激活，则不需要调整 RF 解决。

（2）分析该区域内检测到的 PCI 与工参表中的 PCI 进行匹配，根据拓扑和方位角等选定目标的主服务小区，此时可能不止一个，并确保天线没有出现接反的现象。

（3）如果各个基站均工作正常且工程安装正常的情况下，则需要从现有的工参表分析并确定调整哪一个或者几个小区来增强此区域信号强度。如果离站点位置较远，则考虑抬升发射功率和下倾角的做法；如果明显不在天线主瓣方向，则考虑调整天线方位角；如果距离站点较近出现弱覆盖，而远处的信号强度较强，则考虑下压下倾角。

（4）如果弱覆盖或者覆盖漏洞的区域较大，通过调整功率、方位角、下倾角难以完全解决的，则考虑新增基站或者改变天线高度来解决。

（5）对于电梯井、隧道、地下车库或地下室、高大建筑物内部的信号盲区可以利用 RRU、室内分布系统、泄漏电缆、定向天线等方案来解决。

此外需要注意分析场景和地形对覆盖的影响，如弱覆盖区域周围是否有严重的山体或建筑物阻挡，弱覆盖区域是否属于需要特殊覆盖方案解决等。

无主导小区：无主导覆盖与覆盖交叠区比较相似，如图 13-2 所示，无主导覆盖区域虽然也是指某一片区域内服务小区和邻区的接收电平相差不大，不同小区之间的下行信号在小区重选门限附近的区域，但无主导覆盖的区域接收电平一般较差，在这种情况下由于网络频率复用的原因，导致服务小区的 SINR 不稳定，还可能发生接收质量差等问题，在空闲态主导小区重选更换过于频繁，进而导致在连接态的终端由于信号质量差发生的切换频繁或者掉话等问题。无主导覆盖也可以认为是弱覆盖的一种。

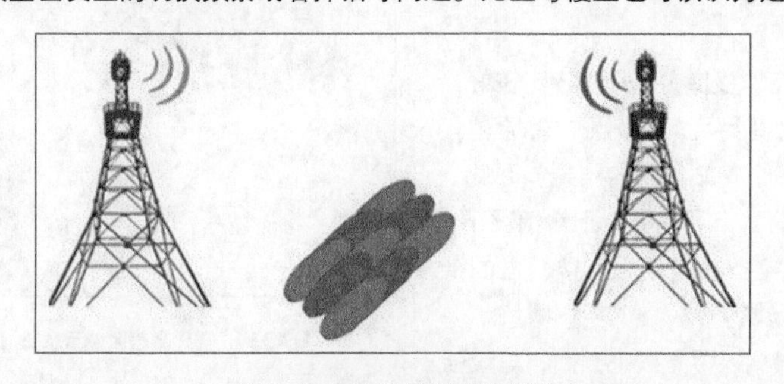

图 13-2 无主导小区问题示意图

一般无主导小区区域会出现乒乓切换的现象，区域内出现两个或多个主服务小区交叠，可以通过切换的分布以及主服务小区 PCI 的分布来发现该问题。

针对无主导小区的区域，确定网络规划时用来覆盖该区域的小区，应当通过调整天线下倾角、方向角、功率等方法，增强某一强信号小区（或近距离小区）的覆盖，或者同时削弱其他弱信号小区（或远距离小区）的覆盖。

如果实际情况与网络规划有出入，则需要根据实际情况选择能够对该区域覆盖最好的小区进行工程参数的调整。

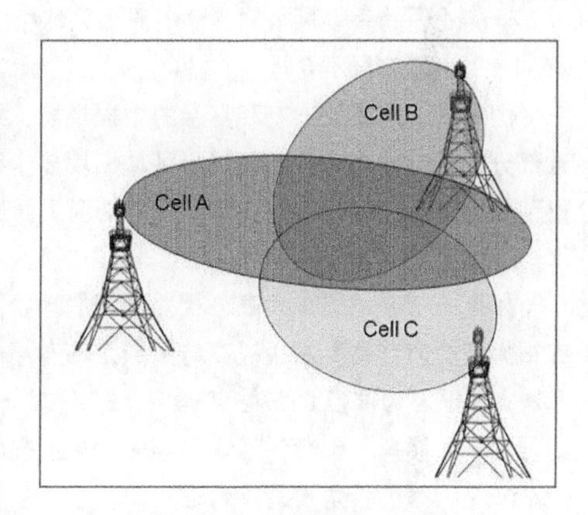

图 13-3 越区覆盖问题示意图

越区覆盖：一般是指某些基站的覆盖区域超过了规划的范围，在其他基站的覆盖区域内形成不连续的主导区域。比如，某些大大超过周围建筑物平均高度的站点，发射信号沿丘陵地形或道路可以传播很远，在其他基站的覆盖区域内形成了主导覆盖，产生“岛”的现象。因此，当呼叫接入到远离某基站而仍由该基站服务的“岛”形区域上，并且在小区切换参数设置时，“岛”周围的小区没有设置为该小区的邻近小区，则一旦当移动台离开该“岛”时，就会立即发生掉话。而且即便是配置了邻区，由于“岛”的区域过小，也会容易造成切换不及时而掉话。还有就是像港湾的两边区域，如果不对海边基站规划做特别的设计，就会因港湾两边距离很近而容易造成这两部分区域的互相越区覆盖，形成干扰。如图 13-3 所示，CellA 为越区覆盖小区。

越区覆盖的问题解决方法如下。

（1）对于高站的情况，降低天线高度。

（2）避免扇区天线的主瓣方向正对道路传播。对于此种情况应当适当调整扇区天线的方位角，使天线主瓣方向与街道方向稍微形成斜交，利用周边建筑物的遮挡效应减少电波因街道两边的建筑反射而覆盖过远的情况。

（3）在天线方位角基本合理的情况下，调整扇区天线下倾角，或更换电子下倾更大的天线。调整下倾角是最为有效的控制覆盖区域的手段。下倾角的调整包括电子下倾和机械下倾两种，如果条件允许优先考虑调整电子下倾角，其次调整机械下倾角。

（4）在不影响小区业务性能的前提下，降低载频发射功率。

2. 干扰问题

由于LTE属于同频网络，因此同频干扰问题是LTE RF优化关注的重点对象。在进行RF优化时，需要针对同频干扰进行识别，其明显的表现为重叠覆盖。

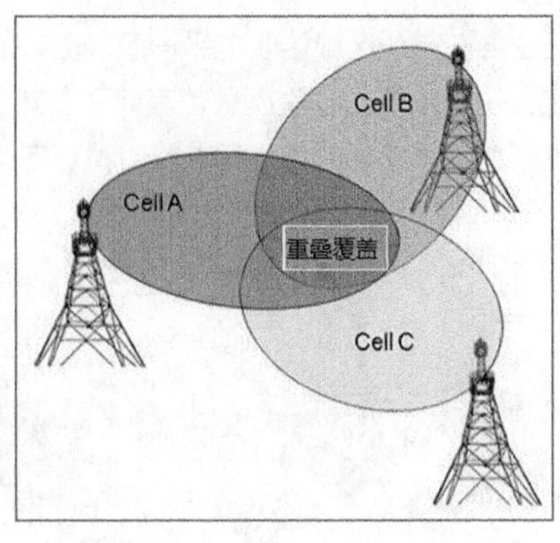

图13-4 重叠覆盖区域示意图

重叠覆盖问题是指多个小区存在深度交叠，RSRP比较好，但是SINR比较差，或者多个小区之间乒乓切换，用户体验差。如图13-4所示，重叠覆盖主要是多个基站作用的结果，因此，重叠覆盖主要发生在基站比较密集的城市环境中。正常情况下，在城市中容易发生重叠覆盖的几种典型的区域为高楼、宽的街道、高架、十字路口、水域周围的区域。

一般通过设置SINR的门限和根据以下方式来判断，与最强小区RSRP相差在一定门限（一般3dB）范围以内的邻区在两个以上。此种方式是在排除弱覆盖的前提下，因为弱覆盖也会导致SINR比较差的情况。

重叠覆盖一般带来的用户体验非常差，会出现接入困难、频繁切换、掉话、业务速率不高等现象。

干扰处理的手段可根据具体的原因采取相应的措施进行改善。

（1）小区布局不合理

由于站址选择的限制和复杂的地理环境，可能出现小区布局不合理的情况。不合理的小区布局可能导致部分区域出现弱覆盖，而部分区域出现多个参考信号强信号覆盖。此问题可以通过更换站址来解决，但是现网操作会比较困难，在有困难的情况下通过调整方位角、下倾角来改善重叠覆盖情况。

（2）天线挂高较高

如果一个基站选址太高，相对周围的地物而言，周围的大部分区域都在天线的视距范围内，使得信号在很大范围内传播。站址过高导致越区覆盖不容易控制，产生重叠覆盖。此问题主要通过降低天线挂高来解决，但是因为很多LTE站点是与2G/3G共站，受天面的限制难以调整天线挂高，在这种情况下通过调整方位角、下倾角、参考信号功率等来改善重叠覆盖情况。

（3）天线方位角设置不合理

在一个多基站的网络中，天线的方位角应该根据全网的基站布局、覆盖需求、话务量分布等来合理设置。一般来说，各扇区天线之间的方位角设计应是互为补充。若没有合理设计，可能会造成部分扇区同时覆盖相同的区域，形成过多的参考信号覆盖；或者其他区域覆盖较弱，没有主导参考信号。这些都可能造成重叠覆盖，需要根据信号分布和站点的位置关系来进行天线方位的调整。

（4）天线下倾角设置不合理

天线的倾角设计是根据天线挂高相对周围地物的相对高度、覆盖范围要求、天线型号等来确定的。当天线下倾角设计不合理时，在不应该覆盖的地方也能收到其较强的覆盖信号，造成了对其他区域的干扰，这样就会造成重叠覆盖，严重时会引起掉话。此种情况根据信号的分布和站点的位置关系来调整下倾角至合理取值。

（5）参考信号功率设置不合理

当基站密集分布时，若规划的覆盖范围小，而设置的参考信号功率过大，小区覆盖范围大于规划的覆盖范围时，也可能导致重叠覆盖问题。在不影响室内覆盖的情况下可以考虑降低部分小区的参考信号功率。

（6）覆盖区域周边环境影响

由于无线环境的复杂性，包括地形地貌、建筑物分布、街道分布、水域等各方面的影响，使得参考信号难以控制，无法达到预期状况。

周边环境对重叠覆盖的影响包括以下 3 个方面。

① 高大建筑物/山体对信号的阻挡，如果目标区域预定由某基站覆盖，而该基站在此传播方向上遇到建筑物/山体的阻拦导致覆盖较弱，目标区域可能没有主导参考信号而造成重叠覆盖。

② 街道/水域对信号的传播，当天线方向沿街道时，其覆盖范围会沿街道延伸较远，在沿街道的其他基站的覆盖范围内，可能会造成重叠覆盖问题。

③ 高大建筑物对信号的反射，当基站近处存在高大玻璃建筑物时，信号可能反射到其他基站覆盖范围内，可能造成重叠覆盖。

针对以上问题可以通过调整方位角、下倾角来调整小区之间的较低区域，减少街道效应和反射带来的影响。

3. 负载问题

通过话统数据发现某些小区资源利用率过高，导致本小区内出现拥塞，也出现无法入网、掉话等问题，用户体验差，同时对邻区的干扰较大，影响邻区用户感受。

此类问题可以通过 KPI 的监控，设置一定的负载门限，当小区的覆盖高出此门限时将会进行提示。一般是因为用户的增加或者特殊业务的需求导致一片区域的资源需求增加，负载变大，或者是因为用户分布不均匀，导致某些小区下面用户数偏多、资源不够，而周边一些小区的用户数较少，资源利用率低。

通过分析问题小区和周边邻区的拓扑和覆盖关系，如果此区域内小区的负载都比较高，则需要考虑加站扩容来进行解决。如果只是某些小区负载较高，而周边有邻区负载较低，首先可以根据用户分布通过调整轻载小区的方位角和下倾角来吸收用户，缓解高负载小区的压力。同时也可以调整高负载小区的方位角、下倾角和功率来进行配合。如果无法获取用户分布，则可以根据覆盖分布来适当提升空载小区的覆盖、降低高负载小区的覆盖范围。

4. 吞吐量问题

一般上述弱覆盖、重叠覆盖、高负载等问题都会影响到小区的吞吐量，解决这些问题都会提升小区的吞吐量。这里主要是指通过 DT 数据测试发现小区的平均 SINR 较低或者通过话统发现小区的频谱效率较低，这样需要对整个小区或者整网进行 RF 调整来提升全网的平均 SINR 并提升频谱效率，如表 13-3 所示。

通过 DT 数据统计小区的平均 SINR 或者根据话统数据统计小区的频谱效率或者小区的满载吞吐率来发现问题小区。

表 13-3　DT 数据统计的小区平均 SINR

Cell PCI	平均 SINR
54	13.533 898 31
55	1.823 316 062
56	20.248 743 17
57	−2.384 375
58	6.912 068 966
59	19.939 380 53
61	8.992 029 756
63	25.716 896 55
64	14.873 928 57

如果全网的平均 SINR/频谱效率偏低，且没有突出的 TOP 小区，可以考虑改变全网的功率配比（即 PA/PB 值）来提升小区的平均 SINR 或者频谱效率。一般在轻载场景下，验收目标如果偏重于网络的平均

RS SINR,则可以适当提升参考信号功率；如果偏重于频谱效率，则可以适当提升数据信道的功率。

5. 优化措施

RF 优化的目的主要是解决现网上述的网络问题，以提升各 KPI 指标，主要包含切换成功率、掉话率、接入成功率、小区频谱效率/小区吞吐量等。

在邻区配置合理的前提下，主要是通过调整如下工程参数加以解决。

（1）天线下倾角

应用场景：主要应用于过覆盖、弱覆盖、重叠覆盖、过载等场景。

（2）天线方向角

主要应用场景：过覆盖、弱覆盖、重叠覆盖、覆盖盲区、过载等。

以上两种方式在 RF 优化过程中是首选的调整方式，调整效果比较明显。天线下倾角和方向角的调整幅度要视问题的严重程度和周边环境而定。

但是有些场景实施难度较大，在没有电子下倾的情况下，需要上塔调整，人工成本较高；某些与 2G/3G 共天馈的场景需要考虑 2G/3G 性能，一般不易实施。

（3）参考信号功率

主要应用场景：过覆盖、重叠覆盖、过载等场景。

调整参考信号功率易于操作，对其他制式的影响也比较小，但是增益不是很明显，对于问题严重的区域改善较小。

（4）天线高度

主要应用场景：过覆盖、弱覆盖、重叠覆盖、覆盖盲区（在调整天线下倾角和方位角效果不理想的情况下选用）。

（5）天线位置

主要应用场景：过覆盖、弱覆盖、重叠覆盖、覆盖盲区（在调整天线下倾角和方位角效果不理想的情况下选用）。

（6）天线类型

主要应用场景：重叠覆盖、弱覆盖等。以下场景应考虑更换天线。

① 天线老化导致天线工作性能不稳定。

② 天线无电下倾可调，但是机械下倾很大，天线波形已经畸变。

（7）增加塔放

主要应用场景：远距离覆盖。

（8）更改站点类型

如支持 20 W 功放的站点变成支持 40 W 功放的站点等。

（9）站点位置

主要应用场景：重叠覆盖、弱覆盖、覆盖不足。在以下场景应考虑搬迁站址。

① 主覆盖方向有建筑物阻挡，使得基站不能覆盖规划的区域。

② 基站距离主覆盖区域较远，在主覆盖区域内信号弱。

（10）新增站点/RRU

主要应用场景：扩容、覆盖不足等。

现网中最常用的是前两种手段，当前两种无法实施的时候会考虑调整功率。后面几种实施成本较高，应用的场景也比较少。

13.3 RF 优化流程

如图 13-5 所示，RF 优化一般一次很难达到网络优化目标，需要根据优化目标进行多次迭代，每次优化后需要采集数据进行分析，判断是否能够达到最初确定的优化目标。若不能达到，则需要继续对数据进行分析输出优化建议。一般人工优化时凭工程师的经验，无法进行全面的预测，可能会经过 2~3 轮的优化甚至更多，现在已经有优化工具可以对优化建议进行预测，能够预先判断优化的结果，对于不合理的建议可以适当进行调整，减少优化迭代次数，提升优化效率。

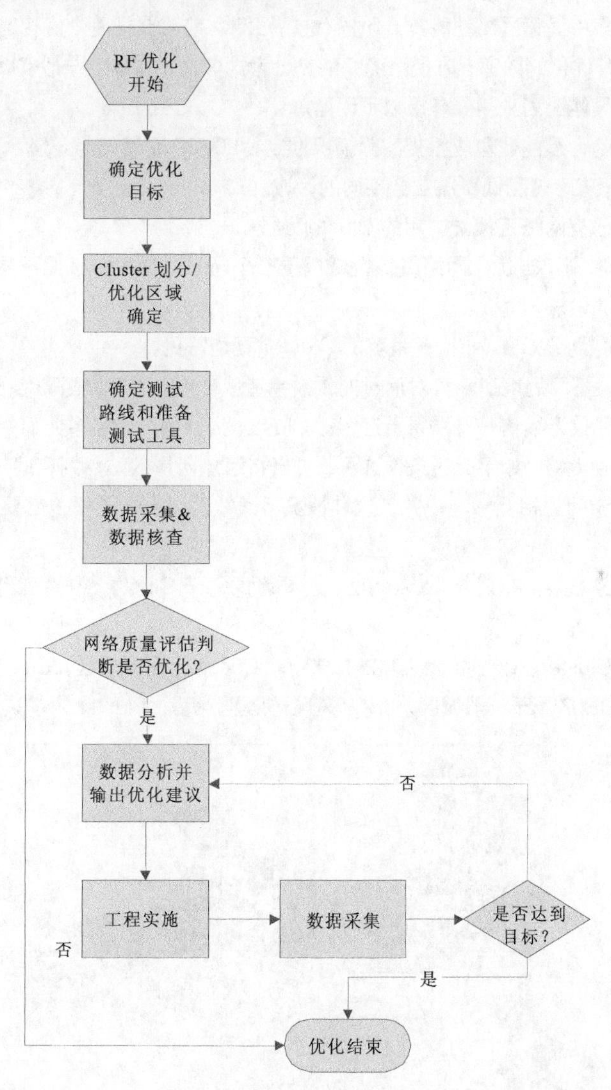

图 13-5 RF 优化流程图

13.3.1 优化目标确定

不同的网络阶段针对不同的网络问题优化目标是不相同的，在优化前需要首先确认本次优化的目标。一般来说在网络建设和网络交付阶段以合同中要求的 KPI 验收目标作为 RF 优化的目标，主要针对以下几个指标进行要求：RSRP、SINR、切换成功率、小区吞吐率等。

在网络运营阶段会根据具体的优化触发因素来确定优化目标，比如高负载问题，则需要通过 RF 优化把负载降到要求的门限以下，频谱效率低或者容量问题则需要通过优化把频谱效率和小区平均吞吐量提升到所要求的门限值，解决这些问题的同时也需要保障 KPI 要求。另外也可能因为环境的变化使得现在的覆盖指标达不到初始建网的 KPI 要求，则需要重新调整现有的 RF 参数，以便适应现在的传播环境，达到 KPI 要求；或者根据用户的具体投诉问题作为目标进行优化。

13.3.2 Cluster 划分/优化区域确定

在网络运营阶段和集中优化网络性能提升阶段，进行路测之前需要把整个优化区域划分成不同 Cluster。合理的簇划分，能够提升优化的效率，方便路测并能充分考虑邻区的影响。一般 Cluster 划分要充分与客户沟通，达成一致意见，具体簇划分需要考虑以下因素。

（1）根据以往的经验，簇的数量应根据实际情况而定，20~30 个基站为一簇，不宜过多或过少。

（2）同一 Cluster 不应跨越测试覆盖业务不同的区域。

（3）可参考运营商已有网络工程维护用的 Cluster 划分。

（4）行政区域划分原则：当优化网络覆盖区域属于多个行政区域时，按照不同行政区域划分 Cluster 是一种容易被客户接受的做法。

（5）通常按蜂窝形状划分 Cluster 比长条状的 Cluster 更为常见。

（6）地形因素影响：不同的地形地势对信号的传播会造成影响。山脉会阻碍信号传播，是 Cluster 划分时的天然边界。河流会导致无线信号传播得更远，对 Cluster 划分的影响是多方面的：如果河流较窄，需要考虑河流两岸信号的相互影响，如果交通条件许可，应当将河流两岸的站点划在同一 Cluster 中；如果河流较宽，要关注河流上下游间的相互影响，并且这种情况下通常两岸交通不便，需要根据实际情况以河道为界划分 Cluster。

（7）路测工作量因素影响：在划分 Cluster 时，需要考虑每一 Cluster 中的路测可以在一天内完成，通常以一次路测大约 4h 为宜。

图 13-6 是某项目 Cluster 划分的实例，其中 JB03 和 JB04 属于密集城区，JB01 属于高速公路覆盖场景，JB02、JB05、JB06 和 JB07 属于一般城区，JB08 是属于郊区。每个 Cluster 内基站数目为 18～22 个。

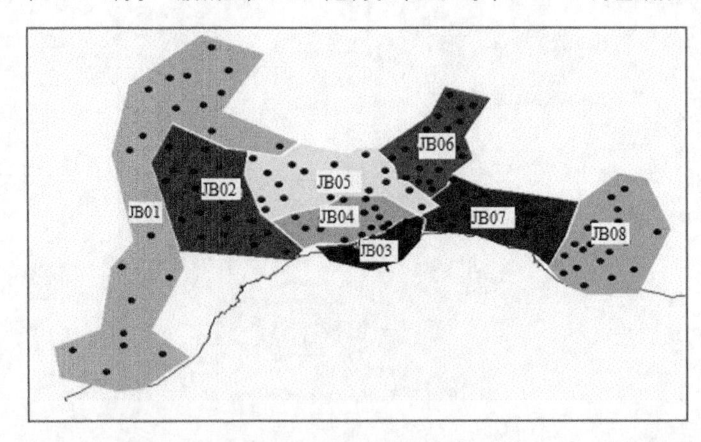

图 13-6 某项目 Cluster 划分

对于网络运营阶段由具体网络问题触发的 RF 优化，需要由问题小区来构造优化区域。构建优化区域的目的是为了限制优化范围，以避免涉及过多不相关的小区。对于同时有多个问题小区的，还需要进一步判断是否可以联片处理。

13.3.3　确定测试路线

路测之前，应与客户确认 KPI 路测验收路线，如果客户已经有预定的路测验收线路，在 KPI 路测验收路线确定时应该包含客户预定的测试验收路线。在测试路线的制定过程中，可重点了解客户关注的 VIP 区域，要重点关注 VIP 区域的网络情况，注意是否存在明显或较严重的问题点，对这些问题点要优先分析解决，如因客户原因导致，应及时向客户预警知会。如果发现由于网络布局本身等客观因素，不能完全满足客户预定测试路线覆盖要求，应及时说明，同时保留好相关邮件或会议纪要。

KPI 路测验收路线是 RF 优化测试路线中的核心路线，决定 KPI 是否能够达标，后期的优化、验收都会围绕此路线进行。在路线规划中，应考虑以下因素。

（1）测试路线必须涵盖主要街道、重要地点和重点客户，建议包含所有能够测试的街道。

（2）为了保证基本的优化效果，测试路线应包括所有小区，并且至少两次测试（初测和终测）应遍历所有小区。

（3）考虑到后续整网优化，测试路线应包括相邻 Cluster 的边界部分。

（4）为了准确地比较性能变化，每次路测时最好采用相同的路测线路。

（5）建议在测试路线上进行往返双向测试，这样有利于问题的暴露。

（6）测试开始前，要与司机充分沟通或确定实际跑车确认线路可行后再与客户沟通确定。

（7）在确定测试路线时，要考虑诸如单行道、左转限制等实际情况的影响，应严格遵守基本交通规则（如右行等）和当地的特殊交通规则（如绕圈转向等）。

重复测试线路要进行区分表示。在规划线路中，会不可避免地出现交叉和重复情况，可以用不同带方向的线条标注，如图 13-7 所示。

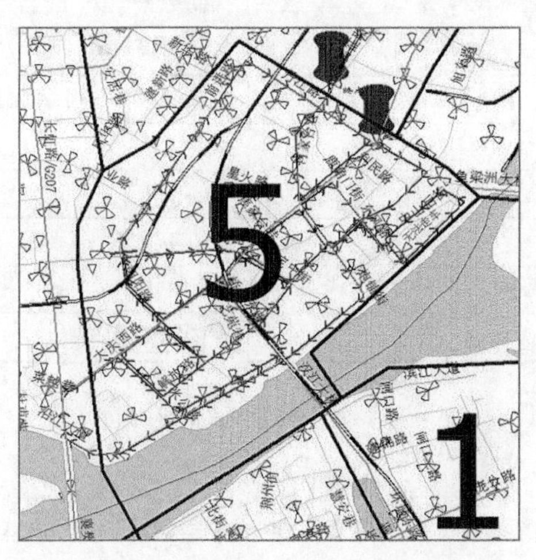

图 13-7　某项目某 Cluster 测试路线图

13.3.4　测试工具和资料准备

LTE RF 优化过程及准备工作

RF 优化之前需要准备必要的软件（如表 13-4 所示）、硬件（如表 13-5 所示）和各类资料（如表 13-6 所示），以保证后续测试分析工作的顺利进行。

以下所列的工具为采集和分析数据时可能用到的，实际应用的时候根据具体的采集数据来准备相应的工具。

表 13-4 软件准备

序号	软件名称	作用
1	Genex Probe	路测
2	Genex Assistant	DT 数据分析、邻区检查
3	MapInfo	地图地理化显示、图层制作
4	U-Net	输出优化建议和优化预测
5	GoogleEarth	基站地理位置和环境显示，海拔显示

表 13-5 硬件准备

序号	设备	内容	备注
1	扫频仪	Scanner	目前可采用测试 UE 作为 Scanner
2	GPS	普通 GARMIN 系列 GPS	路测中置于车顶为佳
3	测试终端	华为 Doogle、三星 UE	测试前确认版本
4	笔记本电脑	PM2.0G/1G/160G/USB/COM/Serial	此为基本配置，最好使用配置较高的测试计算机
5	车载逆变器	直流转交流，300 W 以上	可同时备上排插
6	测试 License	Probe、ASSISTANT 软 License	确保在使用期内
7	USB 转接头	串口转换头、网口转换头	可选，UE 测试中需用

表 13-6 资料准备

序号	所需资料	是否必需	备注
1	工程参数总表	是	最新版本
2	Mapinfo 地图	是	交通道路图层、最新站点图层、测试路线图层
3	Google earth	是	测试区域 GE 缓存地图，另可再备纸件供参考或交流用
4	KPI 要求	是	—
5	网络配置参数	是	—
6	勘站报告	否	路测前了解
7	单站点验证 Checklist	否	—
8	待测楼层平面图	是	室内测试用

13.3.5 数据采集

1. DT 数据

根据规划区域的全覆盖业务不同，可选择不同业务测试类型（包括语音长呼、短呼，数据业务上载、下载等），考虑到当前终端支持数据业务，目前主要是数据业务测试，通常主要采用以下测试内容之一。

（1）室内测试

室内环境测试时无法取得 GPS 信号，测试前需要获取待测区域的平面图。

室内测试分为步测和楼测两种类型。对建筑物内部的平面信号分布的采集，采取步测，在 Indoor Measurement 窗口的右键菜单中选择 Walking Test；对建筑物内部纵向的信号分布的采集，采取楼测，在 Indoor Measurement 窗口的右键菜单中选择 Vertical Test。

室内测试业务是合同中（商用局）或规划报告中（试验局）要求连续覆盖的业务，测试方式同 DT 测试任务，呼叫跟踪数据采集要求与 DT 测试相同。

（2）数据跟踪与后台配合

根据不同的测试任务，后台需要进行不同的跟踪和配合。需要后台进行跟踪的操作都必须在测试开始前完成，所有测试数据应按照统一的规则保存。

在一次 UE 测试过程中，所涉及的跟踪和保存数据如表 13-7 和图 13-8 所示。

表 13-7　测试中的采集数据列表

序　号	数　据	文件扩展名	是否必需	备　注
1	Probe 测试数据	.gen	是	测试结果分析与问题定位
2	eNodeB 跟踪数据	.tmf	是	辅助问题分析与定位
3	核心网 USN 跟踪数据	.tmf	否	辅助问题分析与定位
4	OMT 自动保存的 Trace_log	.om	是	UE 测试中，辅助问题分析与定位
5	OMT 打印的 L3 Stratum 信令	.om	否	UE 测试中，辅助问题分析与定位

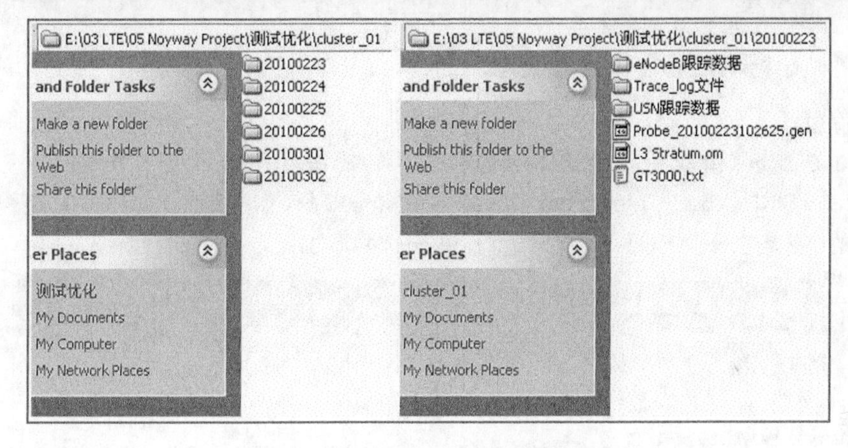

图 13-8　某项目 RF 测试中保存数据示意图

在验证测试中，如需后台配合进行同步操作，如远程扇区电下倾调整、参数修改等，应在测试前确定好后台配合人员，并沟通好相关事宜，如操作的对象、操作的时间、数据保存的要求等。

2. 话统数据

话统是一种在设备及其周围的通信网络上进行各种数据的测量、收集及统计的活动。

话统数据可以用于日常的网络监控，也可以用于问题分析。可以通过监控小区的接入成功率、切换成功率、掉话率、频谱效率、负载等来发现问题小区，通过两两小区之间的切换次数及切换成功次数也可以分析小区之间的关系，并结合具体的问题给出分析和优化建议。利用话统数据主要是快速给出响应，且对网络开销没有任何影响。可以使用网管采集相关的 Counter，人工定义公式进行计算或者通过 PRS 直接对采集的 Counter 进行处理。

LTE RF 优化数据采集

13.3.6　工参核查

工参核查主要是为了在优化过程前期对网络工参、PCI、邻区等信息进行排查，消除因为工参或配置不准确导致的网络影响。

1. PCI 核查

PCI 核查主要进行如下检测。

（1）PCI 与配置信息是否一致，检测工参信息与基站配置是否相同。

（2）PCI MOD 3 核查，在优化初期，可以根据网络拓扑结构，结合网络规划工具 U-net 进行检测。

2. 邻区核查

邻区核查检测邻区是否漏配，避免因为漏配导致的切换问题发生，影响覆盖指标。可利用网络规划工具 U-net 进行邻区核查。

3. 工参一致性核查

优化初期，需要核查工参一致性，避免工参错误导致的问题发生。工参核查涉及 RF 工参检测，有条件可以上站进行核查。

13.4 RF 优化案例分析

13.4.1 小区 MOD3 干扰导致速率低

【问题描述】

如图 13-9 所示，车辆在大庆西路由西向东行驶，UE 占用小区米公饭店-HLH-2（PCI=82），RSRP=-81dBm,SINR=-5dB, Throughput_DL=17 Mbit/s，该路段 SINR 值较低，导致下载速率较差，邻区中信号较强的小区是卷烟厂-HLH-2(PCI=79)，RSRP=-84 dBm。

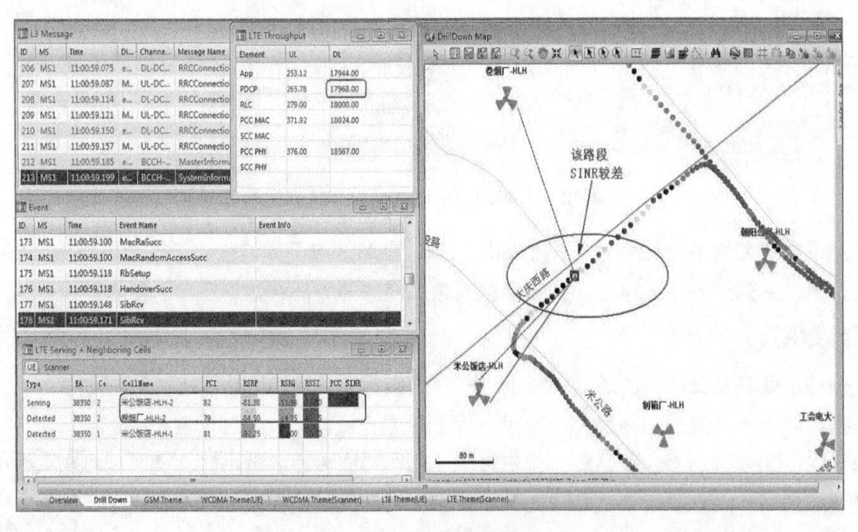

图 13-9 优化前路测数据

【问题分析】

分析发现覆盖该路段的米公饭店-HLH-2（PCI=82）小区与卷烟厂-HLH-2（PCI=79）小区产生 MOD3 干扰导致该路段 SINR 很低，速率明显下降。

【解决方法】

根据实际情况与 TDS 项目优化人员沟通后决定把卷烟厂-HLH-2 小区下倾角 3°下压至 8°，减弱其对米公饭店-HLH-2 的 MOD3 干扰。

【优化结果】

如图 13-10 所示，优化后该路段 SINR 从-5dB 提升至 12 dB，Throughput_DL 从 17 Mbit/s 提升至 27 Mbit/s，吞吐率得到一定改善。

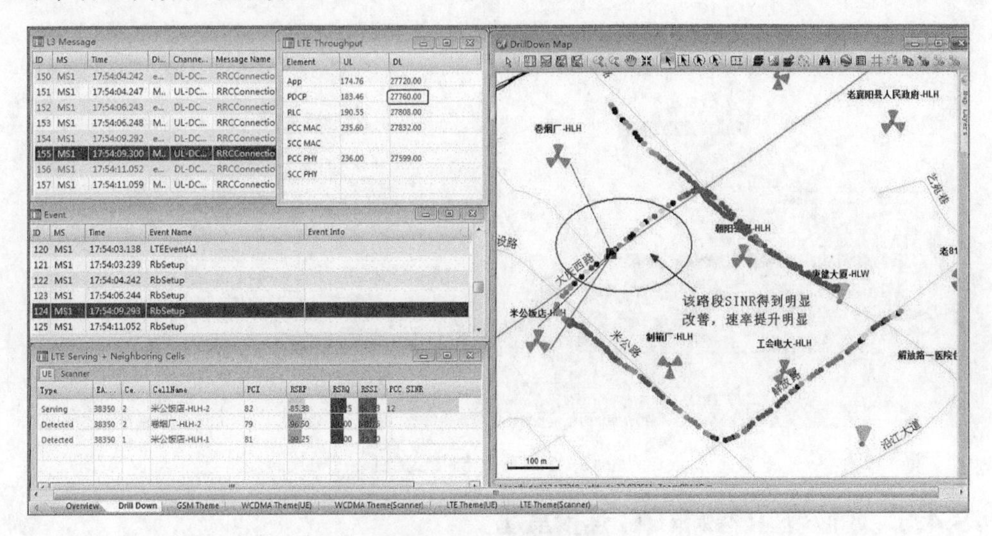

图 13-10 RF 优化后路测结果

13.4.2 小区邻区漏配导致速率低

【问题描述】

如图 13-11 所示，车辆在人民路由西向东行驶过程中，UE 占用襄樊饭店-HLH-3，RSRP=-73 dBm，邻区中的襄阳樊城欣特药业-HLH-1，RSRP=-64.0 dBm，信号较强，一直未发生切换。

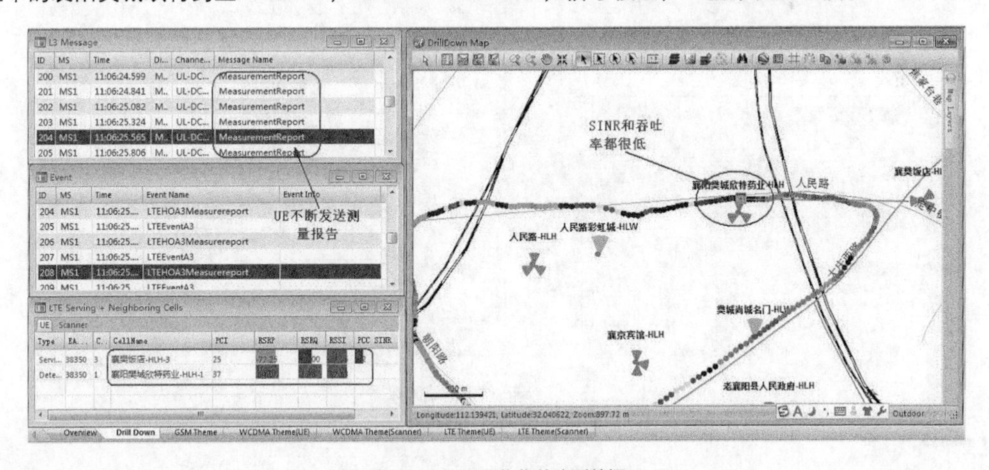

图 13-11 RF 优化前路测数据

【问题分析】

邻区列表中襄阳樊城欣特药业-HLH-1 的信号较强，满足切换条件后一直不发生切换，通过核查襄樊饭店-HLH-3 的邻区关系，发现襄樊饭店-HLH-3 与襄阳樊城欣特药业-HLH-1 小区未添加邻区关系。

【解决方法】

添加襄樊饭店-HLH-3 与襄阳樊城欣特药业-HLH-1 小区双向邻区关系。

【优化结果】

如图 13-12 所示，优化后该路段 SINR 从-12dB 提升至 10 dB，Throughput_DL 达到 34 Mbit/s，RSRP 和 Throughput_DL 都得到一定的改善。

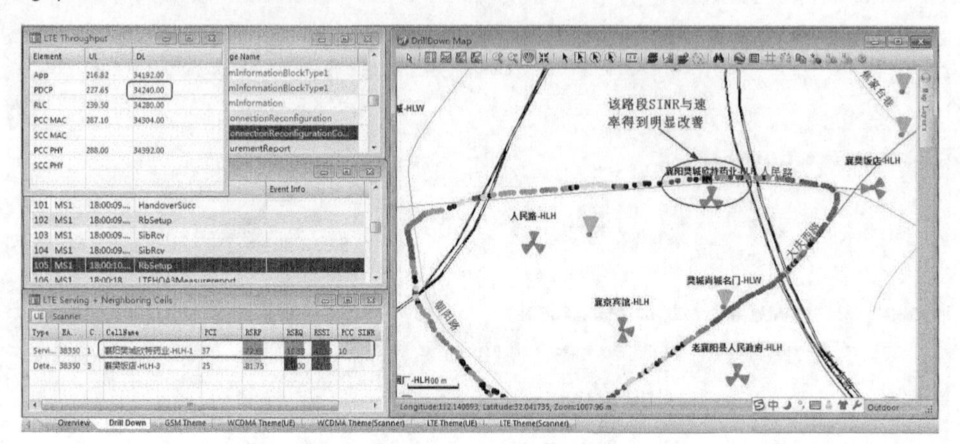

图 13-12　RF 优化后路测数据

13.4.3　越区覆盖导致 RRC 连接重建

【现象描述】

如图 13-13 所示，车辆行驶至五星街和双塔路附近时，UE 不停上报 A3 事件，但是未发生切换。

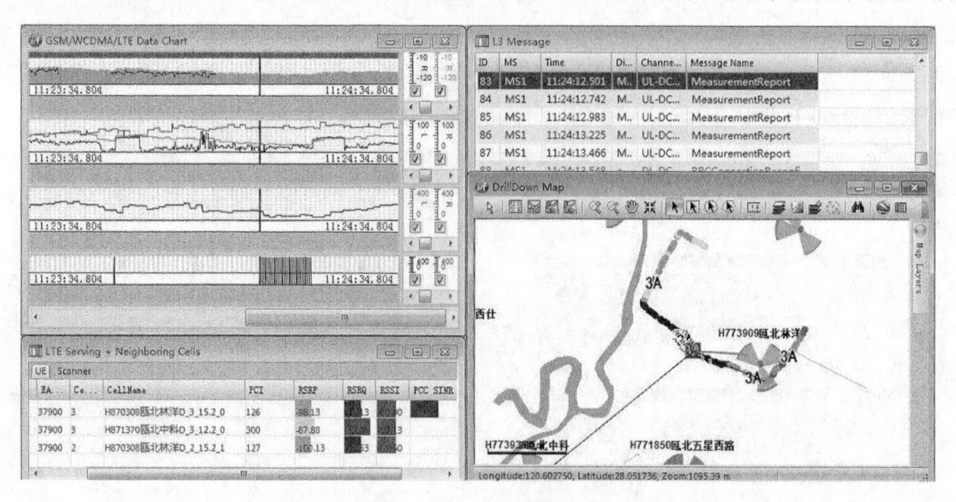

图 13-13　RF 优化前路测数据

【现象分析】

经分析，主服务小区瓯北林洋 D 的 2、3 小区和瓯北中科 D-3 小区之间没有邻区关系，导致不停上报 A3 事件，但是无法切换。而瓯北中科 D-3 小区距离此路段有 480 m 左右，瓯北林洋 D-3 小区距离近，而且信号强度在-95 dBm 左右。所以主要原因是由于瓯北中科 D-3 小区越区覆盖，它和其他小区没有邻区关系，导致一直上报 A3 事件，最后导致 RRC 重连。

【处理建议】

将瓯北中科 D-3 小区的下倾角从 14°调整为 17°。

【处理结果】

经过将瓯北中科 D-3 小区的下倾角从 14° 调整为 17° ，复测该路段。如图 13-14 所示，UE 不用切换至瓯北中科 D-3 小区，而且 SINR 从 0 dB 左右提升至 6 dB 左右，改善良好。原来不停上报 A3 事件的路段经过天馈调整，A3 事件有了明显的减少。

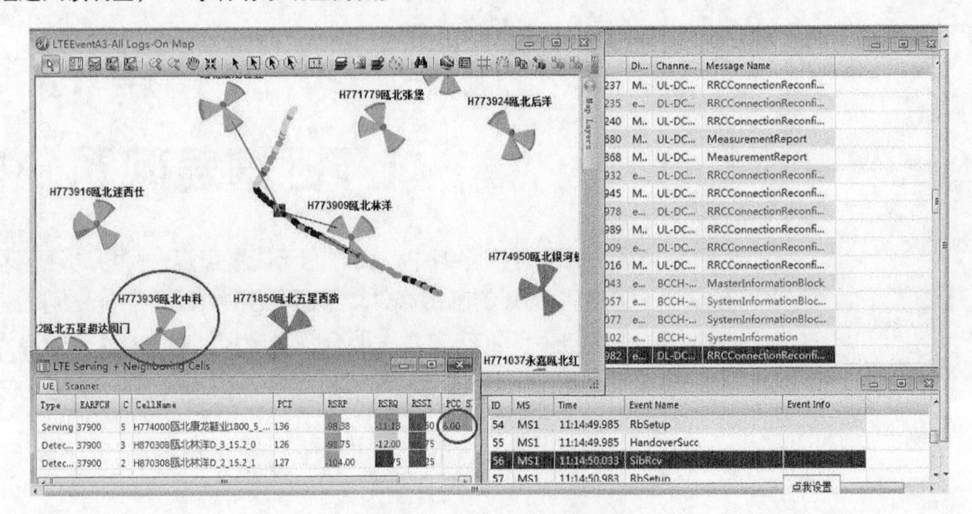

图 13-14　RF 优化后路测数据

练习题

1. 在 RF 优化过程中，测试路线规划应考虑哪些因素？
2. LTE 网络优化阶段，常见的网络问题有哪些？
3. 请简述 RF 优化过程中常见的覆盖问题。

Communication

Chapter

14

第 14 章 LTE 覆盖问题分析

在 LTE 网络中，良好的无线覆盖是保障移动通信网络质量和指标的前提条件。当前网络中大部分的优化问题都是由覆盖引起的，本章主要介绍了覆盖问题的类型、覆盖问题分析流程以及覆盖问题优化方法。

课堂学习目标

- 了解影响覆盖问题的关键因素
- 了解分析覆盖问题的主要流程
- 掌握覆盖问题的解决方法

14.1 覆盖问题分类

覆盖优化主要是消除网络中存在的覆盖问题：覆盖空洞、弱覆盖、越区覆盖、重叠覆盖。

14.1.1 覆盖空洞

覆盖空洞是指连片站点中间出现信号强度较低或者根本无法检测到信号，从而使终端无法入网的区域。具体判断可以利用测试得到最强小区的 RSRP 与设定的门限进行比较，覆盖空洞定义为 RSRP<-110 dBm 的区域，如图 14-1 所示。

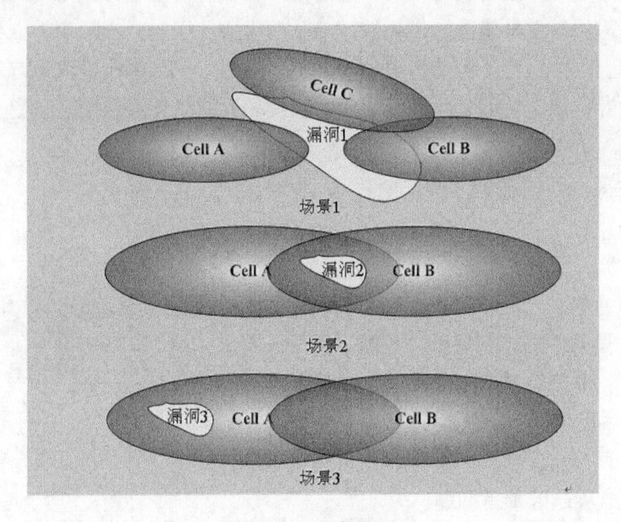

图 14-1　覆盖空洞

通常造成覆盖空洞的主要原因如下。

（1）规划不合理、其他工程方面的因素导致实际站点与规划站点偏差较大、站点布局不合理或站点未开通。

（2）山体或建筑物等障碍物遮挡。

（3）站间距过大，站点过于稀疏。

（4）天线下倾角过大。

（5）天馈质量问题、天面空间受限导致挂高不足、天线方位角调整受限、天馈线接反或接错等。

14.1.2 弱覆盖

弱覆盖一般是指有信号，但信号强度不足以保证网络能够稳定地达到要求的 KPI 指标的情况，主要表现为数据速率低，接通率不高，掉线率高，用户体验差等。弱覆盖区域定义为 RSRP<-100 dBm 的区域，弱覆盖区域必须满足服务小区及最强邻区的 RSRP 都小于-100 dBm 这个判断条件。弱覆盖与覆盖空洞的场景一样，只是信号强度强于覆盖空洞但是又不足够强，低于弱覆盖的门限。

导致弱覆盖的主要原因如下。

（1）站点未开通、站点布局不合理，实际站点与规划站点偏差较大。

（2）实际工程参数与规划工程参数不一致：由于安装质量问题，出现天线挂高、方位角、下倾角、天线类型与规划的不一致，使得原本规划已满足要求的网络在建成后出现了很多覆盖问题。

（3）天馈接反或接错。

（4）邻区缺失：漏配或错配邻区。

（5）硬件设备故障。

（6）建筑物引起的阻挡。

（7）RS 功率配置偏低，无法满足网络覆盖要求。

14.1.3 越区覆盖

越区覆盖一般是指某些基站的覆盖区域超过了规划的范围，在其他基站的覆盖区域内形成不连续的主导区域。例如，某些大大超过周围建筑物平均高度的站点，发射信号沿丘陵地形或道路可以传播很远，在其他基站的覆盖区域内形成了主导覆盖，产生的“岛”的现象。因此，当呼叫接入到远离某基站而仍由该基站服务的“岛”区域上，并且在小区切换参数设置时，“岛”周围的小区没有与该小区互配邻区关系，当移动台离开该“岛”时，就会立即发生掉话。而且即便是配置了邻区，由于“岛”的区域过小，也容易造成切换不及时而掉话。如图 14-2 所示，Cell A 为越区覆盖小区。

产生越区覆盖的主要原因如下。

（1）站点高度过高。

（2）天线下倾角设置不合理。

（3）基站发射功率过高。

（4）由一些特殊场景的传播环境导致，例如，对于一些沿道路方向覆盖的小区，非常容易产生街道波导效应，信号可能沿街道覆盖到很远的距离。

（5）江河、海湾的两岸，无线传播环境良好，信号很难控制，也非常容易产生这种越区覆盖问题。

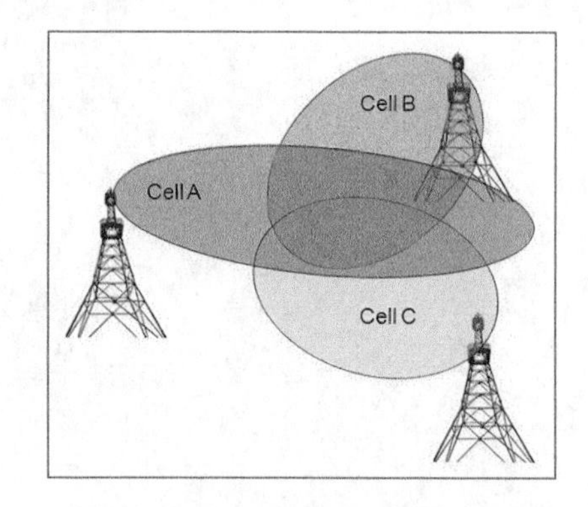

图 14-2 越区覆盖

14.1.4 重叠覆盖

重叠覆盖定义为在某个覆盖区域 UE 接收到多个邻区 RS 信号强度很强且各信号强度之间差值在 6 dB 以内的情况。由于 LTE 网络是同频组网，当存在重叠覆盖时，会导致 SINR 恶化、频繁切换掉话、系统容量降低。重叠覆盖产生原因主要是城区内站点分布比较密集，信号覆盖较强，基站各个天线的方位角和下倾角设置不合理，造成多小区重叠覆盖。

14.2 覆盖问题分析流程

14.2.1 基础数据采集

覆盖分析之前，需获取优化目标区域的规划方案、站址分布、基站配置、天馈配置、RS 功率和业务负荷特点等基础数据。然后获取现网数据的信息，进行对比分析，找出覆盖问题可能存在的区域。

需要掌握的基础信息包括如下。

（1）规划数据，包含 PCI 规划、PRACH 规划等。

（2）基站物理信息，包含基站经纬度以及天线通道数、天线挂高、方位角、下倾角等。

（3）小区规划覆盖距离。

（4）拟优化区域电子地图。

（5）小区配置参数：主要是接入、重选和切换参数、功率配置参数等。

（6）小区吞吐量。

14.2.2 覆盖指标

RSRP在协议中的定义为在测量频宽内承载RS的所有RE功率的线性平均值。在UE的测量参考点为天线连接器，UE的测量状态包括RRC_IDLE态和RRC_CONNECTED态。LTE系统区别于以往GSM、TD-SCDMA、WCDMA系统，其采用OFDM技术，存在多子载波复用的情况，因此RS信号强度测量值取单个子载波（15 kHz）的平均功率，即RSRP，而非整个频点的全带宽功率。RSRP代表了实际信号可以达到的程度，是网络覆盖的基础，主要与站点密度、站点拓扑、站点挂高、工作频段、EIRP、天线倾角/方位角等相关。目前网络中常用的覆盖评估指标是实测平均RSRP和边缘RSRP。

RSRQ在协议中定义为比值 *N*×RSRP/(E-UTRA carrier RSSI)，其中 *N* 表示E-UTRA carrier RSSI测量带宽中的RB的数量。分子和分母应该在相同的资源块上获得。RSSI是指天线端口port0上包含参考信号的OFDM符号上的功率的线性平均，首先将每个资源块上测量带宽内的所有RE上的接收功率累加，包括有用信号、干扰、热噪声等，然后在OFDM符号上即时间上进行线性平均。

SINR关注测量频率带宽内的小区，承载RS信号的无线资源的信号干扰噪声比。测量参考点是扫频仪的天线连接器。作为CQI反馈的依据，在业务调度中发挥重要作用。SINR是从覆盖上能够反映网络RF质量的比较直接的指标，SINR越高，反映网络覆盖、容量、质量可能越好，用户体验也可能越好。满负荷下，SINR与除了PCI以外的所有RF因素相关；空载下，SINR则与PCI规划强相关，且受其他所有RF因素影响。

14.2.3 覆盖优化目标

表14-1中数据均为20 MHz系统带宽、50%网络负荷情况下的标准。除高铁场景、机场高速外，RSRP和RS-SINR指室外测量值。

表14-1 FDD-LTE无线网络覆盖规划指标

区域类型	公共参考信号覆盖场强		覆盖率	小区边缘速率	小区平均吞吐率
	RSRP	RS-SINR			
	dBm	dB		Mbit/s	Mbit/s
密集城区	≥-100	≥-3	95%	DL/UL:4/1	DL/UL:35/25
一般城区	≥-100	≥-3	95%	DL/UL:4/1	DL/UL:35/25
旅游景区	≥-105	≥-3	95%	DL/UL:4/1	DL/UL:30/20
机场高速、高铁（车内）	≥-110	≥-3	95%	DL/UL:2/0.512	DL/UL:25/15

表14-2中要求只针对TDD-LTE连续覆盖区域，表格中数据均为20 MHz系统带宽、50%网络负荷情况下的标准。

表14-2 TDD-LTE无线网络覆盖规划指标

区域类型	公共参考信号覆盖场强		覆盖率	小区边缘速率	小区平均吞吐率
	RSRP	RS-SINR			
	dBm	dB		Mbit/s	Mbit/s
密集城区	≥-105	≥-3	95%	DL/UL:2/0.512	DL/UL:35/6
一般城区	≥-105	≥-3	95%	DL/UL:2/0.512	DL/UL:35/6
旅游景区	≥-110	≥-3	95%	DL/UL:2/0.512	DL/UL:30/6

14.2.4 覆盖问题分析流程

RSRP 是网络覆盖的基础，其主要影响因素有站点密度、天线挂高、网络拓扑、发射功率、工作频段、方位角、下倾角、切换参数等。评价 RSRP 时，一般采用平均 RSRP 和边缘 RSRP 进行分析，根据预先设定的网络覆盖优化标准进行评估，若 RSRP 偏低，则可根据图 14-3 所示进行评估。

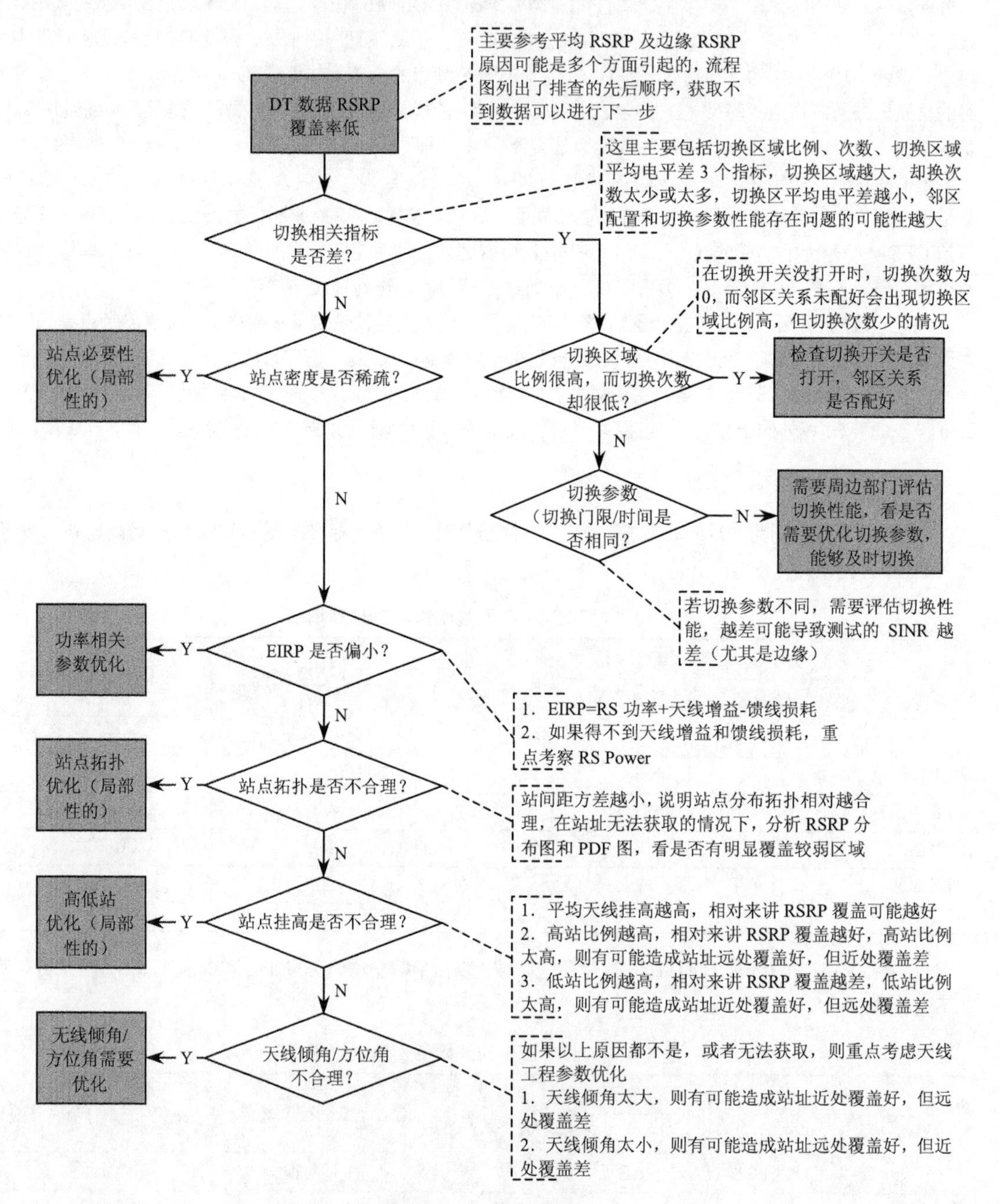

图 14-3 RSRP 分析流程

14.3 常见覆盖及优化方法

14.3.1 弱覆盖问题

覆盖的常见原因如下。

（1）规划问题：网络规划仿真的真实准确程度受很多因素的影响，或多或少存在一定的偏差。

（2）环境问题：城市建设发展导致环境的变化，高大建筑物层出不穷严重阻挡信号的传播。

（3）设备问题：设备出现异常可能会导致覆盖范围的减小。

（4）参数配置问题：如算法参数设置不符合规范。

如果 RSRP 低于手机的最低接入门限的覆盖区域，手机通常无法驻留小区，无法发起登记和更新，而出现发起业务时无法接入网络或掉网的情况。对用户会造成接入十分困难以及容易掉话的问题，对网络指标的影响包括了接通率低、掉话率高以及小区吞吐量低。

这类问题通常采用以下应对措施。

（1）可以通过调整天线方向角和下倾角，增加天线挂高，更换更高增益的天线等方法来优化覆盖。优先调电下倾，再调机械下倾，最后调天线方向角。

（2）对于相邻基站覆盖区不交叠部分内用户较多或者不交叠部分较大时，应新建基站，或增加周边基站的覆盖范围，使两基站覆盖交叠深度加大，保证一定大小的切换区域，同时要注意覆盖范围增大后可能带来的干扰。

（3）对于硬件故障，需要优先排障。

（4）对于凹地、山坡背面等引起的弱覆盖区可用新增基站或 RRU，以延伸覆盖范围。

（5）对于电梯井、隧道、地下车库或地下室、高大建筑物内部的信号盲区，可以利用 RRU、室内分布系统、泄漏电缆、定向天线等方案来解决。

14.3.2 越区覆盖问题

产生越区覆盖的主要原因如下。

（1）站点高度过高。

（2）天线下倾角设置不合理。

（3）基站发射功率过高。

（4）一些特殊场景的传播环境导致。

① 对于一些沿道路方向覆盖的小区，非常容易产生街道波导效应，信号可能沿街道覆盖到很远的距离。

② 江河、海湾的两岸，无线传播环境良好，信号很难控制，也非常容易产生这种越区覆盖问题。

解决越区覆盖的方法有如下几种。

（1）对于高站的情况，比较有效的方法是更换站址，或者调整 RS 功率，或使用电下倾天线，以减小基站的覆盖范围。无法有效改善覆盖时，合理调整小区参数（如 PCI 等），尽量减少干扰的影响。

（2）尽量避免天线正对道路传播，或利用周边建筑物的遮挡效应，减少越区覆盖，但同时需要注意是否会对其他基站产生同频干扰。

越区覆盖和弱覆盖的区分界限并不是绝对的，如果某个区域主导小区的信号质量较差，而较远区域的某个小区越区覆盖成为这一区域的主导小区，这种现象判定成是两者之一或者共同作用都是合理的，具体解决措施可以是增强此区域原主导小区的覆盖，也可以是削弱远处小区的覆盖。怎样最为合适且使得调整之后对其他区域的信号覆盖影响最小化，一般是根据实际情况和优化工程师个人的经验而定。

14.3.3 重叠覆盖问题

在理想的状况下，各个小区的信号应该严格控制在其设计范围内。但由于无线环境的复杂性，包括地形地貌、建筑物分布、街道分布、水域等各方面的影响，使得信号非常难以控制，无法达到理想的状况。

重叠覆盖主要是多个基站作用的结果，因此，重叠覆盖主要发生在基站比较密集的城市环境中。正常情况下，在城市中容易发生重叠覆盖的几种典型的区域为高楼的高层、宽的街道、高架、十字路口、水域周围的区域。

对于解决重叠覆盖的方法在目前网络中主要是控制各个小区的覆盖范围，使该地只有信号强的主服务小区覆盖。具体的优化方法如下。

（1）首先根据距离判断此区域应该由哪个小区作为主服务小区。

（2）其次，看主服务小区的信号强度是否大于-95 dBm，若不满足，则调整主服务小区的下倾角、方位角、功率等。

（3）在确定主服务小区之后，抑制其余小区的信号在此区域的覆盖，可以通过天馈调整、参数调整等手段。天馈调整内容主要包括天线位置调整、天线方位角调整、天线下倾角调整。

14.4 优化案例

14.4.1 弱覆盖案例

现象描述：在进行拉网测试时，如图 14-4 所示，UE 从南向北运动，一直占用西城中州大学 PCI=77 的 3 小区，但是在圆圈范围内 RSRP 一直在恶化，图 14-4 所示的圆圈区域 RSRP 为-109.38 dBm。

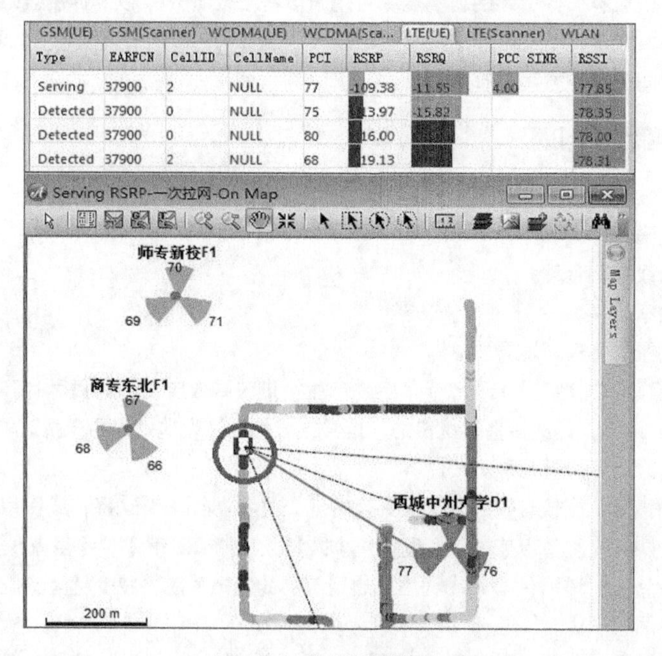

图 14-4 优化前路测数据

原因分析：首先通过 Google Earth 查看问题区域无线环境，发现 PCI=77 小区发射信号到此弱覆盖区域中间有高楼阻挡。

经测量，西城中州大学（D 频段）3 小区距离此弱覆盖区域距离为 442 m，而 F 频段的师专新校和商专东北两站距离此处的距离分别为 332 m 和 224 m，所以从距离上以及网络规划目的角度来看，此弱覆盖区域应该由商专东北站 2 小区做主覆盖。

UE 在 PCI=77 的主服务小区里出现弱覆盖，应该及时切换到信号较好的邻区，但是直到 RSRP 恶化到−109.38 dBm 还没有发起切换。经观察，UE 此时检测到的小区只有同频邻区，而且 RSRP 比主服务小区更低。为保证覆盖只能寻求异频切换，但是此时不但没有发起切换（向 F 频的邻区切换），也没有发起异频测量。由此推断 A2 事件门限设置太低，不能及时开启测量。查看此时刻之前最近的测量控制信息，得到基站下发的 A2 门限值，如图 14-5 所示。在测量控制消息中，实际 A2 开启的门限值为（31−140）−2×0.5=−110 dBm。

```
▼ eventA2
  ▼ a2-Threshold

      threshold-RSRP:0x1f (31)

  hysteresis:0x2 (2)
  timeToTrigger:ms640 (11)
```

图 14-5　A2 门限值

同时再查看测量控制信息里，此小区（PCI=77）的 A4 事件信息，如图 14-6 所示，实际 A4 事件的触发门限为（35−140）+2×0.5=−104。所以由于 A2 事件门限设置较小，导致不能及时开启异频邻区测量，更无法触发 A4 事件执行切换。UE 无法切出，导致主服务小区的 RSRP 较差。

```
▼ eventId

  ▼ eventA4
    ▼ a4-Threshold

        threshold-RSRP:0x23 (35)

  hysteresis:0x2 (2)
  timeToTrigger:ms640 (11)
```

图 14-6　A4 门限值

处理过程：对西城中州大学 3 小区，即 PCI=77 的小区，修改相关门限值：将 A1 门限修改为−96 dBm；将 A2 门限修改为−104 dBm，将 A4 门限修改为−94 dBm。

调整结果：对此簇进行再次拉网测试，切换关系正常，弱覆盖得到有效缓解。

14.4.2　越区覆盖案例

现象描述：如图 14-7 所示，测试车辆行驶至万宝路与万峰路交汇处北侧路段时，占用 DF2635_220_XX 砂石厂-HLH-2（PCI：151），RSRP 强度为−93 dBm，邻区中信号强度较好的小区 DF2664_222_XX 中泰科技-HLH-1（PCI：294）RSRP 强度为−86 dBm，由于此时终端主服务小区无线信号较弱，邻小区信号较强，但是并未切换成功，出现一次同频切换失败。

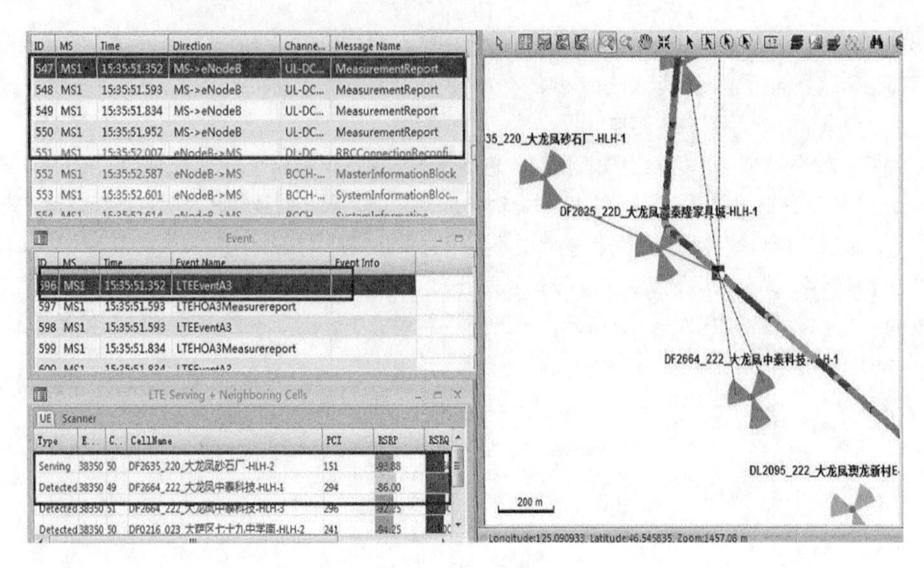

图 14-7 优化前路测数据

原因分析如下。

1. 提取拉网测试当天告警数据

测试切换失败路段 LTE 小区 XX 砂石厂-HLH-2（PCI：151）、XX 中泰科技-HLH-1（PCI：294）运行正常，无影响业务告警。排除 eNodeB 基站故障导致的切换失败。

2. PCI MOD3 干扰核查

核查上述路段是否存在 PCI MOD3 干扰，XX 砂石厂-HLH-2（PCI：151）、XX 中泰科技-HLH-1（PCI：294）不存在 MOD3 干扰，因此排除 MOD3 干扰导致的切换失败。

3. 弱覆盖分析

从之前的现象描述图层来看，切换失败路段 RSRP 覆盖情况整体较好，因此不存在弱覆盖问题导致的切换失败。

4. 越区覆盖分析

终端在最先占用 XX 鑫泰隆家具城-HLH-2（PCI：74），同频切换失败前，没有持续占用较近小区信号。例如，XX 鑫泰隆家具城-HLH-1、XX 鑫泰隆家具城-HLH-2 信号，而是占用的较远的 XX 砂石厂-HLH-2（PCI：151），由此确定 XX 砂石厂-HLH-2（PCI：151）产生越区覆盖（孤岛效应），从而导致 XX 砂石厂-HLH-2 与 XX 中泰科技-HLH-1 不合理切换。

处理过程：减弱“XX 砂石厂-HLH-2（PCI：151）”该路段覆盖，调整该小区的下倾角和方向角[XX 砂石厂-HLH-2（PCI：151）下倾角下压 6°]。

调整结果：复测后确定，该路段仅用 XX 鑫泰隆家具城-HLH 站点覆盖，并且未出现 XX 砂石厂-HLH-2（PCI：151）越区覆盖现象。

14.4.3 重叠覆盖案例

现象描述：如图 14-8 所示，TD-LTE Cluster 优化过程中，对 Cluster 21 进行优化，发现某区拐角区域出现切换失败现象，并且该区域切换频繁，存在两小区间的乒乓切换现象。

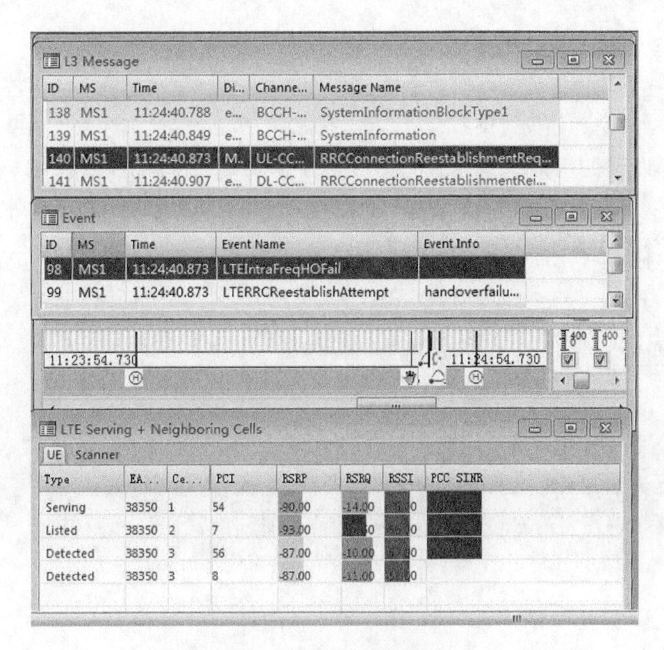

图 14-8 优化前路测数据

原因分析：图 14-8 中，由于切换时由 54 小区向 56 小区发生的，且 8 小区与 56 小区 Mod3 的结果同为 2，结果相同，因此导致干扰，该区域的 SINR（信干噪比）的值下降，造成了最终的切换失败掉线现象。

通过分析可以看出，切换发生在 54、56 小区的基站内部，失败主要是由于相邻基站的小区重复覆盖造成的 MOD3 干扰所致，并且处于两处转角的区域，无线环境复杂，干扰较大，在一定的路段还出现了乒乓切换的现象，如图 14-9 中 A 点到 B 点的路段，共发生了 6 次同频切换过程，且 B 点处的 SINR 值很低，干扰严重。因此，对于该区域的优化方案需要综合考虑两基站间和地理环境等因素来解决。

处理过程：

将图 14-9 中基站的 8 小区与 6 小区 PCI 的值进行对调，避免 MOD3 干扰现象。并且为减少频繁切换，将 56 小区向原 8 小区（对调后的 6 小区）切换的 CellIndividualOffset（对应同频切换 A3 事件进入公式 Mn+Ofn+Ocn−Hys > Ms+Ofs+Ocs+Off 中的 Ocn）的值适当减小，增加切换难度。同时，将 56 小区向原 8 小区切换的时间迟滞 IntraFreqHoA3TimeToTrig 由 320 ms 调整为 640 ms，防止频繁切换。

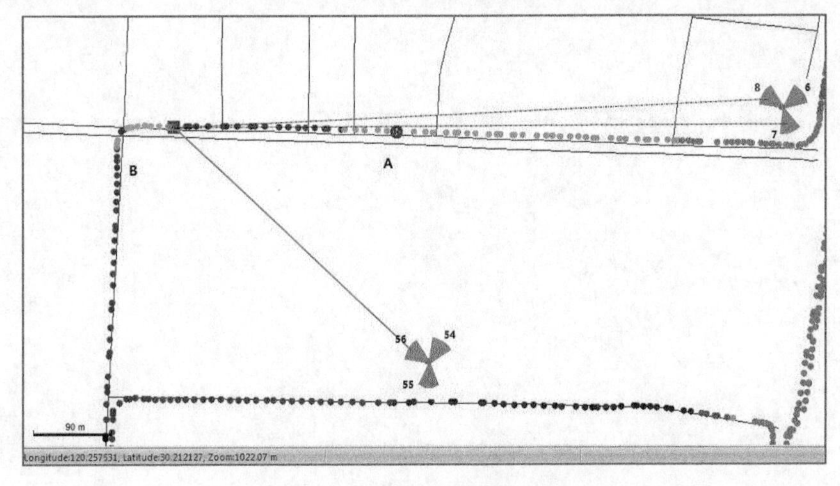

图 14-9 基站分布图

建议和总结如下。

由于该区域处于多拐角的区域，需要两个或以上小区的覆盖，无法避免重复覆盖现象，因此在优化中以调整同频切换的参数优先。如果效果不理想，可适当降低干扰小区的天线发射功率。如果还是无法达到理想效果，可考虑更改干扰小区的天馈系统，减小其对问题区域的覆盖，达到降低干扰的目的。对参数进行调整后复测，切换次数明显减少，未出现切换失败现象。建议在类似的问题及事件处理过程中，结合不同区域的地理及无线环境分析进行有针对性的优化。

练习题

1. 在 LTE 优化过程中常见的覆盖问题有哪些?
2. 简述造成越区覆盖的原因以及具体的优化方法。
3. 如遇到某一区域存在弱覆盖问题，则应采取哪些手段进行优化?

Communication

Chapter 15

第 15 章 LTE 切换问题分析

对于网络中可能出现的切换问题，本章根据当前积累的 LTE 系统内切换问题定位经验，给出相应的问题隔离定位指导，以优化相应的网络指标。

课堂学习目标

- 描述 LTE 切换的基本流程和相关控制参数
- 描述定位 LTE 切换问题的主要原因
- 描述 LTE 各种切换问题处理的基本过程

15.1 LTE 切换原理

无线通信的最大特点在于其移动性控制，对于终端在不同小区间的移动，网络侧需要实时监测 UE 并控制在适当时刻命令 UE 做跨小区的切换，以保持其业务连续性。在切换的过程中，终端与网络侧相互配合完成切换信令交互，尽快恢复业务。在 LTE 系统中，此切换过程是硬切换，业务在切换过程中是中断的。为了不影响用户业务，切换过程需要保证切换成功率、切换中断时延、切换吞吐率 3 个重要指标，其中最重要的是切换成功率，如果切换出现失败，将严重影响用户体验，切换中断时延和切换吞吐率也会不同程度地影响用户体验。

15.1.1 LTE 切换基本过程

如图 15-1 所示，eNodeB 下发测量控制驱动 UE 测量源小区和目标小区。UE 根据测量控制信息上报测量结果。如果满足切换条件，eNodeB 下发切换命令。UE 收到切换命令后，中断与源小区的交互，按切换命令切换到新的目标小区，并通过信令交互通知目标小区，完成切换过程。

图 15-1 切换基本流程

15.1.2 LTE 切换相关事件

事件触发上报是 3GPP 36.331 协议中为切换测量与判决定义的一个概念。报告配置包含相应事件的相关参数。对于同一个事件，可以根据不同的 QoS 等级标识（QoS Class Identifier，QCI）配置不同的门限与事件的其他参数。LTE 中常见的报告事件如表 15-1 所示。

表 15-1 切换报告事件

事件	门限	动作
A1	服务小区质量高于一定门限	eNodeB 停止异频/异系统测量。但在基于频率优先级的切换中，事件 A1 用于启动异频测量
A2	服务小区质量低于一定门限	eNodeB 启动异频/异系统测量。但在基于频率优先级的切换中，事件 A2 用于停止异频测量
A3	同频/异频邻区质量相比，服务小区质量高出一定门限	源 eNodeB 启动同频/异频切换请求
A4	异频邻区质量高于一定门限	源 eNodeB 启动异频切换请求
A5	A2 + A4	源 eNodeB 启动异频切换请求
B1	异系统邻区质量高于一定门限	源 eNodeB 启动异系统切换请求
B2	A2 + B1	源 eNodeB 启动异系统切换请求

15.1.3 LTE 同频切换参数分析

目前在网络中，同频切换最普遍，这里以同频切换为例，如图 15-2 所示，说明各参数的用途。A3 触发条件：$Mn + Ofn + Ocn - Hys > Ms + Ofs + Ocs + Off$，在公式中测量量可以是 RSRP 和 RSRQ，eNodeB

默认使用 RSRP。"Time to Trigger"是延迟触发时间。要在延迟触发时间内持续满足事件触发条件，才能上报。对于同频切换，Ofn 和 Ofs 为 0。Ocs 和 Ocn 是服务小区和邻区的小区特定偏置，用来调节对某个特定小区切出或切入的容易程度，在切换中起到移动小区边界的作用。

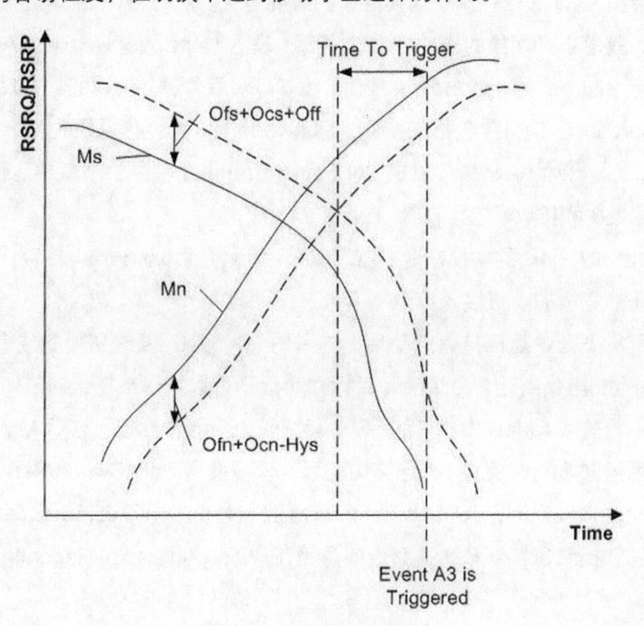

图 15-2 同频切换参数

15.1.4 LTE 切换信令流程

LTE 详细的切换信令流程如图 15-3 所示。

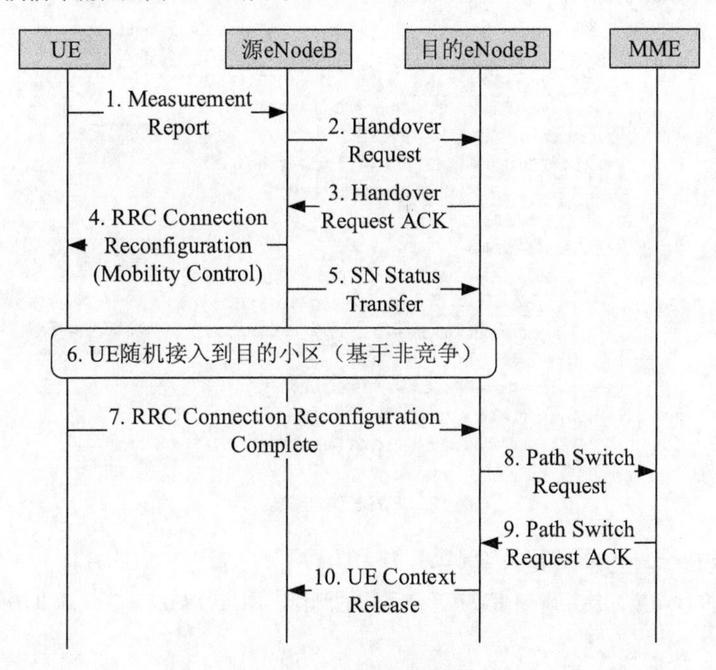

图 15-3 切换信令流程

第一步：UE 测量服务小区和邻区信号，如果信号满足事件触发条件，发送测量报告给 eNodeB。

第二步和第三步：收到测量报告后，源 eNodeB 决定发起切换，向目的 eNodeB 发送 Handover Request 消息，消息中包括目标小区 ID 和一些用于切换准备的必要信息。目标 eNodeB 收到切换请求后，先做准入控制，如果准入通过，就准备好切换的层 1 和层 2 资源，发送 Handover Request ACK 给源 eNodeB。

第四步：收到目标 eNode 的 Handover Request ACK 后，源 eNodeB 向 UE 发送切换命令 RRC Connection Reconfiguration，消息中包括切换到目标 eNodeB 所需的必要参数。

第五步：源 eNodeB 向目的 eNodeB 发送 SN Status Transfer 消息，消息中包括 UE 在源 eNodeB 的 PDCP 数据包序列号的发射和接收状态。

第六步：UE 收到源 eNodeB 的切换命令 RRC Connection Reconfiguration 后，断开和源小区的连接，在目标小区中发起基于非竞争的随机接入。

第七步：UE 在目标小区中随机接入成功后，向目的 eNodeB 发送切换完成命令 RRC Connection Reconfiguration Complete。收到这个命令后，目标 eNodeB 可以发送数据给 UE。

第八步和第九步：目的 eNodeB 发送 Path Switch Request 给 MME，告诉 MME 把 S1 连接切换到目标 eNodeB，MME 随后通知 SGW，完成 S1 连接切换后，MME 发送 Path Switch Request ACK 给 eNodeB。

第十步：目的 eNodeB 发送 UE Context Release 给源 eNodeB，源 eNodeB 释放 UE 的相关资源。

切换信令过程中的切换测量控制和切换命令都是用 RRC Connection Reconfiguration 消息承载下发的。

打开 RRC Connection Reconfiguration 信令，如果存在 measConfig 信元，是测量控制消息；如果是 mobilityControlnfo，是切换命令消息。测量控制消息中测量目标相关信元如图 15-4 所示。

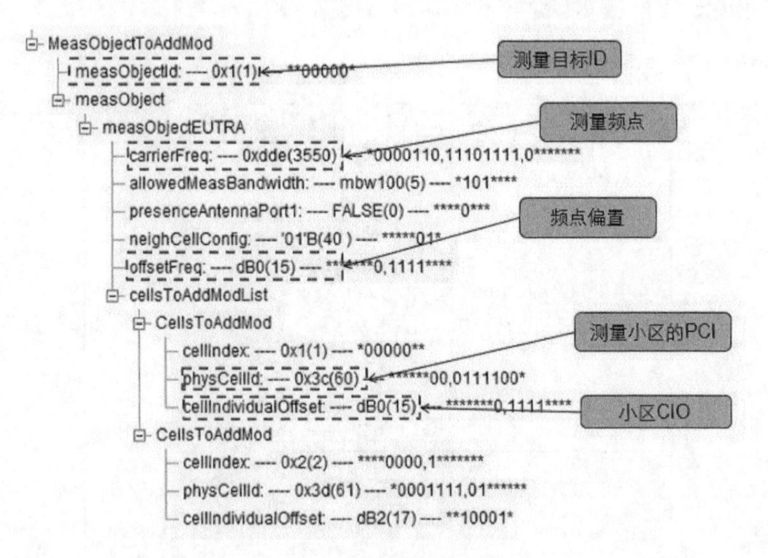

图 15-4 测量目标相关信元

测量控制消息中测量报告配置相关信元如图 15-5 所示。

UE 可以执行多种测量，使用测量 ID 来区分不同的测量。测量控制消息中测量 ID 相关信元如图 15-6 所示。

测量报告消息中包括测量 ID 和测量结果等信息，其中测量 ID 用来和相应的测量控制消息相关联，测量报告中的测量结果数值不是实际值，和实际值的对应关系可以参考协议 36.133，具体如图 15-7 所示。

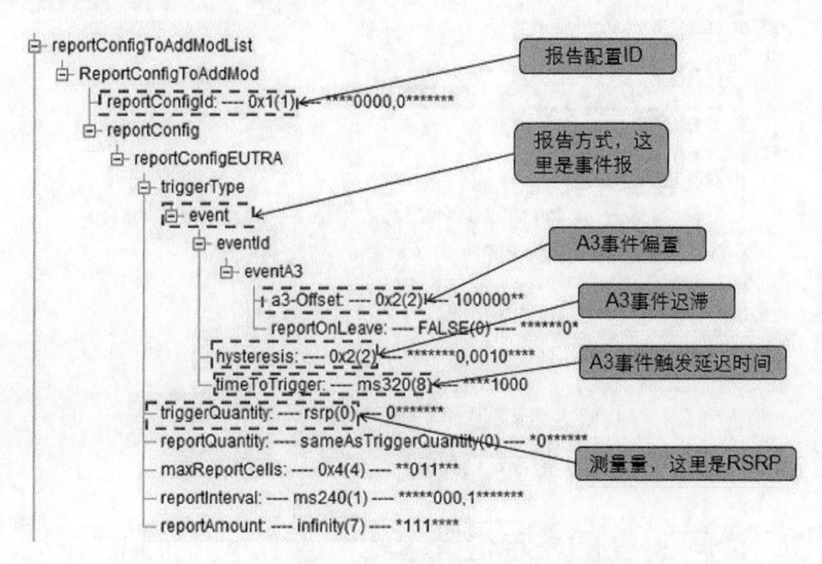

图 15-5　测量报告配置相关信元

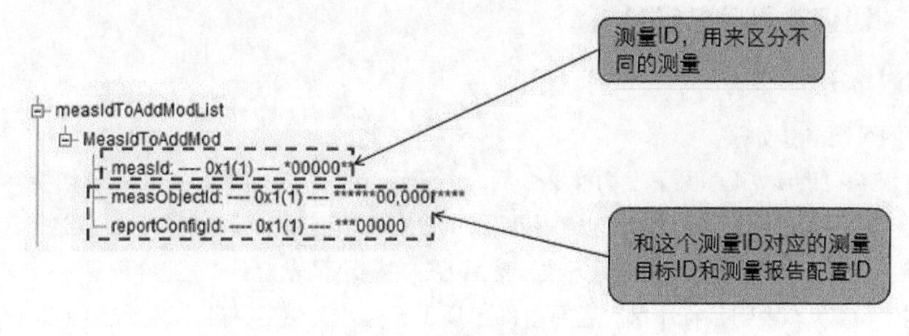

图 15-6　测量 ID 相关信元

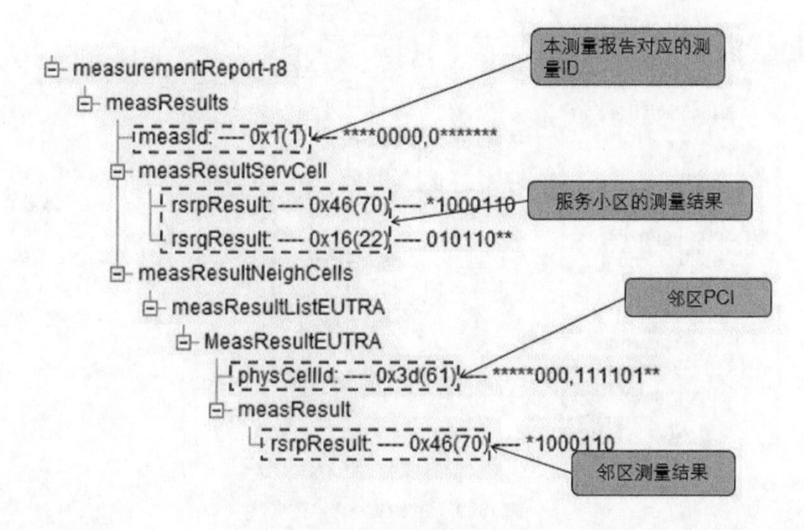

图 15-7　测量报告消息

切换命令消息中包括切换的目标小区 PCI 和切换到目标小区所需要的相关配置，具体如图 15-8 所示。

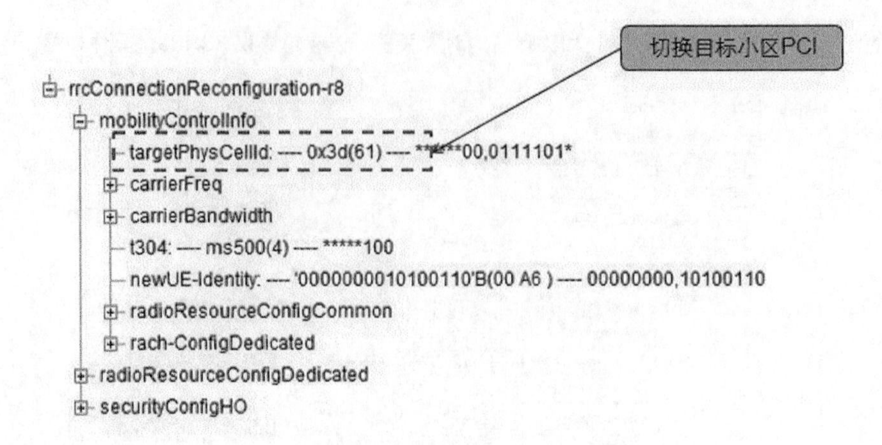

图 15-8　切换命令消息

根据以上的这些切换流程中的相关信令可以辅助切换问题的分析及定位。

15.2 LTE 切换问题分析及定位

15.2.1 切换常见异常场景

1. 切换过早

切换过早的可能场景如下。

（1）如图 15-9 所示，源小区下发切换命令后，由于目标小区信号质量不佳，UE 切换到目标小区发生失败，UE 发起 RRC 重建回到源小区。这种场景下，UE 在切换到新小区随机接入或发送 RRC Connection Reconfiguration Complete 失败导致切换失败，然后 UE 在源小区发起 RRC 连接重建。

（2）UE 虽然成功切换到目标小区，但是立即出现下行失步，然后在源小区发起 RRC 连接重建。这也是切换过早。

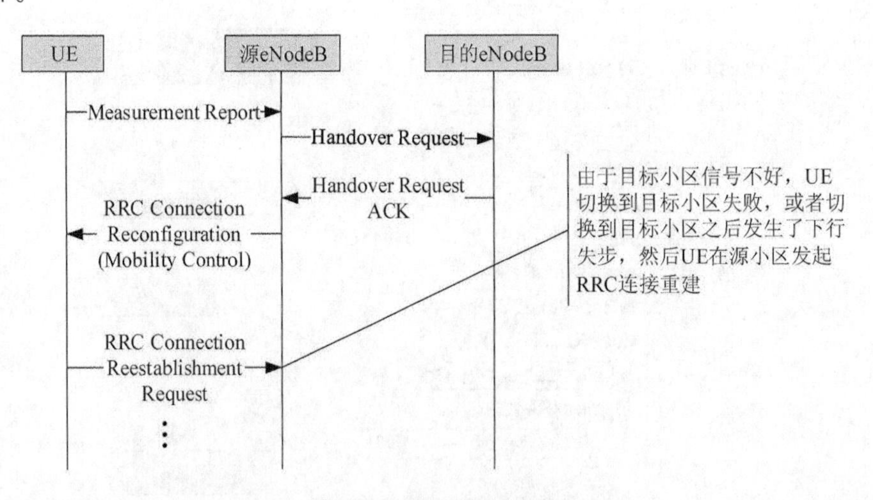

图 15-9　切换重建信令流程

现网中对于切换过早的信令如图 15-10 所示。

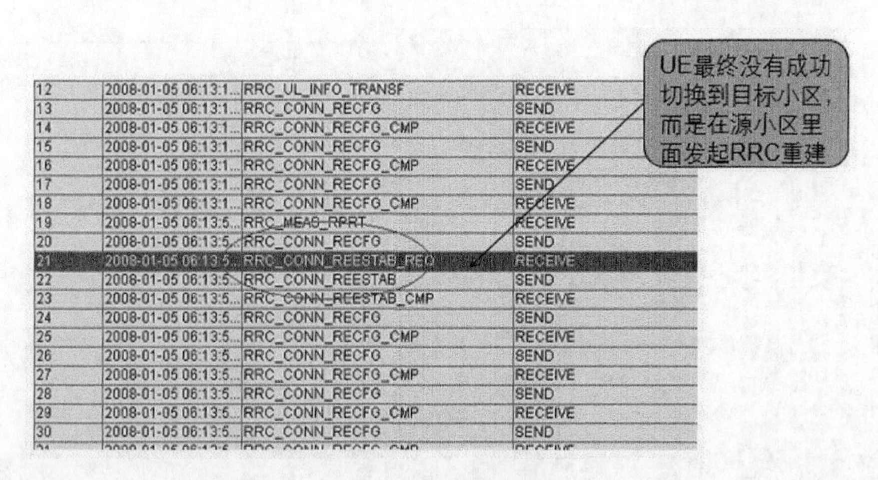

12	2008-01-05 06:13:1...	RRC_UL_INFO_TRANSF	RECEIVE
13	2008-01-05 06:13:1...	RRC_CONN_RECFG	SEND
14	2008-01-05 06:13:1...	RRC_CONN_RECFG_CMP	RECEIVE
15	2008-01-05 06:13:1...	RRC_CONN_RECFG	SEND
16	2008-01-05 06:13:1...	RRC_CONN_RECFG_CMP	RECEIVE
17	2008-01-05 06:13:1...	RRC_CONN_RECFG	SEND
18	2008-01-05 06:13:1...	RRC_CONN_RECFG_CMP	RECEIVE
19	2008-01-05 06:13:5...	RRC_MEAS_RPRT	RECEIVE
20	2008-01-05 06:13:5...	RRC_CONN_RECFG	SEND
21	2008-01-05 06:13:5...	RRC_CONN_REESTAB_REQ	RECEIVE
22	2008-01-05 06:13:5...	RRC_CONN_REESTAB	SEND
23	2008-01-05 06:13:5...	RRC_CONN_REESTAB_CMP	RECEIVE
24	2008-01-05 06:13:5...	RRC_CONN_RECFG	SEND
25	2008-01-05 06:13:5...	RRC_CONN_RECFG_CMP	RECEIVE
26	2008-01-05 06:13:5...	RRC_CONN_RECFG	SEND
27	2008-01-05 06:13:5...	RRC_CONN_RECFG_CMP	RECEIVE
28	2008-01-05 06:13:5...	RRC_CONN_RECFG	SEND
29	2008-01-05 06:13:5...	RRC_CONN_RECFG_CMP	RECEIVE
30	2008-01-05 06:13:5...	RRC_CONN_RECFG	SEND

图 15-10 切换过早的信令

2. 切换过晚

切换过晚的可能场景如下。

（1）如图 15-11 所示，源小区服务质量不好，UE 因为服务小区信号不好没有收到切换命令，UE 就发生 RRC 重建，重建到目标小区，此时由于目标小区已建立上下文，重建可以成功。

（2）UE 还来不及上报测量报告，源小区的信号已经急剧下降导致下行失步，UE 直接在目标小区发起 RRC 连接重建，此时由于目标小区无 UE 上下文，重建被拒绝。

（3）X2 接口传输有问题，基站间的切换请求发不到目标小区。

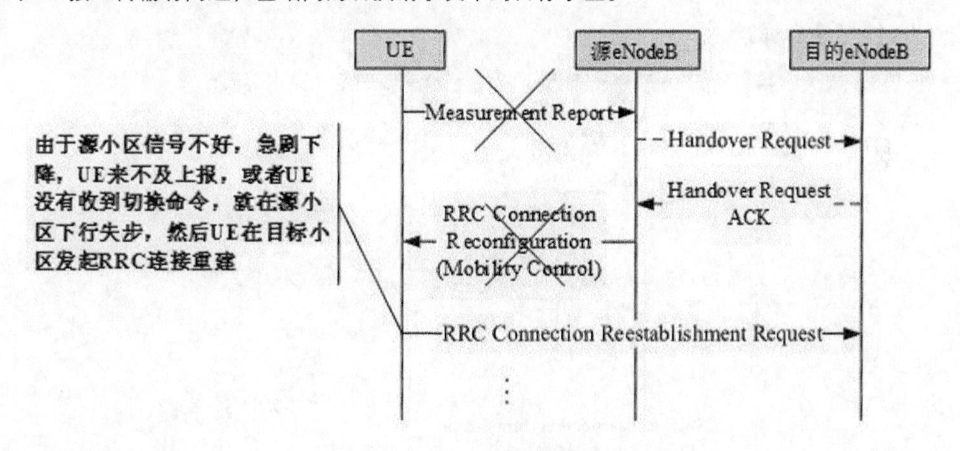

图 15-11 切换过晚重建

图 15-12 所示是现网中切换过晚的信令，最终手机在目标小区中发起了 RRC 重建。

3. 乒乓切换

乒乓切换是指 UE 从小区 A 切换到小区 B，在小区 B 停留的时间很短，又返回到小区 A。从信令流程上看乒乓切换就是看上一次切换入小区 B 到下一次切换出小区 B 的时间是否太短。例如，如果 1s 内发生多次切换，可以认为是乒乓切换。发生乒乓切换的主要原因是，在同一区域有多个信号强度类似的小区，没有主导小区。

UE在目标小区中发起RRC连接重建

2011-05-26 16:14:38	UE	[illegible]	essage	RRC_MEAS_RPRT	1
2011-05-26 16:14:38	UE	[illegible]	essage	RRC_MEAS_RPRT	1
2011-05-26 16:14:38	eNodeB	[illegible]	essage	RRC_MASTER_INFO_BLOCK	
2011-05-26 16:14:38	eNodeB	[illegible]	essage	RRC_SIB_TYPE1	
2011-05-26 16:14:38	eNodeB	[illegible]	essage	RRC_SIB_TYPE1	
2011-05-26 16:14:38	eNodeB	[illegible]	essage	RRC_SIB_TYPE1	
2011-05-26 16:14:38	eNodeB	UE	UU Message	RRC_SIB_TYPE1	
2011-05-26 16:14:38	eNodeB	UE	UU Message	RRC_SYS_INFO	
2011-05-26 16:14:38	UE	eNodeB	UU Message	RRC_CONN_REESTAB_REQ	0
2011-05-26 16:14:38	eNodeB	UE	UU Message	RRC_CONN_REESTAB_REJ	0
2011-05-26 16:14:38	UE	MME	Nas Message	NN_TAU_REQ	
2011-05-26 16:14:38	eNodeB	UE	UU Message	RRC_MASTER_INFO_BLOCK	
2011-05-26 16:14:38	eNodeB	UE	UU Message	RRC_SIB_TYPE1	
2011-05-26 16:14:38	eNodeB	UE	UU Message	RRC_SIB_TYPE1	
2011-05-26 16:14:38	eNodeB	UE	UU Message	RRC_SIB_TYPE1	
2011-05-26 16:14:38	eNodeB	UE	UU Message	RRC_SIB_TYPE1	
2011-05-26 16:14:38	eNodeB	UE	UU Message	RRC_SYS_INFO	
2011-05-26 16:14:38	eNodeB	UE	UU Message	RRC_SIB_TYPE1	
2011-05-26 16:14:38	eNodeB	UE	UU Message	RRC_SYS_INFO	
2011-05-26 16:14:38	eNodeB	UE	UU Message	RRC_SYS_INFO	
2011-05-26 16:14:38	eNodeB	UE	UU Message	RRC_SIB_TYPE1	
2011-05-26 16:14:38	eNodeB	UE	UU Message	RRC_SYS_INFO	
2011-05-26 16:14:38	eNodeB	UE	UU Message	RRC_SYS_INFO	
2011-05-26 16:14:39	UE	eNodeB	UU Message	RRC_CONN_REQ	0
2011-05-26 16:14:39	eNodeB	UE	UU Message	RRC_CONN_SETUP	0
2011-05-26 16:14:39	UE	eNodeB	UU Message	RRC_CONN_SETUP_CMP	1
2011-05-26 16:14:39	eNodeB	UE	UU Message	RRC_SECUR_MODE_CMD	1

图 15-12 切换过晚现网信令

15.2.2 切换失败问题定位

切换失败通常是指切换的信令流程交互失败，关注点在于信令的交互。信令失败包括 X2 接口信令异常和 Uu 接口信令异常。信令传输失败又可根据信令传输媒介的不同可分为无线传输失败和有线传输失败，其中 X2 接口的传输通常为有线传输，Uu 接口为无线传输。其中有线传输失败的概率较小，无线传输失败的概率较大，特别是信号质量较差的切换区。

1. Uu 接口信令异常

在切换流程中，Uu 接口有 3 条信令，都有可能发生异常，如图 15-13 所示。

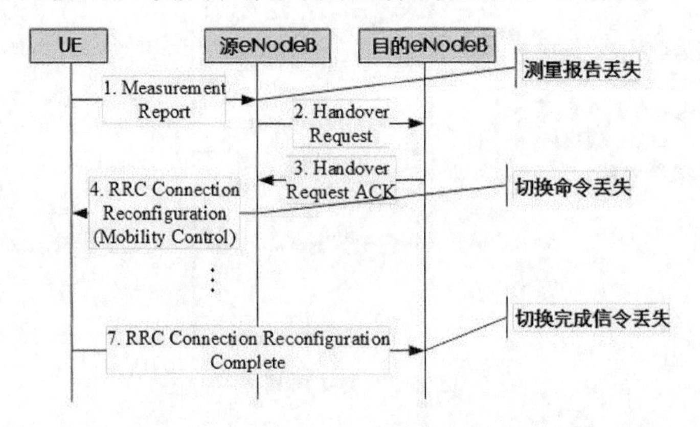

图 15-13 Uu 接口信令异常

测量报告丢失的原因如下。

(1) UE 上发测量报告所需的 uplink grant 没有收到，下行 PDCCH 受限。

(2) UE 上发了测量报告，但 eNodeB 没有收到，上行 PUSCH 受限。

切换命令丢失的原因如下。

(1) eNodeB 在切换内部流程出错 (如邻区漏配、资源不够等)，没有下发切换命令。

(2) UE 下行 PDCCH 解析失败，下行 PDCCH 受限。

（3）UE 下行 PDSCH 解析失败，下行 PDSCH 受限。

切换完成信令丢失的原因如下。

（1）UE 在目标小区发送随机接入 preamble，eNodeB 没有收到，上行 PRACH 受限。

（2）UE 下行接收 random access response 失败，下行 PDSCH 受限。

（3）UE 上发切换完成，eNodeB 没有收到，上行 PUSCH 受限。

以上列出的是理论上存在的可能原因，实际分析需要收集 Uu 接口信道质量相关信息和信令跟踪结果。这些信息如下。

（1）RSRP：RSRP 为下行导频接收功率。尽管导频与数据域的信道质量有一定差异，通过导频 RSRP、SINR 可以大致了解数据信道状况。一般情况下 RSRP>-85 dBm，用户位于近点；RSRP=-95 dBm，用户位于中点；RSRP<-105 dBm，用户位于远点。判断用户近、中、远点并不能完全判断用户的信道质量，尤其在重载场景下，有可能中点、近点用户的信道质量仍然不理想（当邻区 RSRP 与服务小区 RSRP 较接近时，干扰较大），需要依据其他指标来判断信道质量。

（2）SINR：SINR 为下行导频信号干扰噪声比。通过导频 SINR 可以大致了解数据信道状况。一般情况下，如果 SINR<0 dB，说明下行信道质量较差；SINR<-3 dB 说明下行信道质量恶劣，容易造成切换信令丢失，导致切换失败。上行 SINR 可以通过 U2000 用户性能跟踪获得。

（3）IBLER：正常情况下，IBLER 应该收敛到目标值（典型的目标值为 10%，当信道质量很好时 IBLER 接近或等于 0%）；如果 IBLER 偏高说明信道质量较差，数据误码较多，很容易造成掉话、切换失败或者切换大时延。下行 IBLER 可以从 probe 中获得，而上行 IBLER 通过 M2000 用户性能跟踪获得的数据较之 probe 准确。

（4）PDCCH DL/UL_Grant：从 DL_Grant 可以得知 UE 正确解调 PDCCH 的个数。当上/下行数据源足够时，eNodeB 每个 TTI 均调度用户，1s 内调度的 PDCCH 个数为 1 000。若 DL/UL_Grant = 999、1 000，说明 PDCCH 解调正常，信道质量正常；若 DL/UL_Grant 偏低，说明 PDCCH 解调有错，信道质量可能比较差。

信道质量可以分为上、下行来分析。但是上下行不是完全分离的。下行信道质量差不仅会影响下行信令的解调；PDCCH 解调错误会影响上行信令的调度，造成上行信令丢失。因此，不能简单地认为上行信令丢失是上行信道质量差导致。

对于空口质量问题定位，需要把问题定位到覆盖（弱覆盖、越区覆盖等）、干扰、邻区漏配、切换不及时等几类，再采用相应的解决措施解决问题。具体措施如表 15-2 所示。

表 15-2　空口质量解决措施

问　　题	可能的解决措施
弱覆盖	调整天线、调整功率或者增加站点
越区覆盖	调整天线，控制覆盖区域
干扰	判断干扰类型，如果是系统内部干扰，可以根据不同的场景，打开 ICIC、频选调度等算法
邻区漏配	加配邻区关系
切换不及时	可以通过调整切换的相关参数，如切换门限、迟滞、切换延迟触发时间、CIO 等以控制切换时机

2. X2 接口信令异常

对于 X2 接口消息交互出现异常，通常是传输失败或基站内部处理出错，而基站内部处理出错的概率较小，传输失败的可能性较大，但比较难以定位，有时需要在传输的两端抓包确认，如图 15-14 所示，这里不详细讨论传输问题。

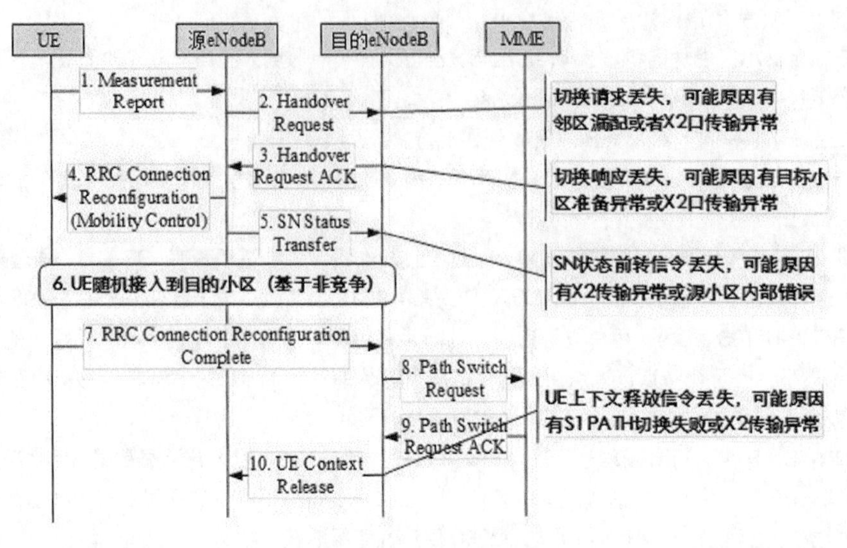

图 15-14　X2 接口异常信令

15.3 切换案例分析

15.3.1 邻区错配导致切换失败

现象描述：A 国 S 市的 LTE Trail 项目中，进行全网 SIMO 优化时发现，上报的测量报告的 PCI 和 eNodeB 下发给 UE 的 RRC 重配消息中的 PCI 不匹配，从而 UE 未收到重配置完成消息，引起切换失败掉话，业务中断。具体现象如下：UE 从 Servering CELL PCI 为 10 的小区往 PCI 为 13 或 12 的小区切换时，切换失败，查看 L3 信令，发现 UE 上报 PCI 为 13（或者 12）的测量报告，但是 eNodeB 下发的 RRC 重配消息是 PCI 为 12（或者 13）的相关信道等配置信息，造成切换失败，UE 发起重建到目标小区。

原因分析如下。

后台跟踪信令消息如图 15-15 所示。

07:11:43	616609141	MS->eNodeB	MeasurementReport
07:11:43	616692664	eNodeB->MS	RRCConnectionReconfiguration
07:11:43	616879142	eNodeB->MS	MasterInformationBlock
07:11:43	616892978	eNodeB->MS	SystemInformationBlockType1
07:11:43	616912949	eNodeB->MS	SystemInformationBlockType1
07:11:43	616928184	eNodeB->MS	SystemInformation
07:11:43	616939428	MS->eNodeB	RRCConnectionReestablishmentRequest
07:11:43	616977912	eNodeB->MS	RRCConnectionReestablishment
07:11:43	616985315	MS->eNodeB	RRCConnectionReestablishmentComplete
07:11:43	617012570	eNodeB->MS	RRCConnectionReconfiguration
07:11:43	617015640	MS->eNodeB	RRCConnectionReconfigurationComplete
07:11:44	617038531	eNodeB->MS	RRCConnectionReconfiguration
07:11:44	617040025	MS->eNodeB	RRCConnectionReconfigurationComplete
07:11:44	617052673	eNodeB->MS	RRCConnectionReconfiguration
07:11:44	617054460	MS->eNodeB	RRCConnectionReconfigurationComplete
07:11:44	617416912	eNodeB->MS	Paging
07:11:44	617426879	eNodeB->MS	Paging
07:11:44	617436881	eNodeB->MS	Paging
07:11:44	617446881	eNodeB->MS	Paging
07:11:44	617456883	eNodeB->MS	Paging
07:11:44	617466881	eNodeB->MS	Paging
07:11:44	617476884	eNodeB->MS	Paging

UEs上报的测量报告中带的是PCI 13的邻区测量；但是系统下发的RRC重配是PCI为12的目标小区配置信息，造成切换失败。UE重建到目标小区

图 15-15　后台跟踪信令消息

UE 上报 PCI 为 13 的测量报告，如图 15-16 所示。

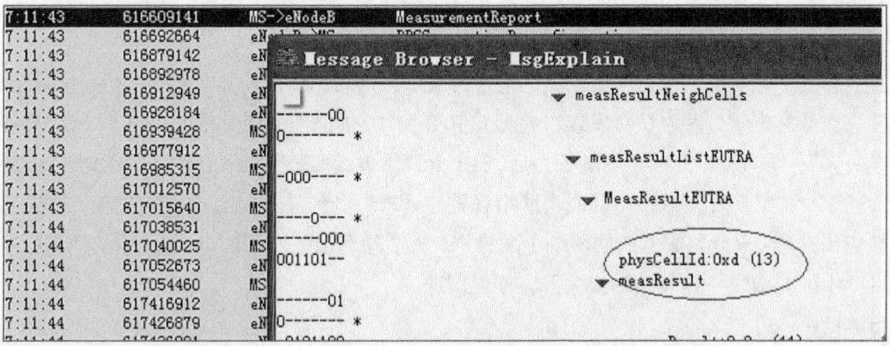

图 15-16　PCI=13 测量报告

eNodeB 下发 PCI 为 12 的重配置消息，如图 15-17 所示。

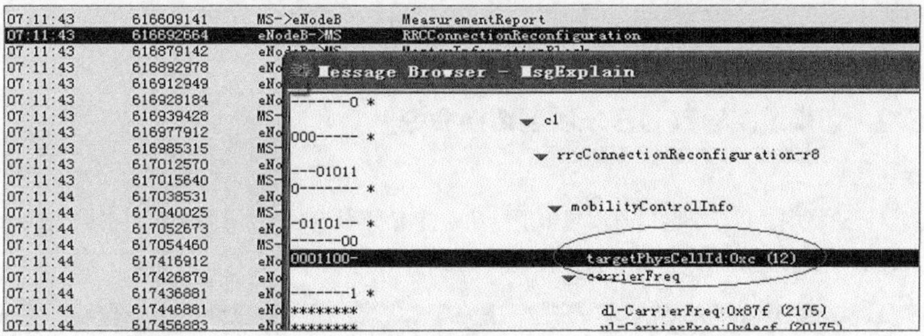

图 15-17　PCI=12 重配置消息

切换失败，UE 重建在 PCI 为 10 的小区上，如图 15-18 所示。

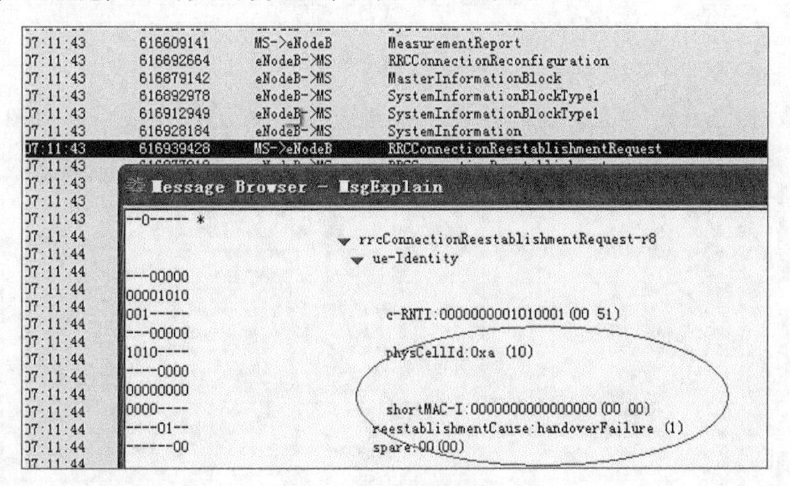

图 15-18　切换重建消息

处理过程如下。

（1）因为相邻关系和测量报告的小区对不起来，初步怀疑是 ANR 开关问题，因为前期并未打开 ANR 开关且没有出现此问题，于是运行 MOD ENODEBALGOSWITCH 将全网的 ANR 开关关闭，发现问题依然存在。

（2）分析全网的切换关系，发现只要当服务小区（源小区）为 PCI=10 时，测量上报 PCI=12/13 就会出现问题，只要服务小区（源小区）不是 10，就没有问题。

（3）重点检查小区 PCI=10 的环境配置，包括检查小区信息、切换开关、切换参数、邻区信息等。

（4）在检查邻区配置信息中核查发现，在配置 PCI 为 10 的外部邻区关系时，把 PCI 为 12 和 13 的对应扇区号恰好弄反，导致 UE 上报了测量报告后，ENodeB 下发给 UE 的 PCI 错误，不能收到 UE 给 ENodeB 的重配置完成信令，从而发起目标小区或者源小区重建请求，遭到重建拒绝，切换失败，业务中断。

（5）核查出来是外部邻区配置时的两个小区的 PCI 配置颠倒错误，使用 MOD EUTRANEXTERNALCELL 命令修改目标小区的扇区和 PCI 的对应关系，问题解决。

建议与总结：

（1）本次案例总结外部邻区配置和修改邻区关系时的 PCI 配置错误引起切换失败的现象、排查方法以及如何修正。

（2）ANR 功能早已经商用，早期引起过 X2 接口切换失败问题，也有可能引起切换上报 PCI 错误或其他问题，但是关闭 ANR 开关后依然出现此问题，可以根据分析和比较正常信令流程判断问题真正所在而将其解决。

15.3.2 切换过晚导致 UE 未收到切换命令

现象描述如下。

在切换流程进行中，目标小区信号质量出现抖动，信道质量陡降导致切换失败。在 L3 信令的表现为，源小区 eNodeB 收到多条测量报告，并且下发切换命令，如图 15-19 所示。

76	2010-06-10 08:38:55(1041238)	RRC_MEAS_RPRT 收到测量报告	RECEIVE	0	1794	24553336	02 08 10 20 1C 00 0D 28
77	2010-06-10 08:38:55(1047166)	RRC_MEAS_RPRT	RECEIVE	0	1794	24553336	02 08 10 1F 14 00 0D 27
78	2010-06-10 08:38:55(1061153)	RRC_CONN_RECFG 下发切换命令	SEND	0	1794	24553336	01 22 0B 34 07 0B EA 52
79	2010-06-10 08:38:58(3384948)	RRC_CONN_REESTAB_REQ	RECEIVE	0	1793	293053000	04 00 7B 00 30 00 08
80	2010-06-10 08:38:58(3385155)	RRC_CONN_REESTAB_REJ	SEND	0	1793	293053000	03 20
81	2010-06-10 08:38:58(3589329)	RRC_CONN_REQ	RECEIVE	0	1793	24691604	04 42 0C 03 50 02 E6
82	2010-06-10 08:38:58(3593850)	RRC_CONN_SETUP	SEND	0	1793	24691604	03 68 12 98 08 FC CE 01
83	2010-06-10 08:38:58(3610296)	RRC_CONN_SETUP_CMP	RECEIVE	0	1793	24691604	02 22 00 4A 2F F9 FA 07

图 15-19 基站侧信令

而 UE 未收到切换命令，并且仍然周期上发测量报告，直到发起重建，切换失败，如图 15-20 所示。

16:15:25.420	2916549	MS1	UL-DC...	MS->eNodeB	MeasurementReport
16:15:25.686	3157149	MS1	UL-DC...	MS->eNodeB	MeasurementReport 多条测量报告
16:15:25.904	3397797	MS1	UL-DC...	MS->eNodeB	MeasurementReport
16:15:26.107	3638365	MS1	UL-DC...	MS->eNodeB	MeasurementReport
16:15:26.342	3878970	MS1	UL-DC...	MS->eNodeB	MeasurementReport
16:15:26.779	4119784	MS1	UL-DC...	MS->eNodeB	MeasurementReport
16:15:26.904	4435263	MS1	BCCH-...	eNodeB->MS	MasterInformationBlock
16:15:27.154	4450288	MS1	BCCH-...	eNodeB->MS	SystemInformationBlockType1
16:15:27.154	4508382	MS1	BCCH-...	eNodeB->MS	SystemInformation
16:15:27.154	4510380	MS1	BCCH-...	eNodeB->MS	SystemInformationBlockType1
16:15:27.154	4590767	MS1	BCCH-...	eNodeB->MS	SystemInformationBlockType1
16:15:27.154	4607709	MS1	BCCH-...	eNodeB->MS	SystemInformation 重建命令
16:15:27.342	4612671	MS1	UL-CC...	MS->eNodeB	RRCConnectionReestablishmentRequest
16:15:27.342	4644340	MS1	DL-CC...	eNodeB->MS	RRCConnectionReestablishment
16:15:27.404	4648995	MS1	UL-DC...	MS->eNodeB	RRCConnectionReestablishmentComplete
16:15:27.404	4669253	MS1	DL-DC...	eNodeB->MS	RRCConnectionReconfiguration
16:15:27.404	4672152	MS1	UL-DC...	MS->eNodeB	RRCConnectionReconfigurationComplete
16:15:27.404	4689374	MS1	DL-DC...	eNodeB->MS	RRCConnectionReconfiguration
16:15:27.404	4692005	MS1	UL-DC...	MS->eNodeB	RRCConnectionReconfigurationComplete
16:15:27.404	4725675	MS1	DL-DC...	eNodeB->MS	RRCConnectionReconfiguration
16:15:27.545	4915222	MS1	UL-DC...	MS->eNodeB	RRCConnectionReconfigurationComplete

图 15-20 UE 侧信令

原因分析如下。

（1）从最后一个测量报告内容看，服务小区无线质量比邻区差 6 dB，根据现象看可能是邻区漏配。但是从网络侧操作维护台查询服务小区邻区信息，查找到有邻区配置，如图 15-21 所示。

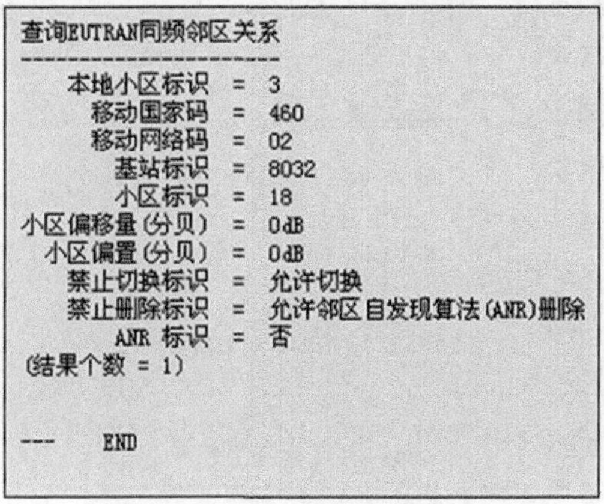

```
查询EUTRAN同频邻区关系
------------------------
     本地小区标识  =  3
       移动国家码  =  460
       移动网络码  =  02
         基站标识  =  8032
         小区标识  =  18
小区偏移量(分贝)  =  0dB
  小区偏置(分贝)  =  0dB
     禁止切换标识  =  允许切换
     禁止删除标识  =  允许邻区自发现算法(ANR)删除
         ANR 标识  =  否
(结果个数 = 1)


---    END
```

图 15-21 同频邻区配置

（2）再分析切换信令流程，根据网络配置，切换应该按如图 15-22 所示进行交互。

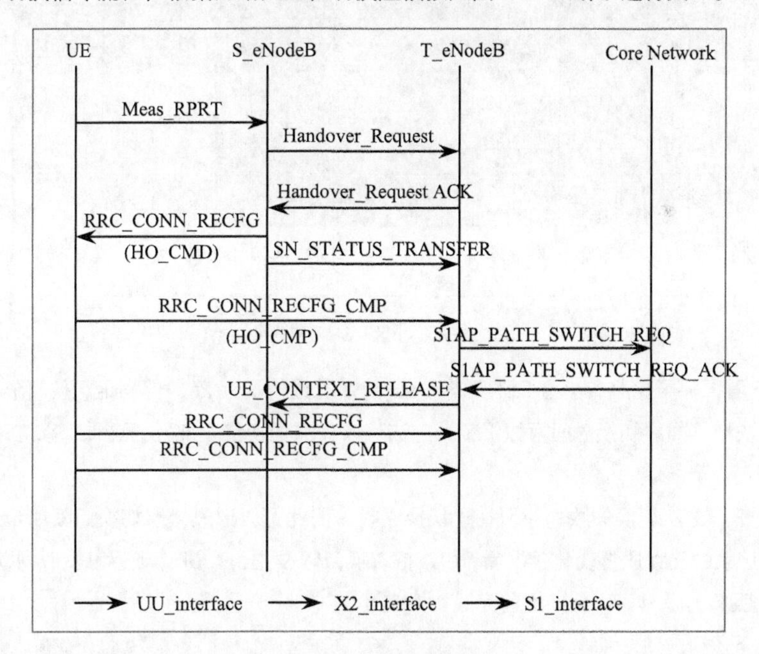

图 15-22 切换信令流程

（3）查看网络侧跟踪的信令，如图 15-23 和图 15-24 所示，在服务小区 Uu 跟踪可以看到，收到了 UE 的测量报告，再查看 X2 接口，源小区向目标小区发送了切换请求，并且收到目标小区的切换请求回应，最后在 Uu 接口下发了切换命令，但没有收到 UE 的切换完成消息（站间切换）。

eNodeB 下发切换命令，但 UE 侧未收到切换命令，由此可以判断可能是空口出现传输质量问题。

（4）再看空口无线质量，查看对应时间的 RSRP 值，发现在切换时间点附近服务小区的 RSRP 值出现陡降现象，如图 15-25 所示。

76	2010-06-10 08:38:55(1041238)	RRC_MEAS_RPRT 收到测量报告	RECEIVE	0	1794	24553336	02 08 10 20 1C 00 0D 28
77	2010-06-10 08:38:55(1047166)	RRC_MEAS_RPRT	RECEIVE	0	1794	24553336	02 08 10 1F 14 00 0D 27
78	2010-06-10 08:38:55(1061153)	RRC_CONN_RECFG 下发切换命令	SEND	0	1794	24553336	01 22 0B 34 07 0B EA 52
79	2010-06-10 08:38:58(3384948)	RRC_CONN_REESTAB_REQ	RECEIVE	0	1793	293053000	04 00 7B 00 30 00 08
80	2010-06-10 08:38:58(3385155)	RRC_CONN_REESTAB_REJ	SEND	0	1793	293053000	03 20
81	2010-06-10 08:38:58(3589329)	RRC_CONN_REQ	RECEIVE	0	1793	24691604	04 42 0C 03 50 02 E6
82	2010-06-10 08:38:58(3593850)	RRC_CONN_SETUP	SEND	0	1793	24691604	03 68 12 98 08 FC CE 01
83	2010-06-10 08:38:58(3610296)	RRC_CONN_SETUP_CMP	RECEIVE	0	1793	24691604	02 22 00 4A 2F F9 FA 07

图 15-23　基站侧空口信令

HANDOVER_REQUEST	接收自ENodeB	9026	805306999
HANDOVER_REQUEST_ACK...	发送到ENodeB	9026	805306999

图 15-24　基站侧 X2 接口信令

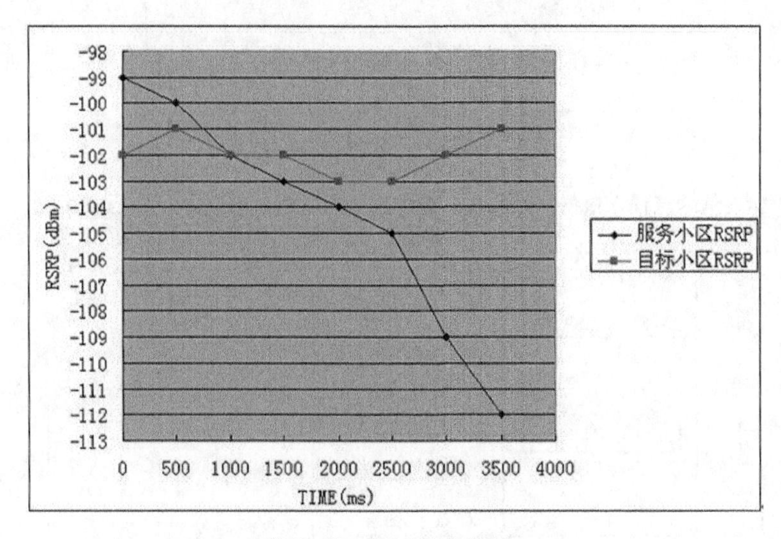

图 15-25　小区 RSRP 值分布

从图 15-25 看，邻区比服务小区 RSRP 高 1 dB 的情况维持了近 2s，但满足切换门限时服务小区突然变差，导致切换失败，如果切换时机可以提前，应该可以完成切换信令交互，这种现象应该属于切换过晚。

处理过程如下。

根据前文分析，这次切换失败的原因在于切换过晚，因此可以通过修改切换门限或延迟触发时间来提前切换。从上面记录的无线质量变化情况看，如果把切换门限设置为 1 dB（延迟触发时间默认为 320ms），基本可以保证在服务小区 RSRP 突降之前完成切换交互。

可以选择以下两个方法。

（1）把切换门限设置为 1 dB 可以达到目的，但可能影响当前服务小区的所有邻区切换。

（2）为了减小影响面，可以修改服务小区到当前切换目标小区之间的小区偏置 CIO 来解决，从 eNodeB 操作维护台执行：MOD EUTRANINTRAFREQNCELL 命令，修改服务小区与切换目标小区间的 CellIndividualOffset = 1 dB，表示把切换门限减小 1 dB。

调整之后问题解决，切换正常，具体信令流程如图 15-26 所示。

11:17:22.179	231221255	MS1	DL-D...	eNodeB-...	RRCConnectionReconfiguration
11:17:22.183	231221387	MS1	UL-D...	MS->eNo...	RRCConnectionReconfigurationComplete
11:17:28.331	231422818	MS1	UL-D...	MS->eNo...	MeasurementReport
11:17:31.929	231540731	MS1	UL-D...	MS->eNo...	MeasurementReport
11:17:31.946	231541277	MS1	DL-D...	eNodeB-...	RRCConnectionReconfiguration
11:17:31.959	231541707	MS1	UL-D...	MS->eNo...	RRCConnectionReconfigurationComplete
11:17:31.987	231542622	MS1	DL-D...	eNodeB-...	RRCConnectionReconfiguration
11:17:31.995	231542894	MS1	UL-D...	MS->eNo...	RRCConnectionReconfigurationComplete
11:17:32.009	231543354	MS1	DL-D...	eNodeB-...	RRCConnectionReconfiguration
11:17:32.016	231543568	MS1	UL-D...	MS->eNo...	RRCConnectionReconfigurationComplete
11:17:32.036	231544255	MS1	BCCH...	eNodeB-...	MasterInformationBlock
11:17:32.051	231544718	MS1	BCCH...	eNodeB-...	SystemInformationBlockType1
11:17:32.075	231545519	MS1	BCCH...	eNodeB-...	SystemInformation
11:17:32.217	231550169	MS1	UL-D...	MS->eNo...	MeasurementReport
11:17:32.857	231571157	MS1	UL-D...	MS->eNo...	MeasurementReport
11:17:32.946	231574058	MS1	DL-D...	eNodeB-...	RRCConnectionReconfiguration
11:17:32.952	231574240	MS1	UL-D...	MS->eNo...	RRCConnectionReconfigurationComplete
11:17:33.949	231606911	MS1	DL-D...	eNodeB-...	RRCConnectionReconfiguration
11:17:33.953	231607049	MS1	UL-D...	MS->eNo...	RRCConnectionReconfigurationComplete

图 15-26 优化后信令流程

练习题

1. 对于切换过早的问题，有哪些原因？简述具体处理的方法。
2. 测量报告丢失的原因包括哪些？
3. 请描述 A1、A2、A3、A4、A5 事件具体含义。

缩 略 词

英文缩写	英文全称	中文含义
16QAM	16 Quadrature Amplitude Modulation	16 正交幅度调制
2G	The Second Generation	第二代（移动通信系统）
3G	The Third Generation	第三代（移动通信系统）
3GPP	3rd Generation Partnership Project	第三代移动通信标准化伙伴项目
3GPP2	3rd Generation Partnership Project 2	第三代移动通信标准化伙伴项目二
3M RRU	Multi-band, MIMO, Multi-Standard-Radio Remote Radio Unit	多频段、MIMO、多模 远程射频单元
4G	The Fourth Generation	第四代（移动通信系统）
64QAM	64 Quadrature Amplitude Modulation	64 正交幅度调制
AAA	Authentication Authorization and Accounting	认证、鉴权和计费
ACK	Acknowledgement	确认
ACK/NACK	Acknowledgement/Not-acknowledgement	确认应答/非确认应答
ACIR	Adjacent Channel Interference Ratio	相邻信道干扰率
AF	Application Function	应用功能实体
AGW	Access Gateway	接入网关
AID	access identifier	接入标识符
AM	Acknowledged Mode	确认模式
AMBR	Aggregate Maximum Bit Rate	合计最大比特率
AMC	Adaptive Modulation and Coding	自适应调制编码
AMPS	Advanced Mobile Telephone System	类比式移动电话系统
AMS	Adaptive MIMO Switching	自适应 MIMO 切换
ANR	Automatic Neighbor Relation	自动邻区关系
APN	Access Point Name	接入点名称
ARP	Allocation and Retention Priority	分配保持优先级
ARPU	Average Revenue Per User	用户月均话费
ARQ	Automatic Repeat Request	自动重传请求
AS	Access Stratum	接入层
BBU	BaseBand Unit	基带处理单元
BCCH	Broadcast Control Channel	广播控制信道
BCH	Broadcast Channel	广播信道
BLER	Block Error Rate	误块率
BMC	Broadcast Multicast Control	广播/多播控制协议

续表

英文缩写	英文全称	中文含义
BOSS	Business and Operation Support System	业务运营支撑系统
BPSK	Binary Phase Shift Keying	双相相移键控
CC	Chase Combining	Chase 合并
CCCH	Common Control Channel	公共控制信道
CCE	Control Channel Element	控制信道元素
CCH	Control Channel	控制信道
CDD	Cyclic Delay Diversity	循环时延分集
CDMA	Code Division Multiple Access	码分多址
CFI	Control Format Indicator	控制格式指示
CINR	Carrier-to-Interference and Noise Ratio	载波对干扰和噪声比
CP	Cyclic Prefix	循环前缀
CPC	Continuous Packet Connectivity	连续性分组连接
CQI	Channel Quality Indication	信道质量指示
CRC	Cyclic Redundancy Check	循环冗余校验
C-RNTI	Cell - Radio Network Temporary Identifier	小区无线网络临时标识
CS	Circuit Switched	电路交换
CSFB	Circuit-switched Fallback	CS 业务回落
CSG	Closed Subscriber Group	非开放用户群
DAI	Downlink Assignment Index	下行分配索引
D-AMPS	Digital - Advanced Mobile Phone System	数字化高级移动电话系统
D-BCH	Dynamic-Broadcast Channel	动态广播信道
DCCH	Dedicated Control Channel	专用控制信道
DC-HSDPA	Dual Cell - HSDPA	双载波 HSDPA
DCI	Downlink Control Information	下行控制信息
DCS	Digital Cellular System	数字蜂窝系统
DL-SCH	Downlink - Shared Channel	下行共享信道
DMRS	Demodulation Reference Signal	解调参考信号
DRB	Dedicated Radio Bearer	专用无线承载
DRX	Discontinuous Reception	非连续性接收
DTX	Discontinuous Transmission	非连续性发射
DwPTS	Downlink Pilot Timeslot	下行导频时隙
EARFCN	E-UTRA Absolute Radio Frequency Channel Number	E-UTRA 绝对无线频率信道号
EDGE	Enhanced Data Rates for GSM Evolution	GSM 演进增强型数据业务
E-GSM	Extended GSM	扩展 GSM
EIRP	Equivalent Isotropic Radiated Power	等效全向辐射功率
EMM	EPS Mobility Management	EPS 移动管理
eNodeB	E-URTA Node B	演进型网络基站

续表

英文缩写	英文全称	中文含义
EPC	Evolved Packet Core	演进型分组核心网
EPLMN	Equivalent HPLMN	等价 HPLMN
EPRE	Energy Per Resource Element	每 RE 能量
EPS	Evolved Packet System	演进型分组系统
E-RAB	EPS Radio Access Bearer	EPS 无线接入承载
ESM	EPS Session Management	EPS 会话管理
ETACS	Extended Total Access Communication System	扩展全接入通信系统
ETSI	European Telecommunications Standards Institute	欧洲电信标准协会
ETWS	Earthquake and Tsunami Warning System	地震海啸预警系统
E-UTRA	Evolved - Universal Terrestrial Radio Access	演进型通用陆地无线接入
E-UTRAN	Evolved UMTS Terrestrial Radio Access Network	演进 UMTS 陆地无线接入网
EV-DO	Evolution-Data Optimized	演进数据优化
FDD	Frequency Division Duplex	频分双工
FDM	Frequency Division Multiplexing	频分复用
FDMA	Frequency Division Multiple Access	频分多址
FEC	Forward Error Correction	前向纠错
FFR	Fractional Frequency Reuse	部分频率复用
FFT	Fast Fourier Transform	快速傅里叶变换
FHSS	Frequency Hopping Spread Spectrum	跳频扩频
FM	Frequency Modulation	调频
FSTD	Frequency Switched Transmit Diversity	频率切换发射分集
FSTD	Frequency Shift Time Diversity	频移时间分集
FTP	File Transport Protocol	文件传输协议
GBR	Guaranteed Bit Rate	保证比特率
GERAN	GSM/EDGE Radio Access Network	GSM/EDGE 无线接入网
GGSN	Gateway GPRS Support Node	GPRS 网关支持节点
GIS	Geographical Information System	地理信息系统
GP	Guard Period	保护间隔
GPRS	General Packet Radio System	通用分组无线系统
GSM	Global System for Mobile communication	全球移动通信系统
GSMA	GSM Association	GSM 协会
GTP-C	Control plane part of GPRS Tunneling Protocol	GPRS 隧道协议控制面部分
GTP-U	User plane part of GPRS Tunneling Protocol	GPRS 隧道协议用户面部分
GUTI	Globally Unique Temporary Identifier	全球唯一临时标识
HARQ	Hybrid Automatic Repeat Request	混合自动重传请求
HI	HARQ Indicator	HARQ 指示
HPLMN	Home PLMN	归属 PLMN
HSDPA	High Speed Downlink Packet Access	高速下行分组接入

续表

英文缩写	英文全称	中文含义
HSPA	High Speed Packet Access	高速分组接入
HSS	Home Subscriber Server	归属用户服务器
HS-SCCH	High Speed - Shared Control Channel	高速共享控制信道
HS-SICH		高速共享信息信道
HSUPA	High Speed Uplink Packet Data	高速上行分组接入
HTTP	Hyper Text Transport Protocol	超文本传输协议
ICI	Inter Carriers Interference	载波间干扰
IDEA	Integrated Data Environment of Applications	综合营销平台
IDFT	Inverse Discrete Fourier Transform	离散傅里叶反变换
IEEE	Institute of Electrical and Electronics Engineers	电气和电子工程师学会
IFFT	Inverse Fast Fourier Transform	反傅里叶变换
IFFT	Inverse Fast Fourier Transform	快速傅里叶反变换
IMEI	International Mobile Equipment Identity	国际移动台设备标识
IMS	IP Multimedia Subsystem	IP 多媒体子系统
IMSI	International Mobile Subscriber Identity	国际移动用户识别码
IMT Advanced	International Mobile Telecommunications Advanced	高级国际移动通信
IMT2000	International Mobile Telecommunications - 2000	国际移动通信 2000
IP	Internet Protocol	因特网协议
IR	Incremental Redundancy	增量冗余
IRC	Interference Rejection Combining	干扰消除
IS-136	Interim Standard 136	过渡性标准 136
ISI	Inter Symbol Interference	符号间干扰
ITU	International Telecommunication Union	国际电信联盟
LCID	Logical Channel Identifier	逻辑信道标识
LCR	Low Chip Rate	低码片速率
LDPC	Low-Density Parity-Check code	一种信道编码
LNA	Low Noise Amplifier	低噪声放大器
LS	Least Squares	最小二乘法
LSTI	LTE SAE Trial Initiative	LTE SAE 测试联盟
LTE	Long Term Evolution	长期演进
MAC	Medium Access Control	媒质接入控制
MAPL	Maximum Allowed Path Loss	最大允许路径损耗
MBMS	Multimedia Broadcast Multicast Service	多媒体广播多播业务
MBSFN	MBMS over Single Frequency Network	多播广播单频网
MCS	Modulation and Coding Scheme	调制编码方式
MCW	Multiple Code Word	多码字
MDSP	Mobile Data Service Center	移动数据业务中心

续表

英文缩写	英文全称	中文含义
MGW	Media Gateway	多媒体网关
MIB	Master Information Block	主信息块
MIMO	Multiple Input Multiple Output	多入多出
MM	multimedia message	多媒体消息
MME	Mobility Management Entity	移动性管理实体
MMSE	Minimum Mean Square Error	最小均方误差
MP	Modification Period	修改周期
MRC	Maximum Ratio Combining	最大比合并
MSC	Mobile Switching Centre	移动交换中心
MSR	Multi Standard Radio	多制式无线电
MU-MIMO	Multi User - MIMO	多用户 MIMO
NACK	Negative Acknowledgement	非确认
NAS	Non Access Stratum	非接入层
NDI	New Data Indicator	新数据指示
NGMN	Next Generation Mobile Network	下一代移动网组织
OFDM	Orthogonal Frequency Division Multiplexing	正交频分复用
OFDMA	Orthogonal Frequency Division Multiple Access	正交频分多址
OOK	On-Off Keying	开关键控
OPEX	Operating Expenditure	运营费用
OSS	Operation Support System	运营支撑系统
PAPR	Peak to Average Power Ratio	峰均比
PAPR	Peak to Average Power Ratio	峰值平均功率比
PBCH	Physical Broadcast Channel	物理广播信道
PCC	Policy and Charging Control	策略与计费控制
PCCH	Paging Control Channel	寻呼控制信道
PCFICH	Physical Control Format Indicator Channel	物理控制格式指示信道
PCH	Paging Channel	寻呼信道
PCRF	Policy Control and Charging Rules Function	策略控制和计费规则功能单元
PCS	Personal Communications Service	个人通信业务
PDCCH	Physical Downlink Control Channel	物理下行控制信道
PDCP	Packet Data Convergence Protocol	分组数据汇聚协议
PDN	Packet Data Network	分组数据网
PDN-GW	Packet Data Network - Gateway	PDN 网关
PDSCH	Physical Downlink Shared Channel	物理下行共享信道
PF	Paging Frame	寻呼帧
P-GSM	Primary GSM	主 GSM
PH	Power Headroom	功率余量
PHICH	Physical Hybrid ARQ Indicator Channel	物理 HARQ 指示信道

续表

英文缩写	英文全称	中文含义
PHR	Power Headroom Report	功率余量报告
PHY	Physical Layer	物理层
PLMN	Public Land Mobile Network	公共陆地移动网
PMCH	Physical multicast channel	物理多播信道
PMI	Precoding Matrix Indicator	预编码矩阵指示
PMIP	Proxy Mobile IP	移动 IP 代理
PO	Paging Occasion	寻呼时刻
PON	Passive Optical Network	无源光网络
PRACH	Physical Random Access Channel	物理随机接入信道
PRB	Physical Resource Block	物理资源块
PRS	Pseudo-Random Sequence	伪随机序列
PS	Packet Switched	分组交换
P-S	Parallel to Serial	并串转换
PSS	Primary Synchronization Signal	主同步信号
PTM	Point-To-Multipoint	点到多点
PTP	Point-To-Point	点到点
PUCCH	Physical Uplink Control Channel	物理上行控制信道
PUSCH	Physical Uplink Shared Channel	物理上行共享信道
QAM	Quadrature Amplitude Modulation	正交幅度调制
QCI	QoS Class Identifier	业务质量级别标识
QoS	Quality of Service	业务质量
QPP	Quadratic Permutation Polynomial	二次置换多项式
QPSK	Quadrature Phase Shift Keying	四相相移键控
RA	Random Access	随机接入
RACH	Random Access Channel	随机接入信道
RAN	Radio Access Network	无线接入网络
RAPID	Random Access Preamble Identifier	随机接入前导指示
RA-RNTI	Random Access - RNTI	随机接入 RNTI
RB	Resource Block	资源块
RB	Radio Bearer	无线承载
RBG	Resource Block Group	资源块组
RE	Resource Element	资源粒子
REG	Resource Element Group	资源粒子组
RFU	Radio Frequency Unit	射频单元
R-GSM	Railways GSM	铁路 GSM
RI	Rank Indication	秩指示
RIV	Resource Indication Value	资源指示值
RLC	Radio Link Control	无线链路控制

续表

英文缩写	英文全称	中文含义
RNC	Radio Network Controller	无线网络控制器
RNTI	Radio Network Temporary Identity	无线网络临时识别符
RRC	Radio Resource Control	无线资源控制
RRM	Radio Resource Management	无限资源管理
RRU	Remote Radio Unit	远端射频单元
RS	Reference Signal	参考信号
RSRP	Reference Signal Received Power	参考信号接收功率
RSRQ	Reference Signal Received Quality	参考信号接收质量
RSSI	Received Signal Strength Indicator	接收信号强度指示
RV	Redundancy Version	冗余版本
S1	S1	LTE 网络中 eNodeB 和核心网间的接口
SAE	System Architecture Evolution	系统结构演进
SAW	Stop And Wait	停止等待
SC-FDMA	Single Carrier - Frequency Division Multiple Access	单载波频分多址
SCH	Synchronization Signal	同步信号
SCTP	Stream Control Transmission Protocol	流控制传输协议
SFBC	Space Frequency Block Coding	空频块编码
SFM	Shadow Fading Margin	阴影衰落余量
SFM	Slow Fading Margin	慢衰落余量
SFN	System Frame Number	系统帧号
SFR	Soft Frequency Reuse	软频率复用
SGIP	Short Message Gateway Interface Protocol	短消息网关接口协议
S-GW	Serving Gateway	服务网关
SI	System Information	系统信息
SIB	System Information Block	系统消息块
SINR	Signal-to-Interference and Noise Ratio	信干噪比
SI-RNTI	System Information - Radio Network Temporary Identifier	系统消息无线网络临时标识
SM	Spatial Multiplexing	空间复用
SMS	Short Message Service	短消息业务
SMSC	Short Message Service Center	短消息业务中心
SNR	Signal to Noise Ratio	信噪比
SON	Self Organization Network	自组织网络
SP	service provider	业务提供商
S-P	Serial to Parallel	串并转换
SR	Scheduling Request	调度请求
SRB	Signaling Radio Bearer	信令无线承载

续表

英文缩写	英文全称	中文含义
SRI	Scheduling Request Indication	调度请求指示
SRS	Sounding Reference Signal	探测参考信号
SRVCC	Single Radio Voice Call Continuity	单射频连续语音呼叫
SSS	Secondary Synchronization Signal	辅同步信号
STC	Space Time Coding	空时编码
SU-MIMO	Single User - MIMO	单用户 MIMO
TA	Tracking Area	跟踪区
TA	Timing Alignment	定时校准
TAC	Tracking Area Code	跟踪区码
TACS	Total Access Communications System	全接入通信系统
TAI	Tracking Area Identity	跟踪区标识
TB	Transport Block	传输块
TBS	Transport Block Set	传输块集合
TBS	Transport Block Size	传输块大小
TCO	Total Cost of Operation	运作总成本
TCH	Traffic Channel	业务信道
TD	Transmit Diversity	发射分集
TD-CDMA	Time Division CDMA	时分码分多址
TDD	Time Division Duplex	时分双工
TD-LTE	Time Division Long Term Evolution	时分长期演进
TDMA	Time Division Multiple Access	时分多址
TD-SCDMA	Time Division Synchronous CDMA	时分同步码分多址
TF	Transport Format	传输格式
TFT	Traffic Flow Template	业务流模板
TM	Transparent Mode	透明模式
TMA	Tower Mounted Amplifier	塔顶放大器
TPC	Transmit Power Control	发射功率控制
TPMI	Transmitted Precoding Matrix Indicator	发射预编码矩阵指示
TSTD	Time Switched Transmit Diversity	时间切换发射分集
TTI	Transmission Time Interval	发送时间间隔
TX	Transmit	发送
UCI	Uplink Control Information	上行控制信息
UDP	User Datagram Protocol	用户数据报协议
UDPAP	User Datagram Protocol Application Part	用户数据报协议应用部分
UE	User Equipment	用户设备
UL	Uplink	上行
UL-SCH	Uplink Shared Channel	上行共享信道
UM	Unacknowledged Mode	非确认模式

续表

英文缩写	英文全称	中文含义
UMB	Ultra Mobile Broadband	超移动宽带
UMTS	Universal Mobile Telecommunications System	通用移动通信系统
UpPTS	Uplink Pilot Time Slot	上行导频时隙
URL	universal resource locator	统一资源定位器
USIM	Universal Subscriber Identity Module	用户业务识别模块
USSD	unstructured supplementary service data	非结构化补充业务数据
VMIMO	Virtual MIMO	虚拟 MIMO
VoIP	Voice over IP	IP 语音业务
VP	Video Phone	视频电话
VRB	Virtual Resource Block	虚拟资源块
WAP	Wireless Application Protocol	无线应用通信协议
WAP GW	Wireless Application Protocol Gateway	无线应用协议网关
WCDMA	Wideband CDMA	宽带码分多址
WiMAX	Worldwide Interoperability for Microwave Access	全球微波互联接入
X2	X2	X2 接口，LTE 网络中 eNodeB 之间的接口
ZC	Zadoff-Chu	一种正交序列
OMC	Operations &Maintenance Center	操作维护中心
ACLR	ACLR Adjacent Channel Leakage Ratio	邻频道泄漏比
ACS	Adjacent Channel Selectivity	邻信道选择性
LMT	Local Maintenance Terminal	本地维护终端
MCL	Minimum Coupling Loss	最小耦合损耗
MMDS	Microwave Multichannel Distribution System	广播电视多路微波分配系统
PHS	Personal Handy-phone System	小灵通
TCH	Traffic Channel	业务信道
WLAN AP	Wireless Local Area Network Access Point	无线局域网络接入点
CM	Connection Management	连接管理
CA	Carrier Aggregation	载波聚合
SON	Self-Organizing Ntworks	自组织网络
MLB	Mobility Load Balancing	移动负载均衡
COD	Cell Outage Detection	小区失效检测
CEU	Cell edge users	小区边缘用户